应用型本科规划教材

Jianzhu Sheji Jichu

建筑设计基础

（第二版）

主　编　王　玥　唐海艳

副主编　田轶威　周红燕
王　霞　张　蕾

ZHEJIANG UNIVERSITY PRESS
浙江大学出版社

内容简介

本书为建筑设计专业启蒙课教材，对传统“建筑初步”课程内容进行了优化和提炼，并补充了关于建筑测绘、建筑分析、施工图识图及我国注册建筑师制度介绍等方面的内容，加强了教材同工程实践和教学实际的联系。本书除了建筑学经典的案例之外，还选择了大量的新鲜实例，提供了大量的图文解析，有助于初学者直观地了解理论在设计实践中的应用情况；结合各个章节内容，附录部分整合了相关应用型本科院校建筑系近年来的经典习题与部分优秀学生作业，为教学安排提供了有益的参考。

本书适合建筑设计专业学生使用，也可作为对建筑设计感兴趣人员的自学教材以及相关设计人员的参考用书。

图书在版编目(CIP)数据

建筑设计基础 / 王玥等主编. —2 版. 杭州：浙江大学出版社，2016. 6(2023. 1 重印)

ISBN 978-7-308-15814-5

Ⅰ. 建… Ⅱ. ①王… Ⅲ. 建筑设计 Ⅳ. TU2

中国版本图书馆 CIP 数据核字(2016)第 090014 号

建筑设计基础(第二版)

王　玥　唐海艳　主编

丛书策划　樊晓燕　王　波
责任编辑　王　波
责任校对　余梦洁
封面设计　春天书装
出版发行　浙江大学出版社
　　　　　(杭州天目山路 148 号　邮政编码 310007)
　　　　　(网址：http://www.zjupress.com)
排　　版　杭州青翊图文设计有限公司
印　　刷　杭州杭新印务有限公司
开　　本　787mm×1092mm　1/16
印　　张　18.5
插　　页　36
字　　数　578 千
版 印 次　2016 年 6 月第 2 版　2023 年 1 月第 6 次印刷
书　　号　ISBN 978-7-308-15814-5
定　　价　58.00 元

浙江大学出版社市场运营中心联系方式：0571-88925591；http://zjdxcbs.tmall.com

再版前言

近年来，建筑行业发展十分迅速，也带来了对多元化建筑人才的迫切需求，如何培养适应时代发展的本科层次的应用型建筑学人才，成为高校建筑学教育面临的首要任务和改革重点。《建筑设计基础》是面向建筑设计专业的启蒙课教材，既要传承传统建筑学特殊的教学规律，又要体现新时期建筑学教育发展的特点及重点。在此背景下，本教材进行了第二版的编写。

《建筑设计基础》教材第二版的编写，延续了第一版教材简明实用、针对性强以及新颖生动的特点，力求反映出时代发展对建筑观念、建筑实践以及建筑教育方面所带来的新的变化。

再版的编写主要修改了以下内容：

一、基于环境可持续发展的背景，补充了绿色建筑、人居环境概念、建筑节能技术方面的知识和实例，使学生在基础阶段就对建筑节能设计有初步的概念，有利于建立绿色建筑设计思维。

二、结合近几年有代表性的建筑实例探讨建筑发展的最新趋势和未来方向，并对参数化、BIM 技术等新兴建筑技术发展进行阐述，以使学生更具有时代性及前瞻性视野。

三、在建筑设计方法中引入建构设计内容，引导学生从空间建构的角度出发学习建筑设计，建立从模型出发、更加立体化、全面性及体系化的工作方法。

四、对书中引用的建筑实例及学生作业进行了优化和更新，替换及补充了一些新的建筑实例及学生作业，使教材与时代发展和教学的联系更为密切。

《建筑设计基础》第二版的编写由王玥（浙江大学城市学院）、唐海艳（重庆大学城市科技学院）担任主编，负责全书的修订工作，原第一版的其他作者不变。

浙江大学出版社为本书提供了“立方书”功能，具体请参考书末的立方书宣传页或咨询出版社。教师和学生可以使用立方书平台功能上课，或扫描右侧的“参考资料”二维码获取本书的学生作业等资源。

参考资料

编　者

2016 年 1 月

前　　言

应用型本科建筑学人才教育工作近年来发展十分迅速，它并不是传统建筑学教育的“简化版”，亦不是技工教育的“加长版”，而是面向鲜活真实的工程第一线，不断提高人才的实践应用能力和解决问题的能力，同时要为其职业生涯的可持续发展夯实基础。

建筑学启蒙阶段涉及的知识和技能繁杂，为了更好地聚焦应用型人才培养目标、优化和提升教育教学水平，建筑设计基础教材的编写，力求条理清晰，语言通俗，重点突出，让初学者能够较快入手，并能够在阅读中产生对建筑学的浓厚兴趣，因此本书的编写力求以下特点：

首先，简明实用，便于教学。本书提供了大量的图文解析，有助于初学者直观地了解理论在设计实践中的应用情况；结合各个章节内容，附录部分整合了浙江省各应用型本科建筑系近年来的经典习题与部分优秀学生作业，为教学安排提供了有益的参考。

其次，针对性强，适用性广。为了兼顾3～5年不同学制下的教学组织，结合各高校实际教学需要，本书内容作了慎重的调整，一方面对传统“建筑初步”课程内容进行了优化和提炼，另一方面补充了关于建筑测绘、建筑分析、施工图识图及我国注册建筑师制度介绍等方面的内容，密切了教材同工程实践和教学实际的联系。

最后，力求新颖生动。除了建筑学经典的案例之外，教材内还选择了大量的新鲜实例，也补充了包括绿色建筑在内的一些建筑学最新的发展成果。

本书由亓萌（浙江大学）和田轶威（浙江大学城市学院）担任主编，王玥（浙江大学城市学院）、周红燕（浙江理工大学）、王霞（浙江大学宁波理工学院）、张蕾（浙江树人大学）任副主编。全书的编写分工如下：

绪论及第一章：田轶威，亓萌；

第二章：张蕾，周红燕，王丽娴（浙江理工大学）；

第三章：张建中（中国美术学院），王霞；

第四章及第五章：王玥，龚敏（浙江大学城市学院），朱燕（浙江大学）；

附录学生作业：王玥，张蕾，周红燕，王霞。

本书的编写得到了浙大出版社樊晓燕、王波两位老师的关心指导，得到了包括浙江万里学院建筑系等在内的兄弟院系的支持，同时本书部分图片绘制得到了陈孜伊、沈静、张岚、张帆莹、陆晓宏、马一帆、金昊、林邦乾、章晨帆等同学的帮助，在此一并深表感谢。

因编者理论和实践水平的限制，本书中难免会有缺点和疏漏之处，恳请读者及广大师生给予批评指正。

编　者

2009年8月

目　录

绪论　建筑学专业始业教育 …… 1

第一章　建筑概论 …… 6

第一节　建筑是什么? …… 6
第二节　认识建筑 …… 20
第三节　绿色建筑与人居环境 …… 35
第四节　中外建筑沿革 …… 41

第二章　建筑的表达 …… 65

第一节　建筑表达形式介绍 …… 65
第二节　建筑图纸表达 …… 95
第三节　建筑测绘 …… 102

第三章　建筑的构成 …… 110

第一节　构成的基础知识 …… 110
第二节　平面构成 …… 115
第三节　立体构成 …… 126
第四节　色彩构成 …… 136
第五节　空间构成 …… 144

第四章　建筑的室内外空间 …… 159

第一节　建筑内部空间的概念与认知 …… 159
第二节　建筑内部空间设计 …… 171
第三节　外部空间环境的概念 …… 181
第四节　外部空间环境的认知与设计 …… 196

第五章　建筑设计方法与分析 …… 206

第一节　建筑设计方法入门 …… 206
第二节　建构设计方法 …… 227
第三节　建筑分析 …… 259

参考文献 …… 293

附录　学生作业 …… 295

第一章 …… 295
第二章 …… 299
第三章 …… 307
第四章 …… 321
第五章 …… 329

绪论　建筑学专业始业教育

欢迎您进入建筑学专业学习！

您将面对的，是一个充满了挑战与机遇的全新学习历程。

西班牙著名建筑师、2004 年雅典奥运会主场馆的设计师圣地亚哥·卡拉特拉瓦(图 0-1-1～图 0-1-3)申请去读建筑学的时候，曾简练直率地写道：

我想学建筑学的原因如下：

我对绘画感兴趣。

我总是对艺术实质感到兴奋。

我认为自己具有学习并在这个事业上发展的能力。

我对这个职业抱有很高的期望。我希望通过自己的劳动和恢复力，克服教育上的缺陷，超越目前具有的能力。

我同时认为只有在这里我才能为社会做出最大的贡献，因为我确信自己将充满热情和爱心去从事这个工作。

那么，您为什么会选择建筑学专业呢？这应该是您进入建筑学专业学习第一个需要向自己提出的问题。

图 0-1-1　建筑师卡拉特拉瓦(Santiago Calatrava)

图 0-1-2　巴伦西亚科学城天文馆(一)

图 0-1-3　巴伦西亚科学城天文馆(二)

卡拉特拉瓦设计的巴伦西亚科学城天文馆，其设计构思来自于对“眼睛”这一意象的表现，天文馆的半球体宛若悬浮在空中，被 110m 长的混凝土和玻璃笼罩，其中可以开合的“眼帘”部分由透明的点式玻璃幕构成，当球体完全显露，呈现出一幅浩瀚宇宙中星球的图景。

一、建筑学专业的工作内容

国际建筑师协会在《华沙宣言》中把建筑学定义为“创造人类生活环境的综合的艺术和科学”。建筑学专业的任务是培养职业建筑师，或者是培养可以从事城市规划、城市设计、建筑设计、城市景观设计、历史建筑保护与更新、建筑技术等相关方面工作的专业人才。大致说来：

城市规划(city planning)，是指对一定时期内城市的经济和社会发展、土地利用、空间布局以及各项建设的综合部署、具体安排和实施管理。城市规划是针对城市的宏观层面，预测其发展并管理各项资源。

城市设计(urban design)，是指确定一个城市区域的活动与目标的总体空间布局，使其具有吸引力并使人感到赏心悦目。城市设计研究的范围是介于城市规划与建筑设计之间的中观层面，对城市某个区域的空间形态、物质环境等进行设计研究。

建筑设计(architecture design),是指对某个建筑群或者建筑单体进行功能布局、空间造型等综合设计,使其满足使用者对于建筑室内外的使用、管理、审美等各个方面的需要。从城市的角度来说,建筑设计工作针对的是微观层面。职业建筑师主要从事但是不限于建筑设计工作。

城市景观设计(city landscape design),是指对城市中由街道、广场、建筑物、园林绿化等形成的外观及气氛进行规划设计。城市景观设计主要工作的对象是室外空间环境。

历史建筑保护与更新(protection and renovation of historic buildings),是指采取各种手段对历史建筑进行保护并使其能够延续并适应当代社会发展需要的工作。历史建筑保护与更新对于进入成熟期的城市来说具有极其重要的意义。

建筑技术(building technology),其涵盖的范围很广,包括了采暖通风设备、强电弱电、给排水、建筑节能与环保等一切同建筑设计、建造、维护等有关的各种工程技术。随着世界范围内建筑技术发展的日臻完善,建筑技术对于建筑物的品质影响越来越大,对于建筑设计的影响也越来越深刻。

以上均是建筑学专业人才需要触及或者从事的工作内容,随着时代的发展,房地产开发策划、建筑项目管理、数字化建筑模拟等都已经成为其工作内容的一部分。

随着社会分工的不断演进,未来建筑学专业人才从事的工作越来越面临着两种倾向的要求:综合性与专一性。

综合性,要求您对于建筑学专业涉及的各领域知识能够基本了解并在一定的程度上融会贯通。

专一性,要求您在建筑学各个方面中能培养一技之长,可以在实践中创造性地、高效地解决实际问题。

二、建筑师与注册建筑师制度

建筑师是从事建筑设计及相关工作的专业人员,在西方社会,建筑师与律师、医师、会计师一起并称为传统的四大自由职业。我国古代是没有“建筑师”称谓的,清朝以前,一般的营建工作是由掌管这方面的政府机构或者官吏负责,由匠人完成,而策划、规划设计等工作则由阴阳家或者风水师来负责。清朝的时候,官方建筑中出现了专门负责出图样的“样房”以及负责估料和预算的“算房”。我国于 1978 年在建设部系统内恢复了“建筑师”的称号,1995 年《中华人民共和国注册建筑师条例》以及 1996 年《中华人民共和国注册建筑师条例实施细则》相继颁布施行,标志着我国对于从事建筑业务的相关人员正式实行建筑师注册制度。

注册建筑师,是指依法取得注册建筑师证书并从事房屋建筑设计及相关业务的人员。注册建筑师的执业范围包括:建筑设计、建筑设计技术咨询、建筑物调查与鉴定、对本人主持设计的项目进行施工指导和监督、国务院建设行政主管部门规定的其他业务。

注册建筑师分为一级注册建筑师和二级注册建筑师。一级注册建筑师的执业范围不受建筑规模和工程复杂程度的限制。二级注册建筑师的执业范围不得超越国家规定的建筑规模和工程复杂程度。在满足了相关规定、注册考试合格之后,可取得相应的注册资格。

以 2007 年为例,一级注册建筑师的考试科目有九门,它们是:建筑设计(知识),建筑经济、施工与设计业务管理,设计前期与场地设计(知识),场地设计(作图题),建筑结构,建筑材料与构造,建筑方案设计(作图题),建筑物理与建筑设备,建筑技术设计(作图题)。二级注册建筑师的考试有四门，它们是：建筑设计（作图题），建筑构造与详图（作图题），建筑结构与设备，法律、法规、经济与施工。

三、建筑师的能力要求

在一个建设项目中，建筑师是牵头工种，负责统筹建筑设计的各个方面。因此，中国建筑学的奠基人、著名建筑学家梁思成认为，一个建筑师必须有哲学家的头脑、社会学家的眼光、工程师的精确和实践、心理学家的敏感、文学家的洞察力和艺术家的表现力。这形象地概括了对一个建筑师的能力要求。

具体说来，一个合格的职业建筑师，应该具有以下三个方面的素质和能力：

第一，良好的职业素养与职业价值观。

建筑师要秉持社会良知，恪守职业道德，对城市公共利益、对建筑业主与使用者要有强烈的责任感，尊重不同的意识形态以及社会的多元性，注重保护自然资源并提倡高效率地使用资源，注重保护蕴藏在建筑环境中的社会文化多元遗产，工作中要保持良好的团队合作意识与能力，具有独立思考与分析问题的能力，不盲从跟风、不剽窃抄袭、不拖拉误时，不急功近利。这是成为合格建筑师并取得职业生涯成功的关键。

第二，广泛的知识积累与扎实的设计功底。

建筑是科学与人文、技术与艺术、物质与精神的综合产物，这要求建筑师应该始终保持对于各种知识、信息的高度兴趣以及积累记录的习惯，丰富的知识和信息也将大大拓展建筑师思考的广度与深度。

同时，建筑师不仅要有用手和眼等直接存储建筑信息与表现建筑设计成果的能力，也要有分析、归纳、平衡建筑设计中诸多元素的思维能力，具有一定的审美能力、人文主义精神与历史知识，在错综复杂的设计矛盾中，做出明智的、富有胆识的抉择。

第三，贴近生活实际，注重建筑法规。

了解和体验生活、从本土文化中汲取养分，是学好建筑学专业的重要途径。建筑是为人的生活服务的，看一件建筑设计作品成功与否，就要看它是否提高了人们的生活品质，是否反映了当地的文化精神。

建筑法规与规范，本质上就是对于前人建筑工作的经验教训总结，因此建筑师要重视各种规范与法规的学习。合理的限制有助于规避错误，有限制的创造才具有真正的实际意义，从这个角度说，建筑师是“带着镣铐跳舞的舞蹈家”。

当然，要成为一个优秀的建筑师，还应该具有丰富的想象力、自主的创新精神、丰富的实践经验、整体的全局意识、清晰的工程技术头脑、厚实的文化底蕴、天人合一的设计智慧、健康的身心状态、流畅的交流沟通能力等等，这些都需要从一点一滴开始培养。以这个角度说，从踏入大学建筑系的第一天起，学生们就已经开始全面进入到建筑师的培养和培训之中了。

四、建筑学专业学习方法

现代建筑学教育发展到今天已近三四百年，从 1793 年更名的法国巴黎艺术学院（它被认为是世界上第一所有完善的建筑系科的学院）、1919 年格罗庇乌斯在德国魏玛创立的包豪斯学校、后工业革命时期建筑教育和建筑流派的多元发展，一直到今天中国建筑学教育的百花齐放，建筑学专业教育的内容与教学结构有了长足变化和发展，但是有些传统学习方法却始终延续下来。

按照内容与教学方法的不同，建筑学专业的课程可粗略地分为以下五大方面：设计类课程、理论类课程、技术类课程、美育类课程以及实践类课程。设计类课程主要包括教师通过与学生不断交流引导其进行不同建筑设计课题的一系列课程；理论类课程主要包括中外建筑史、设计原理类等建筑理论课程；技术类课程主要包括建筑力学与结构、建筑构造、建筑设备等关于建造技术的课程；美育类课程主要包括素描、水彩、建筑画等培养学生审美品位与表现手法的课程；实践类课程主要包括传统建筑测绘、设计院工作实习等各类实践性较强的课程。其中学习难度最大的可算上建筑学的核心课程——设计类课程。

如何更好地学习建筑学专业设计类课程呢？

首先，应培养自主学习能力，广泛提高阅读量与资料收集量。

建筑学涵盖的内容十分广泛，仅靠教师的课堂教学远远无法涉及建筑学的全部角落，这时候，图书馆、专业图书室里的各类图书资料、文献杂志等就是补充建筑学知识的最好源泉。刚刚进入建筑学专业学习的学生，其大脑内存的建筑学知识往往极少，以阅读、临摹、摘抄、复印等方式搜集资料还可以帮助大脑加深记忆。这种手眼并用的阅读与资料收集，初期往往是无目的漫步式的，它重要的意义不仅仅在于摄取大量的知识，更在于通过积累不断地提高建筑审美，培养“建筑感觉”和“建筑意识”。持之以恒的阅读与描摹，是建筑学学习的最基础的手段。

其次，要注重模仿式的学习。

很多建筑学的学生都对模仿持有否定或不屑的态度，其实模仿并不意味着抄袭，相反，模仿是一种高效的学习手段，模仿是人类学习的天性，是一切初学者入门时的必经阶段。模仿意味着要不断地分析和咀嚼被模仿作品设计中功能、空间、造型、结构、材料等的相互关系，不断地揣摸设计者的设计意图与手法。学会模仿就要选择合适的对象，初学者应该在世界范围内选择优秀建筑师的经典作品模仿学习，这其实就等于在同一个建筑大师对话，融入了他的设计和思考过程。在模仿学习的过程里，初学者逐渐由低级向高级、幼稚向成熟过渡，从扬弃的模仿发展到独到的创作。善于模仿，是建筑学学习最有效的方法。

最后，要勇于实践。

明朝思想家王阳明提出了“知行合一”的理念，这一点对于建筑学专业的学习意义重大。建筑本质上是一项工程，要求建筑师具有丰富的实践经验，建筑学专业的学习，必须仰赖实践去检验、综合和提升理论知识的运用。建筑学专业的教学计划里，提供了内容丰富的专业实习和实践机会，其中包括了美术实习、设计院工作实习等，同时大学生活也为培养和提高口头表达能力、组织管理能力等提供了各种舞台，建筑系的学生应该抓住一切机会，有的放矢地参与各类实践活动。实践是建筑学学习最重要的途径。

第一章　建筑概论

无论人们是否意识到了这点，建筑在每个人的生命中，都占有重要的位置。生活中人们无时无刻不与建筑发生关系，每个人都对建筑有着自己的发言权，但是建筑其实不仅仅是一个房子这么简单，那么什么是建筑呢？（图 1-0-1）

图 1-0-1　《清明上河图》局部

北宋画家张择端笔下的《清明上河图》局部。画卷描绘了汴京（今河南开封）清明时节的繁荣景象，人们的生活与建筑的关系如此密切，每个人都以自己的方式认识和使用建筑。

第一节　建筑是什么？

一、建筑及其范围

《易・系辞》中说“上古穴居而野处”，意思是旧石器时代的先人们利用大自然的洞穴作为自己居住的处所，原始人为了遮风避雨、确保安全而构筑的巢穴空间（图 1-1-1、图 1-1-2），可以被看作建筑的起源。随着阶级的产生，出现了宫殿、别墅、陵墓、神庙等建筑形式（图1-1-3～

图 1-1-1　陶屋

新石器时代的陶屋，反映了原始人居所的面貌。

图 1-1-5)，由于生产力的发展，出现了商铺、工厂、银行、学校、火车站等建筑(图 1-1-6)，而随着社会的不断演进，我们的身边出现了越来越多的新型建筑(图 1-1-7)。

图 1-1-2 原始半穴居建筑

陕西半坡遗址发现的原始半穴居建筑复原图，从中可以看出中国木构架建筑的雏形。

图 1-1-3 埃及卢克索神庙

尼罗河东岸埃及卢克索神庙，是古埃及第十八王朝的第十九个法老艾米诺菲斯三世为祭奉太阳神阿蒙、他的妃子及儿子月亮神而修建的。

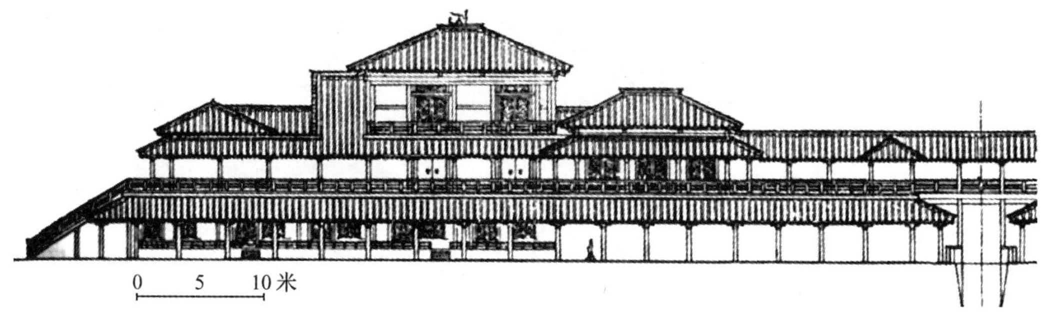

图 1-1-4 秦咸阳一号宫殿遗址立面考古复原图

中国的宫殿建筑深刻地反映了当时的社会礼制。

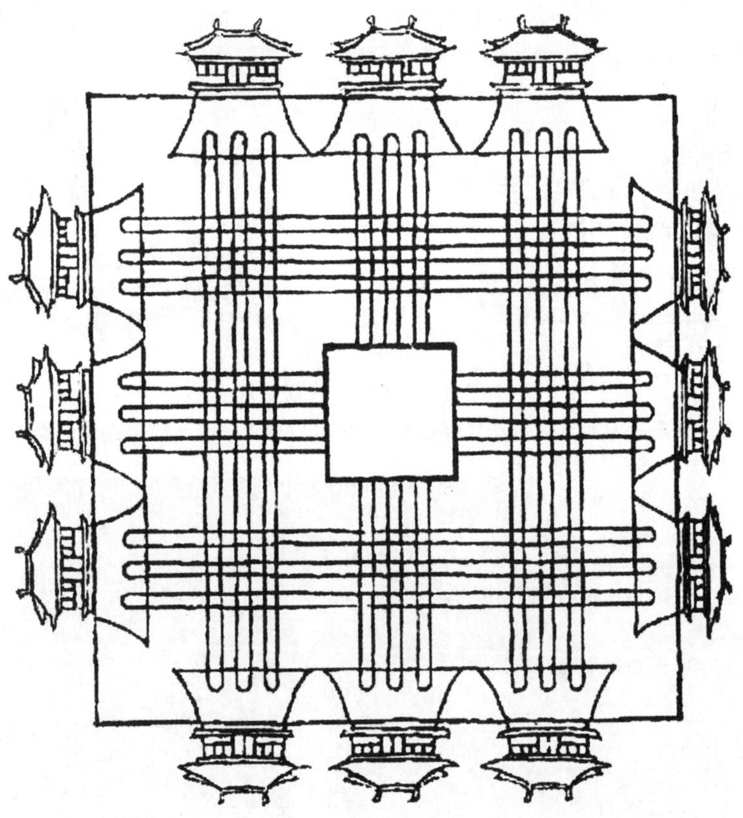

图 1-1-5　考工记的城市

春秋末期齐国人编撰的《考工记》根据周礼对王城的营建与王宫的布局做了论述，书中说：“匠人营国，方九里，旁三门。国中九经九纬，经涂九轨。左祖右社，面朝后市。”意思是王城每面边长九里，各有三个城门。城内纵横各有九条道路，每条道路宽度为“九轨”（一轨为八尺）。王宫居中，左侧为宗庙，右侧为社庙，前面是朝会之处，后面是市场。

图 1-1-6　英国 Dunston 火车站

照片摄于 1910 年，铁路的出现直接推动了火车站建筑的形成。

图 1-1-7　千年穹顶

英国伦敦的千年穹顶(Millennium Dome),位于泰晤士河边格林尼治半岛上,是英国为庆祝千禧年而建的标志性建筑,由理查德·罗杰斯事务所设计。

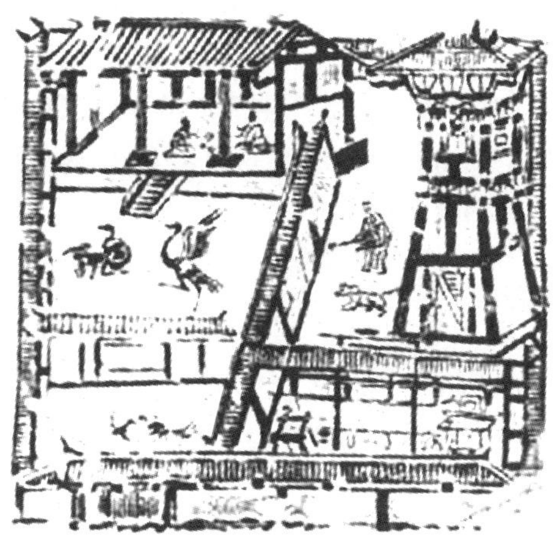

图 1-1-8　东汉画像砖表现的住宅建筑

屋顶与柱、墙围成的空间成为住宅。廊道与房屋围成的空间成为庭院,这些空的部分供人们生活使用。

总的来说,建筑是构建一种人为的环境,为人们从事各种活动提供适宜的场所:起居、休息、用餐、购物、上课、科研、开会、就医、阅览、体育活动以及生产劳动等等,都是在建筑中完成的,建筑是所有建筑物和构筑物的总称。因此建筑学的学习,必然要涉及诸多方面的知识。

近现代建筑理论认为,建筑的本质就是空间,正是由于建筑通过各种方式围合出可供人们活动和使用的空间,建筑才有了重要的意义,这一点我国古代的思想家老子(李耳)在他的著作《道德经》第十一章里也有提及:"凿户牖以为室,当其无,有室之用。故有之以为利,无之以为用。"意思是说开凿门窗造房屋,有了门窗、四壁中空的空间,才有房屋的作用。所以"有"(门窗、墙、屋顶等实体)所给人们的"利"(利益、功利),是通过"无"(即所形成的空间)起作用的(图 1-1-8)。

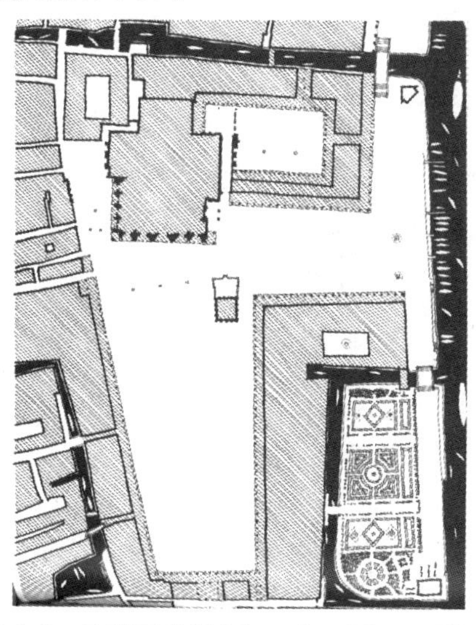

图1-1-9　圣马可广场(Plaza San Marco)平面图

图1-1-10　圣马可广场

圣马可广场被拿破仑称为"欧洲最美丽的客厅",它是世界建筑史上城市开放空间设计的重要范例。

建筑除了有内部的“无”的空间，其自身还存在于周围的外部空间，比如街道广场、城市公园、河道等等(图 1-1-9～图 1-1-13)，这些外部空间受建筑与建筑、建筑与环境之间关系的影响，对于人们的生产生活也具有重要的意义。特别是对于建筑密度较高的城市来说，建筑外部空间与建筑内部空间的重要性是一样的，设计高质量的建筑外部空间也是建筑师重要的工作内容之一。

图 1-1-11 美国纽约中央公园(Central Park)航拍图

图 1-1-12　美国纽约中央公园

美国纽约中央公园位于曼哈顿区，是世界上著名的城市公园之一，是美国景观设计之父奥姆斯特德(Frederick Law Olmsted)的代表作。

图 1-1-13　云南丽江古城街道一角

街道空间是城市生活重要的组成部分，也是同建筑关系最为紧密的外部空间之一。

同时，在我们的生活里也有一些特殊的建筑物，比如纪念碑、桥梁、水坝、城市标志物等(图 1-1-14、图 1-1-15)，对于城市环境也有着重要的价值。

图 1-1-14 巴西耶稣山

巴西里约热内卢市科尔科瓦多山(Corcovado)上巨大的耶稣雕像,是城市的标志。

图 1-1-15 浙江泰顺廊桥

“廊桥”就是有屋檐的桥,可供旅人休息躲避风雨。

二、建筑的基本属性

同样是供人居住的住宅,为什么会呈现出不同的样貌呢?可见建筑是复杂而多义的,同社会发展水平与生活方式、科学技术水平与文化艺术特征、人们的精神面貌与审美需要等有着密切的关系。请认真观察图 1-1-16~图 1-1-19 四幅住宅建筑的图片,它们在材料选择、建造手法、建筑造型、环境等方面有哪些不同呢?为什么同样是供人居住的建筑,它们之间的差异会如此之大呢？

图 1-1-16　山西平遥乔家大院住宅

图 1-1-17　浙江嘉善西塘古民居住宅

图 1-1-18　圆厅别墅

意大利维琴察郊外的"圆厅别墅"(La Rotonda)，建于 1552 年，帕拉第奥(Andrea Palladio)设计。

图 1-1-19　盖里住宅

美国建筑师弗兰克·盖里(Frank Gehry)为自己设计的住宅。

古罗马的建筑工程师维特鲁威在他著名的《建筑十书》中提出了美好的建筑需要满足"坚固、适用、美观"这三个标准，这些准则几千年来得到了人们的认可，归纳起来一个建筑应该有以下基本属性：

第一，建筑具有功能性。一个建筑最重要的功能性表现在要为使用者提供安全坚固并能满足其使用需要的构筑物与空间，其次建筑也要满足必要的辅助功能需要。比如，建筑要应对城市环境和城市交通问题，要合理降低能耗的问题等。功能性是建筑最重要的特征，它赋予了建筑基本的存在意义和价值(图 1-1-20)。

图 1-1-20 油画《木匠家庭》

荷兰画家伦勃朗(Rembrandt)的作品“木匠家庭”,现存于罗浮宫中。人们的使用赋予建筑更多的意义,昏暗的房间因使用者的出现而呈现生机,画面通过光线表达,加强了使用功能与建筑之间的对话关系。

第二,建筑具有经济性。维特鲁威提出的“坚固、适用”其实就是经济性的原则。在几乎所有的建筑项目中,建筑师都必须要认真考虑,如何通过最小的成本付出来获得相对较高的建筑品质,实用和节俭的建筑并不意味着低廉,而是一种经济代价与获得价值的匹配和对应。丹麦建筑师伍重设计的悉尼歌剧院是一个有趣的实例(图 1-1-21、图 1-1-22),从 1957 年方案设计开始到 1973 年建成,为了让这组优美的薄壳建筑能够满足合理的功能并在海风中稳固矗立,澳大利亚人投入相当于预算 14 倍多的建设资金,工程过程也是起伏颇多。这个建筑现在已经成了澳大利亚的标志,2007 年,悉尼歌剧院被列入了世界文化遗产,耄耋之年的伍重也在 2003 年因此建筑获得了世界建筑大奖——普利兹克奖。悉尼歌剧院是一座典型的昂贵的建筑,它的昂贵之所以最终能被世人所接受和认可,缘于它为城市做出了不可替代的卓越贡献。这个例子也说明,经济性是一个综合的问题,需要统筹考虑造价以及各种价值。但是总的来说,并不是每个建筑都会有如此的幸运去成为国家标志,对大量的建筑而言,经济性因素的考虑仍然是非常重要的。

图 1-1-21　悉尼歌剧院(Sydney Opera House)

图 1-1-22　悉尼歌剧院三维剖图

在方案竞标结束 6 年之后，工程师才找到采用预制预应力 Y 形、T 形混凝土肋骨拼接的办法来实现白色的薄壳造型，但这也导致预算的大幅增加。

第三，建筑具有工程技术性。所谓工程技术性，就意味着建筑需要通过物质资料和工程技术去实现，每个时代的建筑都反映了当时的建筑材料与工程技术发展水平。以下是三个划时代的建筑：

古罗马人建造的万神庙以极富想象力的建筑手段淋漓尽致地展现了一个充满神性的空间，巨大的穹顶归功于古罗马人发明的火山灰混凝土以及拱券技术(图 1-1-23～图 1-1-25)。

图 1-1-23 帕尼尼(Panini)笔下的罗马万神庙(Pantheon,建于公元 118—128 年)

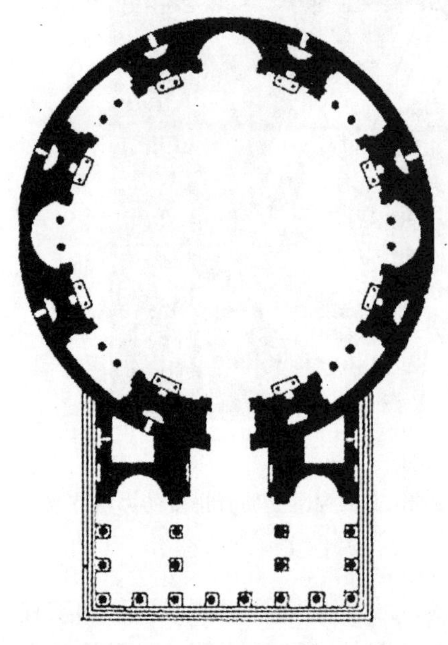

图 1-1-24 罗马万神庙的平面图

图 1-1-25 罗马万神庙的主体剖面图

英国为万国工业博览会而建的展馆建筑“水晶宫”能够快速建成得益于采用了玻璃与铁作为主要建材,它的出现标志着西方建筑从工业革命开始进入了一个全新的阶段(图 1-1-26、图 1-1-27)。

图 1-1-26 英国水晶宫(The Crystal Palace)

1851 年落成,从奠基开始不到 6 个月的时间就完成了建造,设计者为园艺师约瑟夫·帕克斯顿(Joseph Paxton)。

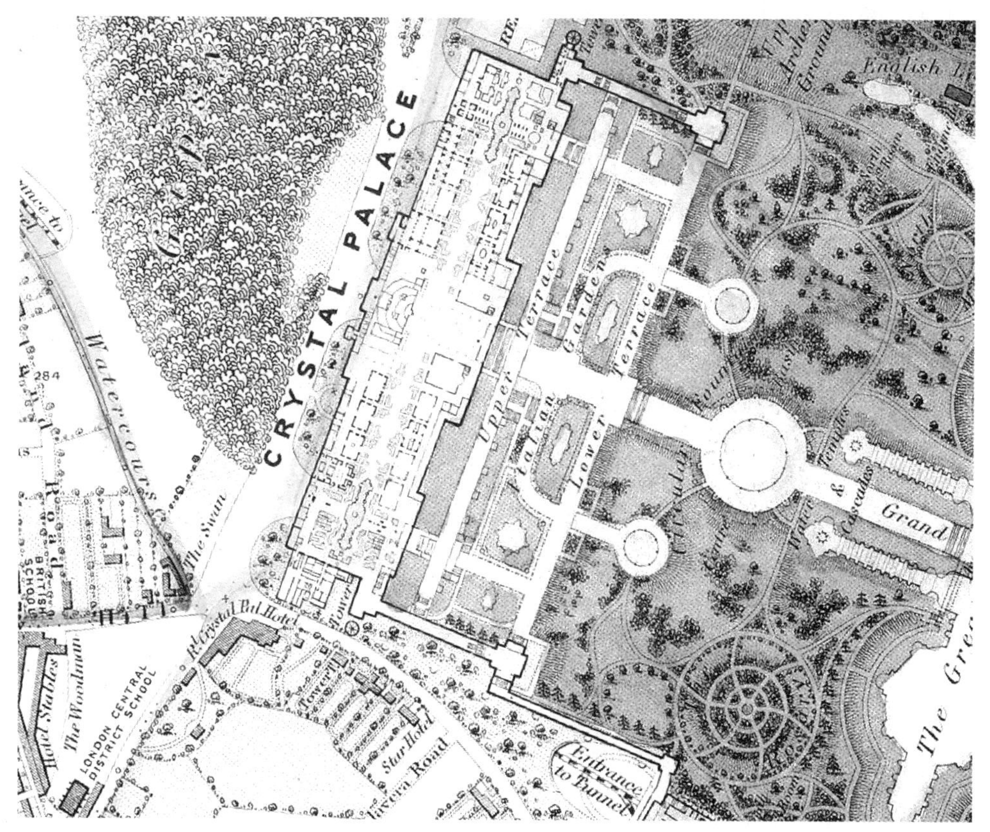

图 1-1-27 英国水晶宫平面图

北京 2008 年奥林匹克运动会主体育场“鸟巢”使用了全新的钢结构以及 ETFE 膜与 PTFE 膜(ETFE 膜用于防雨,其下 12m 处铺设 PTFE 膜用以吸声),集中体现了 21 世纪最新的建造技术(图 1-1-28)。

从某种意义上说,正是由于新材料、新技术的发展,才从最根本上推动了建筑的革命与发展。

图 1-1-28　北京奥运会主体育场“鸟巢”

设计师：瑞士建筑师赫尔佐格(Jacques Herzog)、德梅隆(De Meuron)与中国建筑师李兴刚。

第四，建筑具有文化艺术性。建筑或多或少地反映出当地的自然条件和风土人情，建筑的文化特征将建筑与本土的历史与人文艺术紧密相连。文化性赋予建筑超越功能性和工程性的深层内涵，它使得建筑可以因袭当地文化与历史的脉络，让建筑获得可识别性与认同感、拥有打动人心的力量，文化性是使得建筑能够区别于彼此的最为深刻的原因。在图1-1-29中，我们无法仅从建筑形式上判断它们所处的国度，雷同的摩登建筑在世界各地的流

图 1-1-29　现代城市的雷同走向

你可以判断出这两张图片分别是哪里的建筑群吗？左图为美国费城，右图是中国上海。

行带来一个严重的问题：城市的个性正在消失，城市和城市变得越来越像。

在西班牙梅里达小城内的罗马艺术博物馆设计中，建筑师莫内欧(Rafael Moneo)以巨大的连续拱券和建筑侧边高窗采光的手法，成功地唤起参观者对于古罗马时代的美好追忆，红砖优雅的纹理与古老遗迹交相呼应，现代与远古在一个空间里和谐共生，建筑以简单而朴素的方式表达了对于历史文化的尊重。(图 1-1-30～图 1-1-32)

图 1-1-30　罗马艺术博物馆室内

图 1-1-31　罗马艺术博物馆的地下层

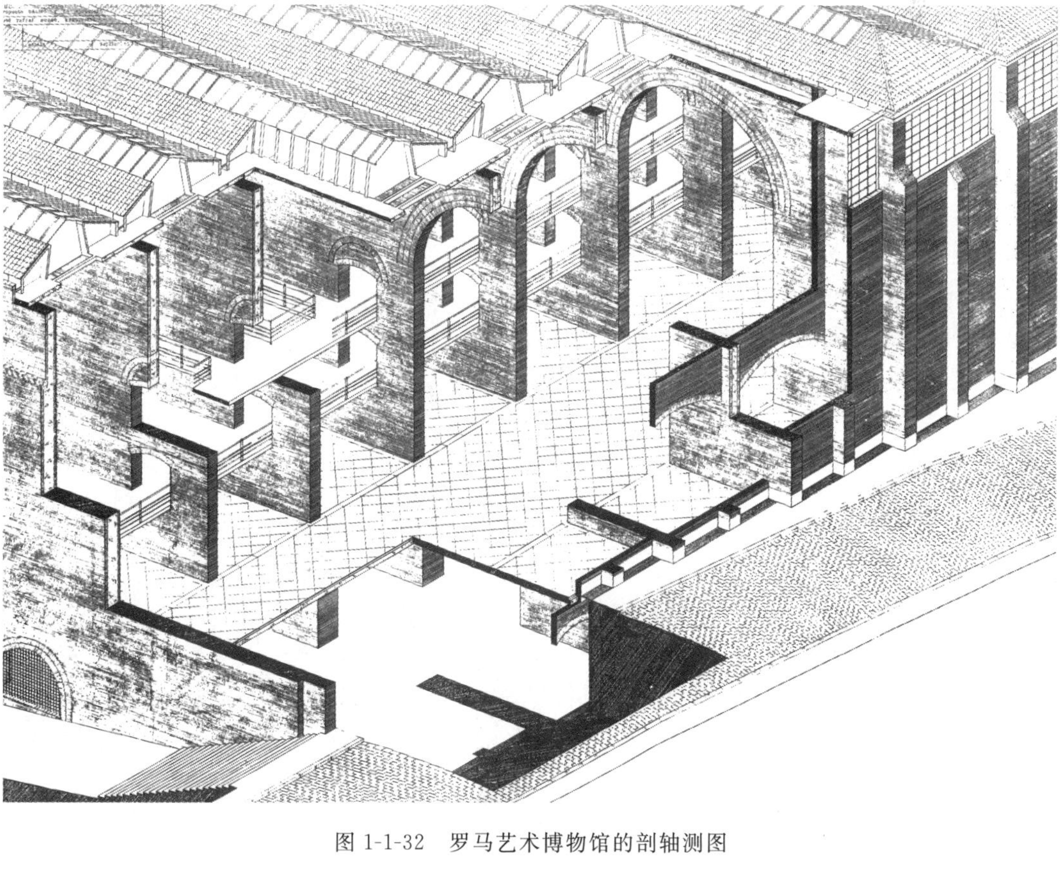

图 1-1-32　罗马艺术博物馆的剖轴测图

第二节 认识建筑

一、建筑的分类

在我国建筑分为民用建筑、工业建筑和农业建筑，其中，民用建筑又分为居住建筑与公共建筑。

居住建筑，包括了独立式住宅、公寓、里弄住宅等。

公共建筑涵盖的范围比较广泛，除了居住建筑以外的其他民用建筑，都可以被视为公共建筑，比如体育类建筑、教育类建筑、文化类建筑、商业类建筑等等。

建筑物按高度或层数划分为低层建筑、多层建筑、高层建筑和超高层建筑，其具体标准为：

低层建筑是指高度小于或等于 10m 的建筑，低层居住建筑为一层至三层。多层建筑是指高度大于 10m、小于 24m 的建筑，多层居住建筑为四层至九层（其高度大于 10m，小于 28m）。高层建筑是指高度大于或等于 24m，高层居住建筑为九层以上（不含九层，其高度大于或等于 28m，小于 100m）。超高层建筑是指高度大于或等于 100m 的建筑。

二、建筑的构成要素

不管是哪种建筑，一般来说都是由以下要素构成的：建筑功能、建筑空间、建筑技术与建筑形象。

建筑功能就是对于人们物质和精神生活需要的满足。所以建筑一方面要满足人体活动的生理与心理要求，另一方面要满足各种活动的要求以及人流组织要求。美国建筑师赖特（Frank Lloyd Wright）设计的流水别墅（The Fallingwater）就是很好的例子（图 1-2-1～图 1-2-4），合理的内外部空间设计满足了使用者生活的各种基本需要：将起居室、餐厅等家庭公共活动空间安排在一层，

图 1-2-1 流水别墅外观

山、石、树、水、建筑和谐一体。

图 1-2-2 流水别墅室内

建筑师在室内采用了很多天然材料，比如石材、实木等，呼应并提升了建筑的主题与意象。

卧室等分布在二、三层，这样确保了卧室的私密性要求；餐厅与厨房因为联系紧密而放置在一起，方便主人使用；考虑客厅的接待和家庭社交需要，室外连接着宽大的露天观景台，内外空间相互贯通，设计师巧妙地利用地形和天然材料营造了与自然和谐共生的艺术气氛，让居住者和来访者在建筑中都可以获得极大的心理愉悦感。

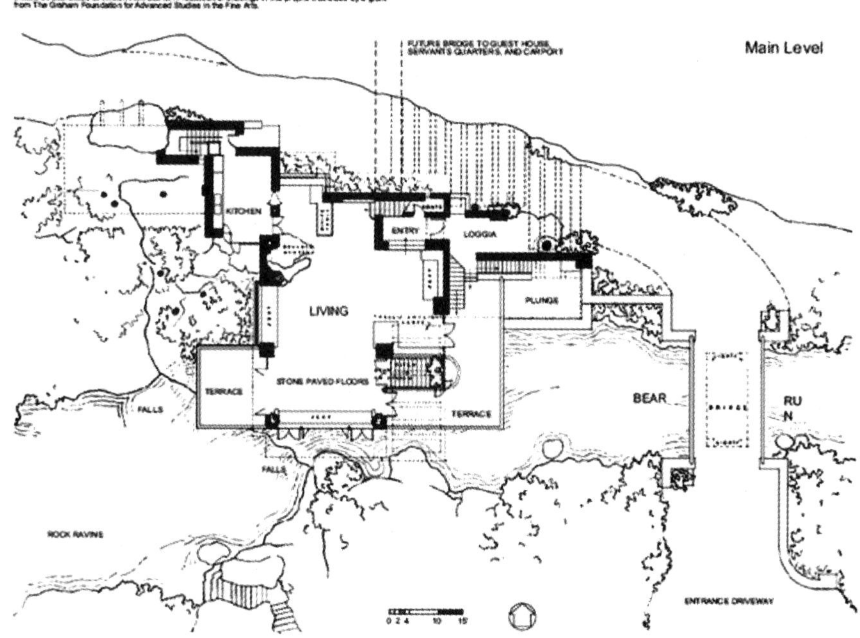

图 1-2-3　流水别墅平面图

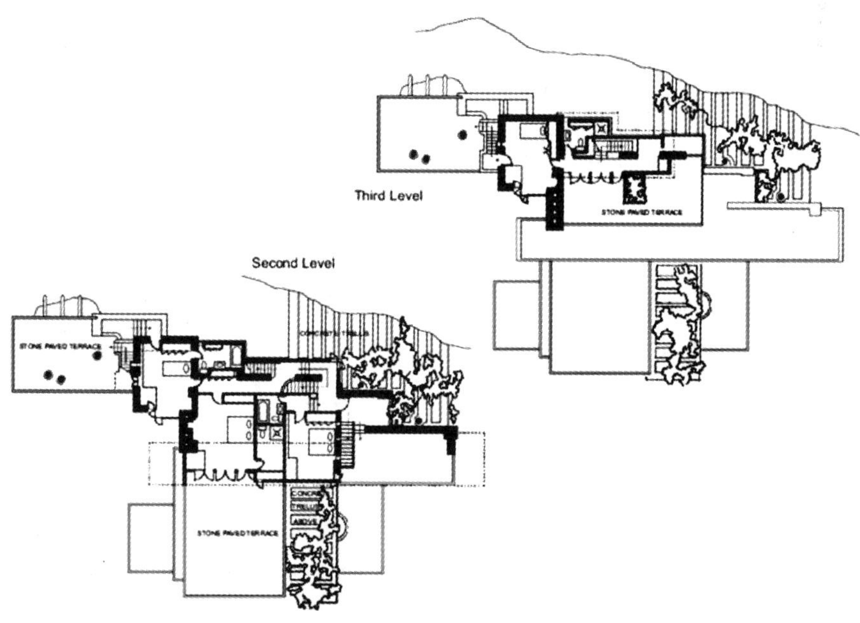

图 1-2-4　流水别墅的各层平面图

建筑空间从本质上可以被认为是人们通过各种手段（比如墙、楼板等）从自然界无限的空间中划分出来的，是自然空间的一部分，但是经过建筑手段围合的空间，其性质与自然界空间有了根本的区别，人们通过改变空间各个围合界面来调整空间的形状、体积、明暗、色彩和空间感受（图 1-2-5、图 1-2-6）。建筑空间的营造是建筑师需要掌握的最重要的设计能力之一，后面的章节将仔细探讨。

建筑技术是指建筑用什么材料和什么方法去建造，一般包括了建筑的结构、材料、建筑设备和施工技术。

建筑结构主要是指建筑用什么样的承重体系进行建造，主要包括了木结构、砖木结构、砖混结构、钢筋混凝土结构、钢结构等。木结构主要是以木柱、木屋架为主要承重结构的建筑，比如中国古代建筑主要是以木结构为主（图 1-2-7、图 1-2-8）；砖木结构是指以砖墙和木屋架为主要承重结构的建筑，大多数农村的屋舍采用这种结构，容易备料并且费用较低（图 1-2-9）；砖混结构是以砖墙、钢筋混凝土楼板和屋顶为主要承重构件

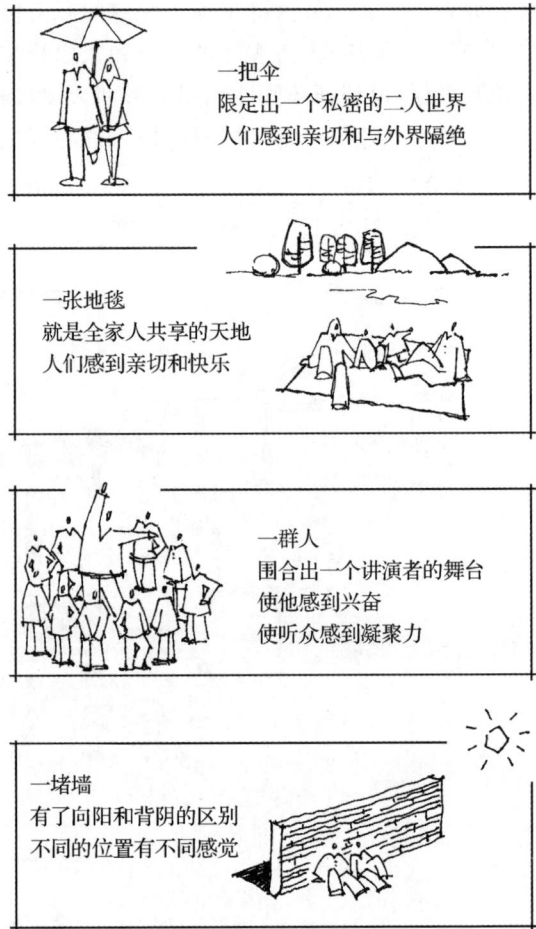

一把伞
限定出一个私密的二人世界
人们感到亲切和与外界隔绝

一张地毯
就是全家人共享的天地
人们感到亲切和快乐

一群人
围合出一个讲演者的舞台
使他感到兴奋
使听众感到凝聚力

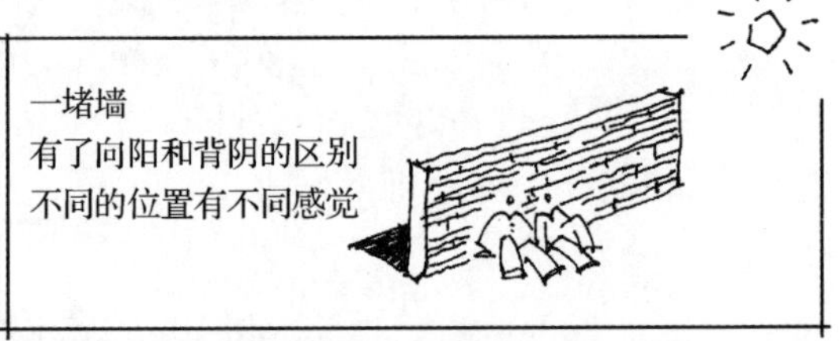

有了向阳和背阴的区别
不同的位置有不同感觉

图 1-2-5　人对空间的感受

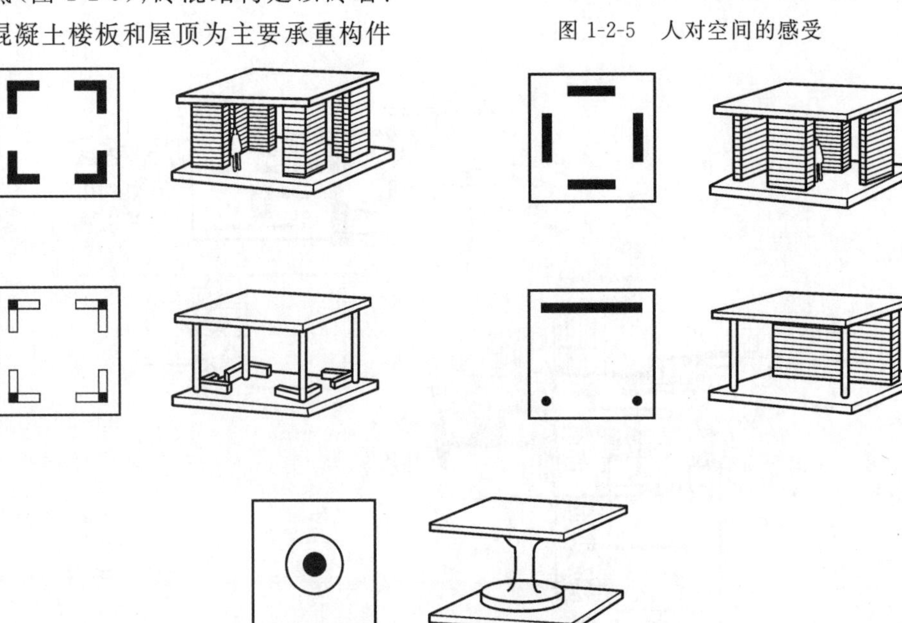

图 1-2-6　不同的围合方法形成了不同的空间效果

图 1-2-7　整修中的南禅寺大殿

南禅寺位于山西省五台县西南李家庄，重建于公元 782 年，是我国现存最古老的一座唐代木结构建筑，也是亚洲最古老的木结构建筑。

图 1-2-8　南禅寺大殿转角处

木屋架、柱头、木柱和柱础，是木结构体系的主要组成部分。

图 1-2-9　王家大院

王家大院位于山西省静升镇，其建筑精美，是中国砖石结构建筑的精品。

图 1-2-10 哈尔滨圣·阿列克谢耶夫教堂

典型的砖混式建筑，由于结构的限制，砖混结构一般空间跨度较小，开窗面积不大。

图 1-2-11 深圳市某钢混结构高层住宅楼

的建筑，目前我国大部分住宅都是采用这种结构类型，但是砖混结构的抗震能力较差(图1-2-10)；钢筋混凝土结构主要的承重构件包括了梁、板和柱，主要应用于公共建筑、工业建筑和高层住宅中(图 1-2-11)；钢结构的主要承重构件采用钢材，自重轻、跨度大，并且可以回收利用，特别适合大型的公共建筑，2008 年北京奥运会鸟巢则是典型的钢结构建筑(图 1-2-12)。除此之外，人们还经常应用一些特殊的结构形式，比如膜结构，膜结构是指以建筑织物的张拉为主的结构形式，造型独特，往往成为大跨度空间结构的主要形式，经常应用在商业或体育设施、景观小品中(图 1-2-13)。无论哪一种结构体系，都要把重量传递给

图 1-2-12 北京奥运会主体育场——鸟巢

位于北京奥林匹克公园内，建筑面积 25.8 万 m^2，平面呈双曲面马鞍形，东西向结构高度为 68m，南北向结构高度为 41m，钢结构最大跨度长轴 333m，短轴 297m，由 24 榀门式桁架围绕体育场内部碗状看台旋转而成，结构组件相互支撑，形成网格状构架。

图 1-2-13 位于伦敦东部泰晤士河畔的格林尼治半岛上的千年穹顶(Millennium Dome)

屋盖采用圆球形的张力膜结构,膜面支承在 72 根辐射状的钢索上,建筑面积大约 20 万 m^2,是英国政府为了迎接 21 世纪而兴建的标志性建筑。

土壤。如果把建筑当作人体来看的话,结构就是骨架,它决定着建筑是否安全、牢固和耐久,合理的建筑结构意味着它们不仅仅具有良好的刚度和柔韧度,更具有良好的经济性价比,独特的结构也往往是建筑的设计出发点(图 1-2-14、图 1-2-15)。

图 1-2-14 美国密尔沃基美术馆新馆
(Milwaukee Art Museum)

这是卡拉特拉瓦在美国的第一个设计作品,从结构科学性与审美性出发的设计带给人耳目一新的感觉。

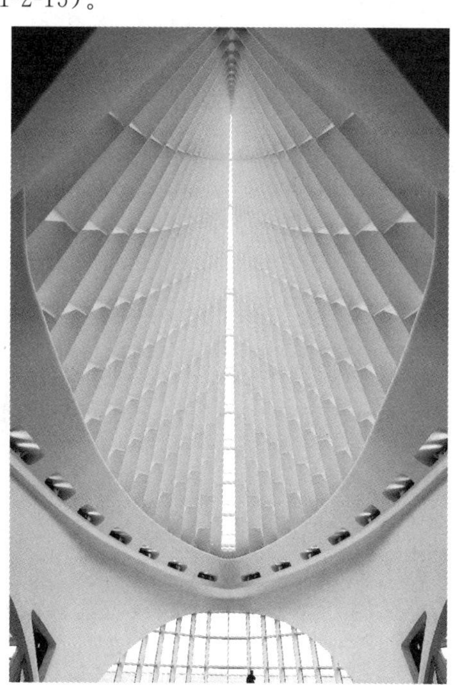

图 1-2-15 美国密尔沃基美术馆新馆室内

建筑材料就好像皮肤一样,对建筑起着保护作用,并帮助建筑展现出不同的外观和风格。建筑材料可分为天然(比如石材、木材等)与非天然(比如铝合金材料、玻璃等)两种,对于越来越多的建筑师来说，建筑材料的意义已经远远超越了材料本身，材料在塑造建筑空间、体现建筑文化和设计思想方面也有非常重要的作用。例如混凝土在“金贝尔美术馆”中展现出细腻、简约和稳重的文化气质，而在“光之教堂”里则呈现出纯净和专一的宗教气氛(图 1-2-16～图 1-2-19)，材料可以用来表达不同的建筑性格。

图 1-2-16　金贝尔美术馆

图 1-2-17　金贝尔美术馆展厅内景

美国德州金贝尔(Kimbell)美术馆，路易斯 · 康(Louis I. Kahn)设计，1972年落成。

图 1-2-18　光之教堂

图 1-2-19　光之教堂的内部

日本大阪的光之教堂，安腾忠雄(Tadao Ando)设计，1989年竣工。

建筑设备包括了各种暖通空调设备、强弱电设备、照明设备、给排水设施、智能化控制设备、电梯等等，各种建筑设备就像人体内的血管和器官一样，影响着建筑内外的空间环境质量，影响着建筑的能耗情况，并密切关系到建筑是否可以健康运营。

施工技术是指用什么方法去实现建筑师的设计、用什么样的手段来完成和组织建筑的营建、安装、调试。这其中，机械化、工业化的预制建筑构件生产以及模数化的建造方式极大地提高了建设的效率，促进了建筑产业的发展(图 1-2-20～图 1-2-22)。

图 1-2-20　日本东京的中银舱体大楼
(Nakagin Capsule Tower)

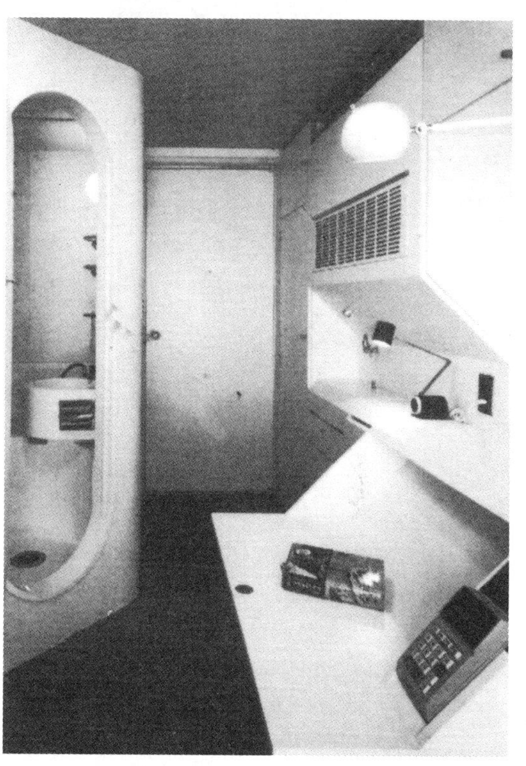

图 1-2-21　舱体大楼住宅单元内景

通过工业化生产标准建筑单元并加以组装，黑川纪章(Kisho Kurokawa)设计，1972 年建成。

建筑形象即是建筑的外观，具有良好审美观感的建筑形象对于建筑自身以及所在的城市环境都有积极的意义。建筑师可以通过处理建筑空间和体量、建筑实体的色彩和质感、建筑的光影效果等来获得良好的建筑形象。图 1-2-23～图 1-2-25 展示的是三座风格迥异的博览类建筑，我们可以看到不同的建筑师是如何塑造建筑形象的：古根海姆博物馆，流动的建筑形体和强反光表面材料十分抢眼，呈现出一种迷幻、张扬、强烈的艺术气质，成为城市的新标志；华盛顿国家美术馆东馆，建筑形体通过三角形几何图案转化与严格的轴线控制进行组织，明暗虚实对比强烈，塑造了端庄稳重的建筑形象；戴·穆瓦内艺术中心，外观以素雅的白色为主，轻盈灵动的建筑体块统一在方格网的和谐秩序里，建筑物阴影变化丰富，建筑物呈现出安静优雅又不失活泼的形象。在进行建筑外观设计的时候，建筑师应该注意遵从形式美的基本原则，它包括了比例、尺度、均衡、韵律、对比等，这一部分内容将在本书后面的章节详细论述。

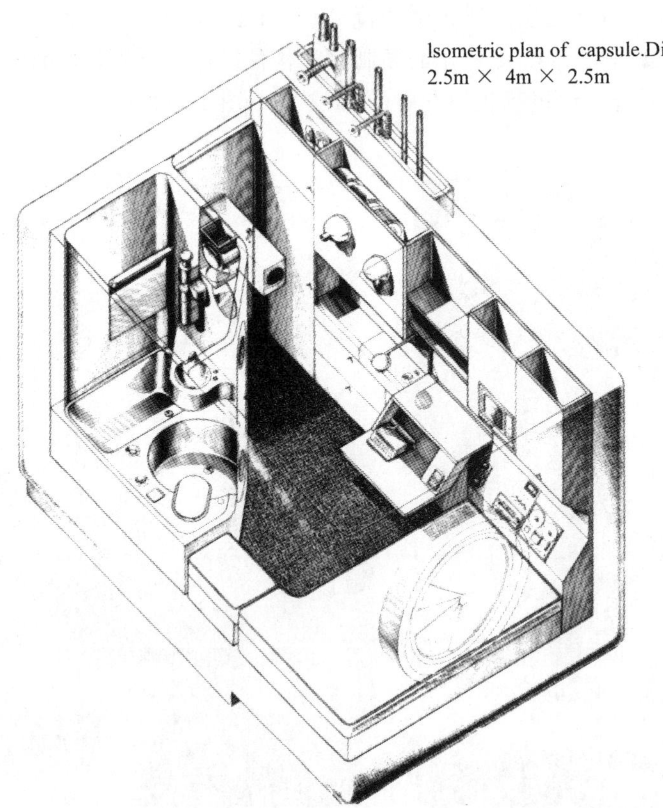

lsometric plan of capsule.Dimensions are
2.5m × 4m × 2.5m

图 1-2-22 舱体大楼住宅单元剖轴测图

图 1-2-23 西班牙毕尔巴鄂市古根海姆博物馆(the Bilbao Guggenheim Museum)(盖里设计)

图 1-2-24　美国华盛顿国家美术馆东馆(National Gallery of Art East Building)(贝聿铭设计)

图 1-2-25　美国戴·穆瓦内艺术中心(Des Moines Art Center)
(理查德·迈耶(Richard Meier)设计)

以上四种要素之间的关系是辩证统一的，建筑师通过这四种要素来认识和了解建筑，并在设计的时候对上面四者进行有重点的统筹考虑。

三、建筑与环境

建筑师仅仅了解建筑自身是远远不够的，还要了解建筑、人与环境之间的关系。环境可分为自然环境与人工环境，城市可以被看作一个巨大的人工环境。对于建筑与环境的关系，有以下问题是需要我们了解的：

第一，建筑可利用和创造环境，也要面对环境的制约。尊重并以适当的方式利用环境，体现了建筑师的智慧，环境的制约往往会成为设计的最大特点。比如日本建筑师安腾忠雄设计的六甲山集合住宅，陡峭的山地是对该项目的最大限制，但是建筑师巧妙地设计了层层退台的建筑形式，合理地利用山地并组织了富有特点的人流交通流线，建筑与环境形成了良好的共生(图 1-2-26、图 1-2-27)。

图 1-2-26　日本六甲山住宅

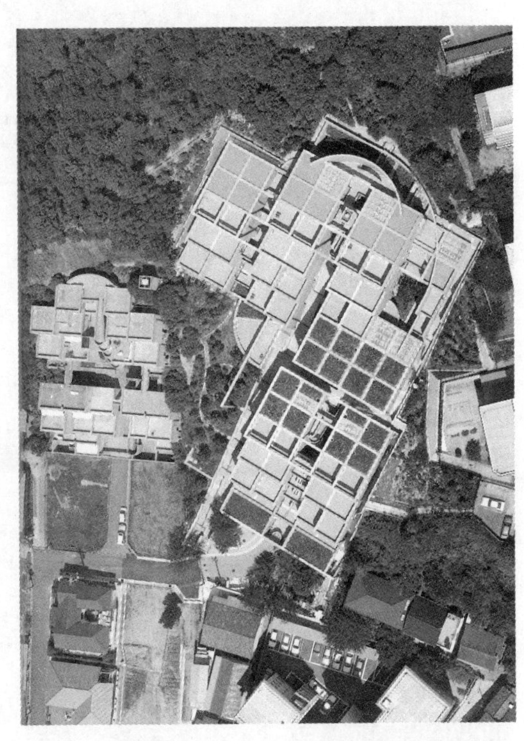

图 1-2-27　日本六甲山住宅航拍图

第二，建筑环境与所在地区的自然条件和文脉有关系。不同地区的气候状况、资源材料、水文地质、生物植被等都对建筑环境有着重要的影响，为不同的建筑带来了强烈的区域特色(图 1-2-28～图 1-2-30)。文脉是指一个地区历史发展所留下的各种建筑环境与文化历史痕迹，建筑师越来越意识到一个建筑项目的设计过程中需要重视基地特征、周边环境和传统文化脉络，因为我们通常是在前人之后继续塑造环境，因此需要考虑和尊重前人，并且尊重当地的历史文化。佛罗伦萨亚南泽塔广场的建设过程是一个值得深思的案例(图 1-2-31、图 1-2-32)。

第三，建筑环境的营造需要考虑人的行为心理。人们在长期的生活实践中，形成了一定的行为模式和心理经验，建筑的用户、使用者的某些行为和活动需要某种特定的建筑空间或

图 1-2-28　布达拉宫

布达拉宫体现了浓郁的藏区民族特色，气势雄伟挺拔。

图 1-2-29　拙政园

苏州拙政园是江南园林的重要代表，造型轻巧灵秀。

图 1-2-30　陕北窑洞

陕北窑洞充分利用黄土资源，外观敦厚朴实。

环境，同时，建筑空间或环境中的某些特征因素也会鼓励或禁止人们的某些特别行为。现代社会人们的活动和行为方式变得愈加复杂和丰富，建筑师有必要认真关注人们的心理需要与建筑环境之间的关系，提升建筑对于使用者福利的贡献(图 1-2-33)。

第四，建筑应尊重生态环境。保护地球有限的资源，倡导可持续发展是每个人的责任。可持续发展的含义是：既满足当代人的需要，又不对子孙后代满足其需要构成危害的发展模

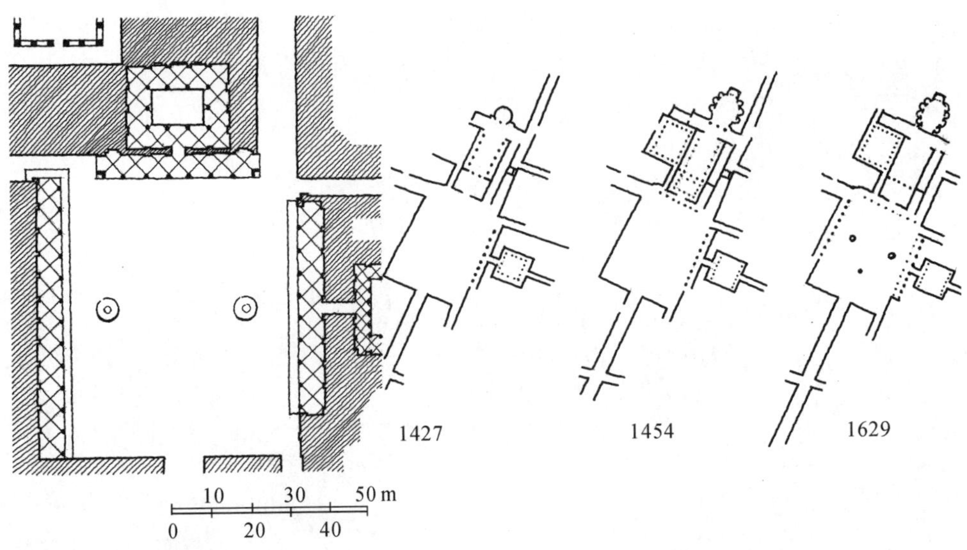

图 1-2-31 佛罗伦萨亚南泽塔广场平面图

图 1-2-32 佛罗伦萨亚南泽塔广场

意大利佛罗伦萨亚南泽塔广场(Piazza Santissima Annunziata)的第一位设计者设计了右侧的育婴堂,它建成于1427年;第二位设计者要在广场一侧设计一座教堂,他决定采取与之和谐的形式,运用了相同形式的拱廊,教堂完成于1454年;第三位设计者决心不表现他自己,而随从前两者创造的形式,1629年三位建筑师最终完成了一处完美的广场。202年的时间里,三位设计者先后和谐地塑造了同一个城市空间。当然这个例子并不意味着后者必须要采用与前者相同的形式。其实质在于重视评判前者,并使前后有协调的关系。著名的城市设计学者埃德蒙·培根在《城市设计》一书中评价道:"正是下一个人,他要决定是将第一个人的创造继续推向前去还是毁掉。"

图 1-2-33　双顶住宅

式。建筑学是一门“为人类建立生活环境的综合艺术和科学”(1981 年国际建筑师协会《华沙宣言》)，建筑师理应关注建筑对于环境的生态影响以及建筑自身的生态性能。建筑应该充分利用适宜性的低能耗或者零能耗的技术手段，力求“节能、节地、节水、节材”，同时建筑本身以及建筑过程均应最大限度避免对生态环境产生负面的影响。我国在 2006 年 6 月 1 日开始实施《绿色建筑评价标准》，用于评价住宅建筑和公共建筑的能耗情况。在我国北方地区，绿色建筑主要关注的是建筑的保温防冻问题，在南方，绿色建筑则较多地关注春秋季节建筑的通风与遮阳。绿色建筑将是未来世界建筑发展的重要方向，这意味着建筑师必须要以更加谦卑和敬畏的心态应对自然环境，世界范围内建筑师都在做着有益的尝试(图 1-2-34～图 1-2-36)。

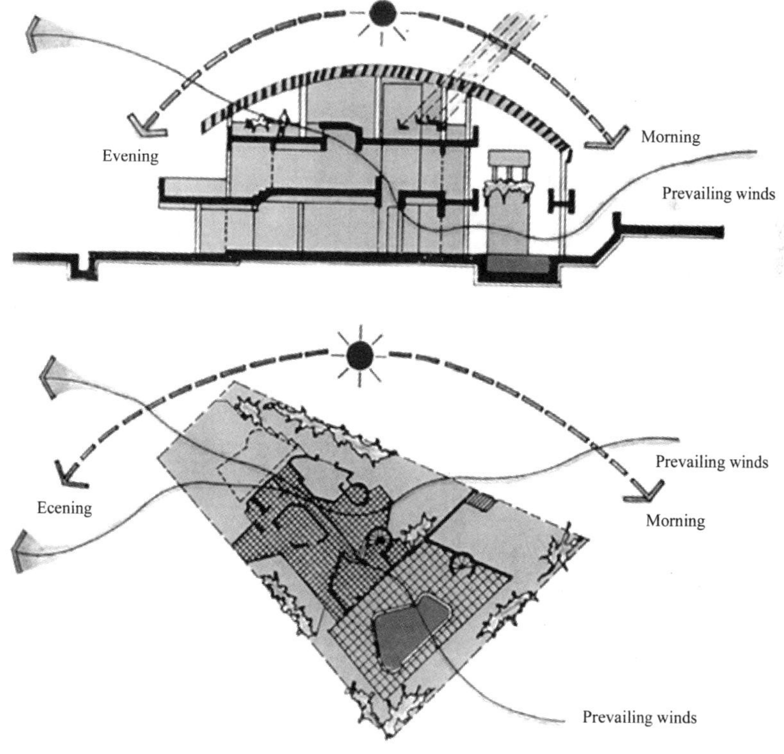

图 1-2-34　马来西亚的双顶住宅(Roof-Roof House)

杨经文(Ken Yeang)设计。针对马来西亚当地的气候特征，建筑师充分利用屋顶遮阳并合理组织穿堂风，利用游泳池的水冷却吹入室内的空气，建筑师采用适宜性的低能耗手段，帮助建筑节约能耗。

图 1-2-35 福斯特的瑞士再保险公司总部大楼

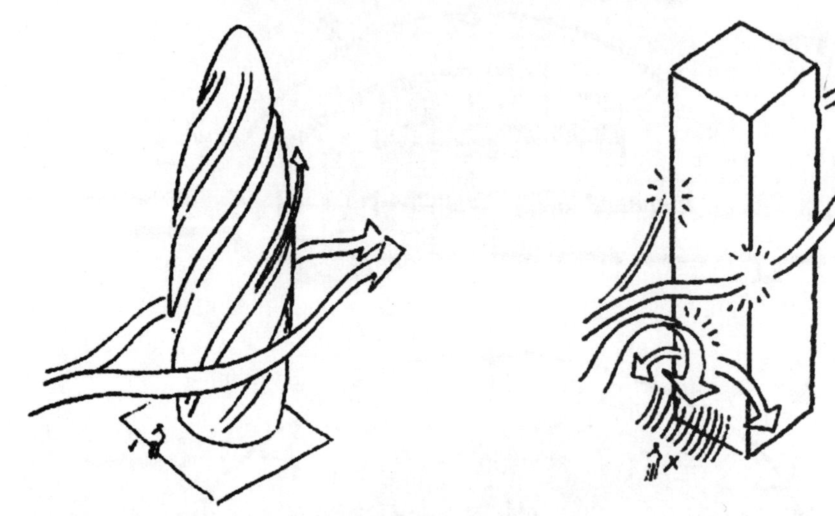

图 1-2-36 英国伦敦“瑞士再保险总部大楼”(Swiss Re Headquarters)

诺曼·福斯特(Norman Foster)设计。曲线形在建筑周围对气流产生引导,使其和缓地通过;六个三角形的天井有助于提高自然照明的利用率,整个建筑应用了很多新的建筑科技以降低单位建筑面积的能耗。

“环境”一词在今天的建筑学领域,已经拥有了更加深刻和广泛的内涵,任何一个建筑都必然要面对建设基地以及环境提出的挑战,建筑师需要越来越多地面对局部环境与整体环境、内部环境与外部环境之间的平衡问题,对于环境的思考将建筑学提升到一个更加科学和理性的层次。

第三节　绿色建筑与人居环境

一、绿色建筑

“绿色建筑”的“绿色”，并不是指一般意义的立体绿化、屋顶花园，而是代表一种概念或象征，指建筑对环境无害，能充分利用环境自然资源，在全寿命期内，最大限度地节约资源(节能、节地、节水、节材)、保护环境、减少污染，为人们提供健康、适用和高效的使用空间。绿色建筑是与自然和谐共生的，并且在不破坏环境基本生态平衡条件下建造的一种建筑，又可称为可持续发展建筑、生态建筑、回归大自然建筑、节能环保建筑等。(图 1-3-1、图 1-3-2)

图 1-3-1　位于新加坡维多利亚大街的新加坡国家图书馆(简称 NLB)

在运行期间比普通建筑节约大概 80%的能源，所采用绿色建筑技术措施如下：采用了最佳的建筑朝向和位置，充分利用自然风，并利用围护结构的隔热性能，防止热的传递，尽量减少热负荷；设置了阳光遮蔽系统，采用日光照明策略，白天不用开灯，完全可以实现自然光的照射；建筑内部只有部分采用空调制冷，其余均利用自然通风或机械(如风扇)降温；室内的地毯、墙壁织物用一些具有足够强度的当地木材等材料，使得建筑对环境的破坏减小到最低，而且能够循环重复使用。

图 1-3-2　新加坡国家图书馆内部

图 1-3-3　梅纳拉商厦

杨经文在热带高层建筑设计中运用生物气候学设计的梅纳拉商厦(图 1-3-3)是一栋 15 层高的办公楼,建筑在内部和外部采用了双气候的处理手法,使之成为适应热带气候环境的低耗能建筑。植物从楼的一侧护坡开始,然后螺旋式上升,种植在楼上内凹的平台上,创造一个遮阳且富含氧的环境。办公室布置在正中而不是外围,这样的设计保证良好的自然采光,同时带有阳台开有落地门调节自然通风量。楼顶有一个钢和铝合金构成的棚架遮盖,遮阳顶提供一个圆盘状空间以安装太阳能电池板。

图 1-3-4 苏丹摩天楼示意图

利用雨水来解决淡水匮乏问题。在面积广阔的苏丹沙漠,淡水成为最宝贵的资源之一,获取淡水的难度超乎人们想象。有意思的是,沙漠地下深处也隐藏着世界上最大的地下湖,如果能够有效加以利用,当地居民的生活便会发生翻天覆地的变化。波兰建筑事务所 H3AR 提出了一种解决之道,即建造外形好似当地猴面包树的水塔群并利用地下泵抽水。水塔内建有一个水处理厂、一所医院、一所学校以及一个食物储藏中心。摩天楼如何让建筑在最大程度上收集雨水? H3AR 设计的集雨摩天楼可能给出答案。借助于覆盖整个外部的水槽网,雨水将直接流入一个处理厂。处理后获得的生活用水可用于冲马桶、洗衣服、其他清洗工作以及浇灌植物。根据 H3AR 的设计,摩天楼的皮肤与屋顶上一个巨大的碗状雨水收集设施结合在一起,在最大程度上获取雨水。(图 1-3-4、图 1-3-5)

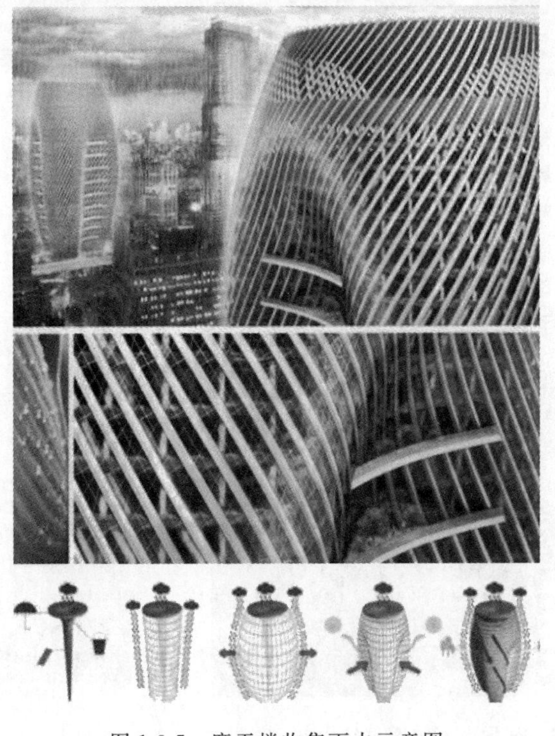

图 1-3-5 摩天楼收集雨水示意图

位于迪拜的这座炫目建筑——垂直村，出自格拉夫特建筑设计事务所(Graft Lab)之手。乍看之下，在大楼外表的底部似乎镶嵌了一个个闪耀的几何形池子；但再凑近细看，这座网型的建筑如同炙热沙漠中波光粼粼的浴场般迷人，它通过收集太阳的酷热光线，并将其转化为能量使用。垂直村是一座多用途的建筑，其中大量的太阳能收集装置可以协调运作，互为补充。建成之后，垂直村有望获得领先能源与环境设计(LEED)金级认证。

垂直村可以在热带地区将能效发挥到极致：减少日光吸收，最大化太阳能产出。在整座建筑中，曲棍球型主体部分的靠北位置可以自行遮蔽，且坐落在东西中轴线上的设计可以减少长角日光的直射。太阳能收集装置的巨型底座位于垂直村建筑的南边末端位置，它被设计为可以自动朝向太阳，以最大化地聚集太阳能。垂直村的顶部有叶状的纹理，可以将太阳能收集区域分割为更小且更易操控的部分。除了独特的太阳能收集装置外，垂直村的外形看起来也让人感觉颇为震撼。整座建筑物分割和倾斜的方式使得各个单元呈现出独一无二的未来主义式观感。另外，大厦中的旅馆、电影院、商店和剧院一应俱全，可供房客和游客们尽情享受。(图 1-3-6～图 1-3-8)

图 1-3-6　迪拜太阳能垂直村局部外观

图 1-3-7　迪拜太阳能垂直村外观

图 1-3-8 迪拜太阳能垂直村细节

垂直村略带倾斜角度的低级，使得其建筑主体可以处于太阳能板遮盖之下，而对角板型的大厦也可以降低低角度太阳光的渗入。大厦可设置为住宅单元，而建筑基座可设置为电影院、宾馆及购物场所等。

二、人居环境

人居环境科学是一门以人类聚居为研究对象，着重探讨人与环境之间的相互关系的科学。它强调把人类聚居作为一个整体，而不像城市规划学、地理学、社会学那样，只涉及人类聚居的某一部分或是某个侧面。学科的目的是了解、掌握人类聚居发生、发展的客观规律，以更好地建设符合人类理想的聚居环境。

人居环境的核心是"人"，基础是大自然，它是人与自然发生联系的中介，也就是说理想的人居环境是人与自然的和谐统一。人居环境的主要构成：就其内容而言包括五大系统，即自然、人类、社会、居住、支撑；就其级别而言包括五大层次，即全球、国家与区域、城市、社区、建筑。人居环境建设中的五大原则，概括来说即为生态观、经济观、科技观、社会观、文化观。

城市人居环境的不断变迁，引起了许多专业和社会人士对理想城市的探索和讨论。

霍华德（E. Howard）提出了"田园城市"的理想模型（图 1-3-9）。

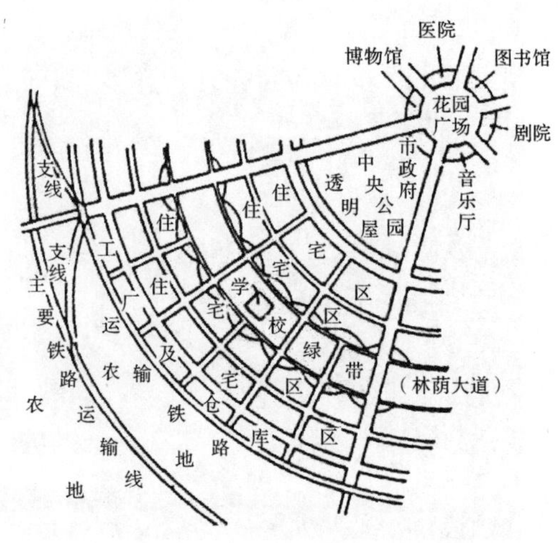

图 1-3-9 "田园城市"理想模型

1943 年芬兰建筑师伊利尔·沙里宁提出了"多核区域"的发展模式。把密集的城市区域分裂成一个个的集镇，形成"多核区域"，各区域相对独立，彼此之间以大片的绿化带或河流间隔，这样不仅充分且较均匀地分散了城市人口，减缓旧城区压力，而且充分利用了自然资源，使城市规划及建设融入了大自然中，与自然互为一体。1973 年，格伦(V. Green)提出了一个组合型城市地域结构模式。我国有学者提出一种“园林城市”的理想模式(图 1-3-10)。

图 1-3-10　菊儿胡同

北京东城区菊儿胡同是紧邻北京著名的南锣鼓巷的东西向小胡同，曾远离繁华和喧嚣，可如今，438m 长的胡同里，有了大大小小 20 多个商铺。由著名建筑师吴良镛设计的“新四合院”——菊儿胡同 41 号院，1992 年，曾因旧城改造试点的身份引起世界重视，并获得联合国世界人居奖。

三、节能技术

被动式建筑节能技术

以非机械电气设备干预手段实现建筑能耗降低的节能技术，具体指在建筑规划设计中通过对建筑朝向的合理布置、遮阳的设置、建筑围护结构的保温隔热技术、有利于自然通风的建筑开口设计等实现建筑需要的采暖、空调、通风等能耗的降低(图 1-3-11)。相对被动式技术的是主动式技术，即指通过机械设备

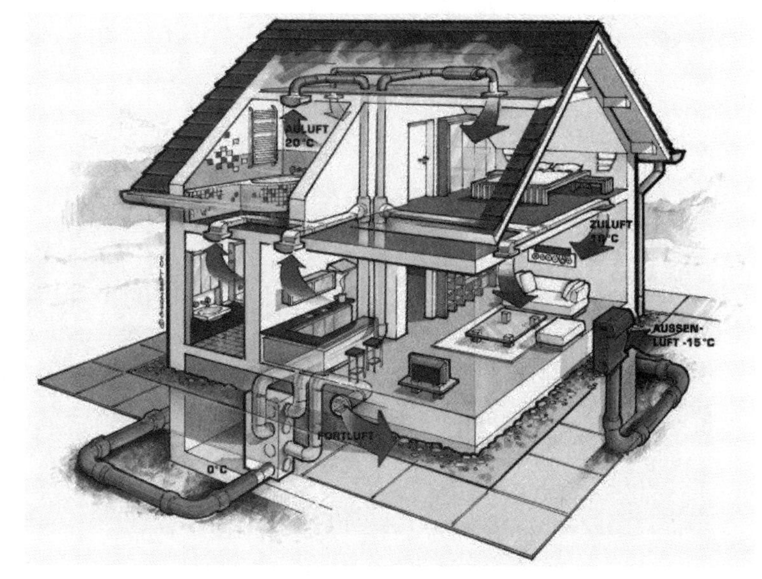

图 1-3-11　被动式建筑房屋示例

干预手段为建筑提供采暖、空调、通风等舒适环境控制的建筑设备工程技术，主动式节能技术则指在主动式技术中以优化的设备系统设计、高效的设备选用实现节能的技术。

适宜性技术

适宜性技术体现了一种生态精神，其中对天然资源的利用、对自然通风、自然采光等自然环境的利用技术都体现了对生态环境的保护，体现了环境的可持续发展。而采用适合的技术，最大限度地利用自然资源，促进环境的可持续发展也正是适宜性技术所大力提倡的。

低碳技术

低碳经济是以低能耗低污染为基础的经济。在全球气候变化的背景下，"低碳经济"、"低碳技术"日益受到世界各国的关注。低碳技术涉及电力、交通、建筑、冶金、化工、石化等部门以及在可再生能源及新能源、煤的清洁高效利用、油气资源和煤层气的勘探开发、二氧化碳捕获与埋存等领域开发的有效控制温室气体排放的新技术。

英国建筑研究院(BRE)的环境楼(Environment Building)(图 1-3-12)为 21 世纪的办公建筑提供了一个绿色建筑样板。能源系统是设计师为一个尺度适中的办公建筑精心设计的，使之成为新一代生态办公建筑的模范之作。该大楼最大限度利用日光，南面采用活动式外百叶窗，减少阳光直接射入，既控制眩光又让日光进入。采用自然通风，尽量减少使用风机。采用新颖的空腔楼板，使建筑物空间布局灵活，也不会阻挡天然通风的通路。顶层屋面板外露，避免使用空调。白天屋面板吸热，夜晚通风冷却。埋置在地板下的管道利用地下水进一步帮助冷却。安装综合有效的智能照明系统，可自动补偿到日光水准，各灯分开控制。建筑物各系统运作均采用计算机最新集成技术自动控制。用户可对灯、百叶窗、窗和加热系统的自控装置进行遥控，从而对局部环境拥有较高程度的控制。

图 1-3-12 英国建筑研究院(BRE)的环境楼(Environment Building)

第四节　中外建筑沿革

一、中国古代建筑概述

中国古代建筑发展形成了一条在世界古代史中延续时间最久的、以木结构建筑为主的独特体系，这一体系的发生、发展受到中国文化的密切影响。

六七千年前到公元前 21 世纪，是中国的原始社会建筑时期，在陕西省的半坡遗址中已经发现了木骨泥墙的半穴居建筑(图 1-1-2)，而在浙江余姚的河姆渡文化遗址中发现当时人们已经发明了榫卯木建筑构件(图 1-4-1)，这是非常了不起的事情。

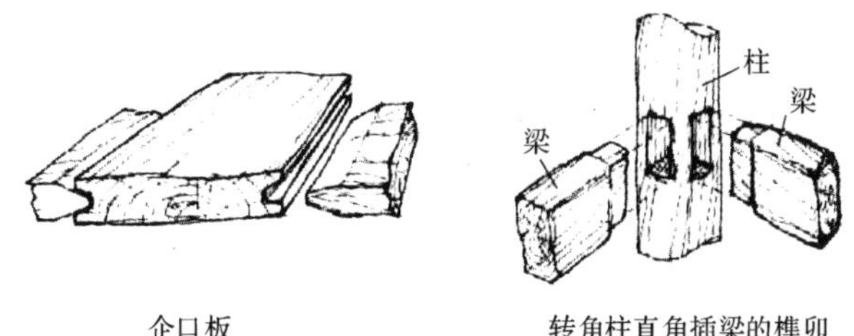

图 1-4-1　距今六七千年以前的河姆渡村遗址中发现了大量榫卯木构件

河南偃师二里头宫殿遗址表明，夏朝时期我国传统建筑的院落式布局已经开始形成(图 1-4-2)。四千年前的商周时期是中国的奴隶制社会，这个时期中国传统木构架建筑形式

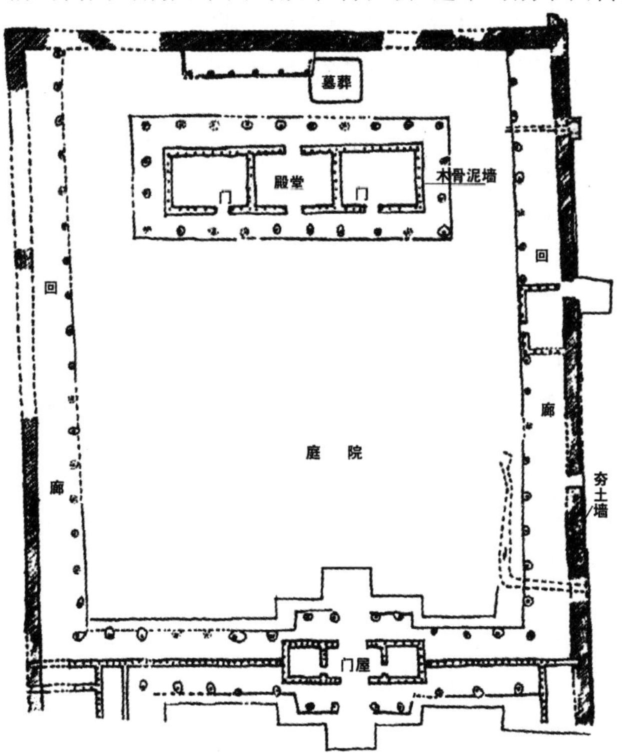

图 1-4-2　偃师二里头二号宫殿遗址平面图

已经基本确定,河南省安阳市发掘的殷墟遗址中发现了建造与夯土台基上的卵石柱础和木柱痕迹(图 1-4-3), 2007 年浙江良渚发掘的古城(图 1-4-4)有力地说明,这一时期,城市作为人类聚居地也有了较大的发展。可以说,从夏商周到战国时期,中华的建筑文明之花正含苞待放。

图 1-4-3 河南安阳市小屯村发现的殷墟遗址

这是商代后期最重要的遗址,图为 20 世纪 30 年代殷墟发掘现场。

图 1-4-4 杭州余杭良渚古城发掘现场

古城总面积达 290 多万 m^2,是目前发现的同时代中国最大的城址,图示为古城城墙底部作为基础而铺垫的石块。

秦汉时期被认为是中国建筑逐渐走向成熟的发端(图 1-4-5～图 1-4-7),“秦砖汉瓦”代表了当时建筑材料和构造的发展水平,在这个时期,中国已经有了完整的廊院和楼阁,建筑从上至下分为屋顶、屋身和台基,这也奠定了日后中国古建筑的基本雏形。作为重要的承重构建,斗拱也出现了,斗拱帮助建筑的屋顶向四面延展并科学地将荷载传递给梁柱。

图 1-4-5　汉云纹瓦当

瓦当指的是陶制筒瓦顶端下垂的特定部分,是古代建筑用瓦的重要构件,具有保护木制屋檐和美化屋面轮廓的作用。

公元 220—589 年是魏晋南北朝时期,这个时候由于佛教的传入,中国建筑中出现了寺庙、佛塔和石窟(图 1-4-8)。有些学者认为,魏晋时代人们追求飘逸的风骨,这在某种程度上影响了中国建筑形象的发展,建筑屋顶四角对于起翘的追求满足了当时审美的需要。

唐宋时期被认为是中国建筑的极盛时期,社会生产力的发展有力地推动了建筑的成熟,山西

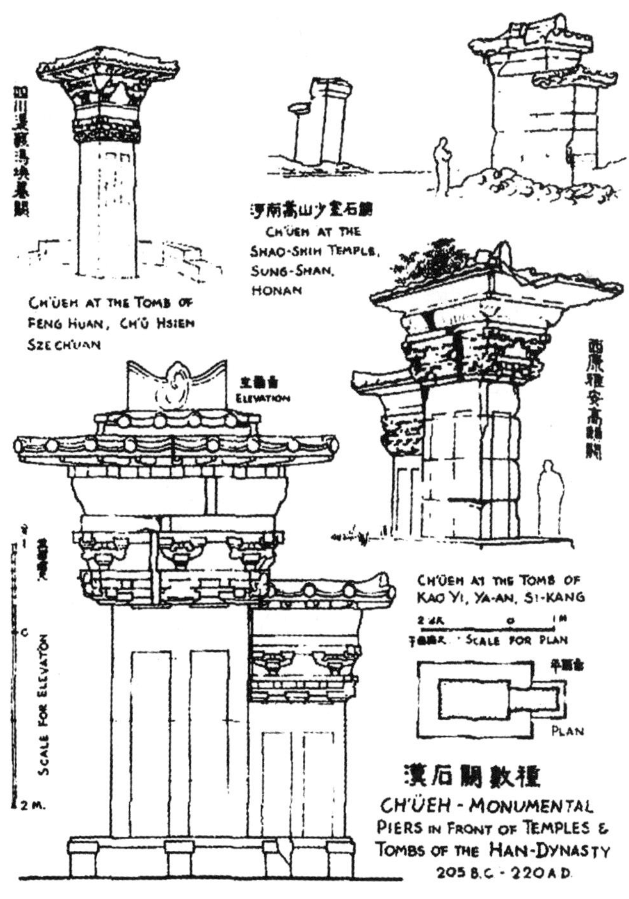

图 1-4-6　汉石阙(仿木构)

图 1-4-7 明器，陶制水榭

图 1-4-8 云冈石窟中表现的建筑形象与构造

五台山的佛光寺大殿（公元 857 年）被认为是我国现存时代最早、最完整的能够反映唐代建筑风貌的木构架建筑（图 1-4-9、图 1-4-10）。宋代结束了五代十国时期的混乱，社会经济再次发展，朝廷颁布了《营造法式》，对建筑的型制、设计模式和工料定额等给予了规定，这是一部在当时世界上比较完整的建筑著作。

辽、金、元时代，建筑沿袭并保持了唐代的传统（图 1-4-11）。

中国古代建筑在明清时走向了另一个高潮，现存很多古建筑都是这个时期留下来

图 1-4-9 佛光寺

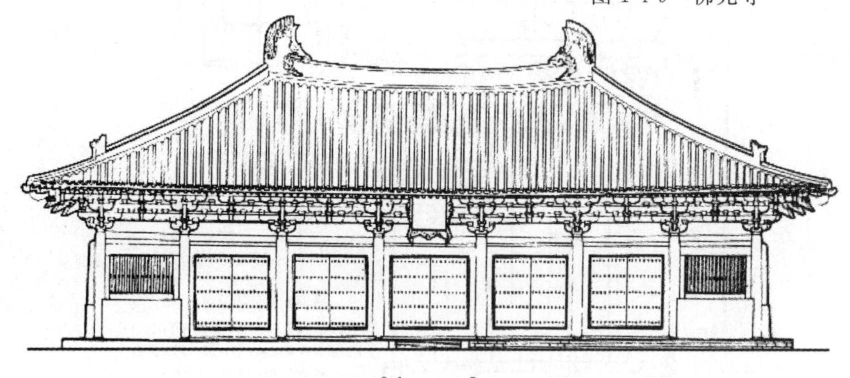

图 1-4-10 佛光寺正立面图

图 1-4-11　应县木塔

建于辽清宁二年(公元 1056 年),是我国现存最高最古的一座木构塔式建筑,也是唯一一座木结构楼阁式塔。

的,比照唐代建筑,明清时期的建筑更加注重彩绘等装饰,特别是清朝时期的建筑极尽装饰繁华之事(图 1-4-12)。

图 1-4-12　故宫

故宫布局严整,轴线宏大,是中国传统建筑群的优秀代表。图为局部鸟瞰。

中国古代建筑的木构架是最大的特点，其中斗拱作为一种高效的结构构件也有着重要的装饰作用(图 1-4-13)，更奠定了中国古代建筑重要的模数体系，而中国古代的建筑群落主要是靠院落来组织，四合院是基本的院落形式之一。丰富多彩的建筑彩绘、匾额楹联、窗棂雕花等等形成了中国建筑独特的民族风格(图 1-4-14)。

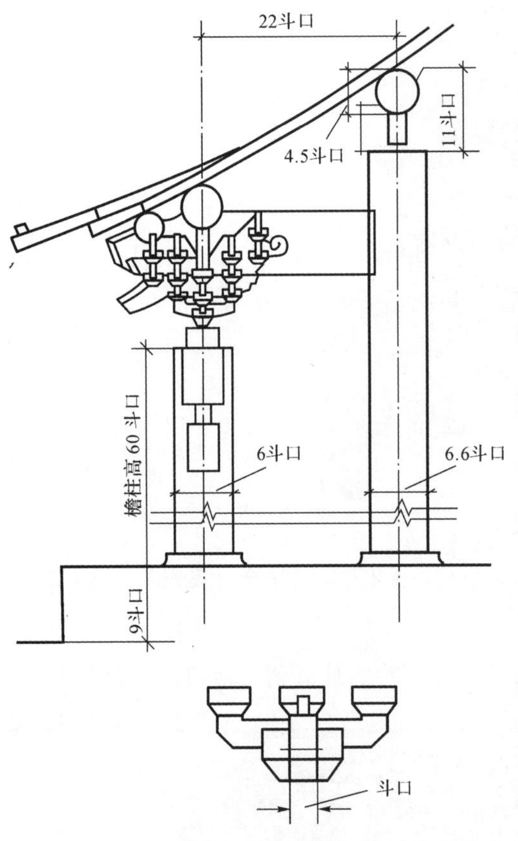

图 1-4-13　斗拱

中国建筑斗拱不仅在结构和装饰方面起到重要作用，还是制定建筑各构件大小尺寸时的基本度量单位。坐斗上承受昂翘的开口称之为斗口，作为度量单位的"斗口"是指斗口的宽度。

图 1-4-14　故宫建筑构件细部

《紫禁城宫殿》一书中展示的故宫建筑构件细部。我国古代建筑综合运用工艺美术及绘画、书法、雕刻等方法进行建筑装饰。

二、西方古典建筑概述

世界上有很多建筑文明，比如古埃及、两河流域等地的建筑文明就是其中光辉灿烂的代表，这里我们主要讲述的是西方古典建筑，因为它对于今天的世界建筑来说有着非常重要的影响。

古希腊文明是西方文化的发源，公元前 5 世纪左右，雅典人重建了雅典卫城，它是由山门和神庙共同组成的，神庙类建筑代表了古希腊建筑的极高成就，是人类建筑文明中重要的瑰宝(图 1-4-15)。古希腊人政治文化生活中，很多内容都在室外场所展开，十分重视建筑物外围的柱廊空间，古希腊时期发展出的三种柱式对后世影响极大(图 1-4-16)。

古罗马人继承了古希腊人的建筑成就，并在此基础上发展了拱券结构，罗马人发明了由

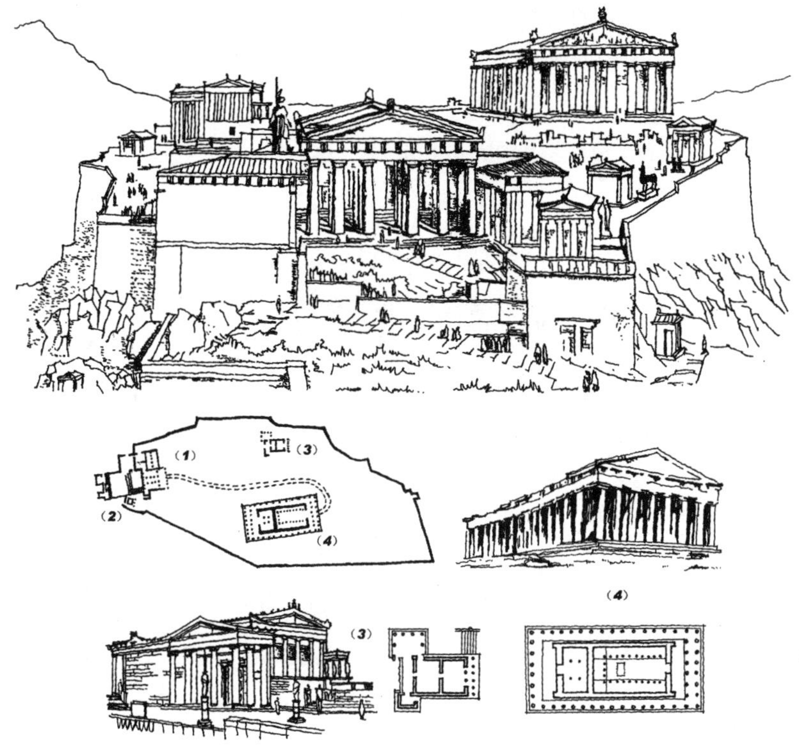

图 1-4-15　雅典卫城

雅典卫城(The Acropolis of Athens)建造在山丘上,是古希腊人的宗教圣地,用以祭祀女神雅典娜。

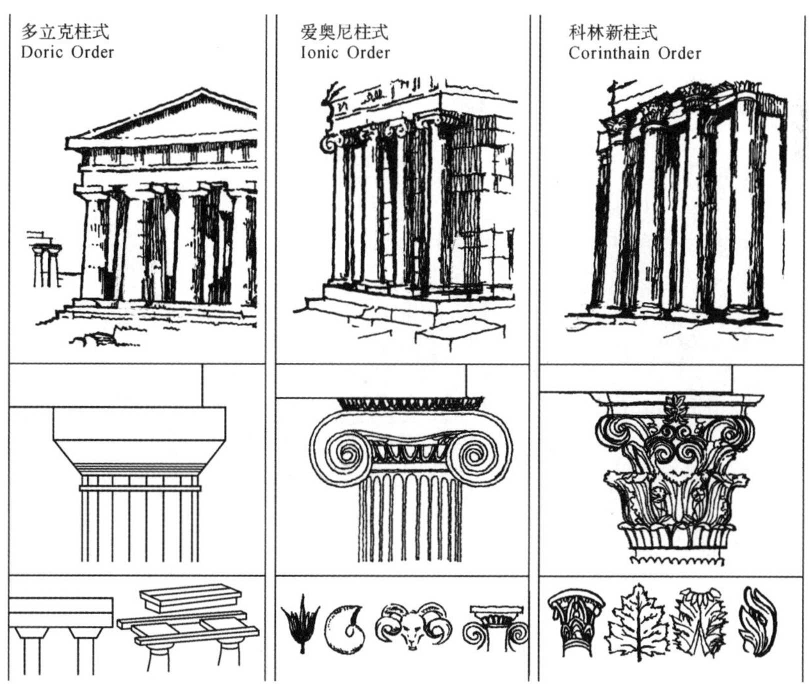

图 1-4-16　古希腊时期的三种柱式

天然火山灰和砂石、石灰构成的混凝土材料，这对于人类建筑发展是重要的贡献，极大地拓展了古罗马建筑的发展，这一时期建筑的代表作是罗马万神庙、卡瑞卡拉大浴池和斗兽场等（图 1-1-23，图 1-4-17）。

图 1-4-17 古罗马斗兽场(Colosseum)的模型

中世纪时期，欧洲进入到漫长的动乱时代，建筑发展缓慢，这一时期重要的建筑类型主要是城堡和教堂，其中拜占庭式建筑、罗马风建筑和哥特式建筑是这一时期建筑的代表类型（图 1-4-18～图 1-4-23）。

图 1-4-18 圣索菲亚大教堂

圣索菲亚大教堂（Aya Sofya）是拜占庭式建筑的代表作，坐落在土耳其的伊斯坦布尔，建于公元 532—537 年。拜占庭式建筑的特点是平面呈现的十字架形状横向与竖向长度差异较小，其交点上为一大型圆穹顶。穹顶在方形的平面上，建立覆盖穹顶，并把重量落在四个独立的支柱上，这种形式对欧洲建筑发展是一大贡献。

图 1-4-19　圣索菲亚大教堂气势恢宏、雕画精美的室内空间

图 1-4-20　比萨大教室

比萨大教堂(Pisa Cathedral)是罗马风建筑的代表作，坐落于意大利比萨，纵深的中堂与宽阔的耳堂相交处为一椭圆形拱顶所覆盖，中堂用轻巧的列柱支撑着木架结构屋顶。

图 1-4-21　比萨大教堂的室内空间

图 1-4-22　法国圣德尼修道院教堂

法国圣德尼修道院教堂(Abbey Church of Saint-Denis)是典型的哥特式建筑。强调垂直上升感的尖拱券是哥特式建筑的特征之一。

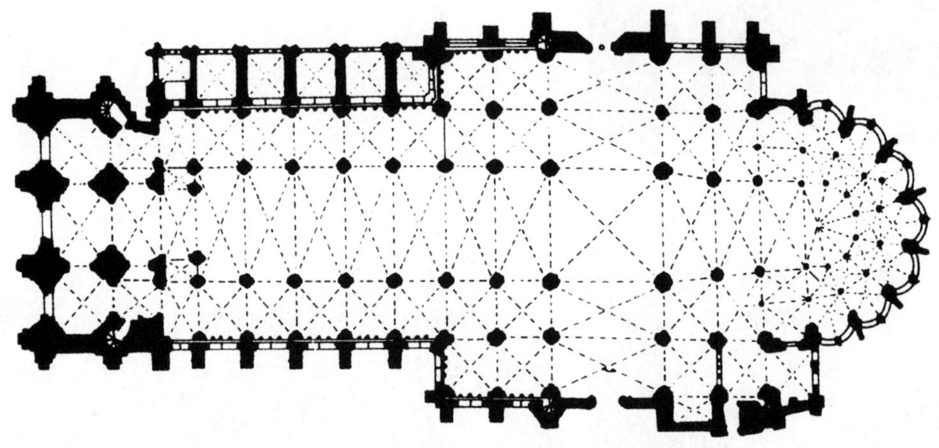

图 1-4-23 法国圣德尼修道院教堂平面图

公元 15 世纪，从意大利开始的文艺复兴将欧洲建筑发展推进到一个新的时期，人们重新发现并重视古典的柱式，并将其更加人性化地使用在建筑之中，建筑开始越来越尊重人的价值和尊严。这一时期出现了很多著名的建筑师，如帕拉第奥等（图 1-1-18、图 1-4-24、图 1-4-25）。

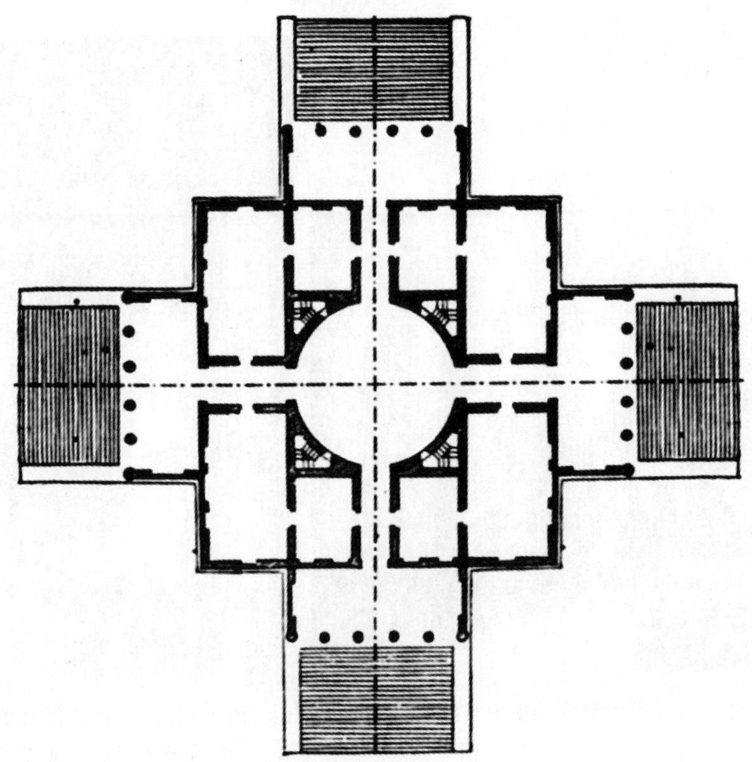

图 1-4-24 圆厅别墅平面图

帕拉第奥在这个建筑中展现出文艺复兴时期建筑重要的两个特质：精确性和集中式的平面设计。

图 1-4-25　救世主教堂

意大利威尼斯的救世主教堂（Il Redentore，建于1577—1592 年），设计者帕拉第奥。建筑物的圆顶夹在两个小尖塔之间，这种构图极富创意，是意大利文艺复兴建筑的代表作之一。

图 1-4-26　四泉圣卡洛教堂

罗马的四泉圣卡洛教堂（San Carlo Alle Quattro Fontane），是巴洛克建筑的代表作，由波洛米尼（Francesco Borromini）设计。波浪起伏的立面充满了巴洛克式的灵活与自由。

在 16—17 世纪之间，西方建筑的发展出现了巴洛克建筑（图 1-4-26、图 1-4-27），它突破界限和传统，追求华丽。在 1671 年，法国巴黎成立了皇家建筑学院，它是世界上第一所较为完善的建筑学院，对后世的建筑学教育产生了深远影响。其后，欧洲的复古浪潮中还出现了浪漫古典主义建筑，其中的代表作是法国的先贤祠（图 1-4-28）。

18 世纪开始，随着工业革命的进行，各种科学艺术得到了突飞猛进的发展，建筑也进入到一场伟大的革命之中。

图 1-4-27　圣卡洛教堂室内，设计富有戏剧化效果

图 1-4-28　法国巴黎先贤祠（le Pantheon）

三、西方现代建筑概述

图 1-4-29　法国埃菲尔铁塔(La Tour Eiffel)

工业革命带来了社会各个领域深刻的变化，1851 年，英国出现了一个震惊世界的建筑，就是为博览会而建造的水晶宫，钢结构与玻璃的结合呈现出一种与传统西方古典建筑完全不同的面貌(图 1-1-26、图 1-1-27)，它预示着现代建筑即将诞生。在 1889 年完工的法国埃菲尔铁塔则成为另外一个标志性的建筑(图 1-4-29)。

工业的飞速发展和城市的扩张，以及银行、商场、港口等各种全新建筑形式的出现，越来越多的建筑师意识到，把各种功能塞入一个古典建筑形式中是多么的没有意义，美国建筑师沙利文提出了“形式追随功能”的口号，以功能设计为根本原则进行建筑设计实践，从根本上推动了近现代建筑的进步(图 1-4-30)。

19 世纪中叶开始，各种新材料、新技术、新结

图 1-4-30　沙利文和芝加哥“CPS 百货公司”

沙利文(Louis Sullivan)和他设计的芝加哥“CPS 百货公司”(Carson Pirie Scott Department Store)，这幢建筑充分展示了沙利文对于新建筑形式和功能关系的思考。

构的发明和发现，为现代建筑展开了一幅波澜壮阔的画面，建筑形式不断翻新，建筑规模化的工业生产也逐渐普及。20 世纪 20 年代开始，“现代主义”建筑思潮逐渐形成，现代主义建筑师们批判因循守旧的复古主义思想，主张建筑要摆脱历史古典主义建筑风格的束缚，应该跟随时代一起变化并努力创造工业时代的建筑新风格，主张重视建筑的实用功能，要灵活地进行设计，同时他们主张建筑师应该关心社会和经济问题。这其中有四位具有代表性的建筑师，他们是德国人格罗庇乌斯、密斯·凡·德罗，法国人勒·柯布西耶，美国人赖特(图 1-4-31～图 1-4-35)。

图 1-4-31　格罗庇乌斯(Walter Gropius)和他设计的德国包豪斯(Bauhaus)工业学校

格罗庇乌斯是现代建筑革命的奠基人之一，1937 年后旅居美国。包豪斯学校努力培养新型建筑人才，格罗庇乌斯曾任其校长。包豪斯校舍注重功能设计，平面布局自由灵活，充分利用了当时的新材料与新结构，是现代建筑史上一个重要的里程碑。

图 1-4-32　密斯·凡·德罗(Mies Van der Rohe)和他设计的伊利诺工学院克朗楼

密斯是现代建筑运动的重要代表人物，提出了“少就是多(Less Is More)”的建筑艺术处理原则，注重用新材料和新技术表达建筑，提倡精确完美，在建筑空间处理上提倡空间的流动性和通用空间。克朗楼采用灵活开敞的建筑布局，创造了规则平面下自由变化的通用空间，这种以结构的不变应功能万变的、流动的、隔而不离的空间开创了另一种概念，对后世产生了重要的影响。

图 1-4-33 勒·柯布西耶(Le Corbusier)和他设计的萨伏依别墅(Villa Savoye)

柯布西耶在他著名的《走向新建筑》中提出要创造表现新时代风貌的新建筑,他本人在建筑设计、城市规划等方面多有建树,他的设计总是引领时代建筑的发展,他提出了“住房是居住的机器”并深入探讨了人体尺度与建筑的关系。萨伏依别墅是其代表作,该建筑集中体现了柯布西耶所提出的现代建筑应该具有的底层架空、自由平面与立面、横向开窗等特点。

图 1-4-34 朗香教堂(La Chapelle Notre-Dame du Haut)

柯布西耶设计。富有想象力的造型与充满神秘感的室内空间,使得朗香教堂被誉为 20 世纪最为震撼、最具有表现力的建筑。

图 1-4-35 赖特(Frank Lloyd Wright)和他设计的罗比住宅(Robie House)

赖特是美国 20 世纪最著名的建筑师,并在世界范围内享有盛誉,他提倡“有机建筑”,强调建筑和自然相结合。他设计的一系列“草原式住宅”有重要影响,罗比住宅就是其中的代表作之一,平面布局自由灵活,伸展的屋顶与立面处理手法,增强了建筑水平方向的延伸感,与自然环境融为整体。

但是现代建筑发展到20世纪五六十年代，由于战争后期城市重建的迫切需要，现代建筑在世界范围内被不假思索地应用，这造成了建筑千篇一律的“国际式”面孔。建筑师开始针对现代建筑进行反思和批判，建筑的本土人文特征被关注，建筑风格与流派呈现出多元化趋势，出现了野性主义倾向（图1-4-36）、典雅主义倾向（图1-4-37）、高技术派倾向（图1-4-38）和讲究“人情化”与地方性倾向（图1-4-39）等多种发展趋势。20世纪70年代开始，出现了“后现代主义”建筑，提出现代主义已经过时的观点，实际上后现代主义的本质是对于现代主义的一种修正和调整，后现代建筑师在尊重历史文化的名义下重新提倡折中主义，追求建筑艺术的复杂性和矛盾性，这个时期具有代表性的建筑师有文丘里、约翰逊等（图1-4-40、图1-4-41）。

图1-4-36　马赛公寓(Marseilles Apartment)

柯布西耶设计。马赛公寓低层架空粗大的支柱上粗下细，混凝土表面不做粉刷，整体风格粗犷有力，是野性主义倾向的代表作。

图1-4-37　美国世界贸易中心(World Trade Center)大厦细部图

雅马萨奇(Minoru Yamasaki)设计。连续尖券的造型让人联想到哥特式建筑，简洁的体形再现了古典主义建筑的典雅与端庄，是典雅主义倾向的代表作。

建筑师在前人的基础上不断地借鉴社会各门科学艺术的发展对建筑进行思考，在20世纪末出现了结构主义建筑与解构主义建筑（图1-2-16，图1-4-42～图1-4-44）。

图 1-4-38 巴黎蓬皮杜文化艺术中心(Centre Georges-Pompidou)

皮亚诺(Renzo Piano)与罗杰斯(Richard Rogers)设计。钢结构的结构体系与构件全部暴露,各种管道设备悬挂在建筑外部,体现了机器美学,是高技术派倾向的代表作。

图 1-4-39 珊纳特赛罗镇中心主楼(Saynatsalo Town Hall)

芬兰建筑师阿尔瓦·阿尔托(Alvar Aalto)设计。阿尔瓦·阿尔托是重要的现代建筑大师之一,创作范围广泛,从区域规划、城市规划到市政中心设计,从民用建筑到工业建筑,从室内装修到家具和灯具以及日用工艺品的设计,无所不包。珊纳特赛罗镇中心主楼设计中,建筑材料的使用不拘泥于传统,建筑造型不拘泥于水平和垂直线条,利用地形巧妙布局,建筑体量与人体尺度相宜,建筑与自然环境关系密切,是“人情化”倾向的代表作。

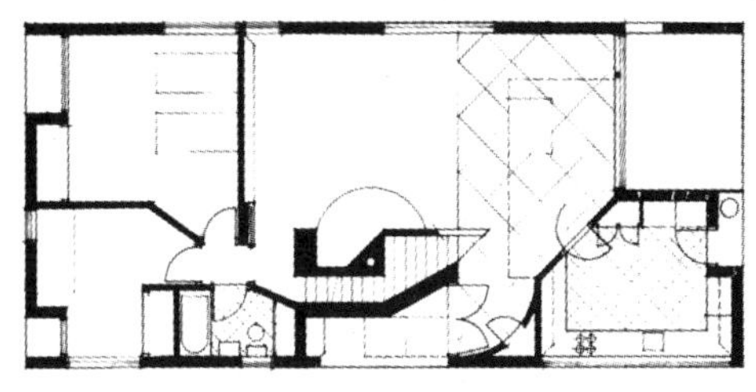

图 1-4-40 费城栗树山丘母亲住宅(Vanna Venturi House ,Chestnut Hill)

文丘里(Robert Venturi)设计。文丘里通过将古典的山墙形式、几何形构件进行扭曲、断裂、歪斜等,达到了“古典而不纯粹”的效果。

图 1-4-41 斯图加特新州立美术馆(Neue Staatsgalerie)

斯特林(James Stirling)设计。各种形式的混杂,充分表达了后现代主义追求矛盾的建筑审美倾向。

图 1-4-42　巴黎拉维莱特公园（Parc de la Villette）

屈米（Bernard Tschumi.）设计。设计师通过分离与解构的手法对传统的秩序提出了挑战，公园由三个独立系统组合："点"是格网交点上的红色构筑物，"线"是长廊坡道与小径，"面"是其余的空间。点线面之间通过重叠、碰撞等手法来体现"偶然"与"不协调"的设计思想，完成解构任务。

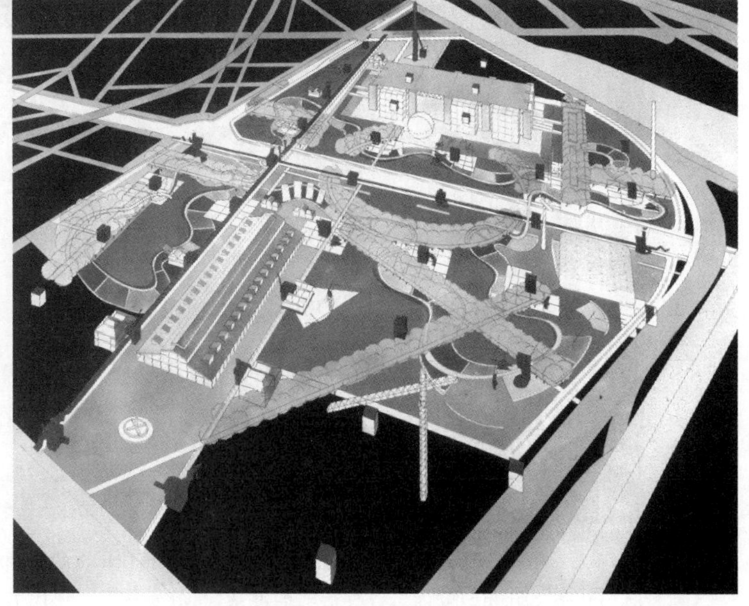

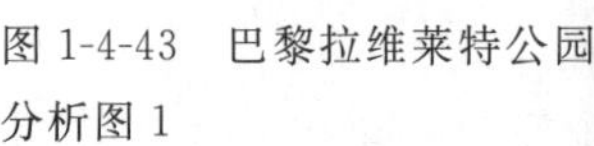

图 1-4-43　巴黎拉维莱特公园分析图 1

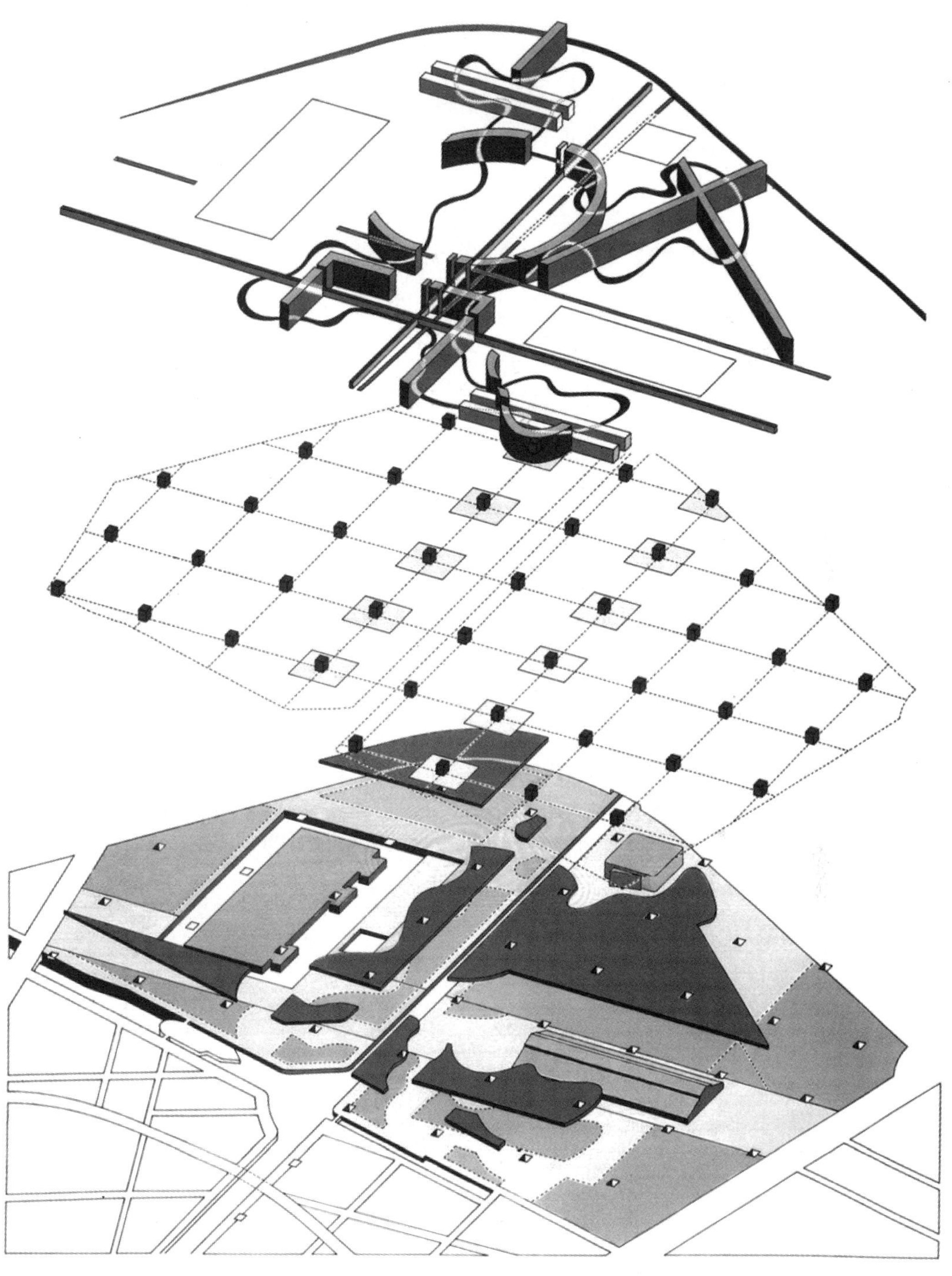

图 1-4-44　巴黎拉维莱特公园分析图 2

现代建造师在建筑的结构和材料上有了更深入的研究和造诣。坂茂是目前深受关注的日本建筑师之一，他的设计带有明显的实验性建筑倾向。众所周知，以纸管作为建筑材料成了坂茂的名片，他通过在灾后临时建筑中的成功实验，逐步将纸管建筑推上了更大的舞台。时至今日，他用纸管等建筑材料设计建造了一系列大型展览建筑等公共建筑，均表现出简洁的造型、轻盈的体态，因此也被评论家们打上了实验建筑师和极少主义的标签（图1-4-45～图 1-4-47）。

图 1-4-45　坂茂灾后安置房

图 1-4-46　2000 年汉诺威世博会的超级纸屋

图 1-4-47　超级纸屋内部空间

超级纸屋中仿佛已经静止的空间，将构造与模数高度统一的纸筒，连门窗都被简化了的外部形态。

“帐篷之王”弗雷・奥托，对轻质张力帐篷结构的研究和发展产生了极大的影响，他的设计创新且呈现了现代建筑的本质，蒙特利尔博览会上的西德展厅（图 1-4-48）、慕尼黑奥林匹克体育场（图 1-4-49）、沙特阿拉伯的利雅得外交俱乐部（图 1-4-50）都是典型之作。而慕尼黑奥林匹克体育场那颇具革命性的帐篷式屋顶结构直到今天看来还被视为具有未来性。弗雷・奥托一生都致力于轻型建筑的研究，特别是如何利用最小的材料和能量来建造屋顶和覆盖结构。他的理想是建筑能够覆盖广场、城市或者某个区域的轻型膜结构以及棚结构，同时这样的结构也可以在不需要的时候方便地进行拆除。他是生态领域、环境领域以及节能领域的先驱。

图 1-4-48　蒙特利尔博览会上的西德展厅

图 1-4-49　慕尼黑奥林匹克体育场

图 1-4-50　沙特阿拉伯的利雅得外交俱乐部

卡拉特拉瓦作为一名建筑与工程相结合的设计者，坚定不移地追求科技与艺术融合的道路。他神奇的工程经验不仅使自己的构思得以实现，而且完成了个人独创与科学规律之间大胆的开创性对话。卡拉特拉瓦的作品从整体构思到细部处理经常有令人拍案称绝之感。对于卡氏作品的这种魅力，我们可以从三个层次上来理解。首先，这些作品都通过优化的设计方案来巧妙地解决结构、空间、使用等实际问题；其次，这些作品解决问题的手法以及它们的设计理念常常思路十分清晰，令人一目了然，从而增强了作品的“可读性”，容易引起审美共鸣；最后，这些作品令人赏心悦目的同时，开创了一条解决建筑问题的全新的思路，它促使我们重新思考有关建筑本质的问题，重新审视一些习以为常的规则。

卡拉特拉瓦的作品有一大标志，那就是连绵不绝的金属架，无论是桥梁框架还是车站、体育馆内部的支撑物，金属架都营造出一种太空般前卫的感觉。有的时候，他的设计难免会让人想起外星来客，极其突兀的技术美似乎全然出乎地球人的常规预料。混凝土是卡拉特拉瓦最喜欢的材料，他曾经说过“虽然它很普通，但是很难应用自如，而且需要专门的技能”。这里对技能的理解不仅仅是技术知识，还包括对这种材料内在、富含诗韵的表现能力的把握。卡拉特拉瓦的代表作如巴伦西亚科学城（图 1-4-51）、法国里昂萨托拉斯 TGV 火车站

(图 1-4-52)等。

图 1-4-51 巴伦西亚科学城

图 1-4-52 法国里昂萨托拉斯 TGV 火车站

西方现代建筑的发展十分复杂和曲折,内容庞杂,我们这里只是做了一个非常笼统的描述,在以后的学习中,建筑学专业中的建筑史课程将进一步帮助大家理解和深化这部分内容。

四、建筑技术的发展趋势

现代社会对可持续的关注,对建筑的设计及建造也提出了更高的要求。传统的技术已很难满足这一要求,随之而来的将是数字化、参数化的变革。

随着数字技术的发展,数字建筑越来越受到科学与社会的影响,并将成为建筑设计的主导。数字建筑也将朝着虚拟实境化、整体协作的方向发展。数字化的进程将会渗透到建筑过程的每一阶段,未来的数字建筑将是全方位的数字建筑。

参数化设计(Parametric Design)是一种建筑设计方法。该方法的核心思想是,把建筑设计的全要素都变成某个函数的变量,通过改变函数,或者说改变算法,人们能够获得不同的建筑设计方案,简单理解为一种可以通过计算机技术自动生成设计方案的方法。(图 1-4-53～图 1-4-56)

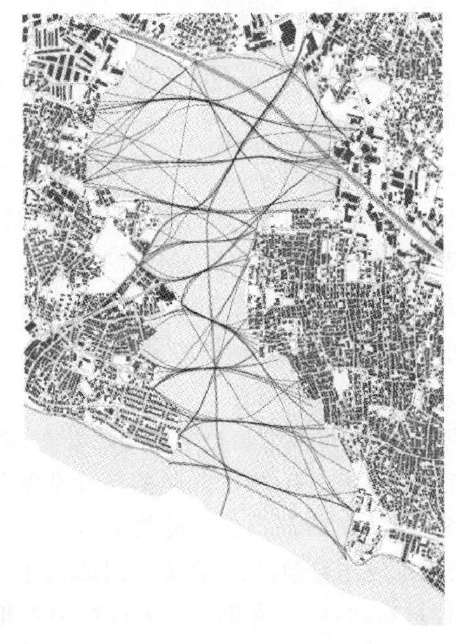

图 1-4-53

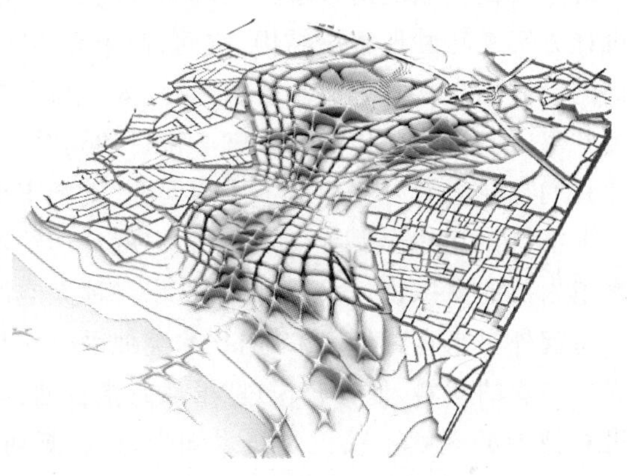

图 1-4-54

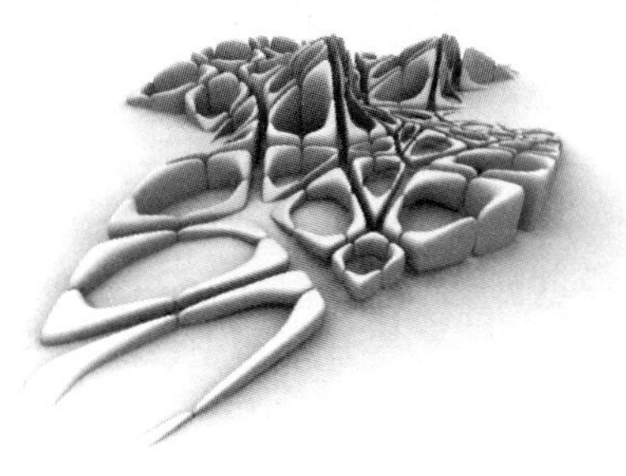

图 1-4-55

图 1-4-56

扎哈·哈迪德伊斯坦布 Kartal-Pendik 总体规划中，利用的参数化方法研究城市结构系统，用计算机找到绕路最小化的路径网络，然后附加平行网格作为辅路。形式上使用两种基本原型，塔和块，使用计算机使得街区的高度与它的周长相关，通过高度的分化使得块和塔得以融合，最终形成总体规划。

耳熟能详的各种建模软件如 sketchup、犀牛、Bonzai3d、3dmax 和计算机辅助工具 revit、archicad 这些所谓的 BIM，都属于"参数化辅助设计"的范畴，即使用某种工具改善工作流程的工具；这些虽能提高协同效率，减少错误或实现较为复杂的建筑形体，但却不是真正的参数化设计。真正的参数化设计是一个选择参数建立程序、将建筑设计问题转变为逻辑推理问题的方法，它用理性思维替代主观想象进行设计，它将设计师的工作从"个性挥洒"推向"有据可依"；它使人重新认识设计的规则，并大大提高运算量；它与建筑形态的美学结果无关，转而探讨思考推理的过程。

参数化认知还只是面向过去的，而参数化设计是面向未来的。前者对于理论家有意义，后者对于设计师有意义。现代主义是追求"确定性"的，而后现代、解构主义等理论，本身就是反对确定性的。参数化成了一个具有启发性的工具，它生成的许多形式，是无法预想到的。

五、BIM 技术

BIM 是英文 Building Information Modeling 的缩写，中文最常见的翻译是"建筑信息模型"。美国 buildingSMART 联盟主席 Dana K. Smith 先生在其 BIM 专著中提出了一种对 BIM 的通俗解释，他将"数据—信息—知识—智慧"放在一个链条上，认为 BIM 本质上就是这样的一个机制：把数据转化成信息，从而获得知识，让我们智慧地行动。理解这个链条是理解 BIM 价值以及有效使用建筑信息的基础。在 BIM 的动态发展链条上，业务需求（不管是主动的需求还是被动的需求）引发 BIM 应用，BIM 应用需要 BIM 工具和 BIM 标准，业务人员（专业人员）使用 BIM 工具和标准生产 BIM 模型及信息，BIM 模型和信息支持业务需求的高效优质实现。BIM 的世界就此而得以诞生和发展。

BIM 通过集成项目信息的收集、管理、交换、更新、存储过程和项目业务流程，为建设项目生命周期中的不同阶段、不同参与方提供及时、准确、足够的信息，支持不同项目阶段之间、不同项目参与方之间以及不同应用软件之间的信息交流和共享，以实现项目设计、施工、运营、维护效率和质量的提高，以及工程建设行业持续不断的行业生产力水平提升。它通过其承载的工程项目信息把其他技术信息化方法集成起来，从而成为技术信息化的核心、技术信息化横向打通的桥梁，以及技术信息化和管理信息化横向打通的桥梁。它也可以解决项目不同阶段、不同参与方、不同应用软件之间的信息结构化管理和信息交换共享，使得合适的人在合适的时候得到合适的信息，这个信息要求准确、够用。

目前，在美国建筑业已有一半以上的机构都在使用BIM，包括房地产开发企业、设计单位及相关咨询服务机构、施工单位等等，而美国军方也是最早应用BIM受益的机构。在美国政府的推动引导下，美国国家建筑科学研究院(National Institute of Building Sciences，NIBS)制定了美国国家BIM标准(National BIM Standards)，创建了各种BIM协会。

在国内目前BIM的应用还处于起步阶段，应用BIM的建筑企业不到10%。但在“十一五”国家科技支撑计划重点项目《现代建筑设计与施工关键技术研究》中，其已明确提出将深入研究BIM技术，完善协同工作平台以提高工作效率、生产水平与质量。国内的许多高校如清华大学、哈尔滨工业大学、同济大学、华南理工大学都先后成立了BLM(建筑生命周期管理)实验室，正是BIM技术的分支领域。而且目前国内已有许多成功应用BIM的案例，如奥运“水立方”场馆、世博文化中心等。以上都不难看出BIM应用在我国正在进入高速发展的轨道。

第二章　建筑的表达

提起建筑，很多人都听过这样一句话：建筑是凝固的音乐。这句话是从艺术的角度来阐述建筑和音乐有很多共同的特质，诸如同寻求和谐、讲究比例和追求完美。

建筑的艺术美主要表现在比例与秩序、韵律与节奏、实与虚、空旷与狭小所产生的形式美，这与音乐是相通的。所以说音乐就是时间上的建筑，建筑也就是空间的音乐。

作曲家靠乐谱来创作、记录乐曲，对乐谱的识读有自己的一套体系，同样，建筑师们也需要一种形式来表达自己的设计意图、推敲自己的设计方案，需要在更广泛的空间和时间内与各种各样的人进行交流，建筑的表达也必须有一套供大家共同遵守的体系，这就是建筑图纸的表达。

第一节　建筑表达形式介绍

对于建筑人员来说，一方面需要掌握正确地绘制专业的建筑工程图纸，这部分内容主要包括建筑的总平面图、平面图、立面图和剖面图（图 2-1-1）。这些图纸对表达的准确性有较高的要求，因此我们应该养成规范制图的好习惯。作为设计单位提交的用以施工的工程图纸，要求有严格的范式，必须能够清楚地交代建筑各部分设计与建造的逻辑和方法，其上应该标注准确的尺寸，目前在实际建筑设计工作中，这部分图纸是通过计算机软件帮助绘制的。作为建筑学课堂上设计分析和交流所用的工程图，则要求没有那么严格，但是也应该正确反映真实的建筑比例、尺度和设计构想，严格按照图纸表达范式绘制，因此要求学生利用尺规等工具帮助作图。

另一方面，在设计过程中，还需要绘制各种具有艺术表现力的图纸，以便更形象地说明设计内容，为讲述方便，统称为建筑画。

一幅具有表现力的建筑画，应让人感到设计意图和空间的艺术，是建筑实体或者建筑设计方案的具体直观的表达，所以需要用写实的手法。

建筑画有时是教师和学生之间的交流工具，有时是建筑师和业主之间的交流工具，而更为重要的是它是建筑师同自己交流的工具。与画家和雕塑家的创作过程不同，画家和雕塑家可以在创作的一开始就进入了形成最终作品的过程，他们可以不断地生产艺术作品而较少地受到他人和环境的局限，而建筑师的创作要经过一个长时间的过程，要和各种专业人员合作，等到建筑真正建起来后，才可以算完成一个作品。在这个过程中，建筑画是阶段性的创作成果，是建筑的一个临时替代物。根据这个替代物，参加建筑设计和生产的各方人员，包括业主和建筑师可以考查、评价、选择和修改设计方案。建筑是目的，而建筑画是工具。

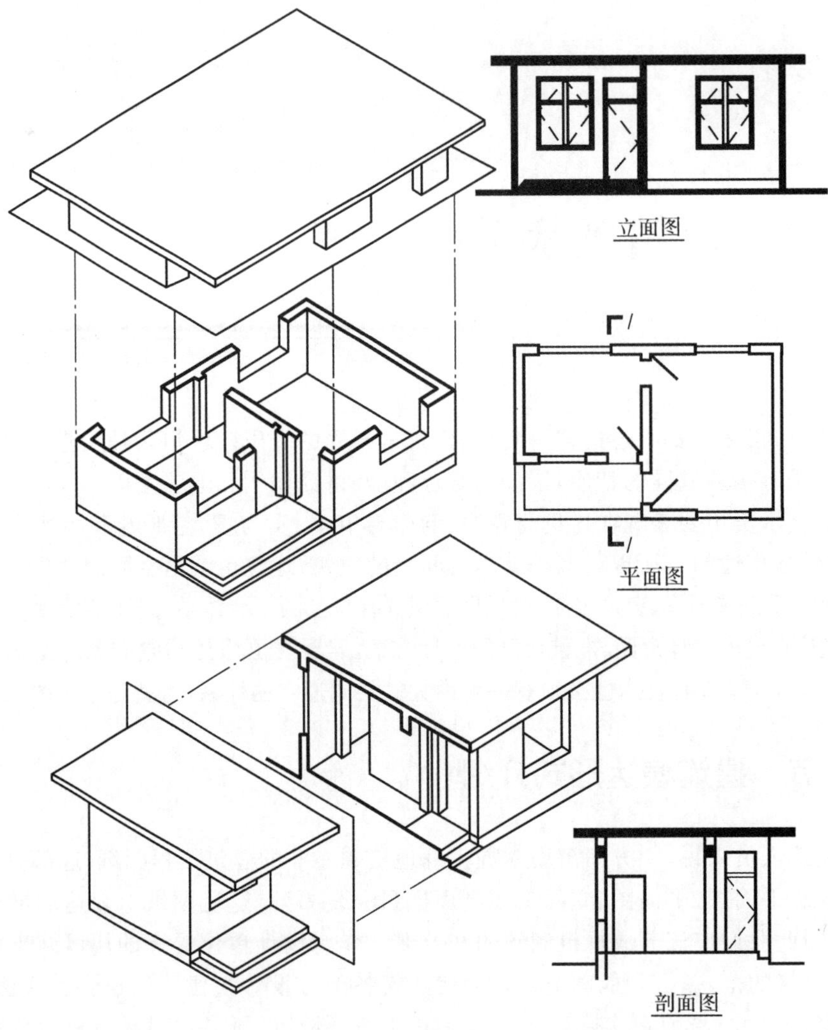

图 2-1-1

建筑平面图是房屋的水平剖视图，也就是用一个假想的水平面，在窗台之上剖开整幢房屋，移去处于剖切面上方的房屋将留下的部分按俯视方向在水平投影面上作正投影所得到的图样。建筑立面图是在与房屋立面相平等的投影面上所作的正投影。建筑剖面图是房屋的垂直剖视图，也就是用一个假想的平行于正立投影面或侧立投影面的竖直剖切面剖开房屋，移去剖切平面与观察者之间的房屋，将留下的部分按剖视方向投影面作正投影所得到的图样。

建筑画与美术画的比较见表 2-1-1。

表 2-1-1　建筑画与美术画的比较

	建筑画	美术画
宗旨	建筑师的语言，表达建筑形象	画家的艺术创作，现实生活的艺术化
目的	有助于做出设计方案的比较，征询意见修改和送领导机关审批	艺术创作表达与欣赏
要求	准确、真实地反映建筑风貌	对现实事物进行艺术的再加工
表现技法	线条图、渲染图及两者的结合等	素描、油画、水彩、水粉等

图 2-1-2　建筑画

图 2-1-2 和图 2-1-3 的表达主体虽然都是建筑，但是可以明显看出它们之间的区别，图 2-1-2 中的建筑形象刻画得更加清晰、明确，准确、真实地反映了建筑的风貌。整幅画的目的就是为了表达建筑。

图 2-1-3 中的建筑刻画明显带有了作者对创作对象的艺术的再加工，把现实中的房屋进行了艺术处理，作者的目的不是为了表达建筑，而是借建筑来表达一种乡村洒脱的艺术气息。

建筑的表达形式林林总总，根据不同的标准，可以将建筑表达形式划分出不同的体系。根据不同的使用工具，可以分为铅笔画、钢笔画、水彩画、水粉画、马克笔画等；根据不同的表达技法，可以分为线条图、渲染、建筑表现图、模型等；依据目的性的不同，方案表达可以划分为设计推敲性表现和展示性表现两种。

图 2-1-3　美术作品

一、根据表达工具的不同划分

铅笔画

铅笔是作画的最基本工具,优点是价格低廉、携带方便,特别有助于表现出深、浅、粗、细等不同类别的线条及由不同线条所组成的不同的面。由于绘图快捷,铅笔除了作为建筑表现画的工具之外,还常用来绘制草图和推敲研究设计方案。

铅笔画表现的关键是:用笔得法,线条有条理,有轻重变化,这样才能产生优美而富有韵律及变化的笔触,而笔触正是铅笔画所具有的独特风格(图 2-1-4)。

铅笔画除了主要使用的绘图线图外,还有炭铅笔和彩色铅笔。

图 2-1-4　铅笔表现画

铅笔表现画的特点是以明暗面为主,结合线条来表现立体,其最大特点在于每笔几乎都能代表一个明暗立体的面,而不是通过线条的重叠来表达物体的立体感。它所构成的画面能给人以简洁明快、自然流畅的感觉。

钢笔画

在设计领域中,用钢笔来表现建筑非常普遍。与其他工具相比,钢笔画的特点是黑白对比强烈,灰色调没有其他工具丰富。因此,用钢笔表现对象就必须要用概括的方法。如果我们能够恰当地运用洗练的方法、合理地处理黑白变化和对比关系,就能非常生动、真实地表现出各种形式的建筑形象(图 2-1-5、图 2-1-6)。

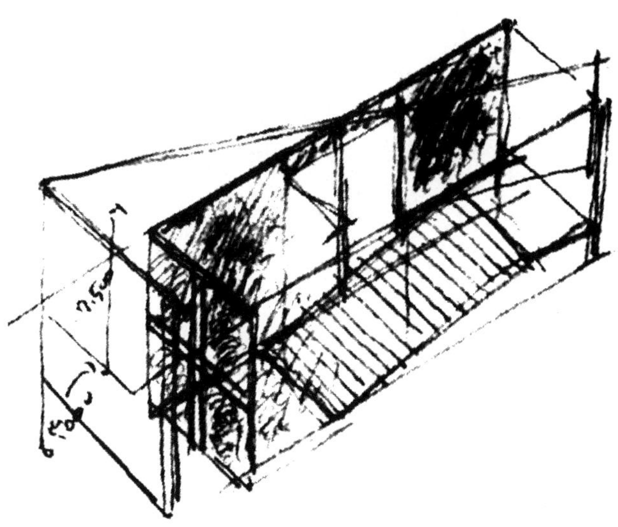

图 2-1-5　安腾忠雄光的教堂徒手草图

建筑设计草图可以说是以最快的速度、最简单的工具、最省略的笔触将闪现于脑际的灵感具象地反映于图面。

图 2-1-6　钢笔表现画

钢笔画的表现技法主要是画线和组织线条，钢笔画是靠用笔和组织线条构成明暗色调的方法来表现建筑。

水彩画和水粉画

水彩画具有色彩清新明快、质感表现力强、效果好等优点，常被用来作为建筑设计方案的最后表现图(图 2-1-7、图 2-1-8)。水粉画和水彩画一样，也是色彩画的一种，但它与水彩画有明显的区别。水分色彩更加鲜明强烈，表现建筑物的真实感更强(图 2-1-9)。水彩画和水粉画的比较见表 2-1-2。

表 2-1-2 水彩画和水粉画的比较

	水粉画	水彩画
画面效果	表现力强，真实	明快、洒脱
颜色特性	不透明颜料	透明颜料
深浅变化	加白颜料	加水
画面修正	便于修改(覆盖或洗掉)	不易修改

图 2-1-7 水彩建筑画

图 2-1-8 水彩渲染

水彩画最大的两个特点：一是画面大多具有通透的视觉感觉；二是绘画过程中水的流动性。由此造成了水彩画不同于其他画种的外表风貌和创作技法的区别。颜料的透明性使水彩画产生一种明澈的表面效果，而水的流动性会生成淋漓酣畅、自然洒脱的意趣。

马克笔画

马克笔画的特点是线条流利、色艳、干快、具有透明感、使用方便。其概念性、写意性、趣

图 2-1-9 水粉建筑画

味性和快速性是其他工具所不能代替的(图 2-1-10)。

图 2-1-10 马克笔表现画

二、根据表达技法的不同划分

线条图

线条图是以明确的线条描绘建筑物形体的轮廓线来表达设计意图的，要求线条粗细均匀、光滑整洁、交接清楚。常用工具有铅笔、钢笔、针管笔、直线笔等。

建筑设计人员绘制的线条图有徒手线条图和工具线条图。

徒手线条图就是不用直尺等其他辅助工具画的图。徒手线条柔和而富有生机。

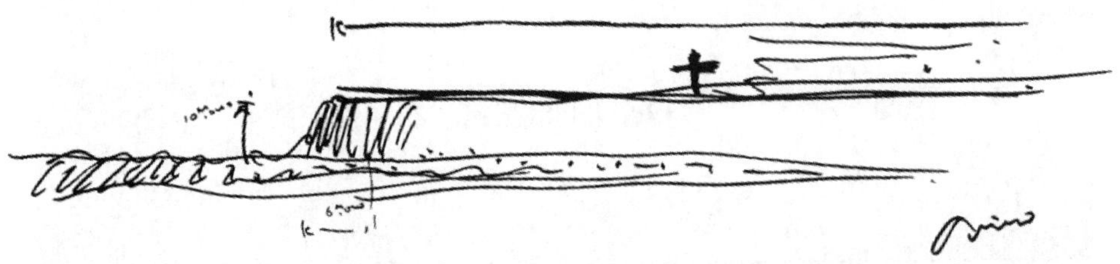

图 2-1-11 水的教堂徒手草图

图 2-1-11 和图 2-1-12 是安滕忠雄水的教堂草图。草图中寥寥几笔，快速、流畅的线条反映了当时设计者构思时思考推敲的过程，靠快速的徒手勾画把脑海中的构思表达出来。与图 2-1-13 水的教堂实景相对照可以发现，虽然徒手线条勾画得非常自由随意，但是却紧紧抓住了建筑构思中的闪光点，把建筑构思中最有特色的部分表达了出来。

徒手线条虽然以自由、随意为特点，但不代表勾画时可以任意为之，还是需要注意一些处理手法，这样勾画出的徒手线条才会有挺直感、有韵律感和动感。

图 2-1-14 为徒手勾画的线条。首先要肯定，每一笔的起点和终点交代清楚，为了使线条位置准确和平

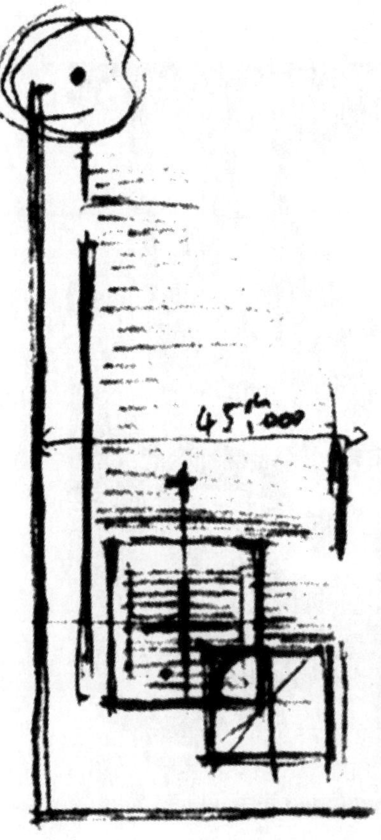

图 2-1-12 水的教堂徒手草图

图 2-1-13 水的教堂实景

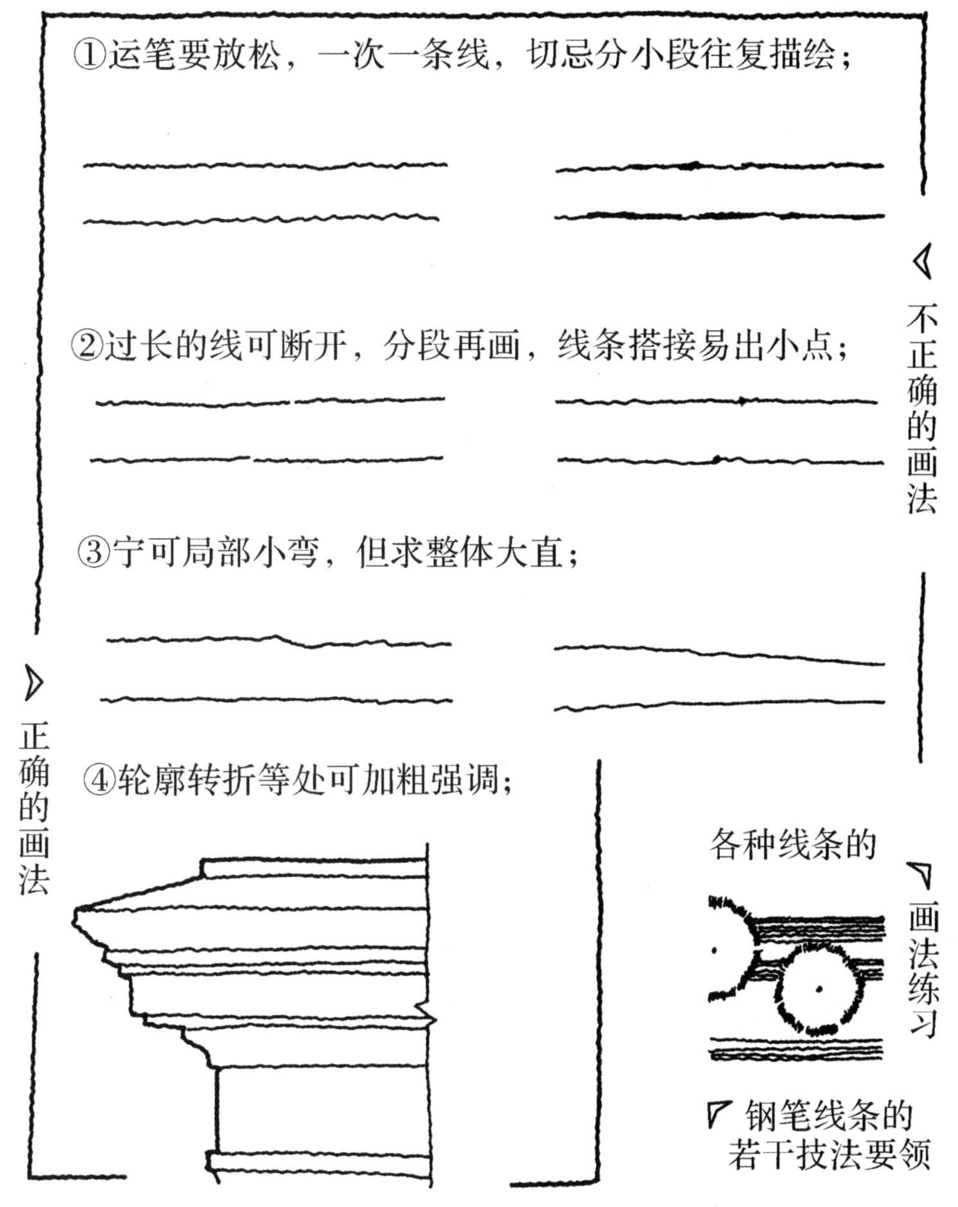
①运笔要放松，一次一条线，切忌分小段往复描绘；
②过长的线可断开，分段再画，线条搭接易出小点；
③宁可局部小弯，但求整体大直；
④轮廓转折等处可加粗强调；
正确的画法
不正确的画法
各种线条的画法练习
钢笔线条的若干技法要领

图 2-1-14 徒手线条的要领

直而反复的一段段的描画是我们要尽力避免的做法。

其次，线与线之间的交接同样要交代清楚。可以使两个线条相交后，略微出头，能够使物体的轮廓显得更方正、鲜明和完整。略微出头的相交显然比两条完美邻接的线条画得更快，并且使绘图显得更加随意和专业（图 2-1-15～图 2-1-22）。

一旦建筑方案基本确定下来，需要准确地将建筑的尺度、建筑的形态表达出来时，我们会选择工具线条图。工具线条图的精准有助于我们把握建筑中的尺度关系，明确建筑的轮廓线。一般对工具线条图的要求是线条光滑、粗细均匀，交接清楚（图 2-1-23）。

- 徒手画水平线应自左至右

- 画垂直线应自上至下，与用仪器相反

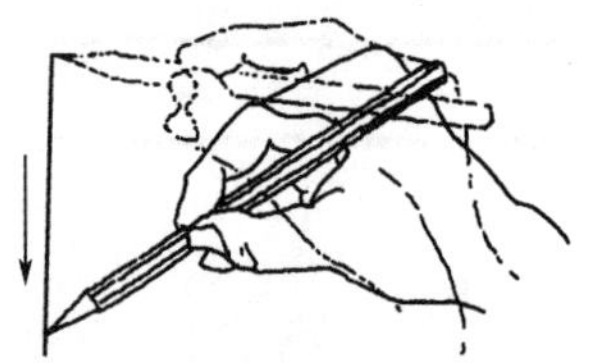

画垂直线的支转点

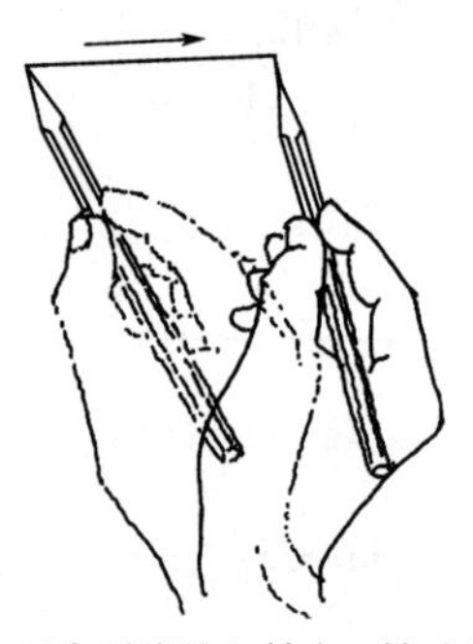

画水平线的支转点（转动腕关节）

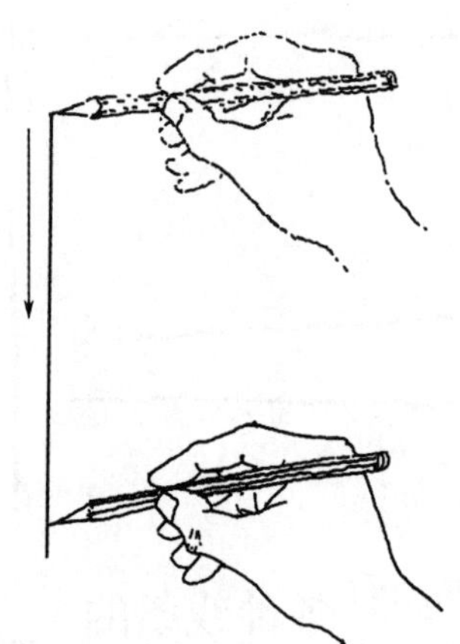

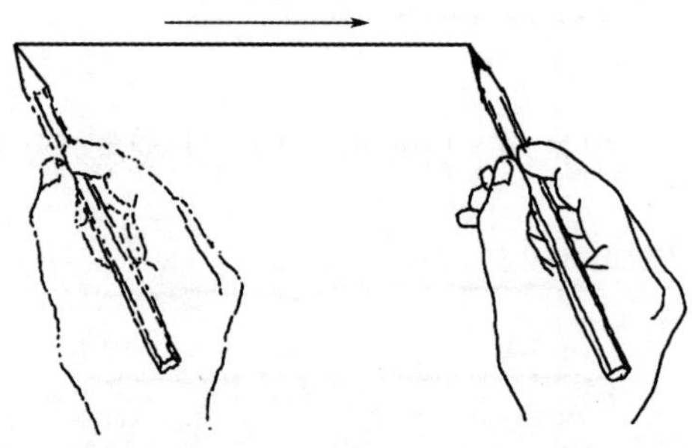

- 画垂直长线和水平长线时，小指指尖靠在图纸上轻轻滑动，手腕不宜转动

图 2-1-15　徒手线条的运笔方向及手和手腕的配合

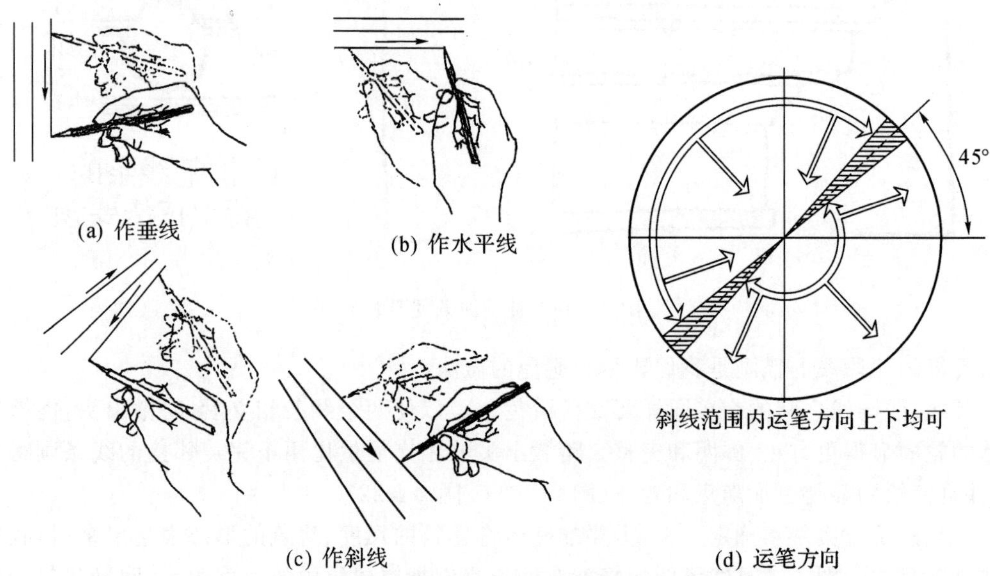

(c) 作斜线　　(d) 运笔方向

图 2-1-16　徒手线条中垂直线、水平线和斜线的基本画法和运笔

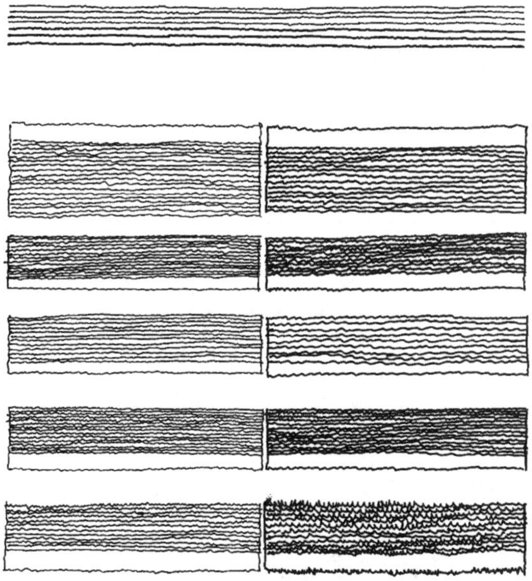

图 2-1-17　徒手波形线和微微抖动的线的练习

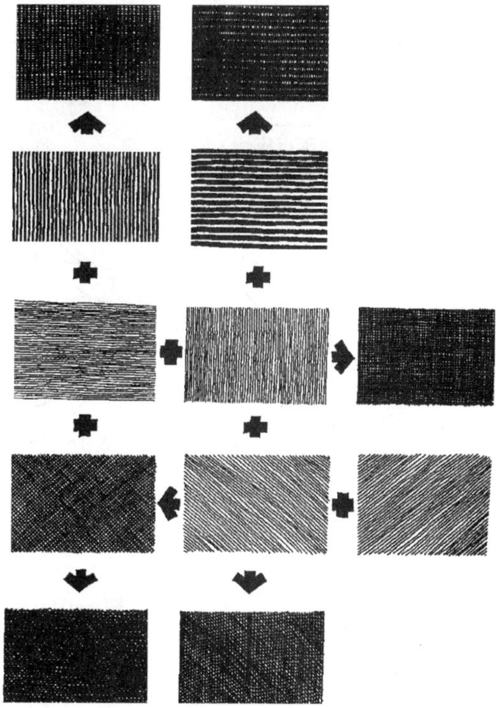

图 2-1-18　徒手直线线条排列和叠加的练习

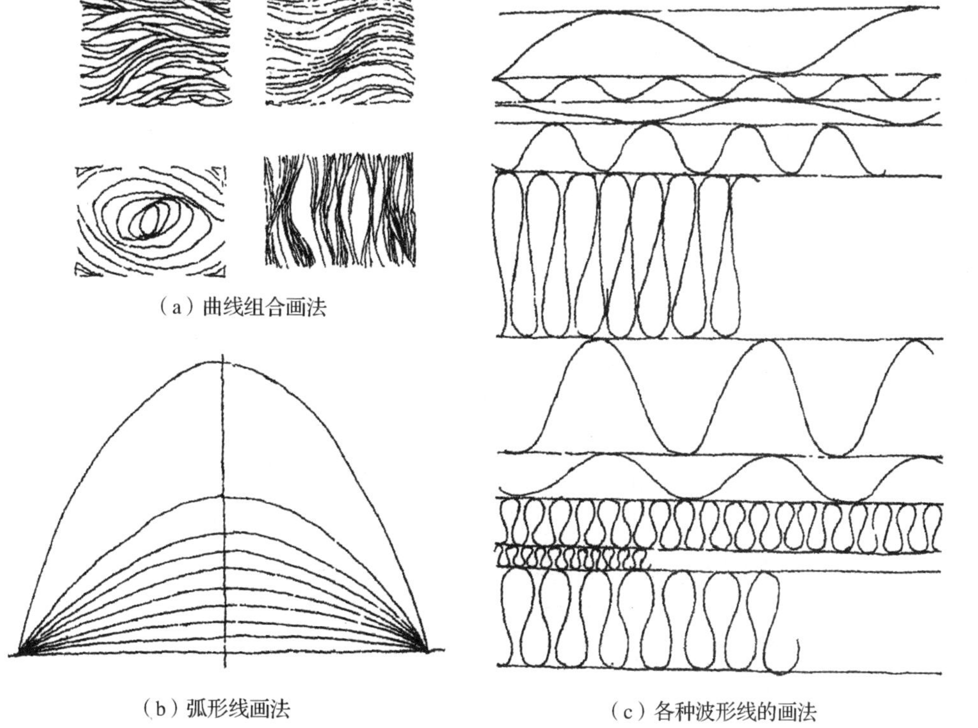

（a）曲线组合画法

（b）弧形线画法

（c）各种波形线的画法

图 2-1-19　徒手曲线线条的画法

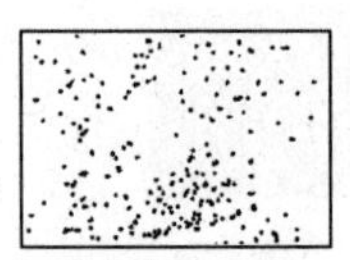

无论疏密点应
打得相对均匀

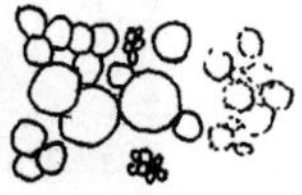

圆圈及小
圆的画法

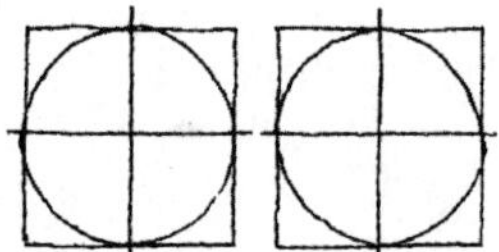

作较大的圆时，可先画正方形
和中心直径，然后再作圆并修正

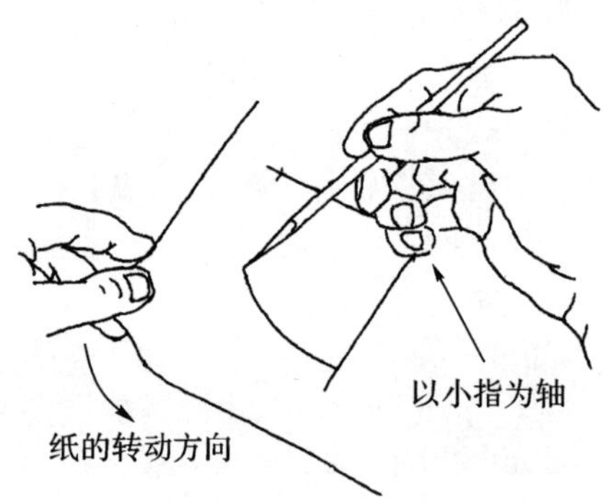

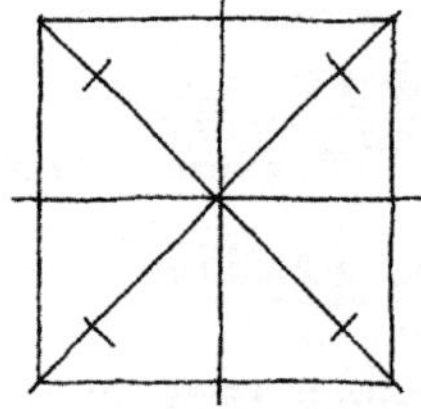

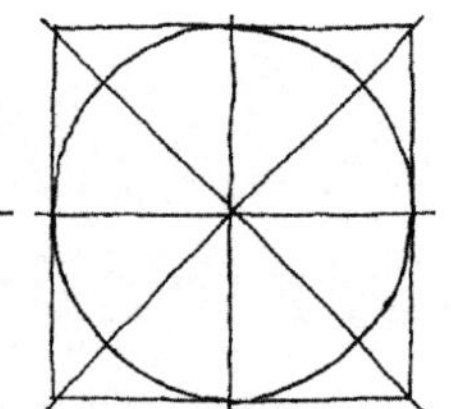

作更大的圆还要加正方形对角线，
并定出大约的半径位置，然后再
连接8点成圆。或者按左图所示
的方法作大圆

图 2-1-20　徒手点和圆的画法

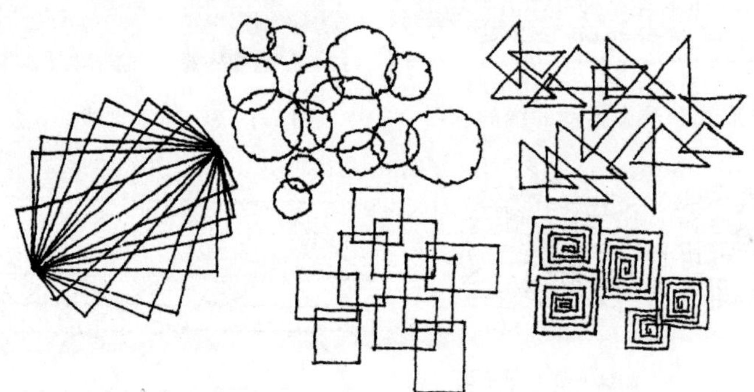

(a) 不同图形的徒手练习

(b) 同一图形的变化练习

图 2-1-21　徒手线条的练习

图 2-1-22　徒手线条的练习作业

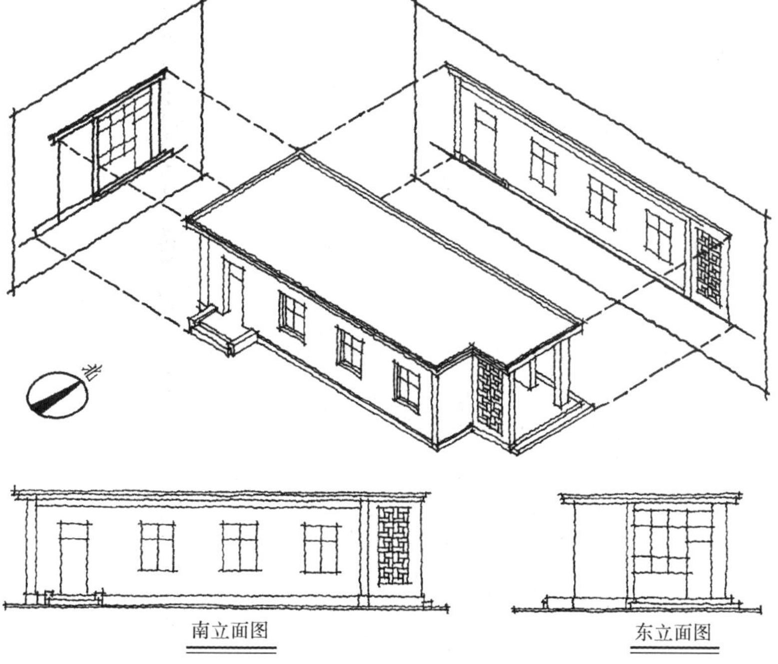

图 2-1-23　工具线条图

1. 绘图工具

图 2-1-24 所示为建筑图纸中工具线条图常用的绘图工具。

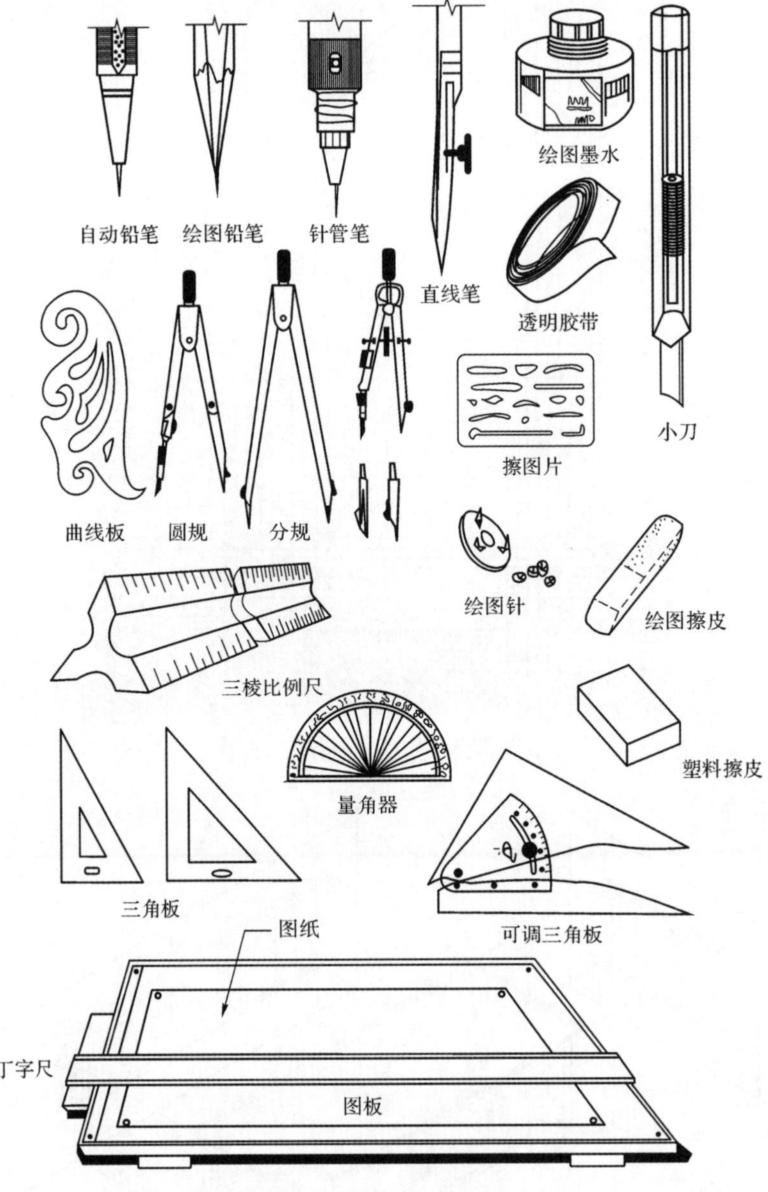

图 2-1-24 常用绘图工具

(1)丁字尺和三角板

使用前,必须擦干净;

丁字尺尺头要紧靠图板左侧,不可以在其他侧面使用;

水平线用丁字尺自上而下移动,运笔从左向右;

三角板必须紧靠丁字尺尺边,角向应在画线的右侧;

垂直线用三角板由左向右移动,运笔自下向上;

使用丁字尺和三角板,可画出 15°,30°,45°,60°,75°等常用角度。

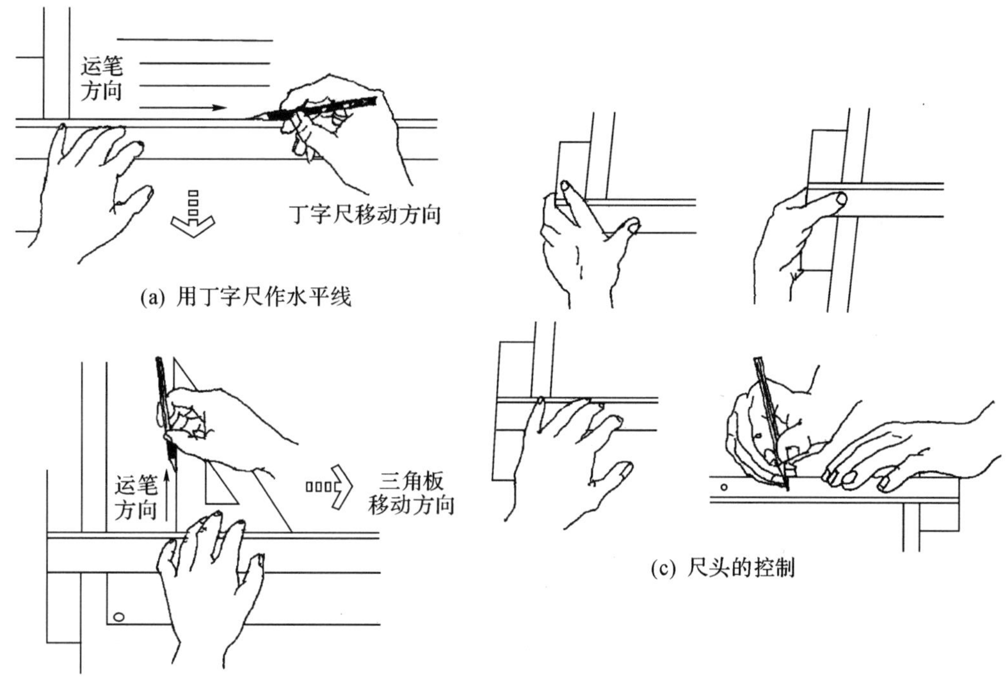

图 2-1-25　丁字尺的基本用法

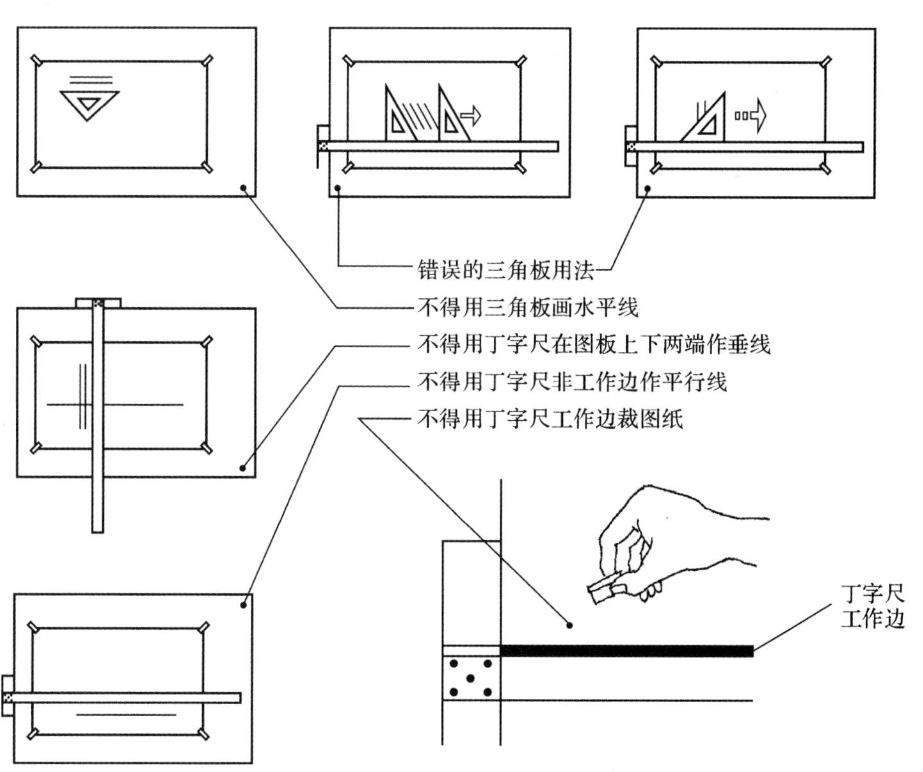

图 2-1-26　丁字尺的错误用法

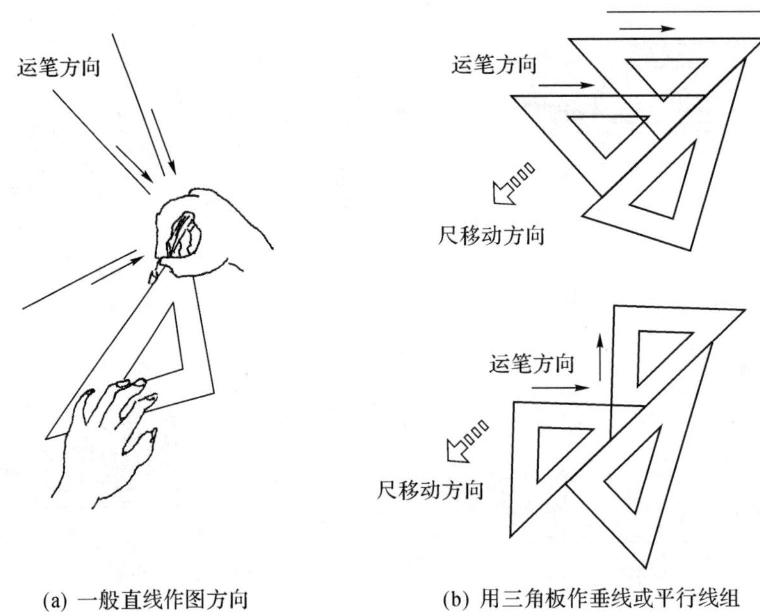

(a) 一般直线作图方向　　(b) 用三角板作垂线或平行线组

图 2-1-27　常见角度的斜线画法

丁字尺与三角板配合，可画出常见角度的斜线。

(2)圆规和分规(图 2-1-28、图 2-1-29)

用圆规画圆时，应顺时针方向旋转，规身略可前倾；

画大圆时，可接套杆，此时针尖与笔尖要垂直于纸面，画小圆时，用点圆规；

用分规时应先在比例尺或线段上度量，然后量到图纸上，分规的针尖位置应始终在待分的线上，弹簧分规可作微调；

注意保护圆心，勿使图纸损坏；

若曲尺与直线相接，应先曲后直，若曲线与曲线相接，应位于切线。

(3)铅笔

铅笔线条是一切建筑画的基础，通常多用于起稿和方案草图(图 2-1-30、图 2-1-31)。

(4)直线笔(鸭嘴笔)

常用绘图墨水或碳素墨水，调整螺丝可控制线条的粗细；

将墨水注入笔的两叶中间，笔尖含墨不宜长过 6～8mm，否则易滴墨，笔尖在上墨后要擦干净，保持笔外侧无墨迹，以免洇开；用毕后，务必放松螺丝，擦尽积墨；

画线时，笔尖正中要对准所画线条，并与尺边保持一微小距离，运笔时，要注意笔杆的角度，不可使笔尖向外斜或向里斜，行进速度要均匀。

(5)比例尺(图 2-1-32)

三棱尺有 6 种比例刻度。

比例尺上刻度所注长度，表示了要度量的实物长度，如 1∶100 比例尺上的 1m 刻度就代表了 1m 长的实物。此时，长度尺寸是实物的 1/100。

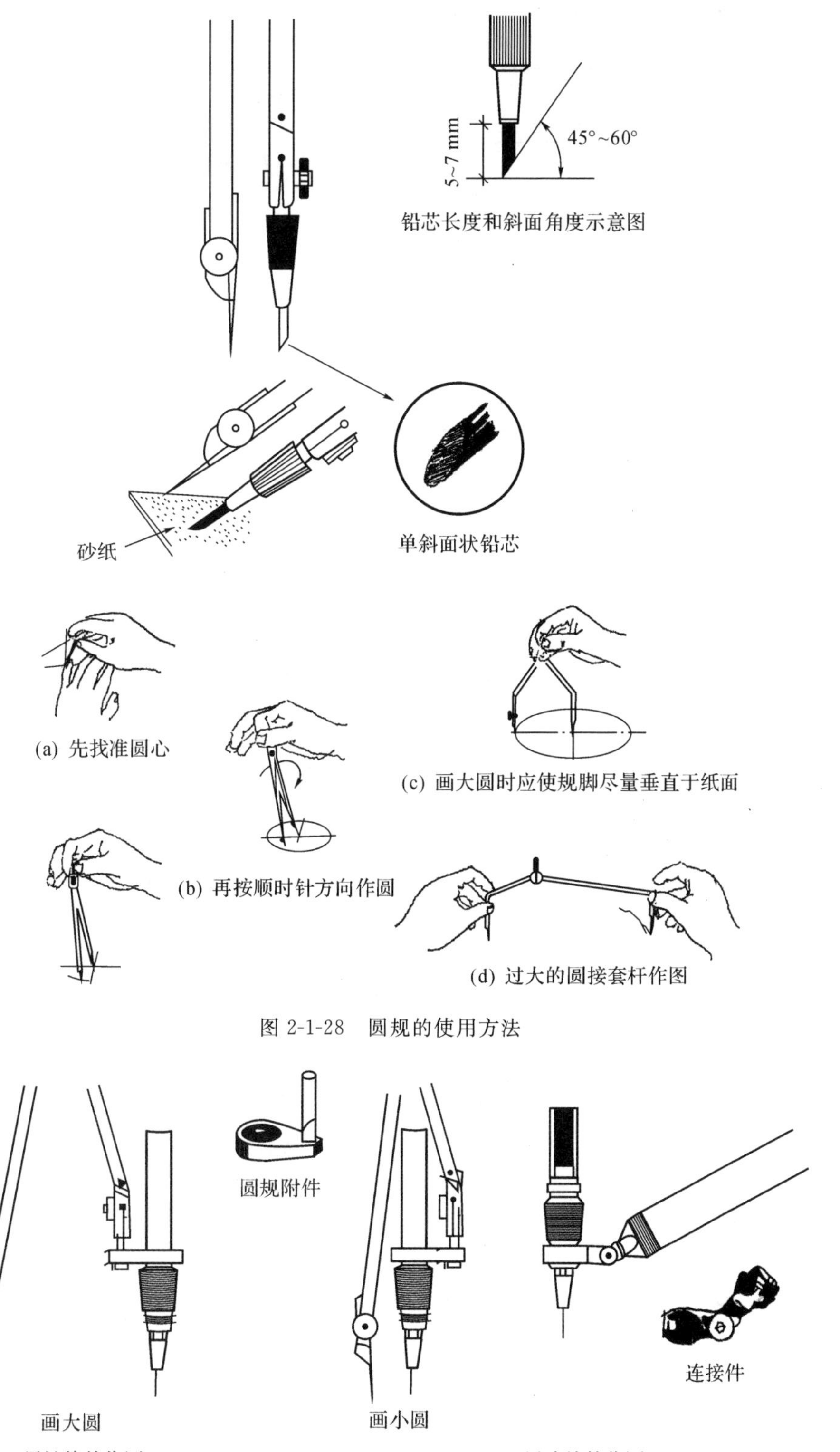

图 2-1-28 圆规的使用方法

图 2-1-29 圆规附件和连接件结合针管笔的使用方法

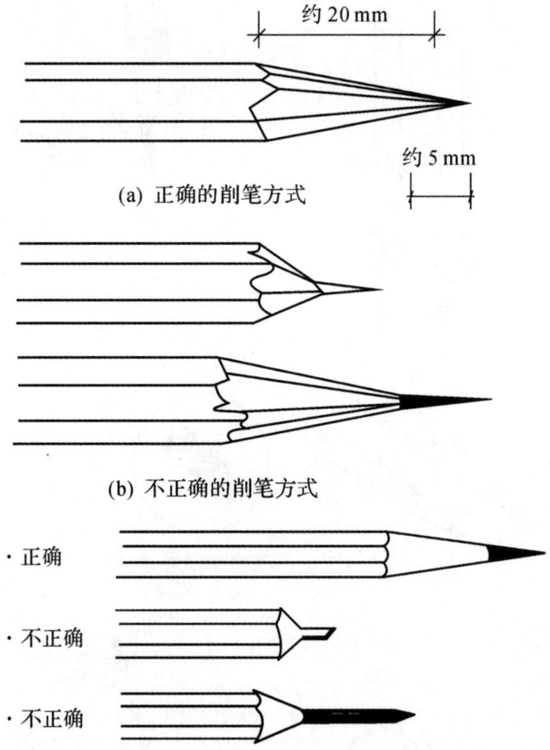

约 20 mm
约 5 mm
(a) 正确的削笔方式
(b) 不正确的削笔方式
· 正确
· 不正确
· 不正确

图 2-1-30 铅笔的削法

转动方向
运笔方向
(c) 紧贴尺缘并在运笔过程中轻微地转动铅笔
画线方向
笔尖紧贴纸底过
画线方向
· 正确
· 不正确画线角度
· 不正确

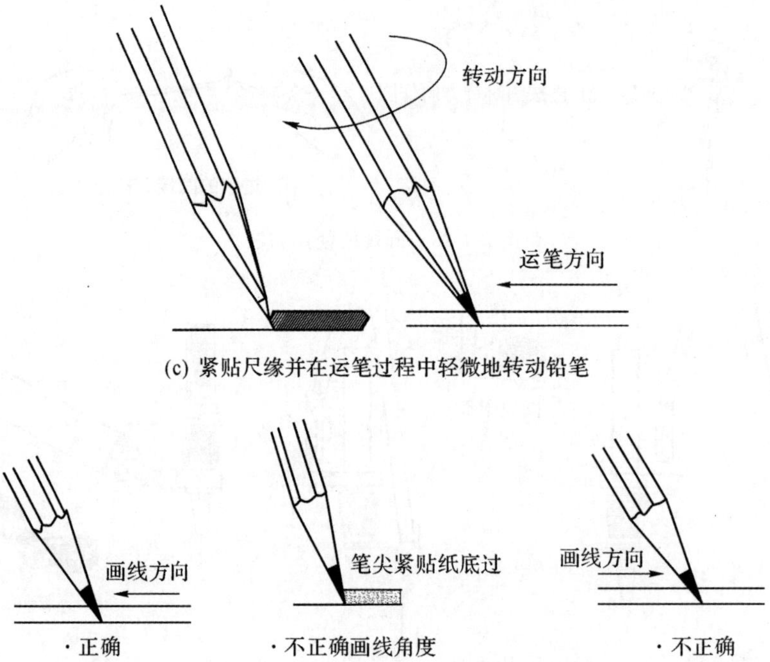

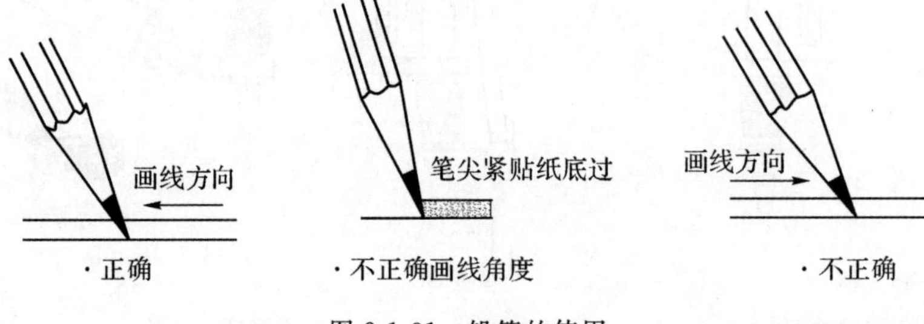

图 2-1-31 铅笔的使用

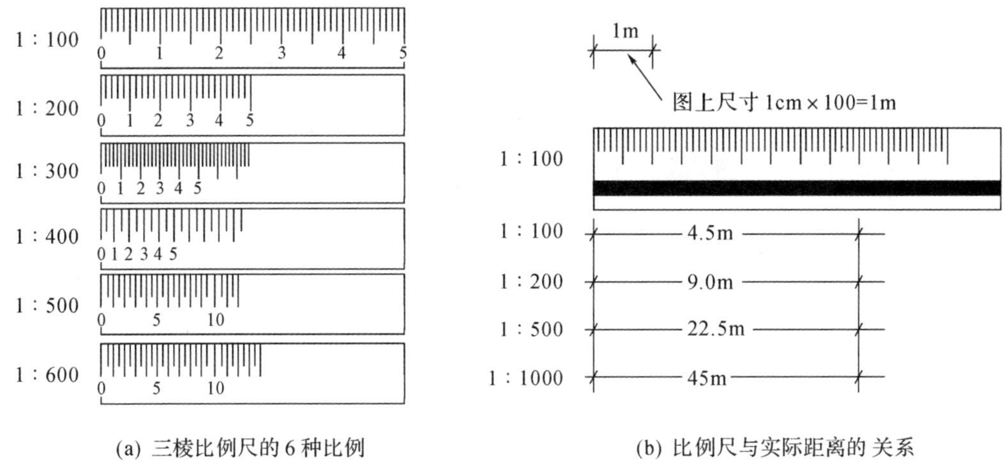

(a) 三棱比例尺的 6 种比例　　(b) 比例尺与实际距离的关系

图 2-1-32　比例尺的识读

2. 工程线条

线条种类如下：

实线：表示建筑物形体的轮廓线；

细实线：表示形体尺寸和标高的引线；

中心线：表示形体的中轴位置；

轮廓线：表示形体外形的边缘轮廓线；

剖切线：表示被剖切部分的轮廓线；

虚线：表示物体被遮挡部分的轮廓线；

折断线：表示形体在图面上被断开的部分。

图 2-1-33 所示为图纸线条的线型和意义，图 2-1-34 所示为工具线条的画法，图 2-1-35 所示为线条的交接和画线顺序。

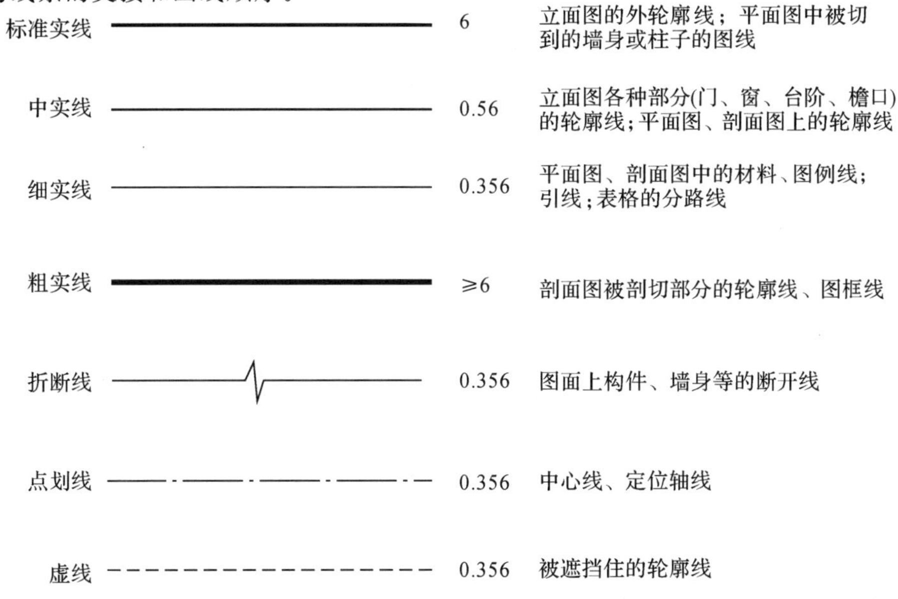

线型	线宽	意义
标准实线	6	立面图的外轮廓线；平面图中被切到的墙身或柱子的图线
中实线	0.56	立面图各种部分(门、窗、台阶、檐口)的轮廓线；平面图、剖面图上的轮廓线
细实线	0.356	平面图、剖面图中的材料、图例线；引线；表格的分路线
粗实线	≥6	剖面图被剖切部分的轮廓线、图框线
折断线	0.356	图面上构件、墙身等的断开线
点划线	0.356	中心线、定位轴线
虚线	0.356	被遮挡住的轮廓线

图 2-1-33　图纸线条的线型和意义

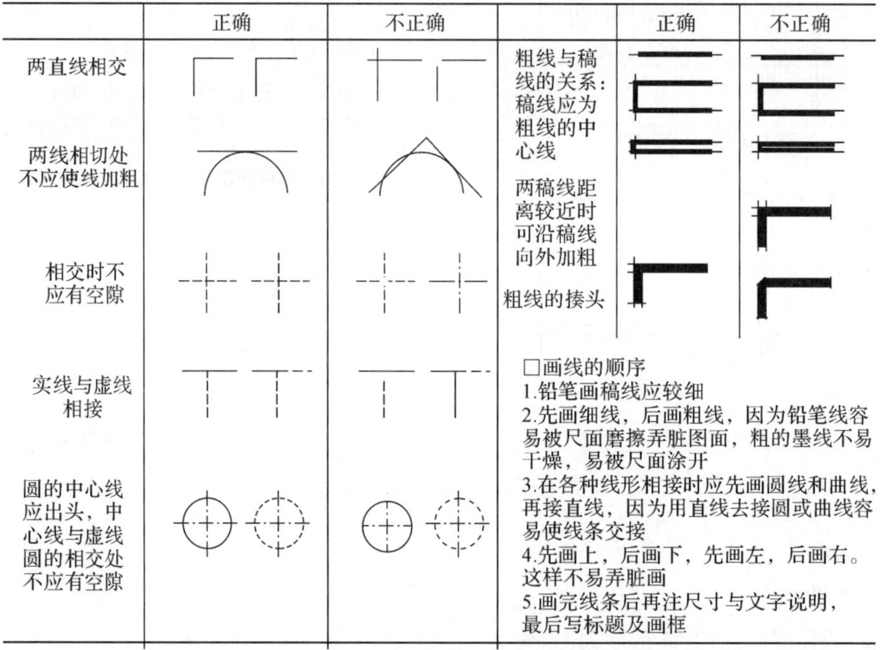

正确
不正确
两直线相交
两线相切处不应使线加粗
相交时不应有空隙
实线与虚线相接
圆的中心线应出头，中心线与虚线圆的相交处不应有空隙
粗线与稿线的关系：稿线应为粗线的中心线
两稿线距离较近时可沿稿线向外加粗
粗线的揍头
□画线的顺序
1.铅笔画稿线应较细
2.先画细线，后画粗线，因为铅笔线容易被尺面磨擦弄脏图面，粗的墨线不易干燥，易被尺面涂开
3.在各种线形相接时应先画圆线和曲线，再接直线，因为用直线去接圆或曲线容易使线条交接
4.先画上，后画下，先画左，后画右。这样不易弄脏画
5.画完线条后再注尺寸与文字说明，最后写标题及画框

图 2-1-34 工具线条的画法

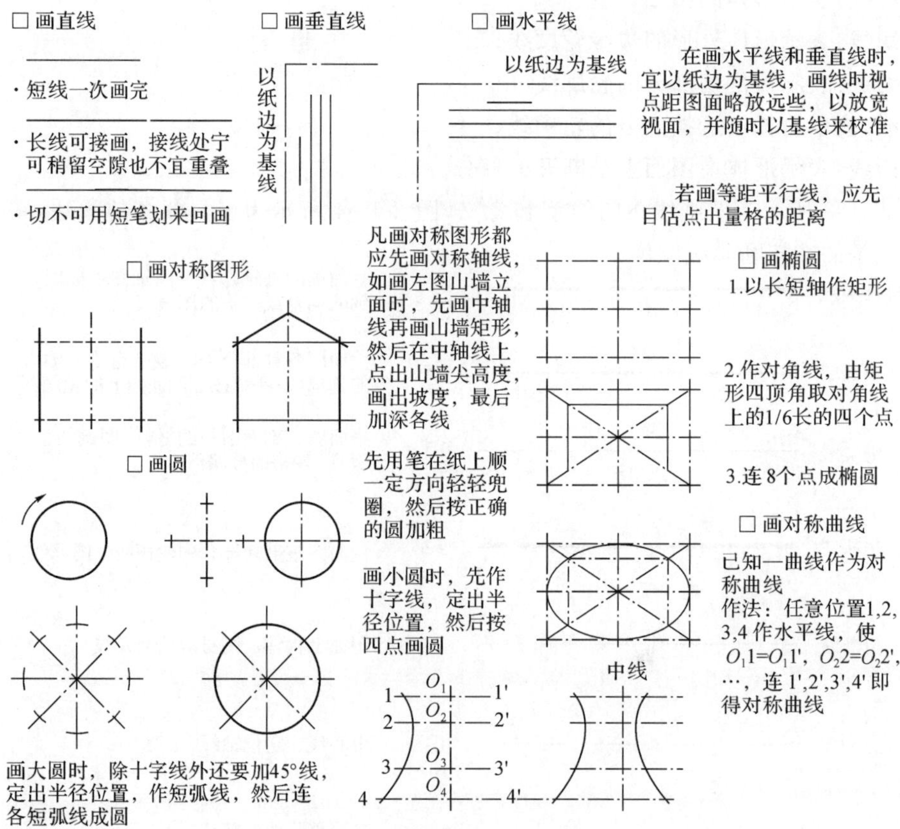

□画直线
·短线一次画完
·长线可接画，接线处宁可稍留空隙也不宜重叠
·切不可用短笔划来回画
□画垂直线
以纸边为基线
□画水平线
以纸边为基线
在画水平线和垂直线时，宜以纸边为基线，画线时视点距图面略放远些，以放宽视面，并随时以基线来校准
若画等距平行线，应先目估点出量格的距离
□画对称图形
凡画对称图形都应先画对称轴线，如画左图山墙立面时，先画中轴线再画山墙矩形，然后在中轴线上点出山墙尖高度，画出坡度，最后加深各线
□画椭圆
1.以长短轴作矩形
2.作对角线，由矩形四顶角取对角线上的1/6长的四个点
3.连8个点成椭圆
□画圆
先用笔在纸上顺一定方向轻轻兜圈，然后按正确的圆加粗
画小圆时，先作十字线，定出半径位置，然后按四点画圆
画大圆时，除十字线外还要加45°线，定出半径位置，作短弧线，然后连各短弧线成圆
□画对称曲线
已知一曲线作为对称曲线
作法：任意位置1,2,3,4 作水平线，使 O1 1=O1 1'，O2 2=O2 2'，…，连 1',2',3',4' 即得对称曲线
中线
O1
O2
O3
O4
1
2
3
4
1'
2'
3'
4'

图 2-1-35 线条的交接和画线顺序

3. 工程字体

文字和数字是设计图中的重要组成部分，要求工整、美观、清晰，易辨认。

数字字型，要注意运笔顺序和走向，数字 1 较其他 9 个数字笔画少而字型窄，它所占的字格宽度应小于其他字型，字体可直写也可 75°斜写。

汉字常用仿宋字，是由宋体演变而来的长方形字体，具有笔画匀称明快、书写较方便的特点。标题和加重部分常用黑体字。外文字型常用拉丁字母。数字字型常用阿拉伯字母。在快图和方案设计中也常用变体字，徒手书写较快捷。

仿宋体一般高宽比为 3∶2，字间距为字高的 1/3 或 1/4，行距为字高的 1/2 或 1/3。笔画要横平竖直，注意起落。外文字体，同样要注意字体结构和笔画顺序，字体由于曲线过多，运笔要注意光滑圆润。

4. 建筑配景

建筑配景所涉及的内容很多，如天空、山水、树木、草地、路面、车辆、人流等。建筑配景的目的是为了烘托建筑，塑造建筑形象和气氛。所以在处理建筑配景的时候要时刻注意建筑的主体地位，配景不能喧宾夺主，一般图案性较强，层次较少。

初学者应根据建筑配景图集等书籍多临摹和写生。

渲染

渲染是表现建筑形象的基本技法之一，主要有水墨渲染和水彩渲染。

水墨渲染是用水来调和墨，在图纸上逐层染色，通过墨的浓、淡、深、浅来表现对象的形体、光影和质感。

水彩渲染则是将墨换为水彩颜料(图 2-1-36、图 2-1-37)，渲染时不仅讲究颜料的浓淡深浅关系，还要考量颜料之间的色彩关系。

这里我们以水墨渲染为例介绍渲染的技法。水墨渲染最大的特点有三：(1)总的色调浅；(2)层次分明；(3)渲染完毕后线稿仍清晰可见。

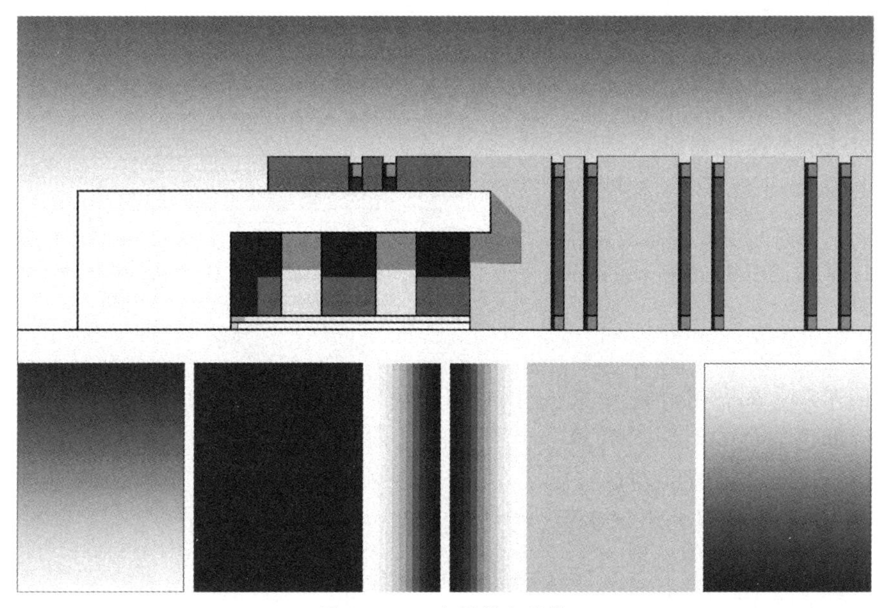

图 2-1-36　水彩单色渲染

图 2-1-37 垂花门渲染

1. 渲染的工具和准备工作

工具：毛笔、清水、水彩纸、墨。

准备工作如下：

(1)选择工具。

选墨。水墨渲染宜选用国产墨锭，一般墨汁、墨膏因颗粒过大或油分多均不适用。墨锭在砚台内用净水磨浓，然后将砚台垫高，用一段棉线或棉条用净水浸湿，一端伸向砚台内，一端悬于小碟上方，利用毛细的作用使墨汁过滤后滴入碟内(图 2-1-38)，滤好的墨可贮入小瓶内备用，但需密闭并且放在阴凉的地方。

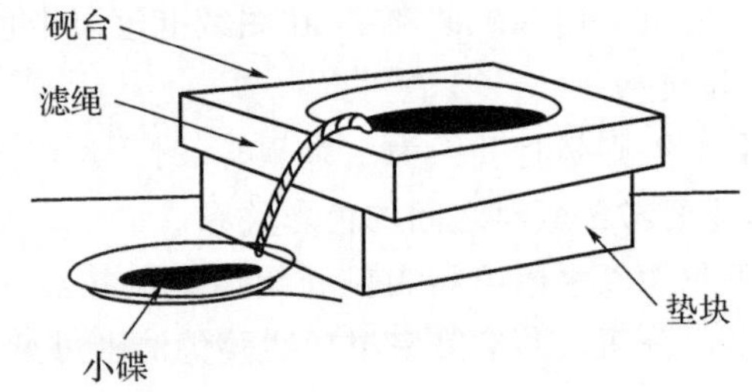

图 2-1-38 滤墨示意图

选笔(图 2-1-39)。一般选用狼毫，因其有弹性。配备大、中、小三种，并备极细的画笔，如衣纹、叶筋都可备用于描绘极精细的纹样。

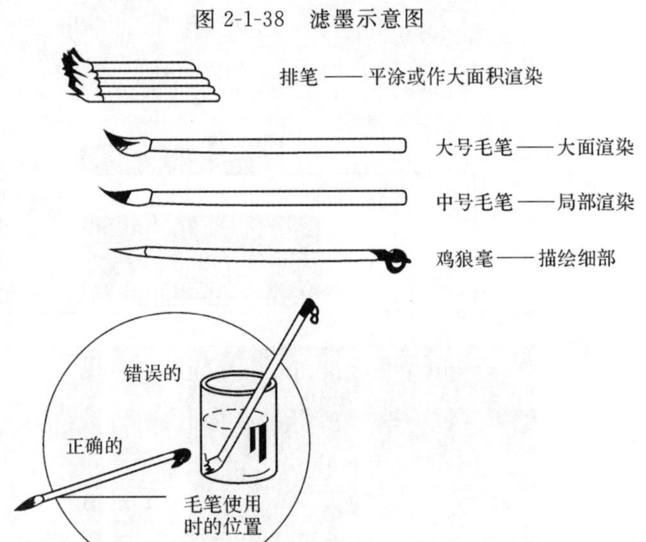

图 2-1-39 渲染用笔及选择

选纸。由于水墨渲染用水多，纸的韧性十分重要，要用能经得起多次擦洗、质地坚实的纸，纸的表面不宜光滑，也不宜过分粗糙，一般用水彩纸即可，要用细腻的一面。

裱纸的方法和步骤如图 2-1-40 所示。裱好后的图纸，平放阴干，如果放在阳光下暴晒，可能由于干湿收缩不均匀，而使纸张撕裂。如果局部粘贴处脱开，可用小刀蘸抹糨糊伸入裂口，重新粘牢，如果脱边部分过大，则需揭下图纸，重新裱糊。

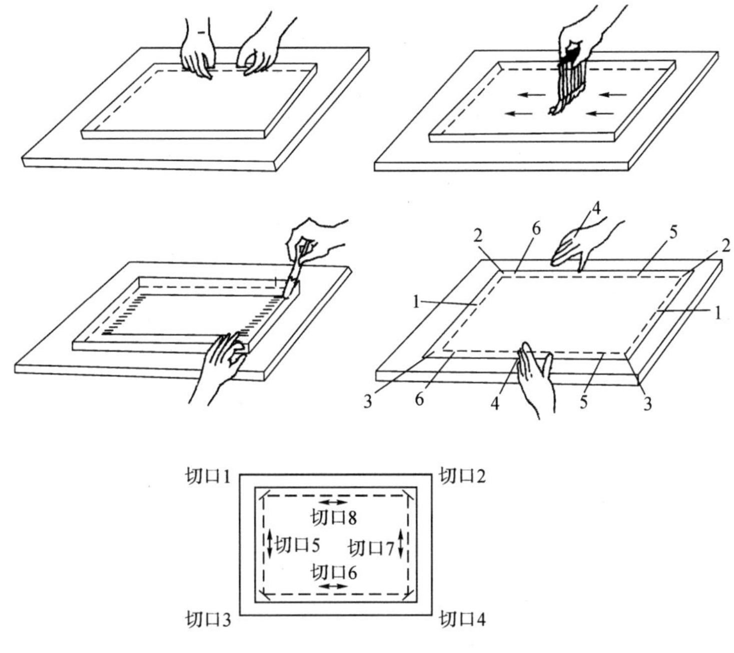

图 2-1-40 裱纸的方法和步骤

图纸绘制完成后，要等图纸完全干燥后，才能下板，用锋利的小刀沿着裁纸边切割，为避免纸张骤然收缩扯坏图纸，应按切口顺序依次切割，最后取下图纸。

(2)定出绘图范围。

图纸彻底干燥后我们就可在图纸上定出绘图范围。

2. 渲染技法

渲染的基本技法主要有三种：平涂、退晕和分格叠加。

平涂的主要要求是均匀，没有色彩变化，它是最基本的技法。大面积平涂渲染时，应把图板放斜以保持一定的坡度，然后用较大的笔蘸满调好的溶液，从图纸的上方开始渲染，用笔的方向应自左向右，一道一道地向下方渲染。溶液应多，但不能向下流淌。这样逐步向下移动，直至快要结束时，逐渐减少水分，最后，把最后一道的水用笔吸掉。

由浅到深的退晕方法：准备好一杯清水，一杯一定浓度的墨汁水，然后按照平涂的方法，用清水自纸的上方开始渲染，每画一道，在清水中加入一定量(如一滴或两滴)的墨汁水，用笔搅匀。这样做出的渲染就会有均匀的退晕。从深到浅的退晕方法基本上也是这样，只是开始用深色，然后在深色中逐渐加入清水即可。

分格叠加的方法是沿着退晕的方向在画纸上分成若干格(格子越小，退晕的变化越柔和)，然后用较浅的墨汁水平涂；待完全干透后，从一端开始留出一个格子，再把其他部分平涂墨汁水；再完全干透后，又多留出一个格子，其他平涂。这样，一格一格留出来，其他部分叠加上去，从而形成退晕。

渲染运笔如图 2-1-41 所示，渲染过程中的注意事项如图 2-1-42 所示。

图 2-1-41　渲染运笔

图 2-1-42　渲染过程中的注意事项

3. 渲染步骤

(1)线稿。

用铅笔绘线稿。要求深浅适中，粗细适度，尽量不用或少用橡皮擦涂，渲染前应把阴影全部画清楚。用 HB 铅笔打草稿，一定非常轻，肉眼勉强可分辨即可。切忌用 NH 的硬铅笔用力打草稿，切忌用硬铅笔把草稿“拓”到水彩纸上，因为二者都会使得边缘形成难看的深色水印或水迹，影响图面。

(2)用浅土黄色(或淡茶水)清洗图面，再用清水洗一遍。

(3)在调色碟、杯中调配好墨与水，过滤、沉淀后使用。

(4)浅墨平涂或极微弱退晕一遍，不留高光。这一层水墨即是高光色。

(5)渲染天空，开始应浅，使图纸纤维吸墨几遍后，再逐渐加深。天空渲染到一定程度，开始渲染建筑物及地面退晕。

(6)渲染主体建筑。

· 分层、分面，将建筑各组成部分按远近层次分出，远墨色深近墨色浅。必须留出高光。

· 渲染阴影，远处阴影墨色浅，近处墨色深，注意阴影边缘的墨色深，接近地面墨色浅。

· 协调天空与建筑的明暗关系。

4. 注意事项

(1)前一遍没干透不画第二遍；

(2)绘图时精力集中，尽可能避免错误；

(3)画板在绘图过程中应翘起适当角度，一般为 10°～20°，以便赶水；

(4)为避免留下笔迹，运笔要轻且速度保持均匀，笔头尽量避免与纸面接触；

(5)每次渲染前确保自己的手、衣袖及工具干净无油。

5. 模型制作

建筑模型能以三度空间来表现一项设计内容，也可以培养建筑设计人员的想象力和创造力。

建筑模型非常直观，是按照一定比例缩微的形体，以其真实性和完整性展示一个多维空间的视觉形象，并且以色彩、质感、空间、体量、肌理等表达设计的意图，建筑模型和建筑实体是一种准确的比例关系。

建筑模型大体上分为两种：工作模型和正式模型。

图 2-1-43　工作模型

工作模型制作不需特别精良，只要能表达出设计中的体块关系、与周围环境的尺度与呼应关系即可，是设计过程中推敲方案的一种辅助手段。

工作模型的目的是为了帮助研究设计构思，起到立体草图的作用，是在设计的过程中制作的。因此一般来说，制作上比较简单、快捷，对精度和材质的要求不高，也不要求很详细的立面分割，只要求整体的基本效果(图 2-1-43)。

正式模型主要用于上报审批、投标审定和展览的用途，是设计完成后制作的。要求准确地按一定的比例，具有高度的真实性和质感(图 2-1-44、图 2-1-45)。

图 2-1-44　正式模型 1

图 2-1-45　正式模型 2

正式模型是设计完成后，用来展示设计的手段。因此制作一般比较精良，比例精准。

模型制作的工具主要有:各种刀具(手术刀、刻刀、裁纸刀等)、量尺、制图工具及各种黏结剂(乳白胶、胶水、502 胶、801 胶、氯仿等)。

模型材料主要有:油泥(橡皮泥)、石膏条块、卡纸、泡沫塑料、吹塑纸、硬纸、木材、有机玻璃等。

三、根据表达目的性的不同划分

依据目的性的不同,方案表达大体可以划分为设计推敲性表现和展示性表现两种。

设计推敲性表现

1. 草图表现

草图表现是一种传统的,但也是被实践证明非常有效的推敲设计的表现方法。它的特点是操作迅速而简洁,并可以进行比较深入的细部刻画,尤其擅长对局部空间造型的推敲处理。

设计徒手草图实际上是一种图示思维的设计方式。在一个设计的前期尤其是方案设计的开始阶段,最初的设计意象是模糊的,不确定的,而设计的过程则是对设计条件的不断"协调"。图示思维的方式就是把设计过程中的有机的、偶发的灵感及对设计条件的"协调"过程,通过可视的图形将设计思考和思维意象记录下来的一种方式。实践证明,国内外的许多优秀设计师和设计大师均精于此道,出色的图示思维亦是他们的成功之道(图 2-1-46～图 2-1-48)。

图2-1-46 安腾忠雄水御堂构思草图

图2-1-47 安腾忠雄水御堂实景照片

2. 草模表现

与草图表现相比较,草模由于充分发挥了三维的空间,因此可以全方位地对设计进行观察,其对空间造型、内部整体关系以及外部环境关系的表现能力尤为突出。

草模表现的缺点在于:由于模型大小的限制,使得一般来说对于模型的观察都是"鸟瞰"的角度,这样会过于强调在建筑建成后不大被观察到的屋顶平面,从而会或多或少地误导设计。另外表现的深度也会受操作技术的限制和影响。

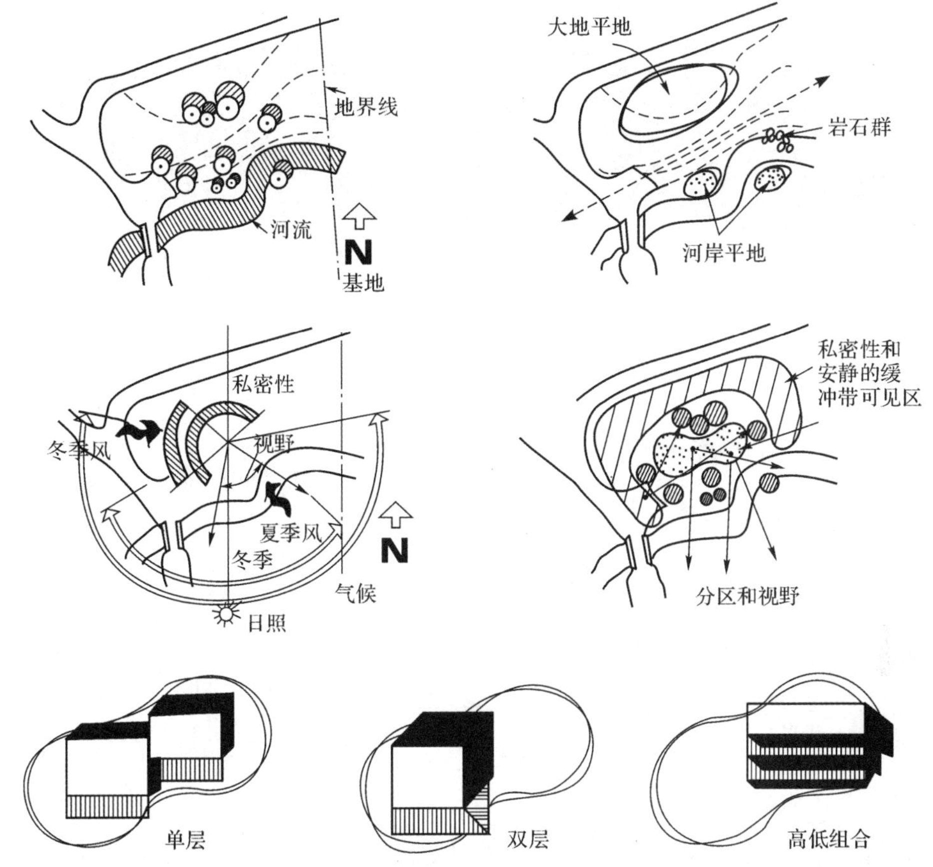

图 2-1-48　假期住宅草图

就这幢假期住宅来说，借助这些草图，可以分析出太阳角度、东西向的基地脊坡和夏季的清凉微风决定了住宅的主要朝向。基地的现有入口通道、树木分布以及南岸小河构成了主要的景色和基本环境。上述分析还可更深一层，对住宅体量做初步的探索和选择。

3. 计算机模型表现

计算机模型表现兼顾了草图表现和草模表现的优点，并且在很大程度上弥补了它们的缺点。

它可以像草图表现那样进行深入的细部，又能使表现做到客观、真实；它既可以全方位地表现空间造型的整体关系和环境关系，又避免了单一视角的缺陷。

4. 综合表现

所谓综合表现是指在设计构思过程中，依据不同阶段、不同对象的不同要求，灵活运用各种表现方式，以达到提高方案设计质量之目的。

成果展示性表现

展示性表现是指建筑师针对阶段性的讨论，尤其是最终成果汇报所进行的方案设计表现(图 2-1-49)。

它要求图纸表现完整明确、美观得体，能够把设计者的构思所具有的立意、空间形象、特点气质充分展现出来，从而最大限度地赢得他人的认同。

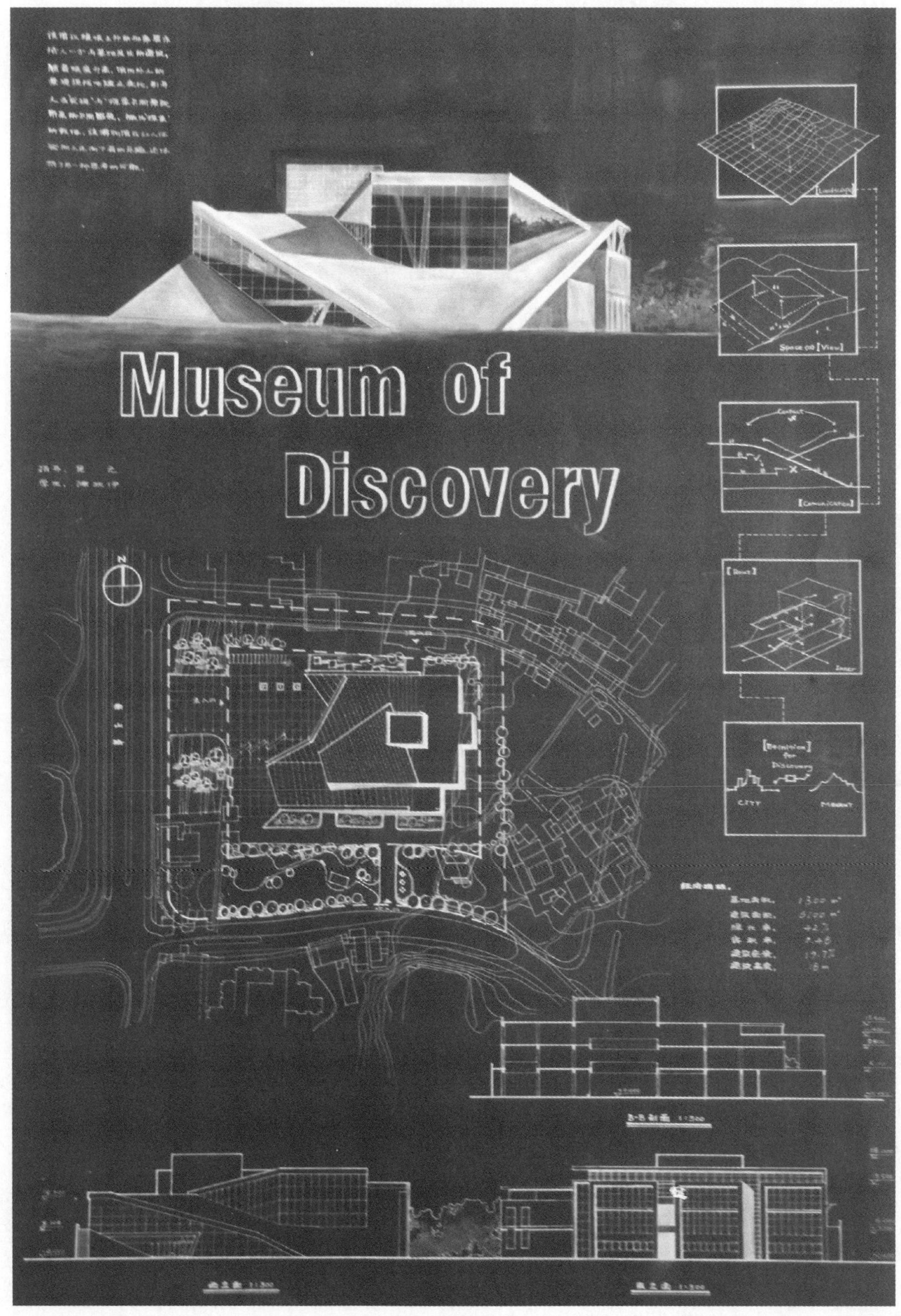

图 2-1-49(a)

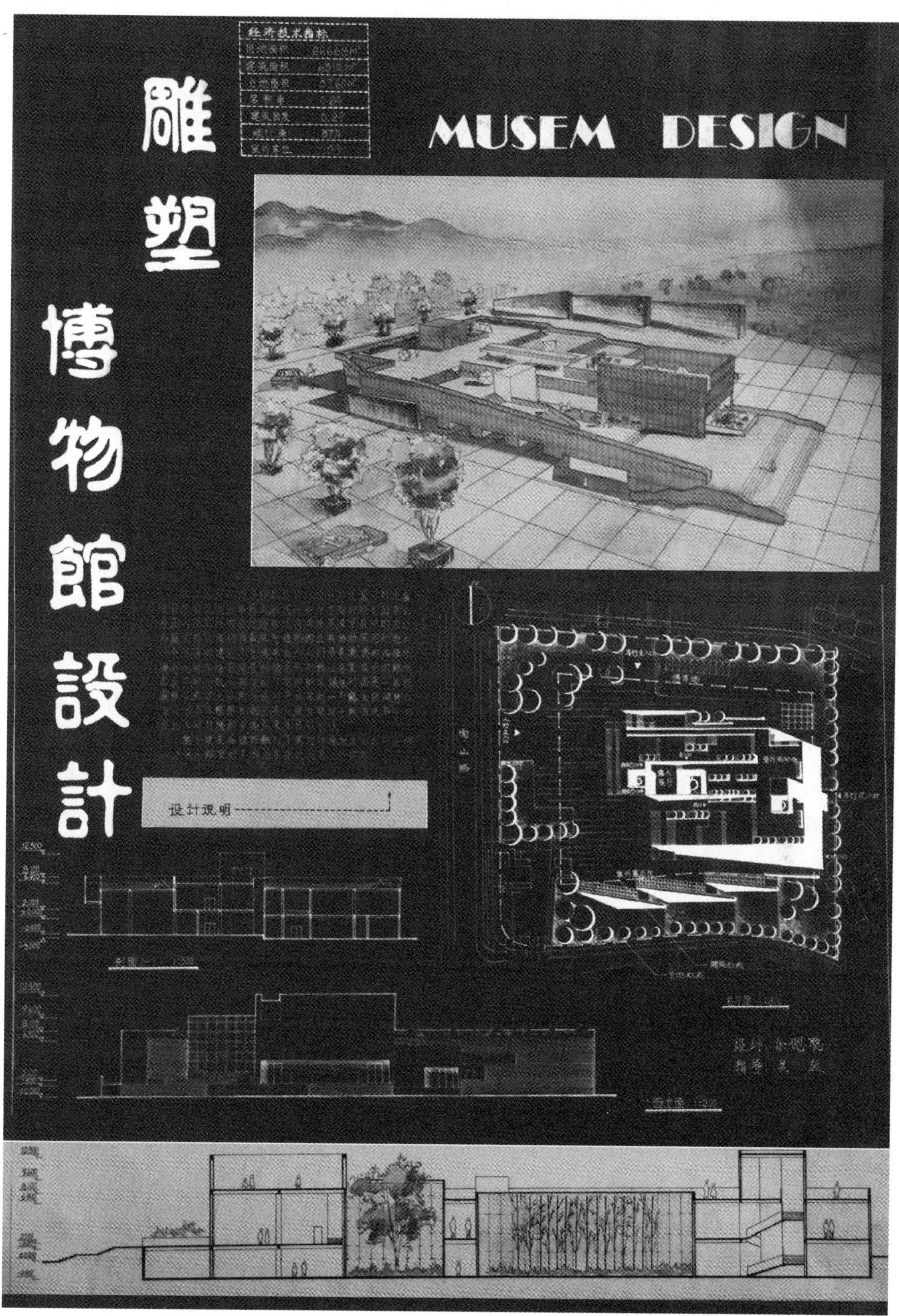

图 2-1-49(b)

要将一幢房屋的全貌包括内外形状结构完整表达清楚，根据正投影原理，按建筑图纸的规定画法，通常要画出建筑平面图、立面图和剖面图。

展示性表现时还需要注意以下几点：

1. 绘制正式图前要有充分准备。

2. 注意选择合适的表现方式。

3. 注意图面构图。构图的原则是易于辨认和美观悦目。以下几点在构图时可以为我们所参考和借鉴：

(1)如果可能，总图应按指北针朝上的方向来绘制。

(2)如果图纸在高度上有足够的空间，宜将各层平面图和立面图在垂直方向上对齐排列；如果图纸在宽度上有足够的空间，宜将各层平面图和立面图在水平方向上对齐排列。

(3)建筑的剖面图宜与平面图在垂直方向上或与立面图在水平方向上对齐。

(4)轴测图和透视图在表现图中是统一整个表现图的综合性图。

(5)布置图形通常按从左到右、从上到下的顺序。

四、不同划分体系间的关系

不同的体系间是互相穿插的，比如用线条图既可以绘制徒手草图，又可以绘制工具草图。而一套完整的正图里，既需要线条图的表达技法，又需要有建筑表现图，甚至会需要配合模型来表达设计。图 2-1-50 所示为一套完整的表现方案的图纸和模型。

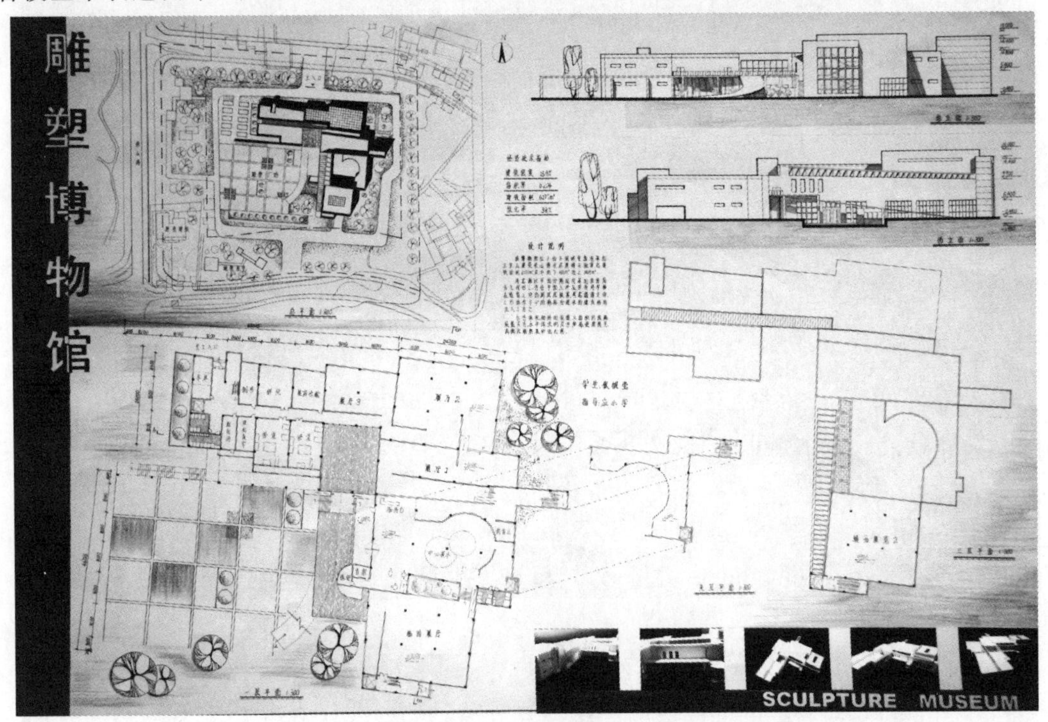

图 2-1-50 雕塑博物馆

第二节 建筑图纸表达

我们通常所提到的建筑图纸的表达方式一般是施工图用的方法和非常基本的图标。施工图为了标准化和效率化，表达必须清楚准确，而且不论是谁画的，表达方法都是共通的。

一、投影知识

在日常生活中可以看到如灯光下的物影、阳光下的人影等，这些都是自然界的一种投影现象。在工业生产发展的过程中，为了解决工程图样的问题，人们将影子与物体关系经过几何抽象形成了“投影法”。

投影法就是投射线通过物体，向选定的面投射，并在该面上得到被投射物体图形的方法。

投影法通常分为两大类，即中心投影法和平行投影法。其中平行投影又包括斜投影和正投影。

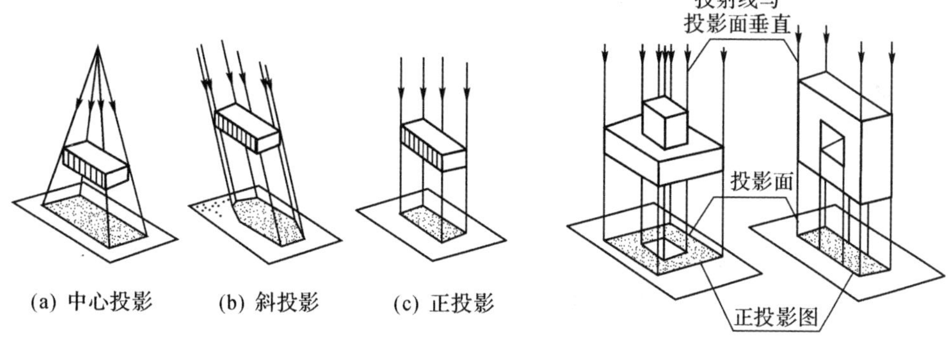

图 2-2-1 不同的投影法

图 2-2-1 中，(a)为中心投影法，投影时，所有的投射线都通过投影中心。(b)和(c)为平行投影法：投影中心距离投影面无穷远时，可视为所有的投射线都相互平行。其中根据投射线与投影面的关系又分为：(b)为斜投影法，投射线与投影面相倾斜。(c)为正投影法，投射线与投影面相垂直。

如图 2-2-2 所示，在建筑图纸中，我们使用的都是正投影法得出建筑的平面图、立面图和剖面图。

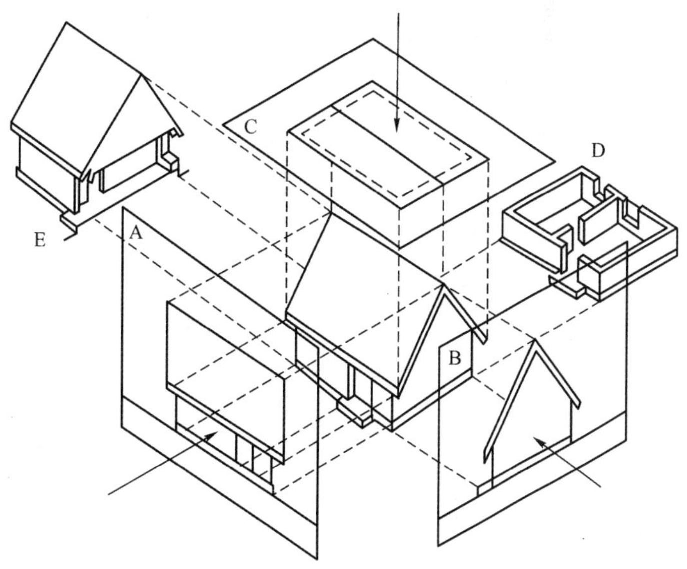

图 2-2-2 建筑的平、立、剖面

二、总平面图

总平面图的概念

建筑总平面图简称总平面图，反映建筑物的位置、朝向及其与周围环境的关系。

总平面图的图纸内容

1. 单体建筑总平面图的比例一般为 1∶500，规模较大的建筑群可以使用 1∶1000 的比例，规模较小的建筑可以使用 1∶300 的比例。

2. 总平面图中要求表达出场地内的区域布置。

3. 标清场地的范围（道路红线、用地红线、建筑红线）。

4. 反映场地内的环境（原有及规划的城市道路或建筑物，需保留的建筑物、古树名木、历史文化遗存、需拆除的建筑物）。

5. 拟建主要建筑物的名称、出入口位置、层数与设计标高，以及地形复杂时主要道路、广场的控制标高。

6. 指北针或风玫瑰图。

7. 图纸名称及比例尺。

如图 2-2-3，从这张 1∶1000 的总平面中我们可以读到的信息有：该地块所在地区的常

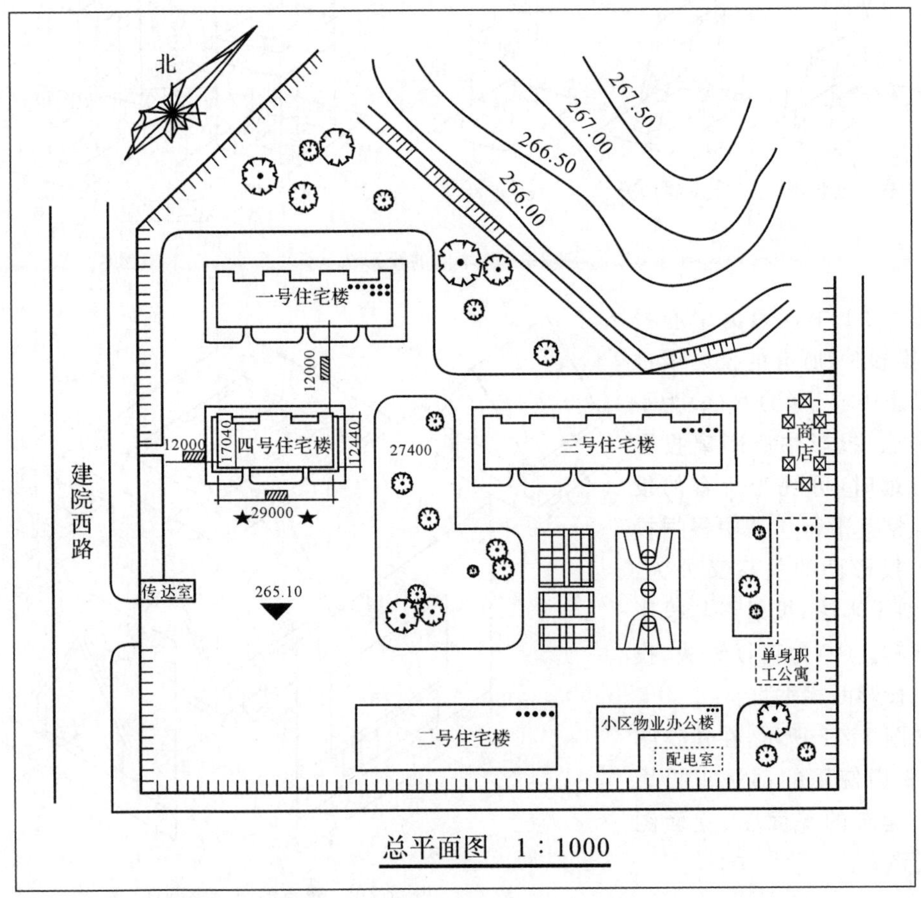

图 2-2-3

年主导风向为西南风，该地块的绝对标高为265.10m；地块东北角为一高坡；四号住宅楼位于整个地块的西侧中部，为一五层建筑，出入口在建筑南侧；周边有一号、二号、三号住宅楼和小区物业办公楼，并且地块内拟建配电室、单身职工公寓；地块东侧的商店准备拆除；此外，地块内还有一些运动场地及绿化带。

三、平面图

建筑平面图是房屋的水平剖视图，也就是用一个假想的水平面（一般是以地坪以上1.2m高度），在窗台之上剖开整幢房屋，移去处于剖切面上方的房屋将留下的部分按俯视方向在水平投影面上作正投影所得到的图样。建筑平面图主要用来表示房屋的平面布置情况。建筑平面图应包含被剖切到的断面、可见的建筑构造和必要的尺寸、标高等内容。图2-2-4所示为建筑平面生成示意图。

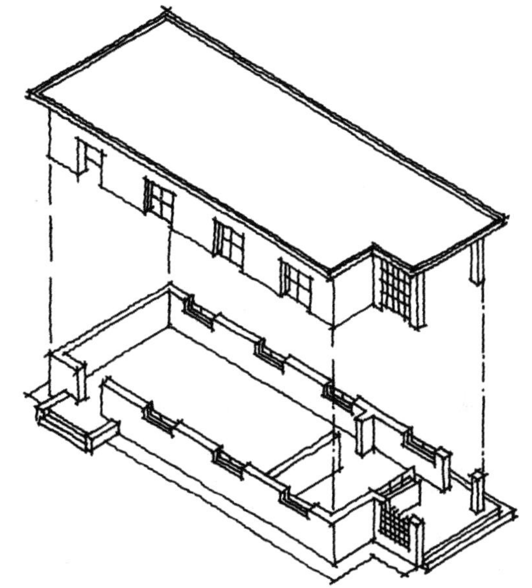

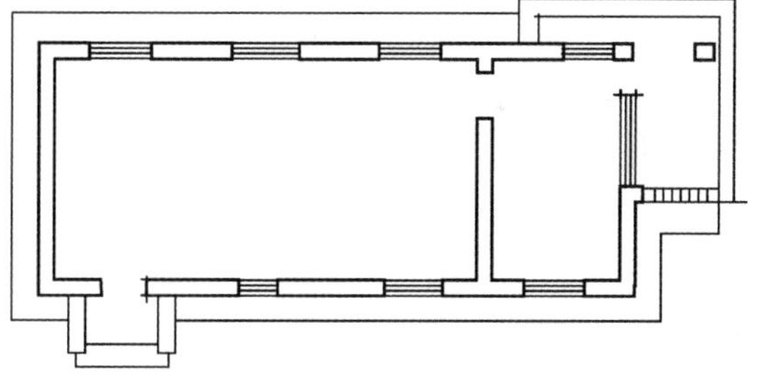

图2-2-4　建筑平面生成示意图

平面图的图纸内容

1.图名、比例、朝向

(1)设计图上的朝向一般都采用“上北—下南—左西—右东”的规则。

(2)比例一般采用1∶100，1∶200，1∶50等。

2.墙、柱的断面，门窗的图例，各房间的名称

(1)墙的断面图例；

(2)柱的断面图例；

(3)门的图例；

(4)窗的图例；

(5)各房间标注名称，或标注家具图例，或标注编号，再在说明中注明编号代表的内容。

3.其他构配件和固定设施的图例或轮廓形状

除墙、柱、门和窗外，在建筑平面图中，还应画出其他构配件和固定设施的图例或轮廓形状。如楼梯、台阶、平台、明沟、散水、雨水管等的位置和图例，厨房、卫生间内的一些固定设施和卫生器具的图例或轮廓形状。

4.必要的尺寸、标高，室内踏步及楼梯的上下方向和级数

(1)必要的尺寸包括：房屋总长、总宽，各房间的开间、进深，门窗洞的宽度和位置，墙厚等。

(2)在建筑平面图中，外墙应注上三道尺寸。最靠近图形的一道，是表示外墙的开窗等细部尺寸；第二道尺寸主要标注轴线间的尺寸，也就是表示房间的开间或进深的尺寸；最外

的一道尺寸，表示这幢建筑两端外墙面之间的总尺寸。

(3)在底层平面图中，还应标注出地面的相对标高，在地面有起伏处，应画出分界线。

5.有关的符号

(1)在平面图上要有指北针(底层平面)；

(2)在需要绘制剖面图的部位，画出剖切符号。

如图 2-2-5，从这张 1∶100 的住宅的平面图上我们可以读到的信息有：建筑的朝向；单元门设置在建筑北侧；为一梯两户的形式；每户的户型结构为 4 室 2 厅 2 卫；各个房间的大小、朝向和门窗洞口的开启位置；地坪标高；承重的柱子位置；主要房间的名称；家具的摆放等。

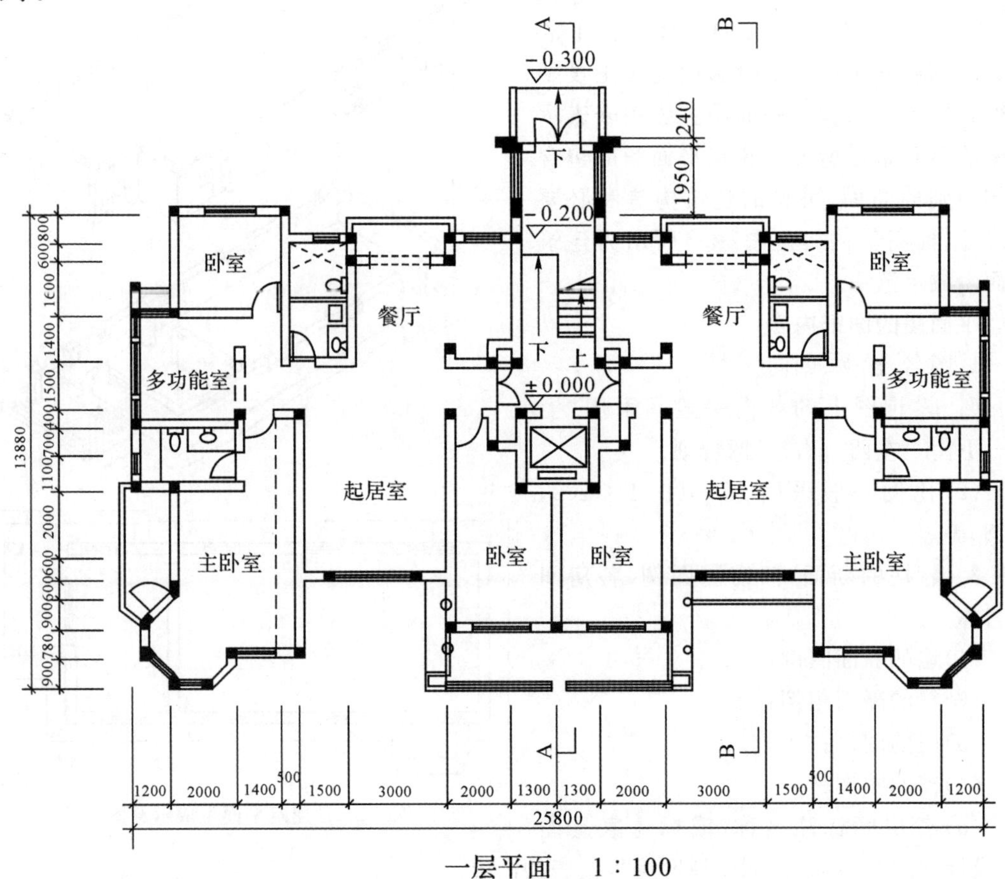

图 2-2-5 住宅平面图

四、立面图

建筑立面图是在与房屋立面相平等的投影面上所作的正投影。建筑立面图主要用来表示房屋的体型和外貌、外墙装修、门窗的位置与形状，以及遮阳板、窗台、窗套、檐口、阳台、雨篷、雨水管、勒脚、平台、台阶、花坛等构造和配件各部分的标高和必要的尺寸。

图 2-2-6 所示为建筑的立面生成示意图。

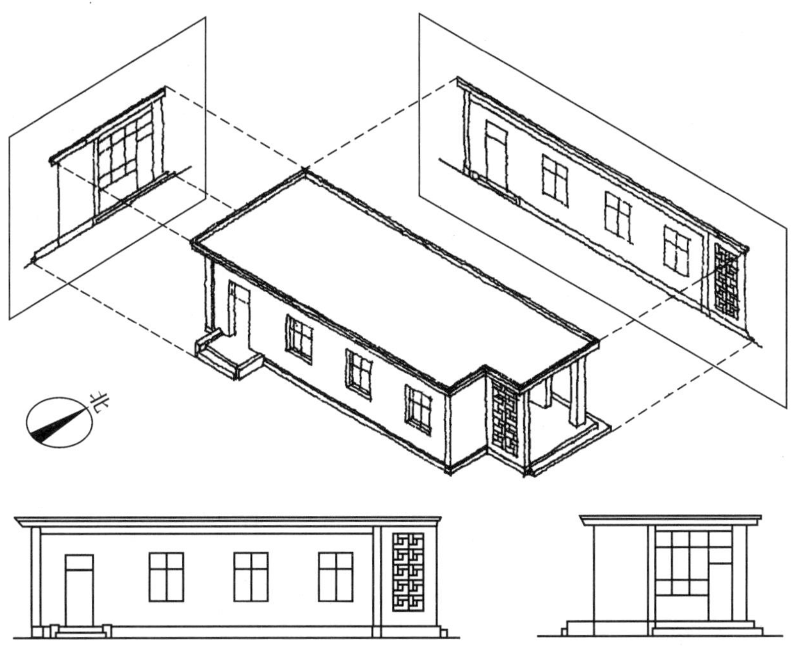

图 2-2-6　建筑的立面生成示意图

立面图的图纸内容

1. 图名和比例：比例一般采用 1∶50,1∶100,1∶200。

2. 房屋在室外地面线以上的全貌，门窗和其他构配件的形式、位置，以及门窗的开户方向。

3. 表明外墙面、阳台、雨篷、勒脚等的面层用料、色彩和装修做法。

4. 标注标高和尺寸：

(1)室内地坪的标高为±0.000；

(2)标高以米为单位，而尺寸以毫米为单位；

(3)标注室内外地面、楼面、阳台、平台、檐口、门、窗等处的标高。

如图 2-2-7，从某大学南大门传达室的南立面图上我们可以读到的信息有：这是一幢单层的建筑，建筑的最高点标高为 8.5m。

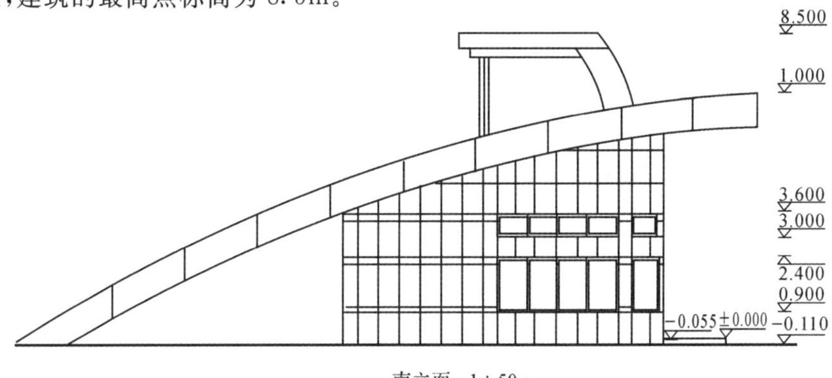

南立面　1∶50

图 2-2-7　立面图

五、剖面图

建筑剖面图是房屋的垂直剖视图，也就是用一个假想的平行于正立投影面或侧立投影面的竖直剖切面剖开房屋，移去剖切平面与观察者之间的房屋，将留下的部分按剖视方向投影面作正投影所得到的图样。一幢房屋要画哪几个剖视图，应按房屋的空间复杂程度和施工中的实际需要而定，一般来说剖面图要准确地反映建筑内部高差变化、空间变化的位置。建筑剖面图应包括被剖切到的断面和按投射方向可见的构配件，以及必要的尺寸、标高等。它主要用来表示房屋内部的分层、结构形式、构造方式、材料、做法、各部位间的联系及其高度等情况。

图 2-2-8 所示为建筑的剖面生成示意图。

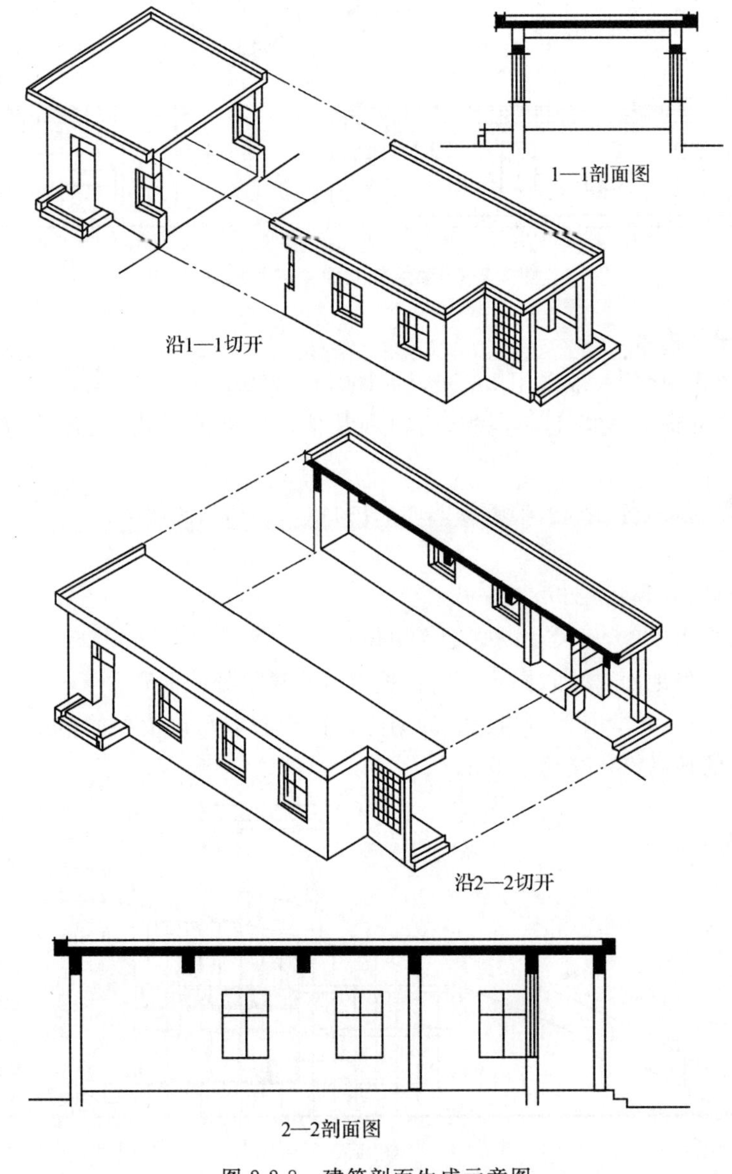

图 2-2-8 建筑剖面生成示意图

剖面图的图纸内容

1. 剖面应剖在高度和层数不同、空间关系比较复杂的部位，在底层平面图上表示相应剖切线。

2. 图名、比例和定位轴线。

3. 各剖切到的建筑构配件：

(1)画出室外地面的地面线、室内地面的架空板和面层线、楼板和面层；

(2)画出被剖切到的外墙、内墙，及这些墙面上的门、窗、窗套、过梁和圈梁等构配件的断面形状或图例，以及外墙延伸出屋面的女儿墙；

(3)画出被剖切到的楼梯平台和梯段；

(4)竖直方向的尺寸、标高和必要的其他尺寸。

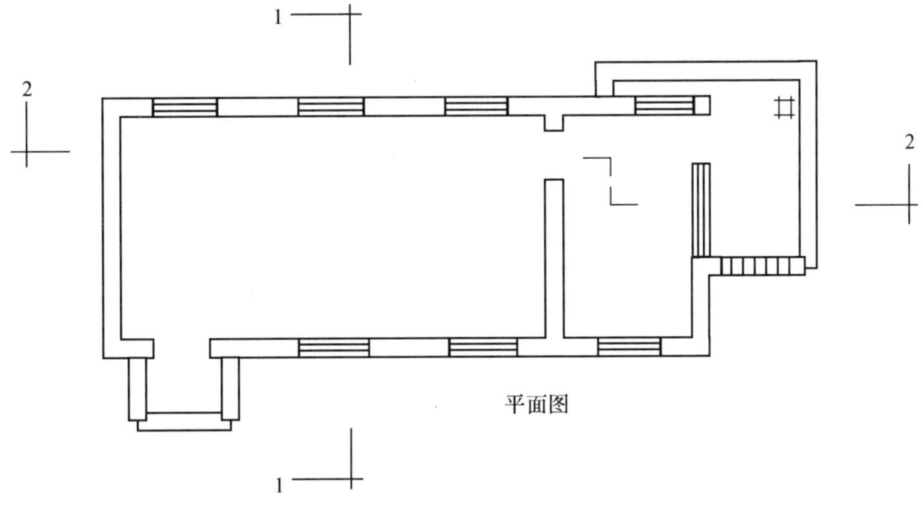

图 2-2-9　剖面的位置在平面图中用剖切线标出

4. 按剖视方向画出未剖切到的可见构配件：

(1)剖切到的外墙外侧的可见构配件；

(2)室内的可见构配件；

(3)屋顶上的可见构配件。

5. 竖直方向的尺寸、标高和必要的其他尺寸

如图 2-2-10，从这张剖面图上我们能够读出这栋建筑的几个关键部分的高度，并且能够看出建筑在屋顶中部做了一些空间上的变化。

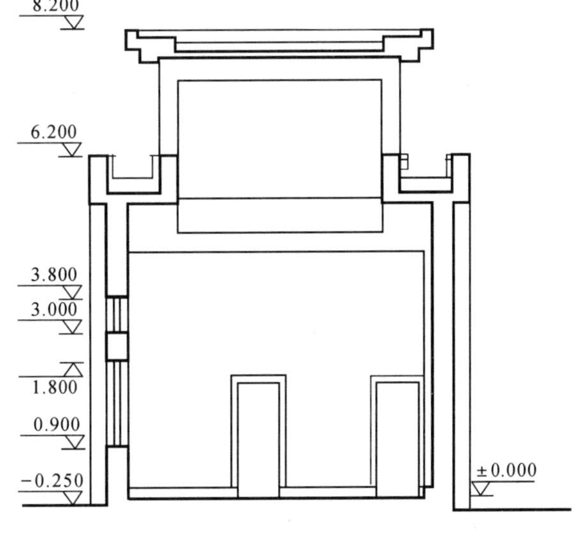

图 2-2-10　剖面图

第三节　建筑测绘

测绘是纪录现存建筑的一种手段，测绘图一般作为原始资料，供整理、研究之用。“测绘”就是由“测”与“绘”两个部分的工作内容组成：一是实地实物的尺寸数据的观测量取；二是根据测量数据与草图进行处理、整饰，最终绘制出完备的测绘图纸。

一、测绘的意义

掌握测绘的基本方法

通过测绘，学习如何利用工具将建筑的信息测量下来，并且用建筑的语言绘制到图纸上。

通过测绘将建筑的信息用图纸的方式保存下来

一旦建筑的信息以图纸的形式保存下来，那么这栋建筑的信息就可以像文字一样在更广泛的时间和空间内进行传播和交流。

建立尺度感

从字面上我们就能看出，尺度感，就是对尺度的感觉。这个感觉既包括对尺度有准确的认知，也包括对尺度有正确的把握。

1. 对尺度有准确的认知：举个简单的例子，比如有人说 1500mm，就是一个尺度，而这 1500mm 具体是多长，谁能正确地比划出来，就是尺度感的第一步，也就是对尺度有个准确的认知。

结构专业的下工地要有这样的尺度感：看到剖面就能估计到梁的高度、地板的厚度，误差应该在 10mm 以内。学室内设计的看毛坯房要有这样的尺度感：看房间的长宽，误差在 10cm 以内；看窗台高度和门窗洞口高宽，误差在 5cm 以内。

那么我们建筑设计专业对于尺度的把握要求到什么程度？

小到 1mm 是多少，大到几米，都需要我们有个准确的把握。因为我们将来既会设计小到几厘米的线脚、装饰，也要设计大体量的建筑，甚至建筑群。

所以我们要有意识地训练自己对于尺度的把握，1cm 是多长？1m 是多长？在实际的生活中要有意识地去积累这样的认知。比如我们知道通常的门框高度在 2.1m 左右，这样通过比较门框高度与建筑室内空间高度的关系，我们可以大致揣度室内空间的尺度。在我们的生活里，到处都存在着类似“门框高度”这样的标尺，供我们去测量和计算建筑尺度。

2. 对尺度有正确的把握：在对尺度有了准确的认知之后，我们还要能够进一步对尺度有正确的把握。

也就是说，我们不仅仅要能比划出 1500mm 有多长，还要知道 1500mm 的长度能用来做什么。比如，这是双人床适中的宽度，是 10 人餐桌的直径，是一个人使用的书桌舒适的长度。但是 1500mm 如果作为双人走道的宽度就太窄，如果作为桌子的高度又太高。

这就是对尺度正确的把握和使用。

综合以上两点，对尺度有准确的认知，对尺度有正确的把握，就会有一个良好的尺度感。从上面的分析中我们也能体会到良好的尺度感对于建筑设计专业的人员来说是非常重要的一项技能。

有了良好的尺度感，就会避免设计出的空间过大而导致的浪费，也可以避免设计出的空间过于狭小而导致的使用不方便。

3. 如何建立尺度感?

(1)有意识地积累掌握常用的建筑相关的基本尺寸。

常用的门的基本尺寸,比如一般单开门宽度为 900mm,大的 1000mm 也可以,住宅里最小的卫生间的门可以做到 700mm,再小使用就不方便了。

(2)有意识地掌握人体的基本尺度。

古代中国、古埃及、古罗马,不管是东方文化还是西方文化,最早的尺度都来源于人体,这是为什么?

用身上的尺子最简便,这当然是主要的。但是,还有一个更深一层的原因,那就是人体各部分的尺度有着规律,我们看看这些规律。

我们用皮尺量一量拳头的周长,再量一下脚底长,就会发现,这两个长度很接近。所以,买袜子时,只要把袜底在自己的拳头上绕一下,就知道是否合适。

为父母或兄长量一量脚长和身高,你也许会发现其中的奥秘:身高往往是脚长的 7 倍。

一般来说,两臂平伸的长度正好等于身高。

大多数人的大腿正面厚度和他的脸宽差不多。

大多数人肩膀最宽处等于他身高的 1/4。

人体的尺度和以人体的尺度为基础的人体工程学是很有意思的一门学问,也是和我们建筑设计专业密切相关的一门学问。

(3)学会用自己的身体测量尺度,训练自己目测的能力。

有的初学者为了训练自己的尺度感,随身携带一把钢卷尺。

这种精神可嘉,但是我们有比钢卷尺更方便的工具,是什么?就是我们自己。

如果我们知道了自己的高度、自己双臂展开指尖到指尖的距离、自己走一步的距离、自己的手掌张开后的距离,那就相当于我们有了很多随身携带的尺子,可以丈量身边的尺寸。我们可以先进行目测,用眼睛估计一下某个距离,再用身体去量一量,这样久而久之,目测的能力自然就会提高。

识图与制图

通过测绘这个单元的学习之后,我们就应该能够看懂专业的建筑图纸,并且能够按照建筑制图的要求绘制专业的建筑图纸。

二、测绘工具

测量工具

1. 速写本　　2. 铅笔:2H、2B 各一支
3. 橡皮、削笔刀　　4. 5m 钢卷尺
5. 20m 皮卷尺　　6. 花杆
7. 指北针　　8. 卡尺
9. 水平尺　　10. 垂球

绘图工具

1. 1 号图板　　2. 1 号卡纸 2 张
3. 拷贝纸　　4. 削笔刀
5. 糨糊　　6. 水桶

7. 排刷　　　　8. 针管笔(一套)

9. 三角板　　　　10. 丁字尺

11. 标准计算纸

三、测绘方法和步骤

测绘的内容

建筑测量的内容包括建筑的总平面、平面、立面、剖面；图纸绘制除了以上内容外，一般还要求绘制出轴测图。

测绘的分工与组织

现场测量和绘图可以“组”为单位进行。每个小组选一个组长，负责具体安排每个小组成员的工作内容，控制小组测绘工作的进度，协调平衡每个组员的工作量，在遇到困难和问题的时候组织大家共同研究解决，更重要的是组织全体成员进行数据与图纸的核对、检查、整理直至最终完成正式图纸。

测绘的步骤

1. 绘制测量草图(总平面、平面、立面、剖面)

(1)测稿的意义

测量草图(测稿)是我们日后绘制正式图纸的依据，是第一手的资料。草图的正确、准确和完整是最终测绘图纸可靠性的根本保障，所以绘制草图时必须本着一丝不苟的态度，不能凭主观想象勾画，或是含糊过去。

(2)测稿的绘制工具：速写本、铅笔、橡皮

(3)测稿的要求

• 比例适宜。如果比例过大，同一内容在同一张图纸上容纳不下；比例过小，则内容表达不清，给将来标注尺寸带来不便。

• 比例关系正确。要求草图中的各个构件之间、各个组成部分与整体之间的比例及尺度关系与实物相同或基本一致。

• 线条清晰。草图中的每一个线条都应力求准确、清楚，不含糊。修改画错的线时，用橡皮擦掉重画，不要反复描画或加重、加粗。

• 线型区分。应区分剖断线、可见线、轮廓线等几种基本线型，使线条粗细得当、区别明显，以免混淆。

(4)测稿的核对与检查

草图全部绘制完成之后，全组成员应集中在一起进行全面的检查与核对。将草图与测绘对象进行对比，确定草图没有遗漏和错误之后才可以进行下一阶段的数据测量工作。

2. 测量(总平面、平面、立面、剖面)

(1)测量的要求

量取数据和在草图上标注数据需要分工完成。在草图上标注数据的人最好是绘制该草图的人，因为他最清楚需要测量哪些数据。

测量人量取数据并读出数值，由绘图人将其标注在草图上。

(2)测量的工具

• 皮卷尺。卷尺拉得过长时会因自身重力下坠倾斜，或受风的影响产生误差。

• 钢卷尺(5m)。自备。人手一个,使用时注意安全,不要伤到自己和他人。

• 梯子。使用时注意安全,有人使用时,下面要有同伴保护。

(3)测量和标注尺寸的注意事项

• 测量工具摆放正确。测量工具摆放在正确的位置上,量水平距离的时候,测量工具要保持水平,量高度的时候,测量工具要保持垂直。尺子拉出很长的时候,要注意克服尺子因自身重力下垂或风吹动而造成的误差。

• 读取数值时视线与刻度保持垂直。

• 单位统一为毫米。

• 尾数的读法。读取数值时精确到个位。尾数小于 2 时省去,大于 8 时进一位,2～8 之间按 5 读数。例如:实际测得的 437 读数为 435;测得的 259 读数为 260;测得的 302 读数为 300。

• 尺寸标注。每个画到的部分都要进行标注。

• 先测大尺寸,再测小尺寸。避免误差的多次累积。

3. 测稿整理及正草图的绘制(总平面、平面、立面、剖面、轴测图)

(1)将记录有测量数据的测稿整理成具有合适比例的、清晰准确的工具草图,也就是正草图,作为绘制正式图纸的底稿。

(2)通过测稿的整理和正草的绘制,能够发现漏测的尺寸、测量中的错误、未交代清楚的地方。

(3)在立面、平面和剖面的基础上,绘制出轴测图。

(4)正草图上尺寸标注与测稿中尺寸标注存在差异。测稿中的每个画到的地方都要标注尺寸,这样才能准确地定位每一个点,画出正确的图纸。

(5)正草图中尺寸标注按照建筑图纸中的要求进行标注。

4. 正图的绘制

正图的绘制是测绘工作最后一个阶段,在前面各个阶段工作的基础上,产生出最终的结果。

(1)图纸内容:总平面图(建议比例 1∶300),平面图(建议比例 1∶100),两个立面图(建议比例 1∶100),剖面图(建议比例 1∶100),轴测图(建议比例 1∶100)。

(2)排版方式美观合理。

四、图纸的绘制

图纸是测绘工作的最终成果和体现,通过绘制图纸加深工程制图的规范和要求,并进一步理解二维图纸与三维建筑空间的对应关系。

图纸绘制的基本要求

图纸的绘制基本要求如下:

1. 图面整洁,构图饱满,表达清晰、正确。

2. 根据绘图比例,确定必要的表达深度。

3. 线分等级:

平面图与剖面图的图线画法是一致的。主要有两种线宽,剖断线用粗实线表示,可见线用细实线表示。根据表达的需要,剖断线的线宽又可以分为两个等级,主要建筑构造(如墙体)的剖断线最粗,次要建筑构造(如吊顶、窗框)的剖断线可稍细。可见线的线宽也可分为两个等级,表面材质的划分线可以用更细的线。但剖断线与可见线的区别应十分明显。

立面图通过线条的粗细，来表现建筑形体的层次关系，即体块关系、远近关系。由粗到细的顺序一般为：地面线(剖断线)、外轮廓线、主要形体分层次的线、次要形体分层次的线、门窗扇划分线、表面材料划分线。建筑图纸中的线型图例具体见表 2-3-1。

表 2-3-1　建筑图纸中的线型图例

名称	线型	线宽	用途
粗实线	(0.5～2.0mm)	b	1. 平、剖面图中被剖切的主要建筑构造(包括构配件)的轮廓线 2. 建筑立面图的外轮廓线 3. 建筑构造详图中被剖切的主要部分的轮廓线
中实线		0.5b	1. 平、剖面图中被剖切的次要建筑构造(包括构配件)的轮廓线 2. 建筑平、立、剖面图中建筑构配件的轮廓线 3. 建筑构造详图及构配件详图中的一般轮廓线
细实线		0.35b	小于 0.5b 的图形线、尺寸线、尺寸界线、图例线，索引符号、标高符号等
中虚线		0.5b	1. 建筑构造及建筑构配件不可见的轮廓线 2. 建筑平面图中的起重机轮廓线 3. 拟扩建的建筑物轮廓线
细虚线		0.35b	图例线，小于 0.5b 的不可见轮廓线
粗点画线		b	起重机轨道线
细点画线		0.35b	中心线，对称线，定位轴线
折断线		0.35b	不需画全的断开界线
波浪线		0.35b	1. 不需画全的断开界线 2. 构造层次的断开界线

4. 尺寸标注方式正确，文字、数字书写工整。

(1)尺寸的组成：建筑图上的尺寸由尺寸界线、尺寸线、尺寸起止符号、尺寸数字等组成(图 2-3-1)。

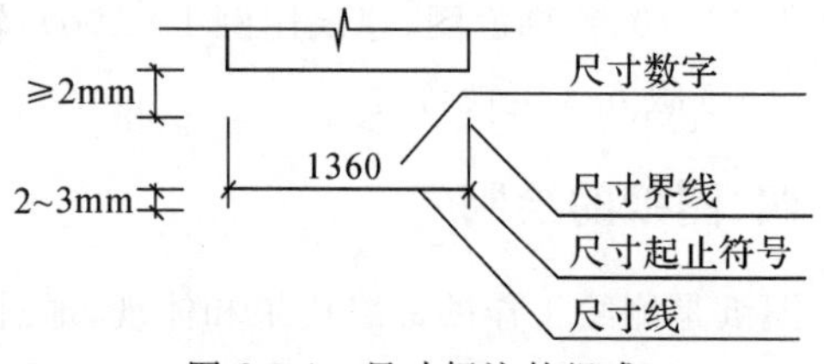

图 2-3-1　尺寸标注的组成

(2)尺寸的排列：建筑图中尺寸应注成尺寸链。尺寸标注一般有三道，最外面一道是总尺寸，中间一道是定位尺寸，最里面是外墙的细部尺寸(图 2-3-2)。

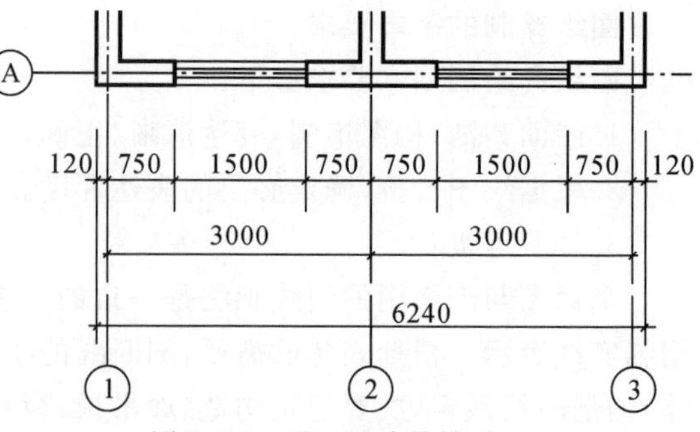

图 2-3-2　平面尺寸的排列

定位尺寸标注的是相邻两条定位轴线间的尺寸，外墙细部尺寸标注时要注意每个尺寸都是与相邻的定位轴线发生关系。

(3)标高：标高符号的尖端应指至被注的高度；尖端可向上也可向下，三角形可向左也可向右，标高数字以米为单位，注写到小数点后第三位(在总平面图中可注写到第二位)。

在总平面图中标注绝对标高,即黄海标高;在其余图中标注相对标高,即为了计算方便,设定某一高度为零点标高,通常为一层楼面,标注为±0.000,其余标高均以它为基准,但是要注意,正数标高不注"+",例如标高为 1.200,负数标高应注"-",例如标高为-0.450。标高的各种标注方法见图 2-3-3～图 2-3-6。

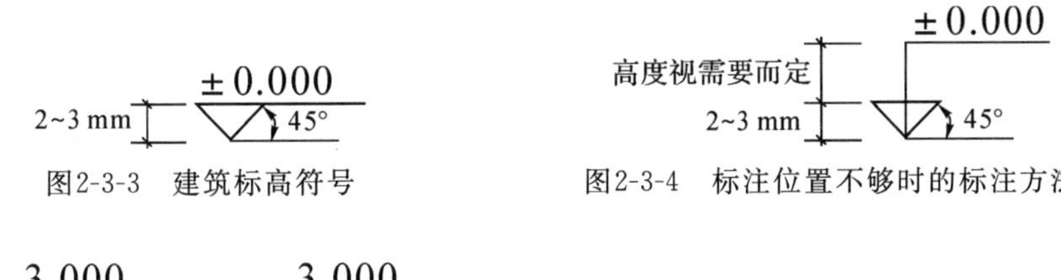

图2-3-3　建筑标高符号

图2-3-4　标注位置不够时的标注方法

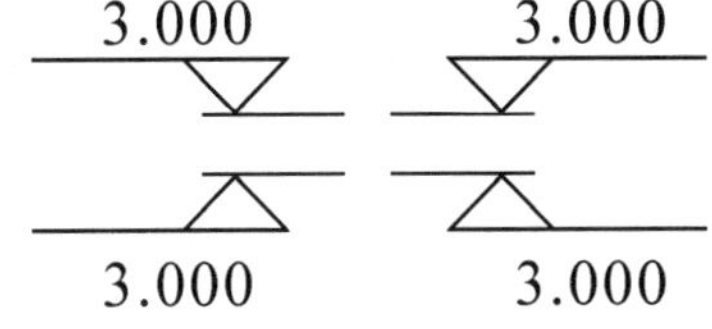

图2-3-5　标高符号的其他画法

图2-3-6　总平面图中绝对标高的画法

(4)角度及圆弧的标注(图 2-3-7、2-3-8)。

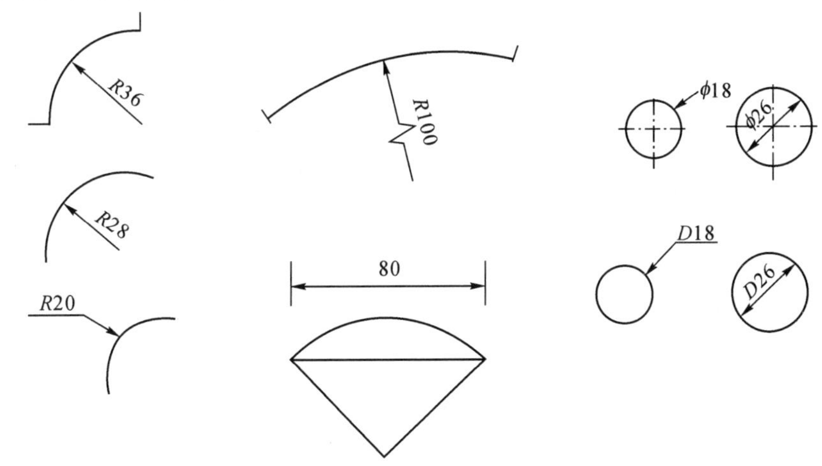

图 2-3-7　圆弧的标注方法

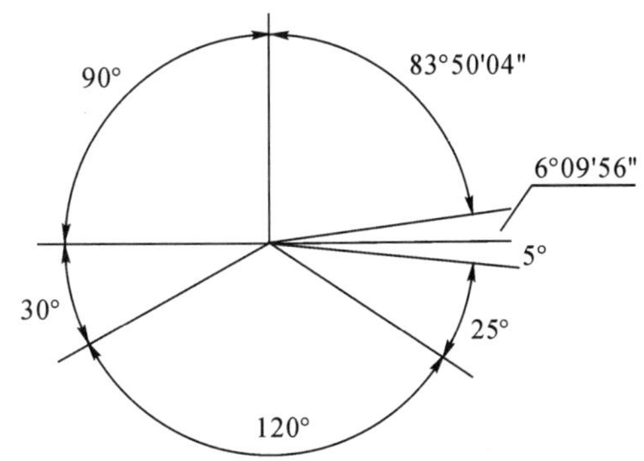

图 2-3-8　角度的标注方法

5.剖断号、索引号、指北针等符号标注正确。

(1)剖切符号:剖面的剖切符号用来说明剖面与平面的关系。如图 2-3-9 所示,剖切位置线表示剖切的位置,剖视方向线表示观察的方向,剖切符号的编号一般注写在剖视方向线的端部,与该剖面的图名相对应。

剖面的剖切符号一般示意在一层平面图上,画在剖切位置的两端,两两对应。如图 2-3-10 所示的A—A 剖面和 B—B 剖面。也可以画出带转折的剖面,如 C—C 剖面,但转折处必须在一个空间内。

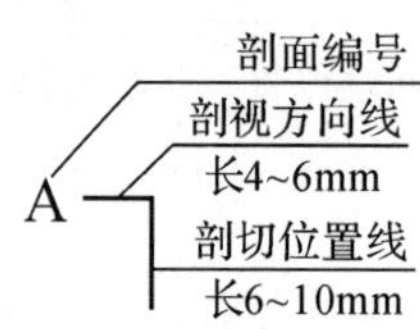

图2-3-9 剖切符号的组成

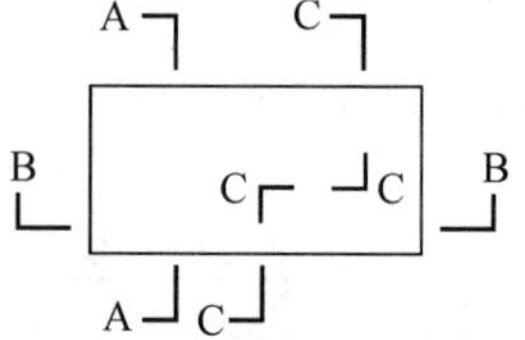

图2-3-10 剖切符号的示意

(2)索引符号:索引符号的意义是图中的某一局部(需另见详图)。索引符号的圆直径为 10mm,用细实线绘制。上半圆中的数字表示详图的编号,下半圆中的数字表示该详图所在图纸的编号,若详图是画在同一张图中,则下半圆中的数字用“—”表示。

如图 2-3-11,索引符号包括详图编号、详图所在和图纸编号。

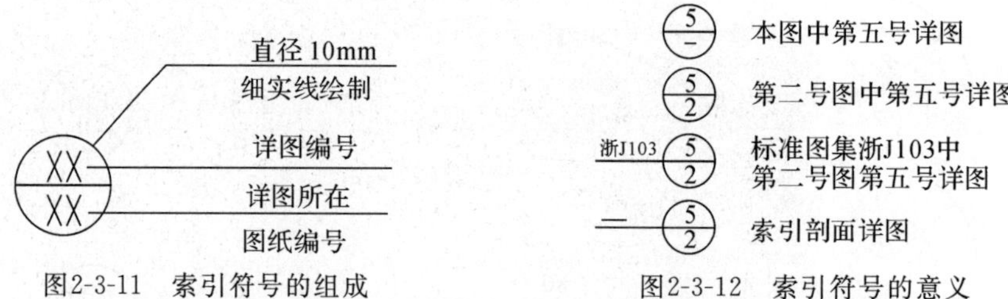

图2-3-11 索引符号的组成　　图2-3-12 索引符号的意义

如图 2-3-12,索引符号表示图中的某一局部(需另见详图)。

(3)详图符号:详图符号表示详图的编号,以粗实线绘制,直径为 14mm(图 2-3-13)。详图符号应与索引符号相对应使用。

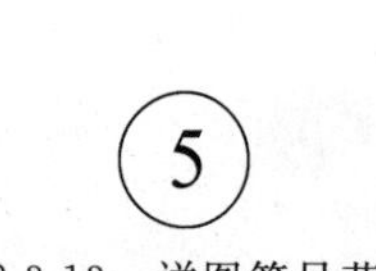

图2-3-13 详图符号范例

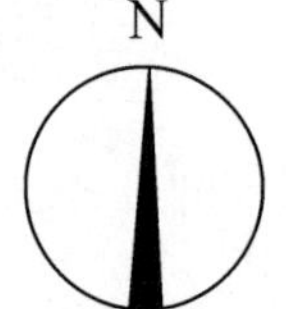

图2-3-14 指北针符号范例

(4)指北针用细实线绘制,圆的直径为 24mm;指北针尾部宽度 3mm;针尖方向为北向(图 2-3-14)。

图纸绘制的画法与步骤

1. 平面图的画法与步骤(图 2-3-15)

(1)画出定位轴线;

(2)画出全部墙、柱断面和门窗洞;

(3)画出所有建筑构配件、卫生器具的图例或外形轮廓;

(4)标注尺寸和符号。

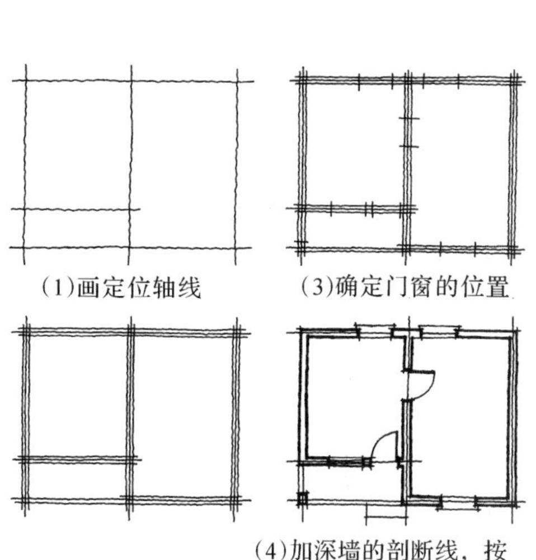

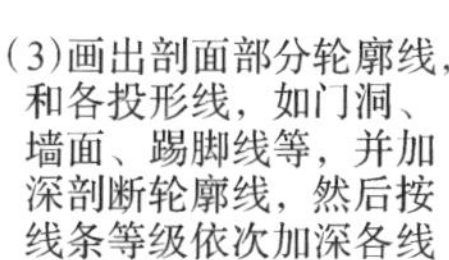

(4)加深墙的剖断线，按线条等级依次加深其他各线，门的开关弧线用最细线

图 2-3-15　平面图的画法与步骤

□ 剖面图作图步骤

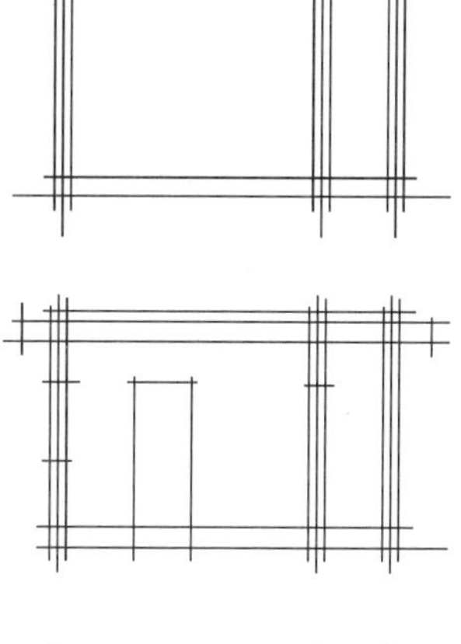

(1)画室内、外地面线，墙体的结构中心线内外墙厚度及屋面构造厚度
(2)画出门窗洞高度，出檐宽度及厚度，室内墙面上门的投形轮廓

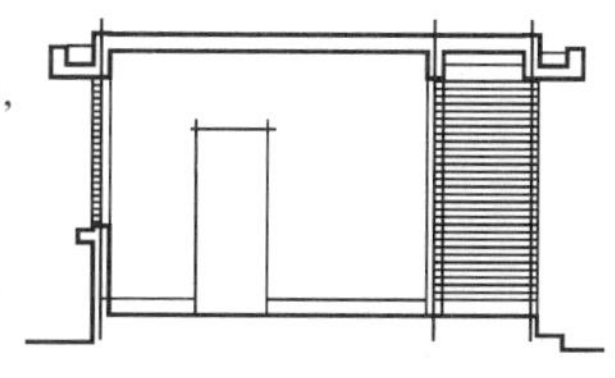

(3)画出剖面部分轮廓线，和各投形线，如门洞、墙面、踢脚线等，并加深剖断轮廓线，然后按线条等级依次加深各线

图 2-3-16　剖面图的画法与步骤

2. 剖面图的画法与步骤(图 2-3-16)

(1)画出定位轴线，画出室内、外地面线，再画出楼面线、楼梯平台线、屋面线、女儿墙顶面的可见轮廓线等；

(2)画出剖切到的主要构件；

(3)画出可见的构配件的轮廓、建筑细部；

(4)标注尺寸、标高、定位轴线编号。

3. 立面图的画法与步骤(图 2-3-17)

(1)画出室外地面线、两端外墙的定位轴线和墙顶线；

(2)画出室内地面线、各层楼面线、各定位轴线、外墙的墙面线；

(3)画出凹凸墙面、门窗洞和其他圈套的建筑构配件的轮廓；

(4)画出标高，标高符号宜排列在一条铅垂线上。

□ 立面图作图步骤

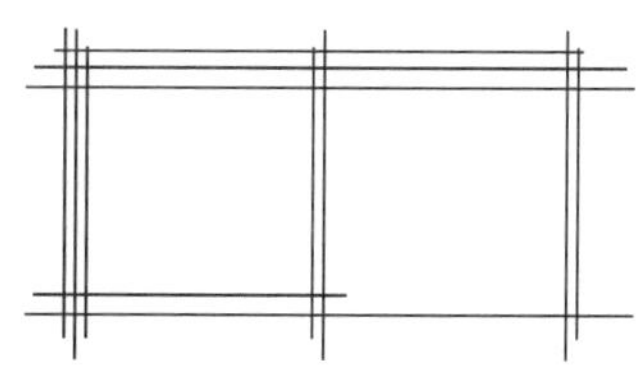

(1)同剖面图的画法，但可省略一些墙的厚度

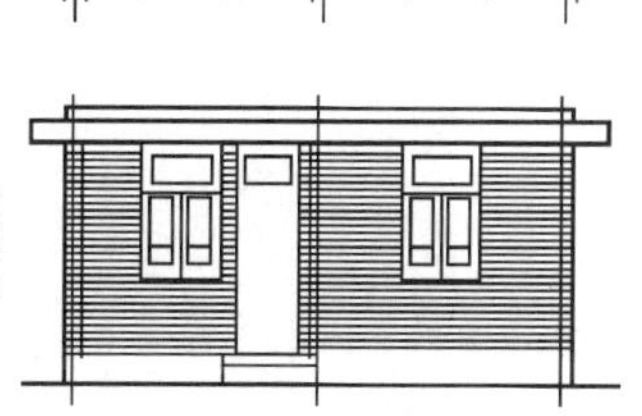

(2)同剖面图的画法
(3)画出门、窗、墙面、踏步等细部的投形线。加深外轮廓线，然后按线条等级依次加深各线

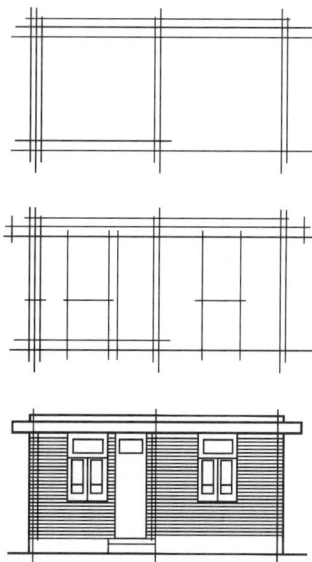

图 2-3-17　立面图的画法与步骤

第三章 建筑的构成

第一节 构成的基础知识

一、构成的概念

构成就是把要素打碎进行重新组合——康定斯基

作为一种现代的造型概念，构成的概念发端于包豪斯，发展于20世纪六七十年代。构成就是把各种形态或材料进行分解，作为素材重新赋予秩序和组织，它的核心是“要素重新组合”。这幅蒙德里安作于1930年的《红、黄、蓝的构成》(图3-1-1、图3-1-2)，是几何抽象风格的代表作之一，我们看到，粗重的黑色线条控制着七个大小不同的矩形，形成非常简洁的结构。画面主导是右上方那块鲜亮的红色，不仅面积巨大，且色度极为饱和。左下方的一小块蓝色、右下方的一点点黄色与四块灰白色有效配合，牢牢控制住红色正方形在画面上的平衡。在这里，除了三原色之外，再无其他色彩；除了垂直线和水平线之外，再无其他线条；除了直角与方块之外，再无其他形状。巧妙的分割与组合，使平面抽象成为一个有节奏、有动感的画面，从而实现了他的几何抽象原则，“借由绘画的基本元素：直线和直角(水平与垂直)、三原色(红、黄、蓝)和三个非色素(白、灰、黑)，这些有限的图案意义与抽象相互结合，象征自然的力量和自然本身”。

图3-1-1 蒙德里安的作品

图3-1-2 蒙德里安风格的家具

根据研究对象的区别，习惯上把构成分为平面构成、立体构成和色彩构成。需要指出的是，这种分法越来越受到业界人士的质疑，认为它割裂了三大构成之间的关系，三大构成之间应该是相辅相成、不可分割的。现在有很多院校在教学中以维度作为划分方式，从一维设计发展到四维设计。

二、构成的基本要素

构成的基本要素对于不同的构成形式会有所不同，但是都可以概括为造型要素和感情心理要素两个方面。造型要素包括基本形态要素(点、线、面、体等)、色彩、结构、材料、技法等；感情心理要素则是造型要素通过视觉、知觉等引起的感情心理反应。简而言之，构成设计的基本要素也是一种形态，既包括了造型的本身又兼顾了情态的地位。

三、构成的基本形式

如果说构成是造句练习，那么基本要素就是词汇，而构成的基本形式就是语法结构，要想造句成功，基本形式非常重要。具体的形式也是按照构成类型而略有区别，但是基本的形式还是有很多共通之处，大致可以概括为重复、渐变、近似和对比构成等。

学习构成是进入建筑设计殿堂的必由之路。构成的基本思维和方法可以在建筑设计中很好地运用，例如建筑平面排布的美感就可以运用平面构成的各项法则，建筑形体的塑造其实就是立体构成的运用，建筑空间的组织也符合空间构成的规律，当然色彩也是必不可少的因素，所以建筑是构成知识的综合运用(图 3-1-3)。

图 3-1-3　建筑中的构成应用

四、形式美的原则

构成创作的文法要素是有关韵律、比例、亮度和虚的空间等的法则。造型中的美是在变化和统一的矛盾中寻求既不单调又不混乱的某种紧张而调和的世界。——格罗庇乌斯

好的构成就是恰到好处地处理好了“多样和统一”平衡的构成(在有的书籍上也称为“对立和统一”或“对比和调和”的关系等)。

形式美的原则是构成中通用的原理,或者可以说所有的造型艺术都是适用这些法则的。

对称与均衡

对称与均衡是运用最广泛和最古老的内容。对称即中轴线两边或中心点周围各组成部分的造型、色彩完全相同。均衡则是视觉上的稳定和平衡感。过于对称会显得单调呆板,均衡可以追求变化的秩序。(图 3-1-4、图 3-1-5)

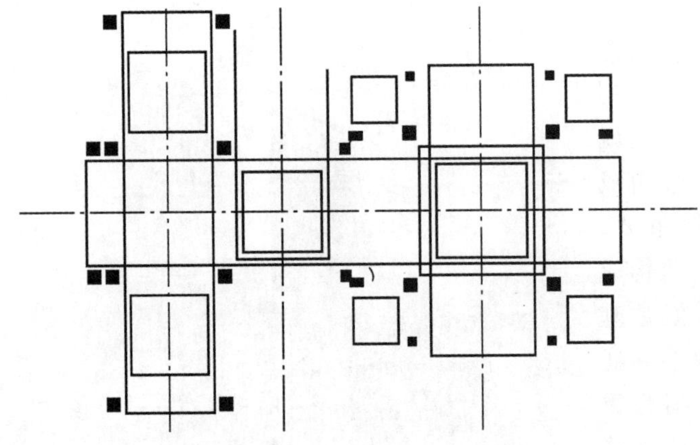

图 3-1-4 对称的平面

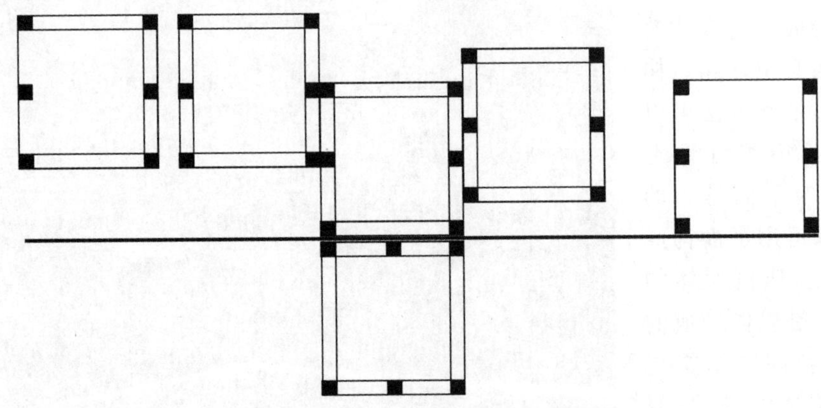

图 3-1-5 德·沃尔住宅均衡的平面

对比与调和

对比是两者的比较,例如大小、虚实、轻重等。对比的目的是打破单调,是从矛盾的因素中获得良好的效果。调和是两种或两种以上的物质或物体混合成一体,彼此不发生冲突。调和是庄严、优雅而统一的,但有时也会感觉单调沉闷。

节奏与韵律

这一组概念本来是音乐的主要要素，没有节奏与韵律就不会产生美妙动听的音乐。节奏与韵律同时也体现在建筑、雕塑、绘画和装饰图案等不同的视觉艺术形式中，是指有规律地重复出现和有秩序地变化，从而激发人们的美感。

图 3-1-6 所示的悉尼歌剧院的造型就非常有节奏感。节奏与韵律是普遍存在的，没有本质的区别，仅仅是通过不同的感官即视觉或听觉而引发的感受。建筑中在体积或空间上做渐增、渐减的变化，而后又按某种规律进行排布，也可以获得良好的效果。

图 3-1-6　悉尼歌剧院

比例和尺度

比例是形体之间谋求统一或均衡的数量秩序。尺度则是指整体和局部之间的关系，以及其与环境特点的适应性问题。尺度处理不恰当，会让人感觉不舒服。

五、格式塔心理学

"格式塔"是德语词汇的音译，其基本含义为"形式，形状"。具体到格式塔心理美学中，"格式塔"又被译作"完形"。该心理学认为人们看到的物不再只是视觉上单纯、静止的形状，而是事物各部分组织成的整体性效果，而这种整体效果要大于各个部分机械相加的总和。人们的视知觉有完形和单纯化的趋势，越是简单而特征清晰的形态人们就越容易识别并也愿意接受，杂乱的形态会使人感到疲劳而失去兴趣。怎样才能达到形态单纯化呢？一般而言有以下三种模式：

相似模式与同一性

组成形态的各部分之间，在形状、大小、色彩等方面特征相似时，各部分之间加强了联系，从而使整体形态单纯化。这种形态的单纯化，在形态设计中称为同一性原理。这种原理处理的形态具有调和特点，产生理性的美感。

如图 3-1-7，人们自然会把接近圆的图形归为一类。

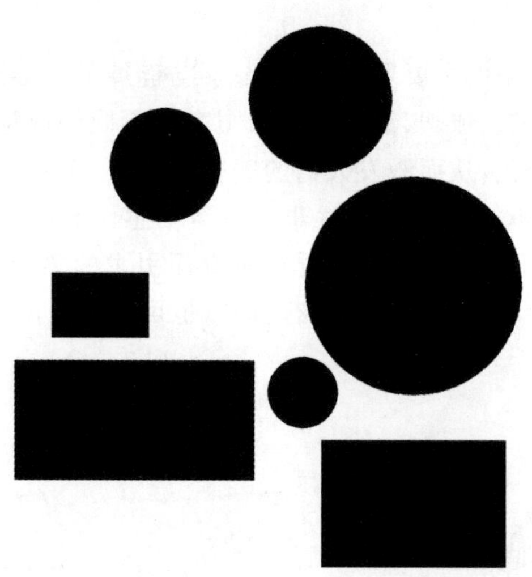

图 3-1-7 相似性

接近模式和连续性

接近模式指经常在一起被体验到的感觉，会因为相互接近而产生单一的效果，从而从其余部分分离出来而被看成一个整体。连续性指形态局部变化和整体之间的内在关系，连续的关系使得各个局部都变得不可或缺，从而强化整体的单纯化。

如图 3-1-8，两个圆脱离了连续的有规律的节奏，有一种力量似乎要把它们拉回来。

趋合模式和一体感

趋合模式就是人们的视知觉可以自动填补图形中的空缺，产生整体的完形知觉。一体感是指部分代表整体，由于部分的存在，使得整体形态趋于单纯，造成一体感。在传统构图原理中，有一种手段叫对位，把各部分位置对应起来整体效果就好，这些部分的位置代表了整体的形态，整体形态趋于单纯。

如图 3-1-9，人们自然地会把它趋合成一个圆形。

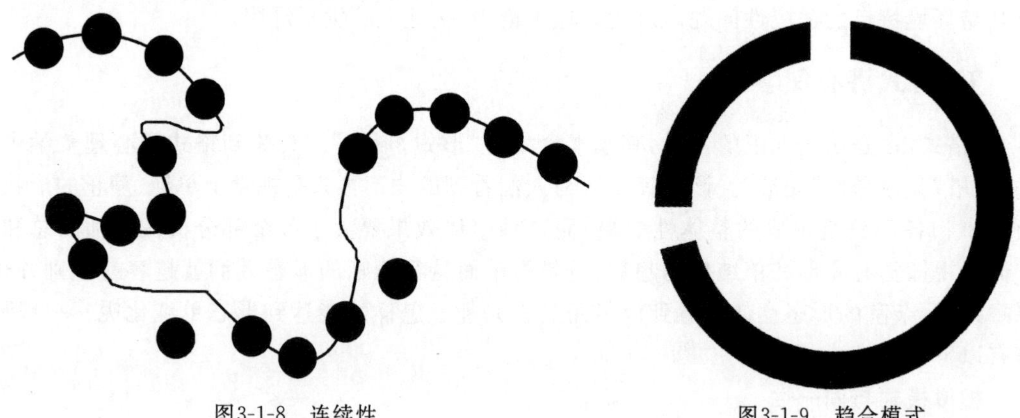

图3-1-8 连续性

图3-1-9 趋合模式

第二节　平面构成

平面构成是将既有的形态，在二维的平面内，依照美的形式法则和一定的秩序进行分解、组合，从而创造出全新的形态及理想的组合方式、组合秩序。

一、平面构成的形态要素

平面构成的视觉形象的基本形态要素是点、线、面。

形态要素之"点"

几何学中把没有长、宽、厚而只有位置的几何图形称为"点"。点是视觉设计中最小的单位，它的概念是相对的，例如，地球是巨大的，但它在宇宙中就成为一个点。相对而言，越小的形体越能给人以点的感觉。

点在平面设计中有许多特性：点的集合会吸引视线(图 3-2-1)；点的密集会有面的感觉(图 3-2-2)；大小不同的点摆在一起会有空间深度的感觉(图 3-2-3)；大小一致的点按照一定的方向有规律地排列，给人以线的感觉(图 3-2-4)；点的大小排布会产生曲面的效果(图 3-2-5)。

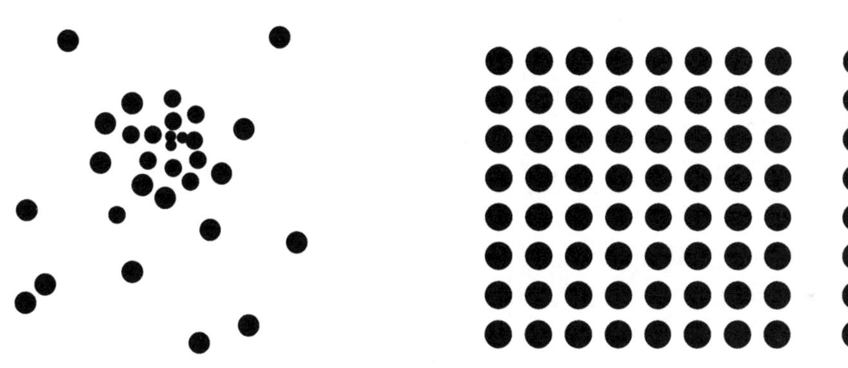

图 3-2-1　聚集的点吸引视线

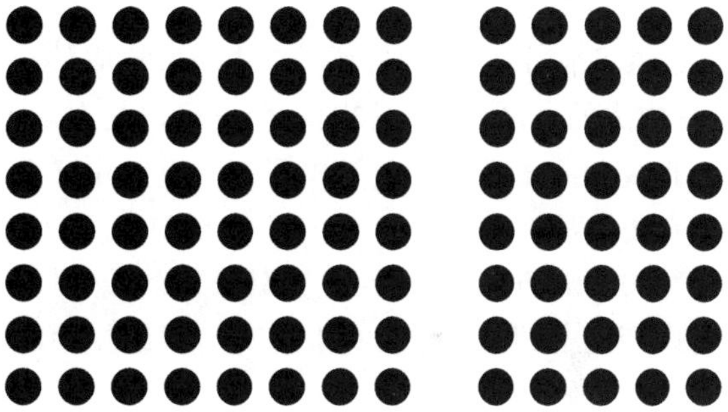

图 3-2-2　点形成面

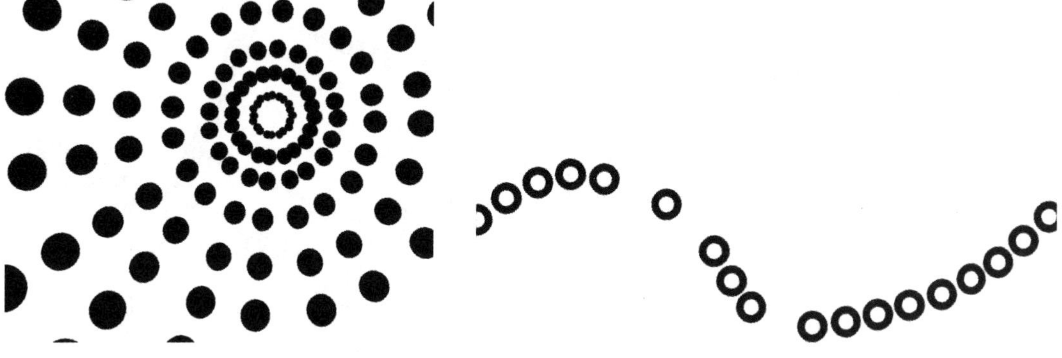

图 3-2-3　点构成的空间的纵深感

图 3-2-4　点形成线

图 3-2-5　点的大小排布生成曲面效果

形态要素之"线"

线在几何学上指一个点任意移动所构成的图形，有直线和曲线两种。线是点移动的轨迹，从构成的角度讲，线既有长度，也可以具有宽度和厚度。

直线和曲线是线的最基本形态。直线中又分垂直线、水平线、斜线；曲线中又分几何曲线和自由曲线。

线的构成方式有：等距离密集排列的线形成面的效果(图 3-2-6)；不同粗细、疏密变化的线可以产生空间透视感觉(图 3-2-7)；线的排列制造立体的效果等(图 3-2-8)。

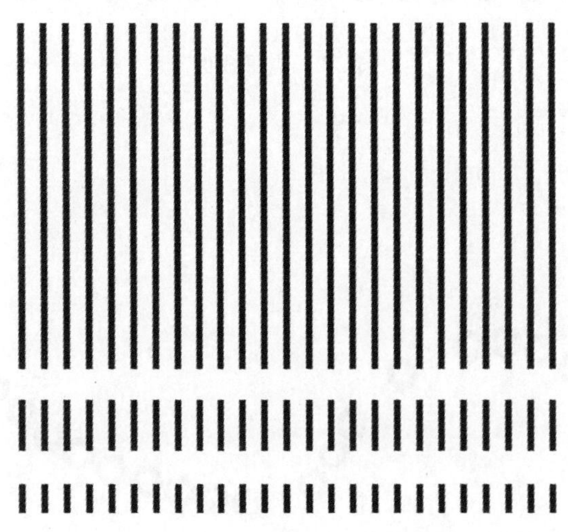

图 3-2-6　等距排列的线生成面

图 3-2-7　变化的线产生空间透视感

图 3-2-8　线的立体效果

形态要素之"面"

线移动的轨迹为面,面有长度、宽度,没有厚度。

面可以分为规则面和不规则面。规则面包括圆形、方形等几何图形。圆形、方形这两种面的相加和相减,可以构成无数多样的面。不规则的面是由曲线、直线围成的复杂的面。

面体现了充实、厚重、整体、稳定的视觉效果。但是不同类型的面有不同的语言,几何形的面,表现规则、平稳、较为理性的视觉效果;自然形的面,给人以更为生动、厚实的视觉效果;有机形的面,得出柔和、自然、抽象的面的形态;偶然形的面,自由、活泼而富有哲理性。

二、基本形

基本形是指构成图形的基本元素单位。一个点、一条线、一块面都可以成为基本形元素。基本形的设计应简练一些,以免由于构成形式本身的丰富多样而使画面过于复杂烦琐。

基本形的产生有下面几种方式:

几何单形的相互构成,它是以圆形、方形、三角形为基本形体,将它们分别以连接、分离、减缺、差叠、重合、重叠、透叠等形式,构成不同形象特点的造型(图 3-2-9)。

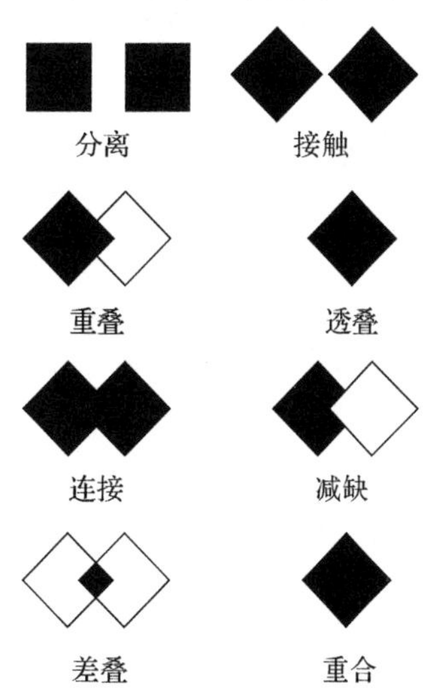

图 3-2-9　几何单形的相互构成

分割所构成的形体,可以训练设计者灵活的造型能力。

自然形单形的构成,把自然物的基本形以真实、自然、概括的形式表现出来,应用到构成设计中去。

三、图底关系

我们通常把平面上的形象称之为“图”，图周围的空间我们称之为“底”。“图”与“底”是共存的。在视觉上有凝聚力，有前进性的，容易成为“图”。而起陪衬作用，具有后退感的，依赖图而存在的则成为“底”。但“图”与“底”的关系是辩证的，两则常常可以互换。在城市规划中建筑和广场、道路往往成为可以互换的图底关系。

图 3-2-10 所示为罗马城市平面图的图底关系，反转一下又是怎样的效果，值得我们思考。

图 3-2-10 罗马城市平面图

四、骨骼

骨骼是按照一定的规律将基本形组合起来的编排方式。基本形可以丰富设计形象，而骨骼负责管辖基本形的编排方式。骨骼与基本形犹如骨和肉的关系，相互依存。

骨骼可以分为有规律骨骼和无规律骨骼。有规律的骨骼是指重复、渐变、发射、特异(突破)等，具有很强的规律性；无规律的骨骼是没有规律性的、可以自由变化的骨骼，如对比、密集等。

五、平面构成的形式

重复形式

平面构成中的重复概念是指同一形态连续、有规律地反复出现，它在运用时应保持形状、色彩、肌理的相同。重复的视觉效果是使形象秩序化、整齐化，和谐且富于节奏感。

重复这种构成形式在设计应用中极其广泛，给人以壮观、整齐的美，如建筑中整齐排列的窗户、阳台，地面的瓷砖，纺织面料等。以一个基本单形为主体在基本格式内重复排列，排列时可作方向、位置变化，具有很强的形式美感。

重复分为简单重复(一个形体反复排列)以及多元重复(两个或两个以上的形体形成一组反复排列)。

如图 3-2-11，重复的构成形式整齐、和谐，富于节奏感。

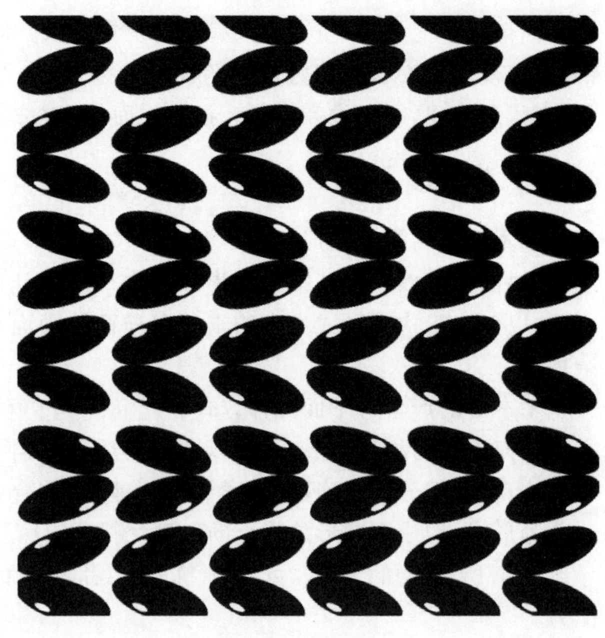

图 3-2-11 重复

近似形式

近似是指有相似之处的形体之间的构成，是骨骼与基本形变化不大的构成形式。平面构成的近似可以是形状大小、色彩，也可以是肌理等的近似。

有相似之处的形体在寓“变化”于“统一”之中进行组合，是近似构成的特征。在设计中，一般采用基本形体之间的相加或相减来求得近似的基本形，这种结合具有一种节奏感的内在律动。

如图 3-2-12，明暗不同的近似形的构成在统一中蕴含变化。

渐变形式

渐变是骨骼或基本形在循序渐进的变化过程中呈现出的阶段性秩序的构成形式，反映的是运动变化的规律。

渐变的构成形式可以分为基本形渐变和骨骼渐变。基本形渐变是指，把基本形体按形状、大小、方向、位置、疏密、虚实、色彩等关系进行渐次变化排列的构成形式。骨骼的渐变是指，骨骼线的位置依照数列关系逐渐地有规律地循序变动。

图 3-2-13 所示为基本形方向的渐变。

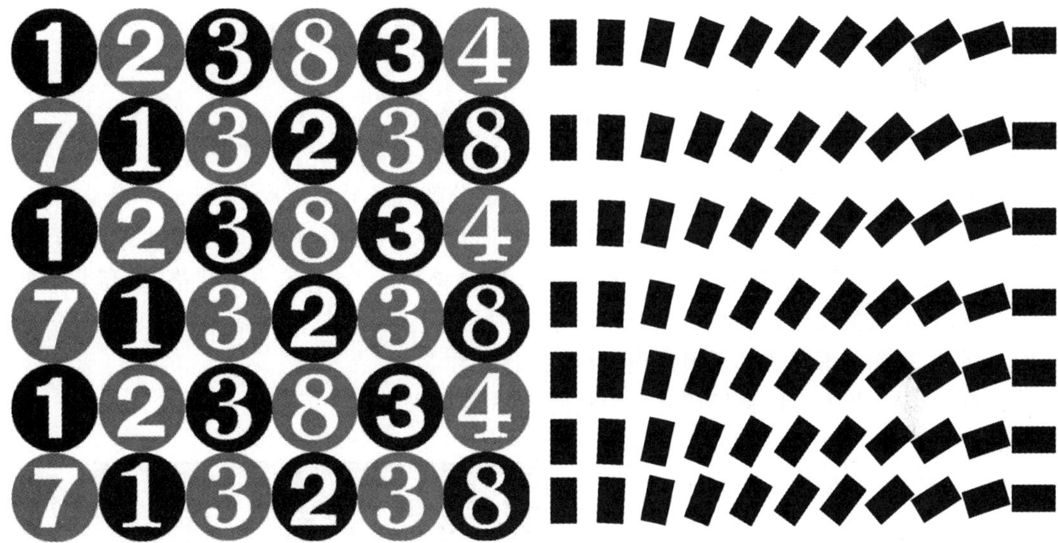

图 3-2-12　近似　　图 3-2-13　渐变

发射形式

发射是一种特殊的重复或渐变，骨骼和基本形要做有序的变化。其特征有二：第一，发射必须有明确的中心并向四周扩散或向中心聚集；第二，发射有一种空间感，或光学的动感，以一点或多点为中心，呈向周围发射、扩散等视觉效果，具有较强的动感及节奏感。

发射有一点式发射、多点式发射以及旋转式发射等。发射的形式有离心式、向心式、同心式、多心式。在实际设计中，离心式、向心式、同心式、多心式可以组合起来一起用，以取得丰富多变的视觉效果。

如图 3-2-14，向心式的发射形式具有强烈的动感。

特异形式

在有序的关系中，有意违反秩序，使得少数个别要素显得突出，从而打破规律性的构成

图 3-2-14 发射

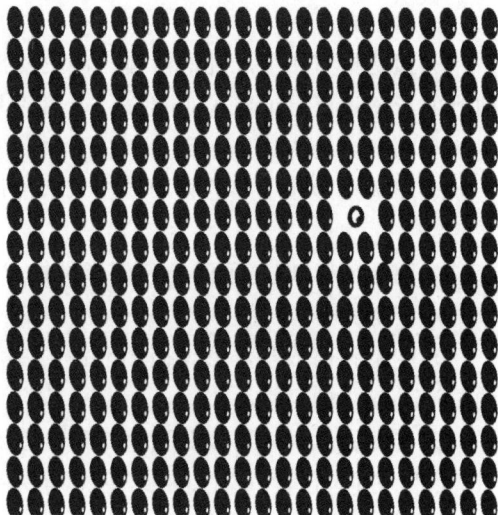

图 3-2-15 特异

手法，称之为特异。特异在视觉上容易形成焦点，打破单调的局面，表达的是“万绿丛中一点红”的意境。

特异可以分为基本形特异、骨骼特异和形象特异等。

基本形特异是指，基本形在重复、渐变形式的基础上进行变异，大部分基本形都保持一定的规律，某一小部分违反了规律或秩序，这一小部分就是特异基本形，它能成为视觉中心；骨骼特异是指，在规律性骨骼中，部分骨骼单位在形状、大小、方向、位置等方面发生变异；形象特异是指具象形象的变异，是对自然形象进行整理和概括，夸张其典型性格，提高装饰效果。另外，还可以根据画面的视觉效果将形象的部分进行切割、重新拼贴，还可以采用压缩、拉长、扭曲形象或局部夸张等手段来设计画面，效果常常出人意料。

如图 3-2-15，基本形的特异使之成为视觉中心。

密集形式

数量众多的基本形在某些地方密集起来，而在其他地方稀疏，聚、散、虚、实之间常带有渐移的现象就是密集。最密的地方和最疏的地方常常成为整个视觉设计的焦点。

需要注意的是，密集的基本形面积要小、数量要多才有效果。如果基本形大小差别太大就成对比了。

如图 3-2-16，基本形的疏密对比使得画面丰富生动。

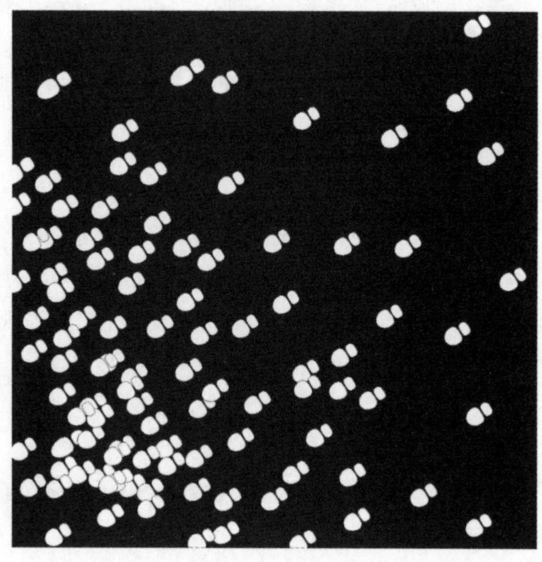

图 3-2-16 密集

对比形式

形象与形象之间，形象与背景之间存在着明显的相异之处，就是对比。对比有程度之分，轻微的对比趋向调和；强烈的对比形成视觉的张力，给人一种鲜明强烈、清晰之

图 3-2-17 对比

感。对比可以引向不定感和动感、刺激感。对比存在于造型要素的各个方面，在一幅构成设计中，如果用太多对比则杂乱，须保持一定的均衡。

对比的形式有形状对比、大小对比、色彩对比、肌理对比、位置对比、重心对比、空间对比、骨骼对比、虚实对比等等。

如图 3-2-17，强烈的大小对比给人鲜明清晰之感。

肌理构成

“肌”可以理解成原始材料的质地，“理”可以定义为纹理起伏的编排。肌理就是物体的色泽、质地、纹理编排。肌理可以分为视觉肌理和触觉肌理，由于物体表面的色泽和花纹不同所造成的肌理效果即视觉肌理；由于物体表面光糙、软硬、粗细等起伏状态不同所造成的肌理效果称为触觉肌理。

图 3-2-18 所示为从飞机上航拍的大地构成的视觉肌理。图 3-2-19 所示为竹片编制的席子构成的触觉肌理。

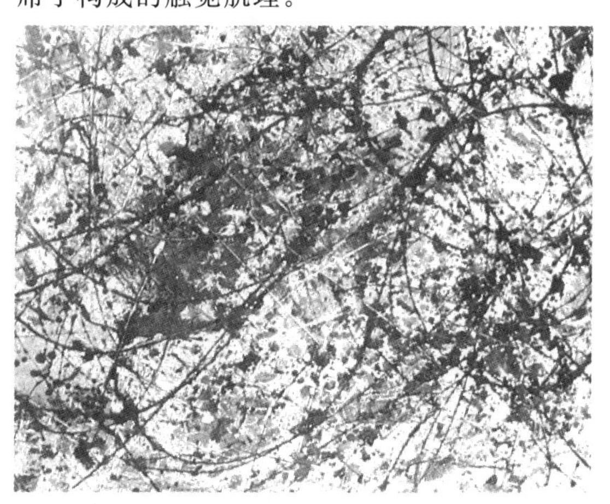
图 3-2-18 视觉肌理

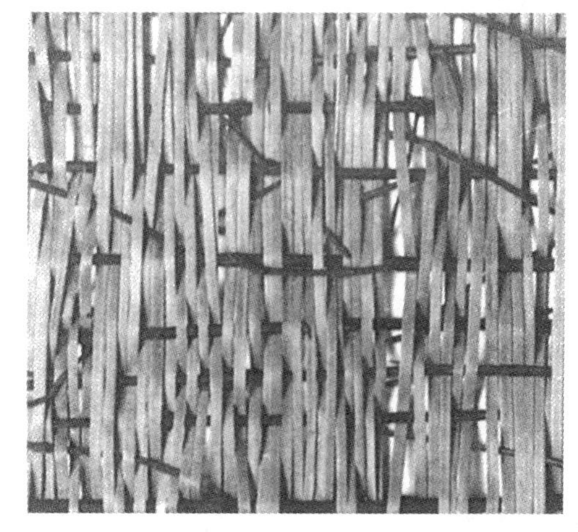
图 3-2-19 触觉肌理

分割构成形式

按照一定的比例和秩序进行切割或划分的构成形式叫分割。分割是常用的构成方式，如室内空间设计，以及书籍、海报、网页、报纸、杂志等的平面版式设计，都是根据分割原则而进行的(图 3-2-20)。

分割的形式有等形分割、等量分割、自由分割、比例与数列分割等。

等形分割：要求形状完全一样地重复性分割，有整齐划一之美感，形式较为严谨。

等量分割：只求比例的一致，不需求得形的统一。

自由分割：自由分割是不规则的，给人以自由活泼之感。

比例与数列分割：利用比例与数列的秩序进行分割，给人以秩序感，其中最著名的分割比例为黄金比例分割和费勃拉齐数列(图 3-2-21、图 3-2-22)。

图 3-2-20 平面版式中的分割式构图

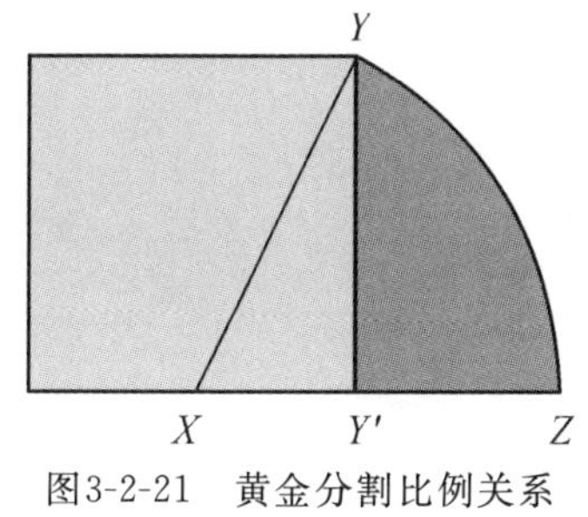

图3-2-21　黄金分割比例关系

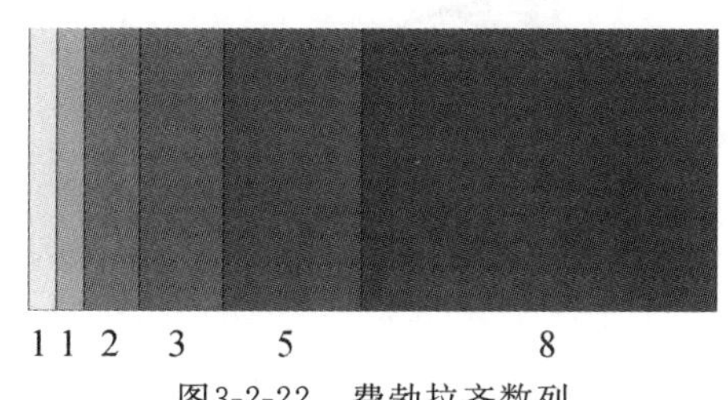

图3-2-22　费勃拉齐数列

黄金比例分割 1∶0.618 黄金比矩形的画法：以一个正方形的一边为宽，先量取正形一边的二分之一点，画弧交到正方形底边的延线上，此交点即为黄金比矩形长边的端点。

费勃拉齐数列：是数列相邻两项的数字之和，第一项为 1，第二项为 0 加 1，还是 1，第三项为 1 加 1 得 2，第四项为 1 加 2 得 3，第五项为 2 加 3 得 5，依次类推，如：0，1，1，2，3，5，8，13，21，34，55，89，…，这种数列在造型上比较重要，它的美妙就在于邻接两个数字的比近似于黄金比例。

等级差数数列：等级差数数列又叫算术级数数列，即数列各项之差相等。如 1，2，3，4，5，6，7，8，…，这种数列是每项数均递增相等的数值。

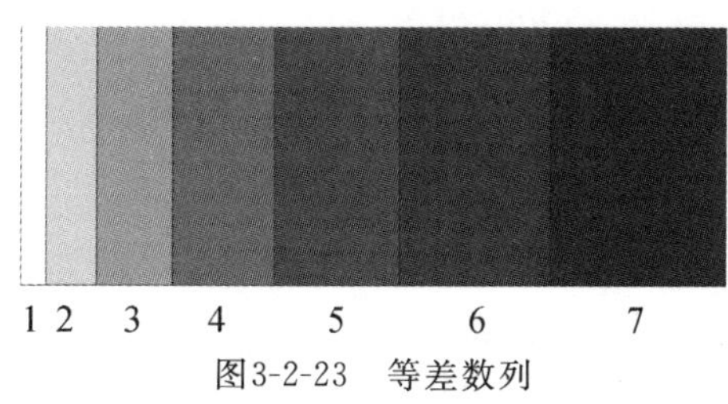

图3-2-23　等差数列

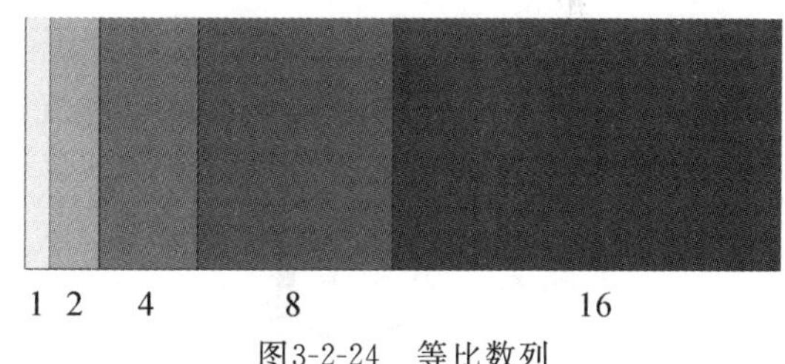

图3-2-24　等比数列

等比级数列：等比级数列是用一个基数的次方数递增所得依次排起来所形成的数列。如：2，4，8，16，32，…；3，6，12，24，48，96，…；3，9，27，81，…

在现代生活中按照比例进行分割的案例越来越多，以至于各种材料和用品在尺寸上都符合规格和比例，有统一的计划。

六、平面构成在建筑设计中的运用

平面切割手法

切割手法就是一种“减法”的过程，把一个整体形态分割成一些基本形进行再构成。平面切割的对象往往是基本形，是一个整体，经过切割之后的变化如果尚可以看出原形，则各个局部之间的形态张力会有一种复归原形的力量，增强形态的整体感。

如图 3-2-25，贝聿铭在美国国家美术馆东馆的设计中，通过平面切割的手法，将用地分为两个三角形，从而解决了原来梯形用地形态不明确的弱点。

平面切割分割基本形后，进而对切割后基本形进行缺减、消减、移位等操作。在比较完整的基本形上切割，操作后能够识别出原来的基本形，这样不管如何切割都有一种整体的、纯粹的感觉，从而达到有序变化的目的。

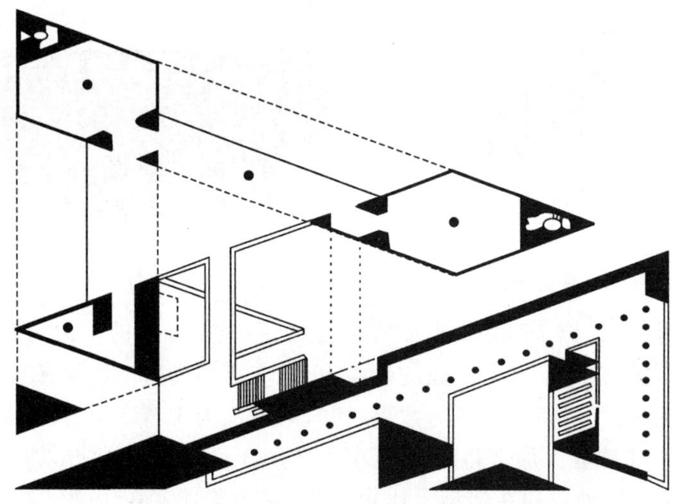

图 3-2-25 美国国家美术馆东馆平面图

平面积聚手法

将平面中的许多基本元素汇集和群化，从而产生各种力感和动感，我们可以将它们归类到平面积聚的手法。平面积聚的手法在建筑平面和立面的设计中也是非常常用的方法。

图 3-2-26 所示是把功能空间按次序积聚起来的平面设计。

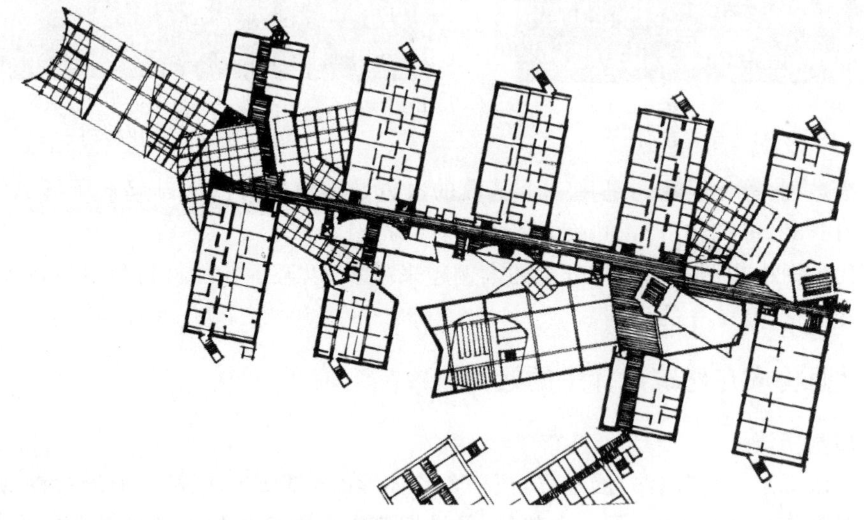

图 3-2-26 积聚的平面

这里需要注意的是，积聚的单体数量越多，产生新形态的感觉越强，单体的个性和独立性越弱，因此在积聚时单体多的时候要以简单的基本单体为宜；单体数量少时，单体的形体更重要。

肌理表现

肌理在处理建筑的立面过程中最为常用，不管是在建筑外墙还是内部房间的墙面都可以运用肌理的变化，产生特殊的效果。不同性质的建筑对肌理的要求也有所不同，例如住宅等尺度亲切的建筑内部一般不适合用过于粗犷的肌理形式。肌理尺度也是我们在设计中关注的对象，许多近处尺寸巨大的构件，在远处看只是细腻的肌理。肌理设计往往要和光线的作用结合起来，通过光影的变化丰富建筑的立面。

如图 3-2-27，建筑表面两种肌理的对比，视觉冲击强烈。

图 3-2-27　两种肌理的对比

第三节　立体构成

立体构成是一个将空间体量分割到组合或组合到分割的过程。它是使用各种基本材料，将造型要素按照美的原则组成新的立体的过程。

一、立体构成的基本要素

形态要素、色彩要素和肌理要素是立体构成的三要素。

立体构成的形态要素

包括点、线、面、块。立体构成中的点、线、面、块是处于相对连续、循环的关系。例如"点"按一定方向连续下去，就会变成"线"；而把"线"横向排列又会变成"面"；把"面"堆积起来就成"块"。"块"也是相对的，例如一幢幢建筑是块，但在整个城市中看来却只能是点而已。

点是平面几何中"点"的三维化，点材一般要和线材、面材和块材一起构成立体造型(图3-3-1)；线是以长度单位为特征的，有空间感和较强的表现力，犹如人的骨骼(图3-3-2)；面是指面状即面积比厚度大得多的材料，具有延伸感和充实感，犹如人的皮肤(图3-3-3)；块是指具有长、宽、厚三度空间的量块实体，它是最具体量感的造型形式，视觉效果很强，犹如人的肌肉(图3-3-4)。

图3-3-1　点构成的立体造型

图3-3-2　线构成的骨架

图3-3-3　以面为元素的立体构成

图3-3-4　具有强烈体量感的以块为元素的立体构成

在实际生活中，线材包括硬线材和软线材。硬线材有木材、塑料、金属等条状材料；软线材则有棉、麻、化纤以及可以弯的金属线等。

线材构成的特点是，它们本身没有表现空间和形体的能力，而是需要通过线群的集聚和框架的支撑才能形成面的效果，从而形成空间形体。线材构成的表现特点是，通过线群的集聚和线之间的间隙表现不同的线群结构，这种线群的表现效果以及网格的疏密变化达到一种节奏韵律(图 3-3-5)。

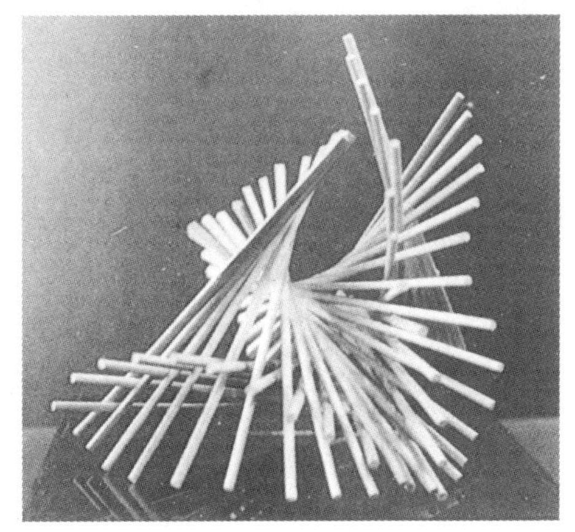

图 3-3-5　线的立体构成

面材构成亦即板材组合构成，具有平薄与扩延感，较线材具有更大的灵活性和空间深度感。面材的构成可以分为空心造型和实心造型。空心造型就是折面构成，是通过面材的刻画、切割与折面构成的围合空间立体造型，在建筑中的墙体就是这个类型(图 3-3-6)。实心造型则是采用类似形、渐变或相同形的面材结构叠加形成的面层效果，法国的巴黎圣母院透视门的构成就是采用这种手法(图 3-3-7)。

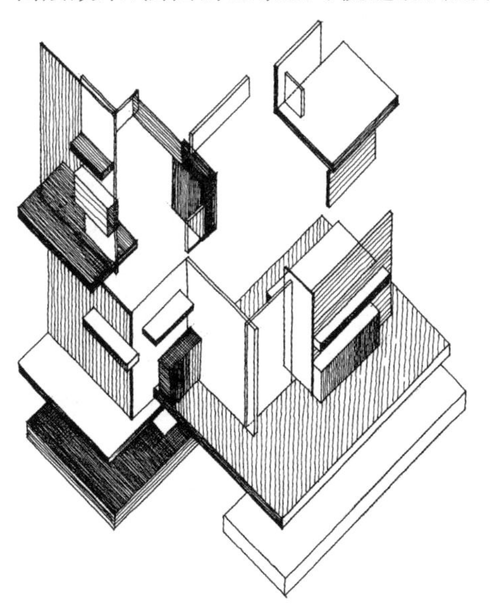

图 3-3-6　建筑中的墙体

图 3-3-7　巴黎圣母院

法国的巴黎圣母院透视门的构成采用实心造型手法，利用相似面材结构叠加取得面层效果。

块材的立体构成在建筑设计中是最常见的。块材的构成方法主要有以下几种：消减法，在形体上切去不同线形的形体，包括穿孔在内，视觉效果减弱；添加法，在形体上添加不同线形的形体，视觉效果增强；组合法，用单元形进行组合而成形，强调秩序感和节奏感；分离法，用分割形式创造新的形体，注重形体空间之间的配合关系。

如图 3-3-8，组合法的块材构成具有秩序感和节奏感。

线、面、块材的综合构成：组合的过程中要把握好整体的统一和对比关系，线材、面材、块材元素不能过于平均地使用，一定要有主次关系。

图 3-3-9 所示是以面为主、线为辅的综合构成。

图3-3-8 块构成

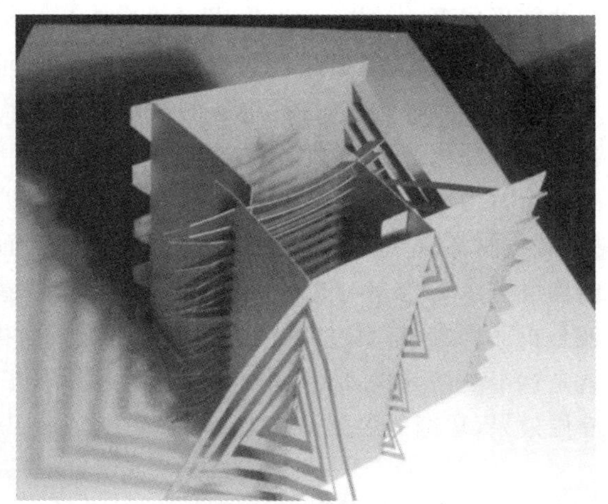

图3-3-9 综合构成

立体构成的色彩要素

色彩受到材料本身的作用，比如传统材料中木纹色就是很美的色彩，往往会不加掩饰地表现出来，色彩的构成还要考虑人为的色彩搭配，色面积、色彩心理等都会影响最后的色彩效果。"万绿丛中一点红"是色面积运用的经典例子，在建筑设计中也常常通过色彩对比来增强建筑的效果。

立体构成中的肌理要素

在建筑设计中，最常用的是表面的构件从起伏编排肌理的概念进行组织，能够造成很好的视觉效果。

图 3-3-10、图 3-3-11 所示为上海金贸大厦立面的钢构架，在远处看来具有非常细腻的肌理效果。

图 3-3-10 上海金贸大厦(一)

图 3-3-11 上海金贸大厦(二)

二、立体构成方式在建筑中的运用

纯粹的几何体

自古以来，纯粹的几何体因为其独立而又完整的造型经常被应用到建筑设计中。四棱锥的代表作是埃及的金字塔。

以完整球体形式呈现的如罗马万神庙，内部空间上部为球体而下部为圆柱体(图 3-3-12)。

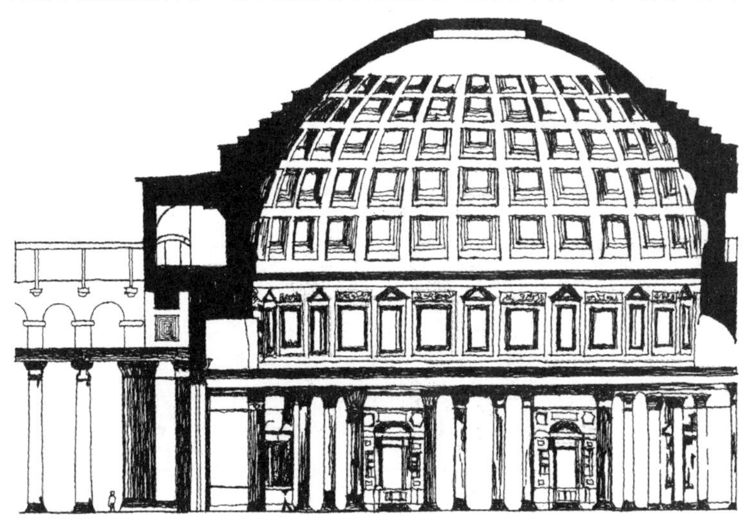

图 3-3-12　罗马万神庙剖面

立方体和长方体由于常常适应内部功能的排布所以使用非常普遍，例如国家游泳中心“水立方”(图 3-3-13)。

图 3-3-13　水立方

重复

不断重复某个几何体，这种群化的效果会产生某种特别的氛围，形体之间出现的独特空间也值得我们关注。

如图 3-3-14，路易斯·康在印度经济管理学院的设计中，就是重复同一形式而形成了教学楼建筑群体，二十几栋宿舍楼也是相同形式的组合。

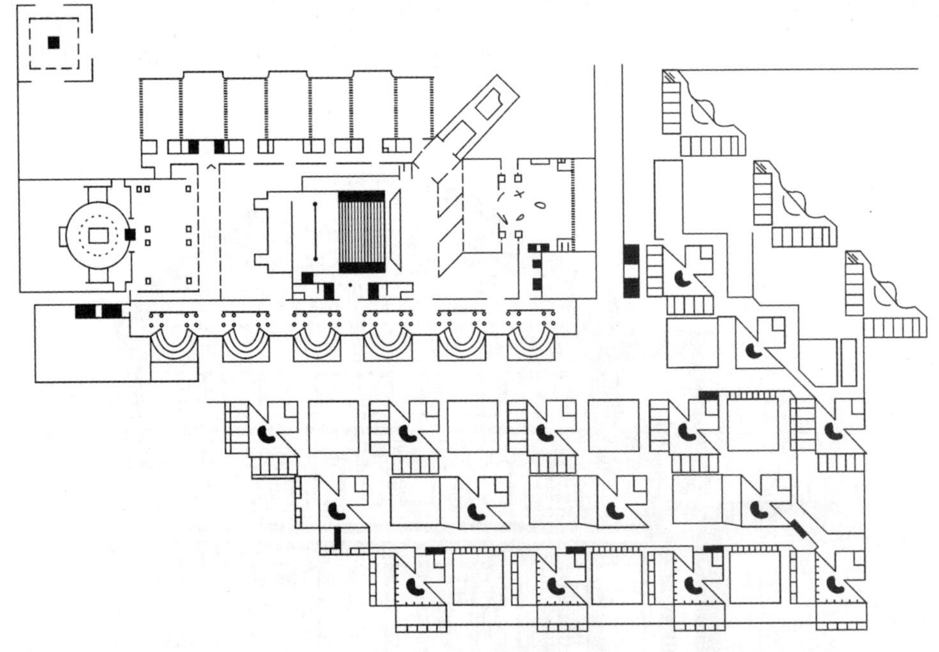

图 3-3-14　印度经济管理学院

连接

连接是在保证各部分几何体轮廓特征的前提下，用某种方法将它们连接起来。

如图 3-3-15、图 3-3-16，路易斯·康在宾夕法尼亚大学理查医学研究楼的平面设计中将正方形的服务空间与附在其周围的工作空间作为一个单元，再将它们连接成一个整体。

分割

分割是把整体的几何体分成更小的几何体的操作，是一种分解的过程，在外轮廓保持简单的基础上，考虑内部的形态。

如图 3-3-17、图 3-3-18，安藤忠雄在住吉长屋的设计中，把内部分成三个部分，中间是庭院，在院内设计楼梯和过道，呈现了简洁明了的效果。

套匣

套匣是在某个几何体的内部将渐次缩小的几何体完全嵌套在相同的形体中。

图 3-3-15　理查医学研究楼

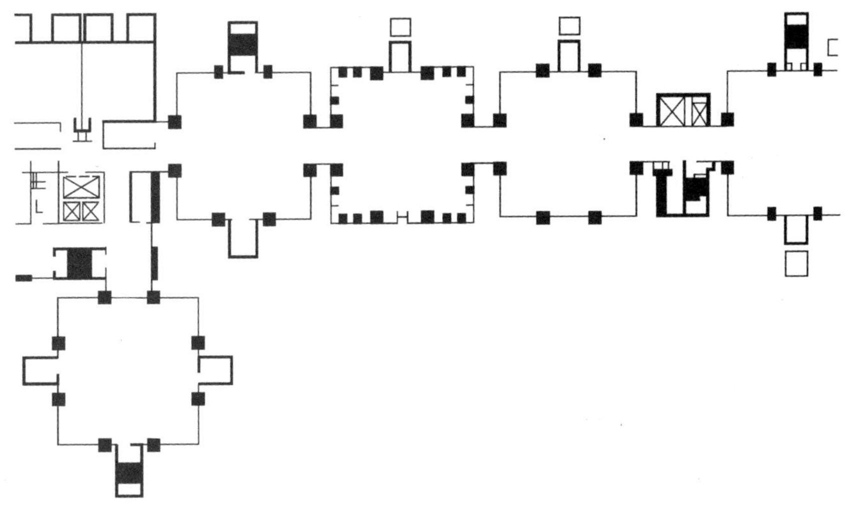

图 3-3-16 理查医学研究楼平面

图3-3-17 住吉长屋

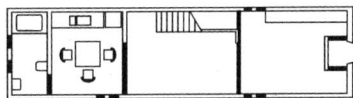

图3-3-19 反住器

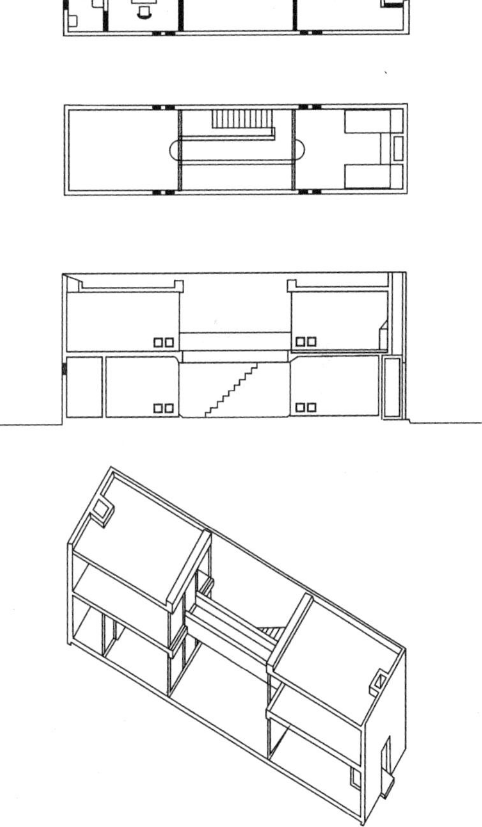

图3-3-18 住吉长屋

图 3-3-19、图 3-3-20 所示是将三个立方体以套匣的方式套在一起，最里面是起居室和餐厅，立方体之间的空隙是类似于走廊或楼梯的空间。

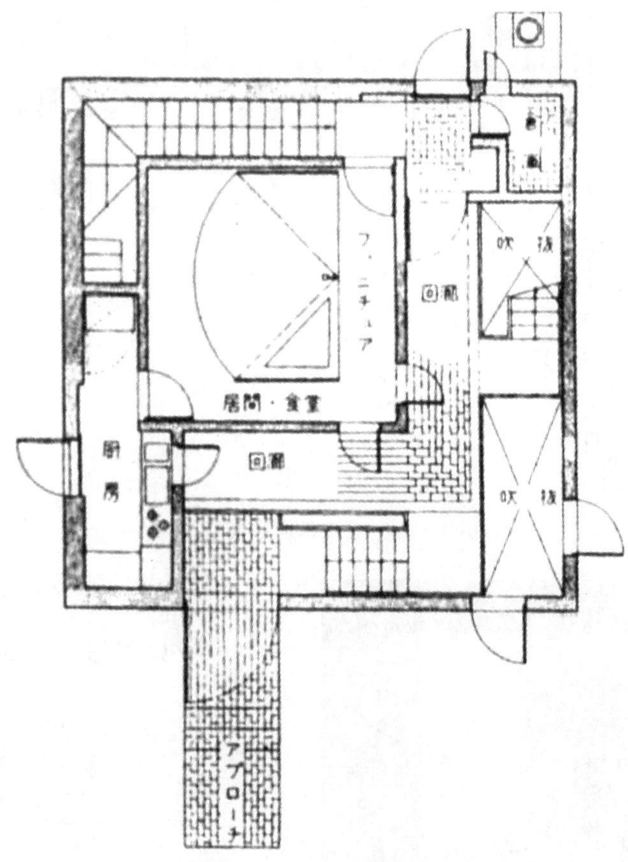

图3-3-20 反住器平面图

穿插

穿插是把多个几何体在同一空间中穿插组合在一起的手法,要注意的是几何体的相融合,过于统一时要避免削弱每个几何体本身的表现力。

如图 3-3-21、图 3-3-22,理查德·迈耶在阿瑟尼姆旅游中心的设计中把两个立方体和斜线有序地组织起来,成功塑造了协调又富有变化的形态。

图 3-3-21 阿瑟尼姆旅游中心

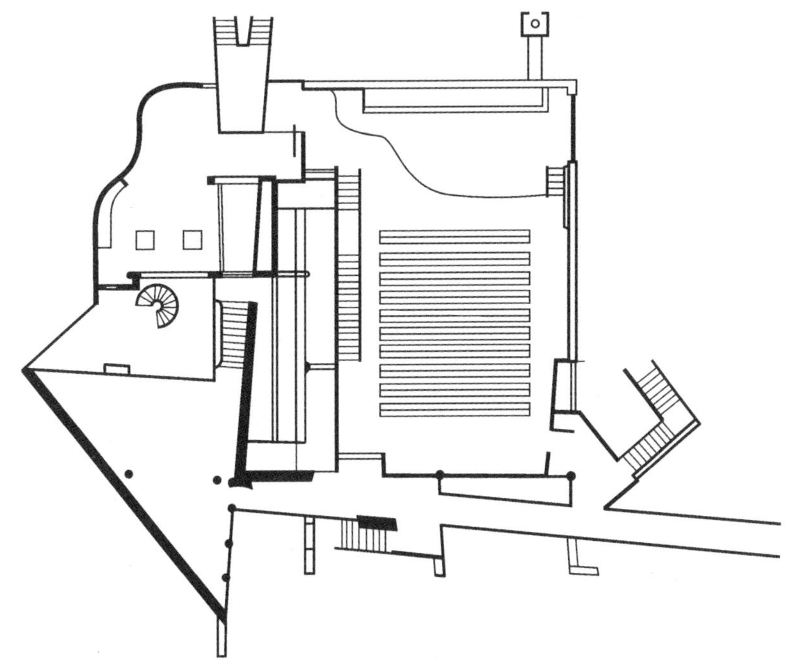

图 3-3-22 阿瑟尼姆旅游中心平面图

切削

切削就是从完整的几何形体中切掉更小的几何体,从而改变几何体的完整性。

如图 3-3-23,詹姆斯·斯特林在斯图加特国立美术馆的扩建设计中,将扩建中心切掉了一个圆柱体构成庭院,这个庭院不仅是建筑内部空间,也是外部展示空间。

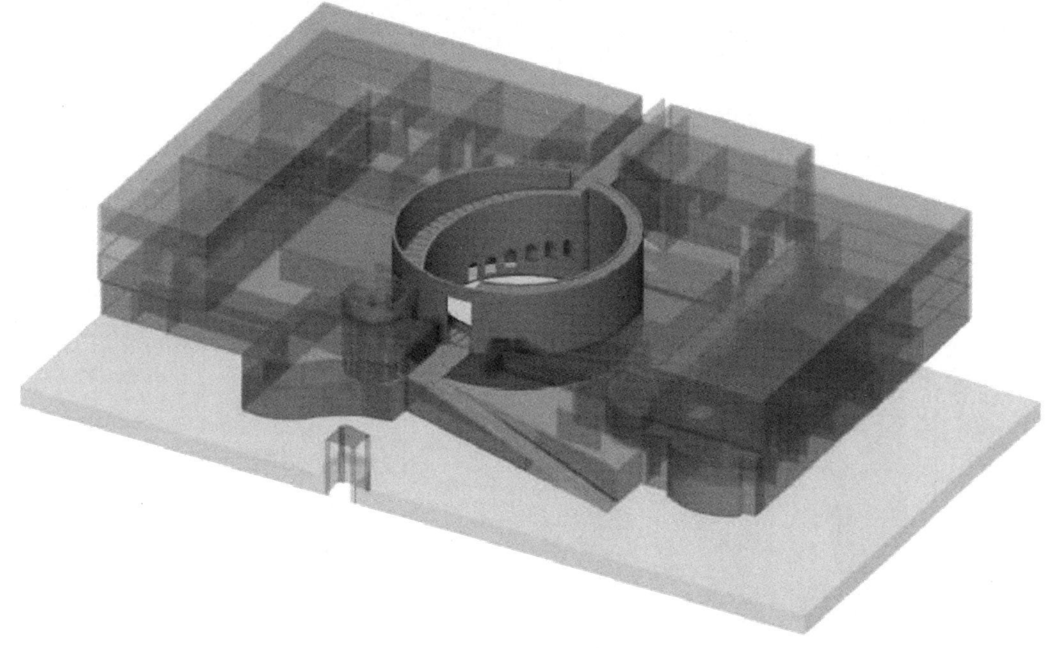

图 3-3-23 斯图加特美术馆

分散

分散是将多个几何体相互分离开来，形成相互之间更松散的状态，将这种关系称为散逸更恰当。

如图 3-3-24、图 3-3-25 所示，伊东丰雄在仙台媒体中心的设计中，将圆形的钢管结构体置于自由的空间位置上，这种非一般概念上的散逸开的柱子结构，产生了新的构成形式。

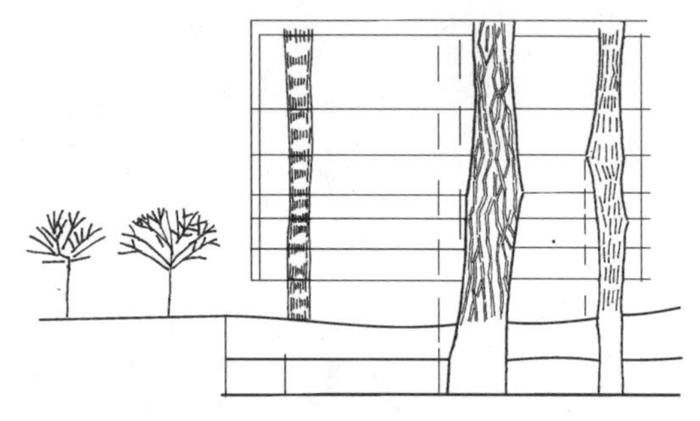

图 3-3-24 仙台媒体中心剖面图

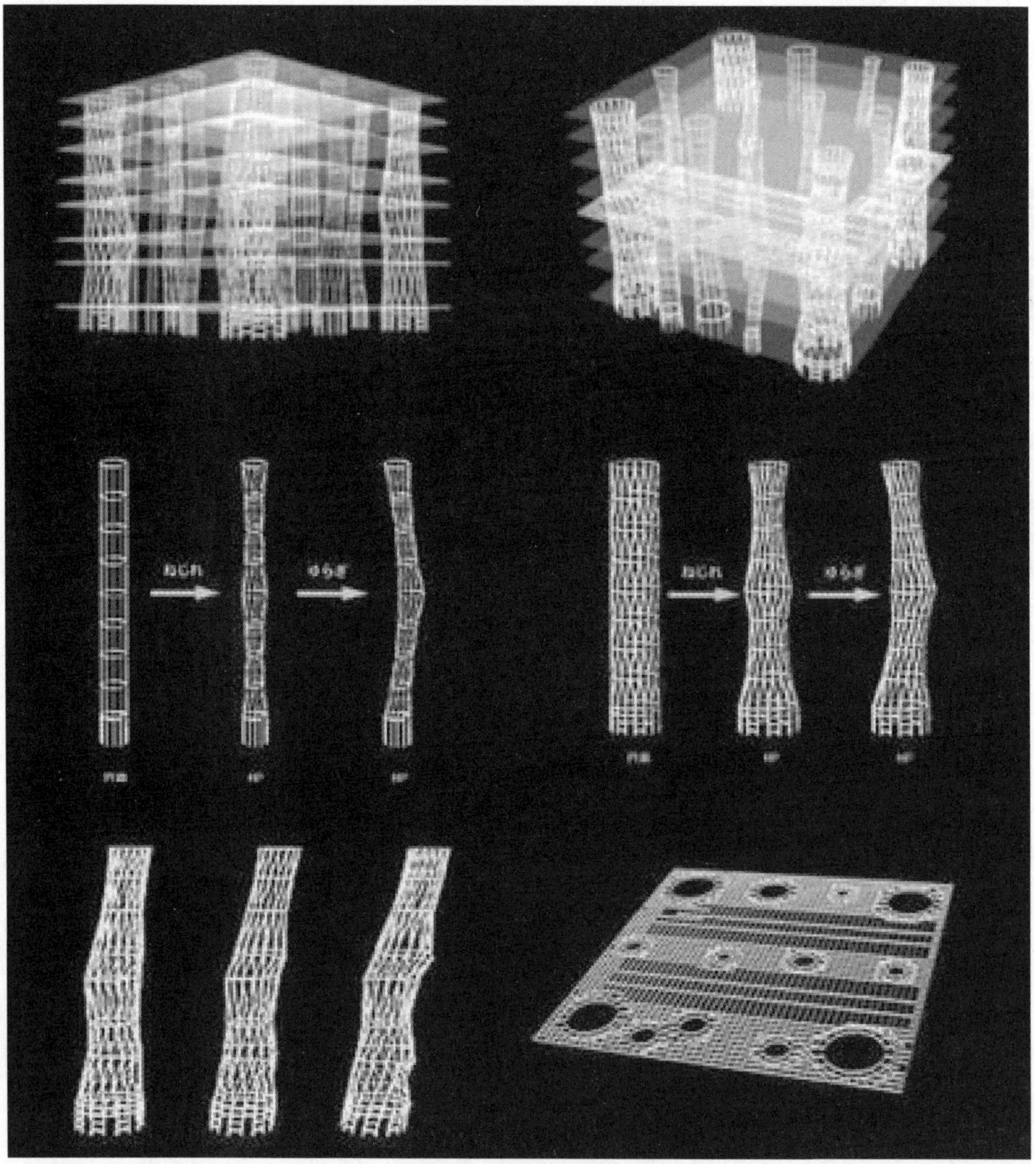

图 3-3-25 仙台媒体中心

变形

对几何体本身进行变形也是常用的立体构成手法。

如图 3-3-26、图 3-3-27，雷姆·库哈斯设计的中央电视台新大楼就是把几何的形体变形扭转，从而产生了引人注目的效果。

图 3-3-26　中央电视台新大楼(一)

图 3-3-27　中央电视台新大楼(二)

第四节　色彩构成

一、色彩的物理属性

光与色彩

光是产生色彩的必要条件，有光才会有色彩。物体受到光线的照射而产生形与色，反射到人们的眼睛里，由此产生视觉，由此可知，色彩的产生需经过如下的过程：

光源（直射光）——物体（反射光、透射光）——眼（视神经）——大脑（视觉中枢）——产生色感反映（知觉）。

英国科学家牛顿在1666年就揭示了光色之谜，他通过三棱镜把太阳光分解成红、橙、黄、绿、青、蓝、紫七色光束。这种现象被称为光谱，其中，波长380～780nm的区域为可见光谱。日光中包含有不同波长的可见光，当它们混合在一起时，我们看到的就是白光。在分别刺激人类的视觉时，由于可见光谱的波长不同，对视网膜的刺激也会不一样，从而引起不同的色彩感知。

我们把光谱中不能再分解的色光叫单色光；由单色光混合而成的光叫作复色光，自然界中的太阳、白炽灯和日光灯发出的光都是复色光。色光的三原色为：朱红、翠绿和蓝紫。

物体与色彩

物体表面的色彩由光源的颜色、物体的固有颜色和环境空间对物体色彩的影响三个方面决定。由各种光源发出的光，由于光波的长短、强弱、光源性质的不同，而形成了不同的色光，被称为光源色。同一物体在不同的光源照射下将呈现不同的色彩，如同一张白纸在白光下呈现白色，在红光下则呈现红色。自然光中的太阳光，朝阳和夕阳会呈现明显的橘红、橘黄色，所以此时光照下的建筑物及其他物体都会笼罩上一层淡淡的暖色，正是受到了光源色的影响。物体的固有颜色其实是由于物体固有的某种反光能力和光源条件相对稳定的情况下，人们对物体的色彩认知，一般是指物体在白光下呈现的色彩。

物体在正常日光照射下所呈现出的固有的色彩被称为固有色，自然界中的一切物体都有其固有的物理属性，对入射的白光都有固定的选择吸收特性，也就具有固定的反射率和透射率。因此人们在标准日光下看到的物体颜色是稳定的，如黄色的香蕉、绿色的菠菜、紫色的葡萄等。

光的作用与物体的特性是构成物体色的两个不可或缺的条件，彼此相互依存又相互制约。

色彩的分类

根据色彩的属性，可以将之分为两类，即无彩色系和有彩色系。

无彩色系是由白色、黑色和由白黑两色调和而成的各种深浅不同的灰色所构成的。

如图3-4-1，无彩色按照一定的变化规律，可以排成一个系列，由白色渐变到浅灰、中灰、深灰直到黑色，色度学上称此为黑白系列。

无彩色系的颜色只具备一种基本属性——明度，而不具备色相和艳度的性质，也就是说它们的色相与艳度在理论上都等于零。色彩的明度可用黑白度来表示，愈接近白色，明度愈高；愈接近黑色，明度愈低。

有彩色系是光谱上呈现的红、橙、黄、绿、青、蓝、紫及它们彼此所调和以及与黑白二色调和而形成的千千万万的色彩，有彩色是由光的波长和振幅决定的，波长决定色相，振幅决定色调。

在有彩色系中，只要一种颜色出现就同时具有三个基本属性：明度、色相、艳度。在色彩学上也称为色彩的三大要素或色彩的三属性。

色彩的属性

色彩的三大属性是明度、色相和艳度。

明度是指色彩的明暗程度，任何色彩都有相对应的明度。色彩的明度和它表面色光的反射率有关，物体表面的光反射率越大，对视觉的刺激度就越大，看上去就越亮，物体的明度就越高。同一种色相的明度变化，可以在色相中加入黑、白进行调节；不同的色相之间也有明度差异，比如黄色明度最高，蓝紫色明度最低，红绿色为中间明度。明度可以表现物体的体积感和空间感。

色相是指色彩的面貌，是区别各类色彩的名称。色相是指不同波长的光给人不同的色彩感受，例如红、橙、黄、绿、蓝、紫等。色相的种类很多，常用的有孟赛尔的 100 色相环和奥斯特瓦尔德的 24 色相环等。从光学物理上讲，各种色相是由射入人眼的光线的光谱成分决定的。对于单色光来说，色相的面貌完全取决于该光线的波长；对于混合色光来说，则取决于各种波长光线的相对量。

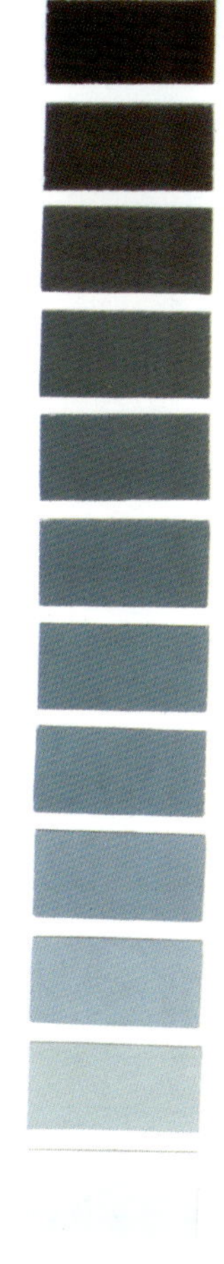

图 3-4-1　无彩色

艳度是指色彩的鲜艳程度。它表示颜色中所含有色成分的比例。含有色彩成分的比例愈大，则色彩的艳度愈高，含有色彩成分的比例愈小，则色彩的艳度也愈低。我们视觉能辨认的有色相感的颜色，都具有一定的艳度。颜料中的红色是艳度最高的色相，橙、黄、紫是艳度较高的色相，蓝、绿是艳度最低的色相。在有色系的颜色中，加入黑、白或灰都会减少色彩的艳度，加入补色也会降低其鲜艳程度。

色相、明度和艳度三个特征是不可分割的，应用时必须同时考虑这三个因素。高艳度的色相混入白色或黑色后，在降低色相艳度的同时会提高或降低该色相的明度；高艳度的色相与不同明度的灰色混合，既降低了该色相的艳度，同时又使明度向混入的灰色明度靠拢；高艳度的色相如果与同明度的灰色混合，即可构成同色相同明度不同艳度的序列。

色彩的表示体系

为了在工作中有效地运用色彩，必须将色彩按照一定的规律和秩序排列起来。目前常用的色彩表示方法为色相环及色立体。

1. 孟赛尔色体系

孟赛尔色体系是目前国际上广泛使用的颜色系统，用以对表面色进行分类与标定。它使用的概念以及对颜色的分类与标定符合人的逻辑心理和颜色视觉特征，比较容易理解。(图 3-4-2)

图3-4-2 孟赛尔色立体

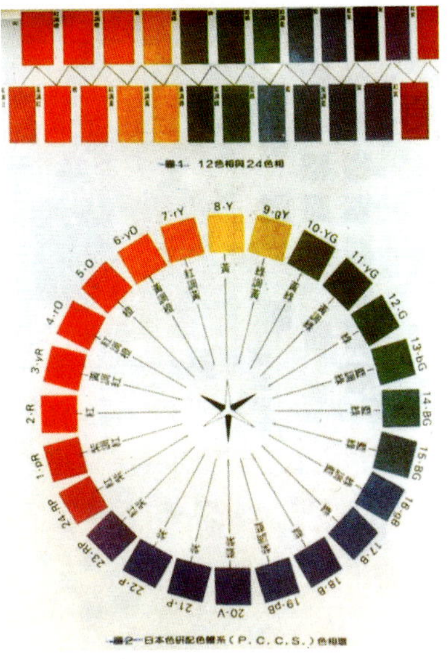

图3-4-3 日本色研配色体系

2. 日本色研配色体系

该色相环因为注重等色相差的感觉，所以又称为等差色环。

图 3-4-3 所示的色相环为二十四色相。

色彩的混合

色彩混合是指将两种或两种以上色彩混合在一起得到新的色彩，主要有加色混合、减色混合和中性混合三种方式。

加色混合是将不同的色光合成新色光的一种混合方式（图 3-4-4）。三原色为朱红、翠绿、蓝紫，色光的三间色为黄光、品红光和蓝光。混合的色光越多，色光的明度越高，所有色光混合在一起为白光。

图 3-4-4 加色混合

图 3-4-5 减色混合

减色混合主要是色料混合（图 3-4-5）。减色混合分类为色料混合和叠色混合。色料混合三原色为品红、柠檬黄和湖蓝。三原色可以混合成自然界中的一切色彩，混合的色彩越多,新色彩的明度和艳度越低。叠色混合即把不同色相的透明物叠置在一起时获得新色彩,重叠的次数增加,透明度、明度和艳度都会下降,产生的新色介于各种叠色之间。

中性混合是色彩混合进入视觉后的混合。

色彩对比

色彩对比是指两个或两个以上的色彩在一起,由于色相、明度、艳度等方面的不同,而发生的相互对比关系。

1. 明度对比

由于色彩的明度差别而形成的色彩对比为明度对比。

根据孟赛尔的解剖学色立体明度色阶,将色彩分为九个明度色阶,再加上黑白一共是十一个色阶。其中零到三度为低调色,四到六度为中调色,七到十度为高调色(图 3-4-6)。颜色明度差在三度以内的为弱对比,明度差在三到五度的为中对比,五度以外的为强对比。

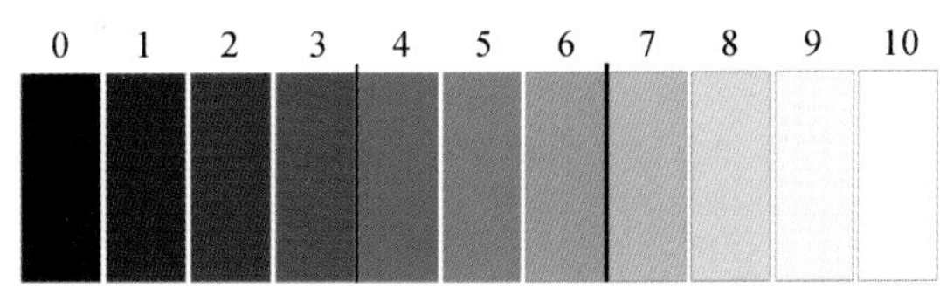

图 3-4-6　明度差

一般来说,高调色令人感觉愉快、活泼、柔软、弱、辉煌、轻;低调色给人感觉朴素、丰富、迟钝、重、雄大有寂寞感。同一块色彩在进行明度对比时还会有视错的现象,如:将相同明度的灰色分别置于白底和黑底上,会感觉黑底上的灰色较亮;而白底上的灰色明度较暗。诚如前面所讲,在色彩的三要素中,明度关系对画面所产生的突出影响,是协调形与色的重要手段。深入地研究与掌握它们之间的关系,会使作品更加生动、丰富。

图 3-4-7 所示为几种明度对比练习。

高中调　中短调

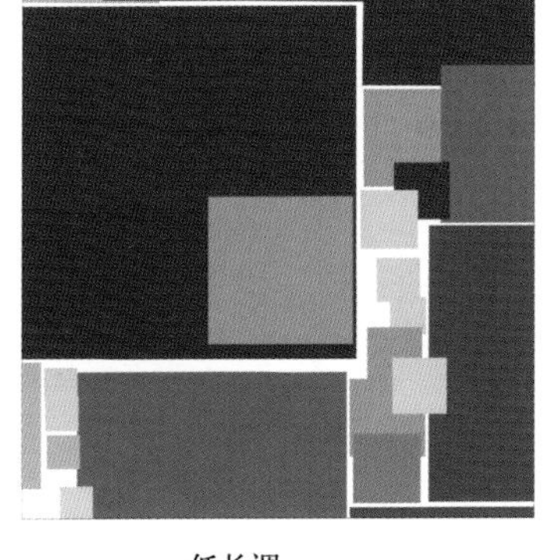

低长调

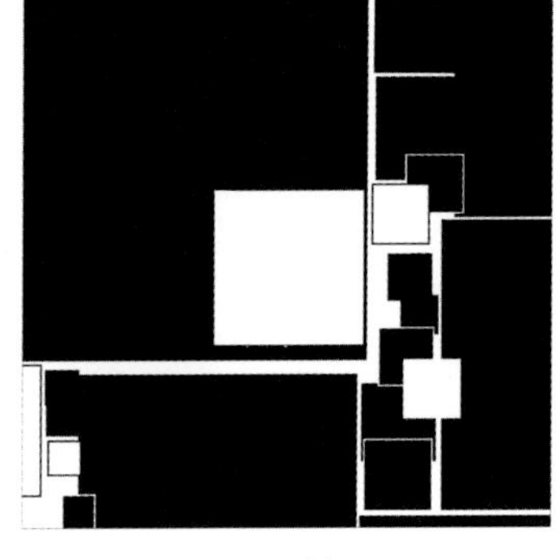

最长调

图 3-4-7　明度对比

2. 色相对比

不同的颜色由于色相的差别而形成的对比称为色相对比。色相对比的强弱程度,可以在色相环上清楚地分辨。根据对比的强弱情况,可以将色相对比分为四类。

同类色对比:在色相环上距离大于十度,小于三十度的对比。这类对比的色相差别基本相同，是最弱的色相对比。对比柔和、协调，色调鲜明、统一，但容易显得单调无力。

邻近色对比：色相环上三十度以上，小于九十度的色彩对比，属于色彩的中对比，既有对比又有调和。

对比色对比：色相环上九十度到一百二十度的色彩对比，对比关系明快、饱满、华丽但是色彩缺乏共性，容易视觉疲劳。

互补色对比：色相环上一百五十五度以上的色彩对比，是对比最强烈的对比，效果醒目、刺激、活跃，但是容易产生不和谐，有原始的感觉。

在色相环上，任何一个色相都可以自为主色，组成同类、邻近、对比或互补色相对比。

图 3-4-8 所示为几种色相对比练习。

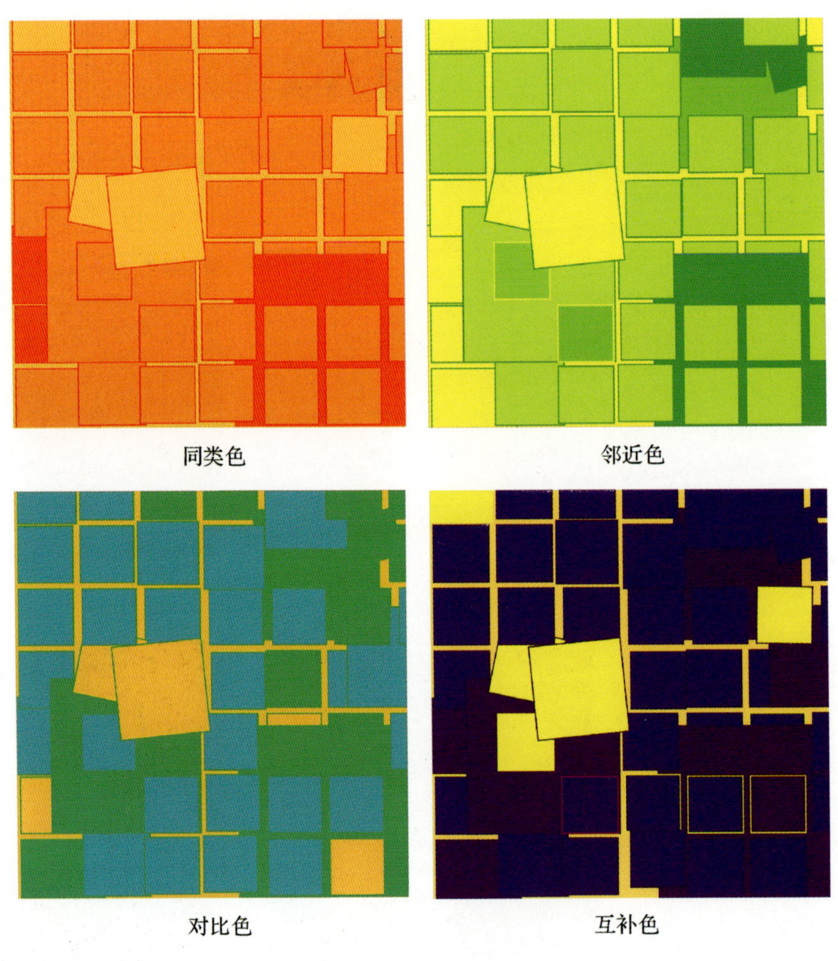

图 3-4-8 色相对比

3. 艳度对比

由于色彩艳度之间的差别而形成的对比称为艳度对比。我们把零度色所在区内的颜色称为低艳度色，艳色所在区内的颜色称为高艳度色，其余的颜色称为中艳度色。可以把艳度对比分为四类：

高艳度对比：占主体的色和其他色相均属高艳度色，色彩饱和、鲜艳夺目、色彩效果肯定，具有强烈、华丽、鲜明、个性化的特点，但不易久视，否则会造成视觉疲惫。

中艳度对比：占主体的色和其他色相都属低艳度色，整个调子含蓄，色彩朦胧，具有或神秘或淡雅或郁闷的视觉气氛。

低艳度对比：占主体的色和其他色相均属中艳度色，色彩温和柔软，典雅含蓄，富有亲和力，具有调和、稳重、浑厚的视觉效果。

艳灰对比：同一画面中占主体的是最艳的高艳度色，其他色组由接近无彩色的低艳度色组成，灰色与艳色相互映衬，具有生动、活泼的效果。

艳度对比既可以是单一色相不同艳度的对比，也可以是不同色相、不同艳度的对比，通常是指艳丽的颜色和暗灰色的比较。

图 3-4-9 所示是几种艳度对比练习。

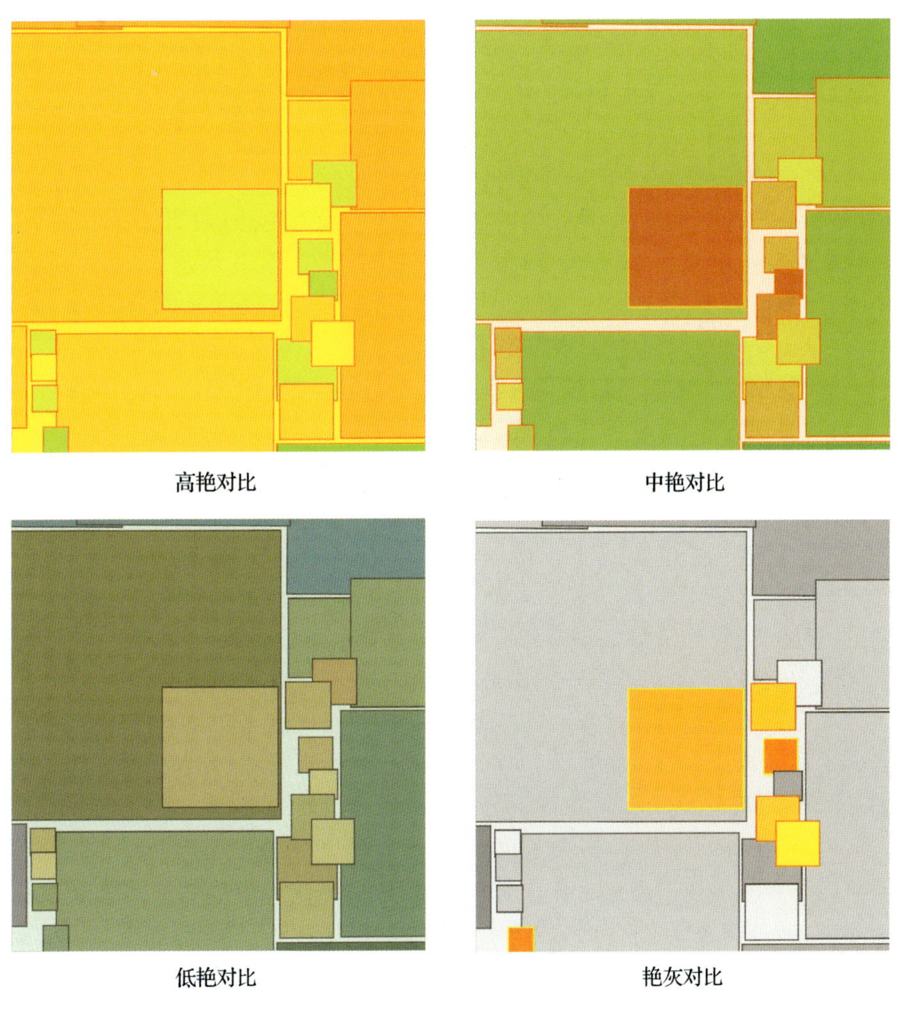

图 3-4-9　艳度对比

色彩心理

色彩本身无所谓感情，这里所说的色彩感情只是发生在人与色彩之间的感应效果，由色彩客观属性刺激人的知觉而产生，分为两种：一是直接的心理效应，二是间接的心理效应。

1. 色彩的情态

色彩总是会在不知不觉中左右我们的心理，人们对于色彩的情感认定，主要来源于视觉经验。以下是常见的色彩给予人们的情态特质。

红色使人联想到热血、激动、充满活力、性感、动感、刺激、有煽动性，象征着热情、诚恳、吉祥、富贵、革命等；黄色给人崇高、智慧、威严、仁慈和华贵的感觉，被称为是“最光明、最明亮的色彩”；绿色是和平、生命的象征，淡绿象征着春天，代表勃勃生机，深绿象征着夏天、健壮，灰绿、土绿、橄榄绿则意味着秋冬。

2. 色彩的心理感受

冷暖感：色彩的冷暖感是由色彩的色相决定的。给人温暖的颜色如红、黄、黄绿等为暖色；给人寒冷的颜色如蓝、蓝绿等为冷色；而暗黄、中明黄绿等为中性色。

轻重感：色彩的轻重感是由色彩的明度决定的。明度低的色彩有轻感，明度高的色彩有重感。

强弱感：色彩的强弱感是由色彩的明度和艳度决定的。一般而言，高明度的色感弱，低明度的色感强；高艳度的色感强，低艳度的色感弱，中性没有色感；对比强的时候色感强，对比弱的时候色感弱。

软硬感：色彩的软硬感取决于色彩的明度和艳度。高明度的含灰色色彩具有软感；低明度艳色具有硬感；强对比的颜色有硬感，弱对比的颜色有软感。

热烈恬静感：色彩的热烈恬静感由色彩的色相、明度和艳度决定。色相中越接近红味的色相，越有热烈感，越接近蓝味的色相，越有恬静感。色彩的明度变高，热烈感增强，明度变低，恬静感增强。艳度方面，高艳度的有热烈感，低艳度的有恬静感。

二、色彩构成在建筑中的运用

由于建筑总是存在于外部环境之中，所以它的色彩也要与环境相和谐。一个地方的自然环境、社会环境、周围建筑的状况等都是建筑设计中色彩选择的依据，我们在把握好建筑主色调的基础上，可以利用色彩对比的原理形成统一中又蕴含着变化的效果。

建筑的不同色彩关系对应于不同功能的建筑，以符合或者反映其功能特点。如疗养院、医院很多选用白色或中性灰色为主调，使其在心理上给人以清洁、安静之感。

如图 3-4-10，故宫的建筑是黄色、红色为主，给人高贵的感觉。

如图 3-4-11，江南民居建筑，多为灰色、白色为主调，使人感觉清新淡雅。

色彩构成在建筑形体的塑造上作用非常明显，要突出建筑形体之间的关系可以运用色彩对比的原理，通过背景体块和分离体块之间色彩的对比，把各部分的形体凸显出来。色彩的前进、后退等色彩感觉还能够增强建筑形体的雕塑感。

图 3-4-10　北京故宫

图 3-4-11　苏州园林

第五节　空间构成

空间包括了物理空间和心理空间两个方面，物理空间指物质实体所界定围闭的部分；心理空间是由于物理空间的位置、大小、尺度、形状、色彩、材质、肌理等要素引发的空间感受。

一、空间的性质

空间的形状

不同空间的形状，往往会给人不同的感受，建筑空间的形状一般是根据使用功能的要求和人的精神感受来选择的。可以是规则的几何空间也可以是非规则几何空间。

空间的比例和尺度

空间的比例是空间各构成要素之间的数量关系，尺度是空间构成要素和人体之间的数量关系。人们处在形状相同的空间中，由于比例和尺度的变化心理感觉也会很不相同。

空间的围合程度

空间的围合度就是限定空间的实体对空间的限定程度。空间的围合程度主要是由空间性质和使用要求决定的，该围的围，该透的透。空间的围合程度高有助于提高它的完整性和独立性，相反，空间的围合度低则有助于空间之间的联系和流动，这样可以有意识地把人的吸引力引到某个确定的方向(图 3-5-1)。

图 3-5-1　园林

通过某个方向的通透，把人的视线引至园林的某个美丽景致之处。

空间的界面

空间的形状、比例、尺度和围合程度等基本属性对于空间性质起决定性作用，但是这些基本属性并不是决定空间效果的全部。空间界面的处理也是影响空间性格和品质的要素。空间的界面处理主要可以分为色彩处理和材质处理等。

二、空间的组合关系

空间组合关系有集中式、长轴式、辐射式、组团式、网格式、混合式。

集中式：是一种稳定的向心式方式，由集中的中心空间包绕以一系列次要空间，中心空间一般是行为、交通或象征的中心，次要空间则分布辅助的目的。(图 3-5-2)

长轴式：是一种序列式的空间框架，强调长向特征，长轴一般终止于主导空间或形体，也可以融合于场地、地形。(图 3-5-3)

辐射式：以一个集中的中心出发的多个长轴体系，这种体系的核心空间要保持整体组合的规则性。(图 3-5-4)

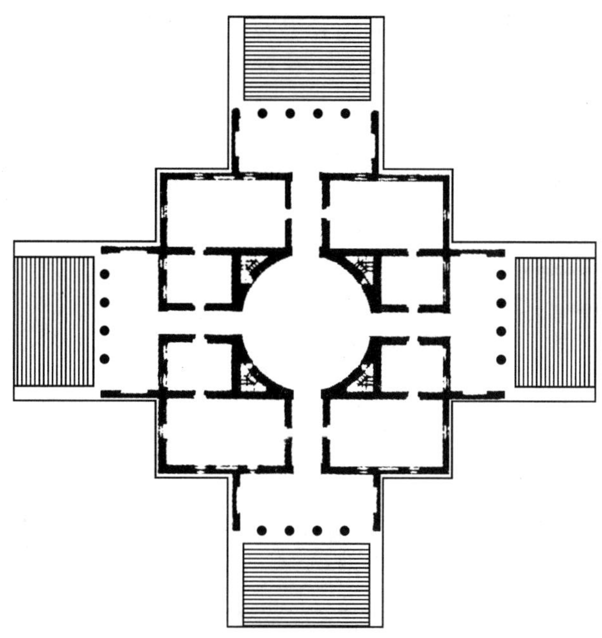

图 3-5-2　集中式的空间有明确的中心空间。

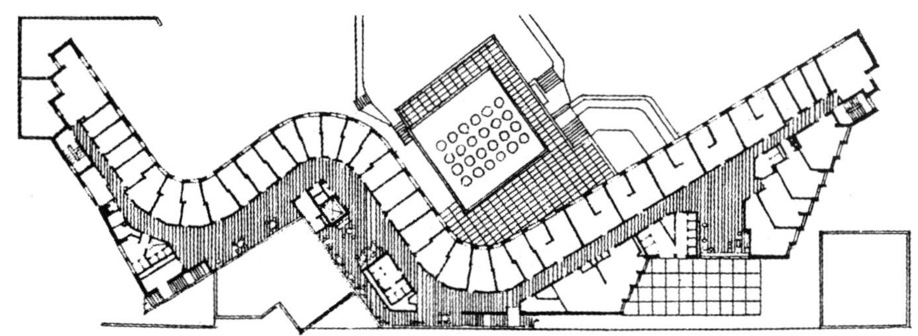

图 3-5-3　阿尔托设计的马萨诸塞理工学院宿舍楼

长轴式又可分为贯穿式和联结式，贯穿式是各个单一空间相互连通，并排列为线形，路径贯穿各空间。联结式是以线状联系空间联系各个单一空间，路径在单一空间之外。

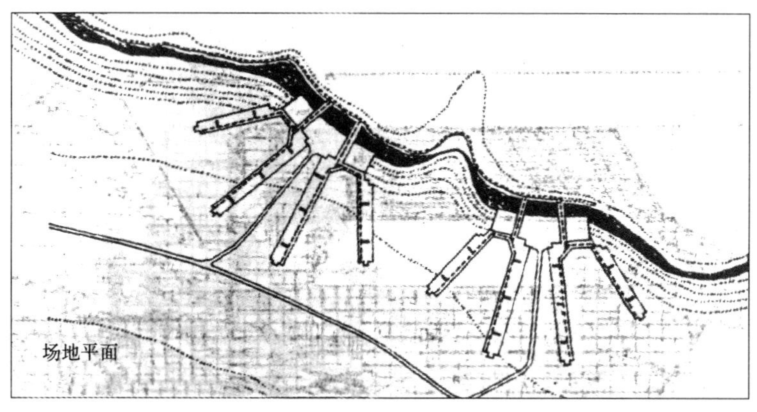

图 3-5-4　一个集中的中心出发的多个长轴体系

组团式：几个格式相同或相似的空间组合单元联系成整体，单元之间具有类似集中式的组合联系，但是不一定具有明确的中心单元。这种空间布局具有灵活和随机的特点，有增长性和局部同构性等概念。(图 3-5-5)

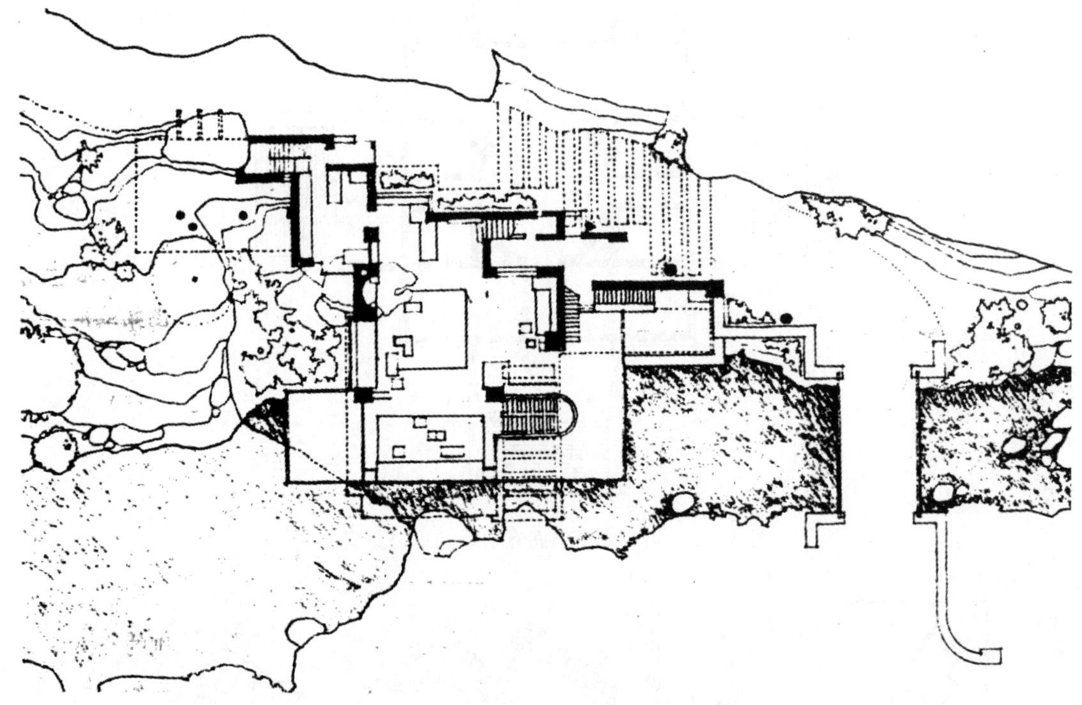

图 3-5-5　流水别墅

赖特设计的流水别墅，把方形的空间进行了组团式的布局。

网格式：网格式框架是把空间或空间单元归整为统一的三度匀质体系，网格图形在空间中确立了一个由参考点和参考线所联结而成的固定场位。(图 3-5-6)

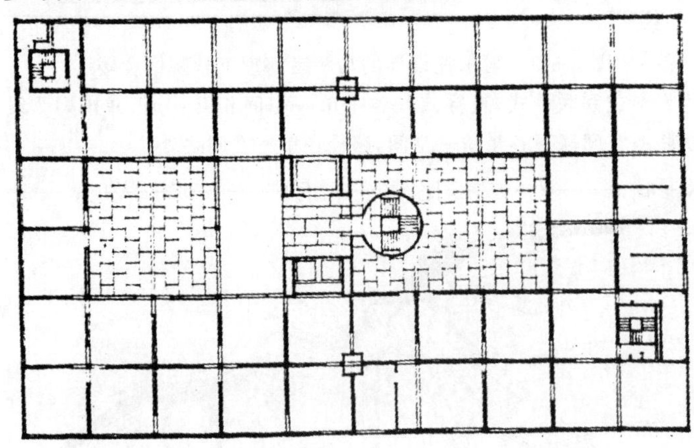

图 3-5-6

路易斯·康的耶鲁大学英国艺术及学术研究中心的平面就是在网格上排布的。

混合式：多数建筑空间没有明确的框架，而是在各种框架之间灵活地切换。(图 3-5-7)

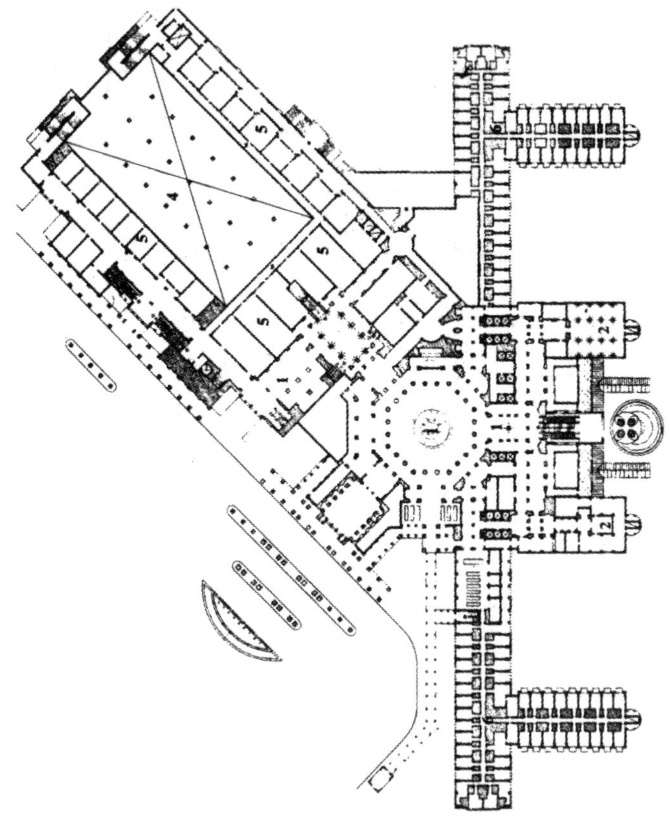

图 3-5-7　迪士尼海豚旅馆

格雷夫斯设计的迪士尼海豚旅馆，就是一个混合的空间模式。

三、空间的限定与形成

垂直限定

垂直限定的方式有“围”和“设立”。

图 3-5-8 展示了垂直限定变化以及围合度变化的关系。

“围”是最典型的形式，建筑中用墙来围合空间就是如此。包围的状态对空间的情态特征影响最大。全包围状态限定最厉害，比较封闭，有强烈的包容感和居中感。随着包围状态的减弱，内部空间和外部空间的渗透感渐渐增强。

“设立”是指物体在空间中存在时限定了周围局部空间。设立是一种视觉心理上的限定，设立并不会划分具体的空间，而是靠实体形态的力、势获得空间的占有，对周围空间产生一种聚合力。例如繁忙的大厅中的柱子，往往吸引人们在其周围休息。

水平限定

水平限定的方法有“覆盖”、“肌理变化”、“凹”、“凸”和“架起”。（图 3-5-9）

覆盖：是通过上方有一个顶盖而使得下部空间有所界定，从心理角度看，这种限定是不能明确的。例如大厅里降下的一片吊顶棚构筑了一块宁静的空间。

肌理变化：肌理变化产生的空间也是靠人的理性完成的，空间具体的限定程度极弱。例如在野外草地上铺上布单，限定了供家人使用的一个空间。

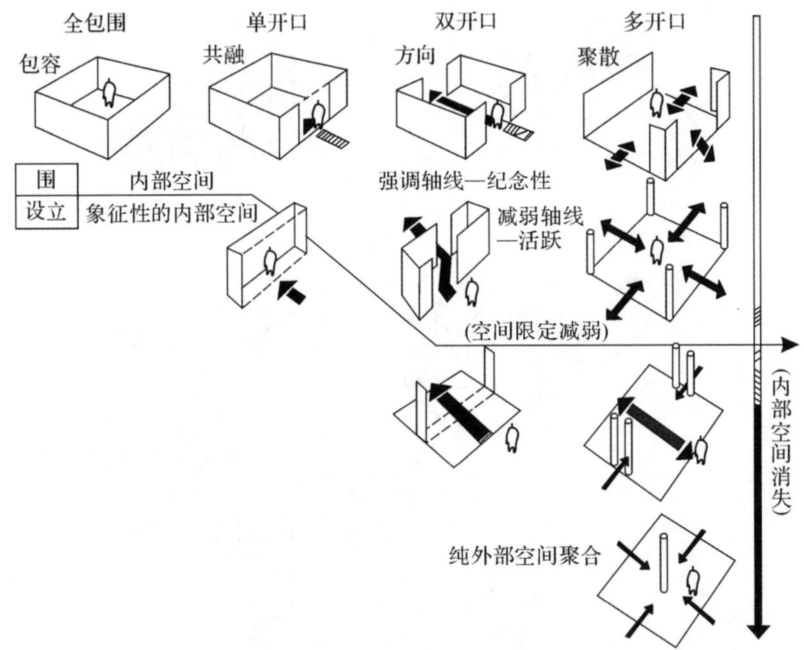

图 3-5-8 垂直限定

凸:将部分底面突出于周围空间也是一种空间限定的手法,例如舞台突出于地面,站在舞台上的人就会有一种心理暗示。

凹:凹和凸的形式相反,限定空间的情态也有所不同,凸的空间明朗活跃,凹进的空间含蓄安定。

架起:架起也是把空间凸起于周围空间,所不同的是架起空间的底部包含了从属的附空间。例如建筑中夹层,上部的空间限定明确,下部的空间处于从属地位。

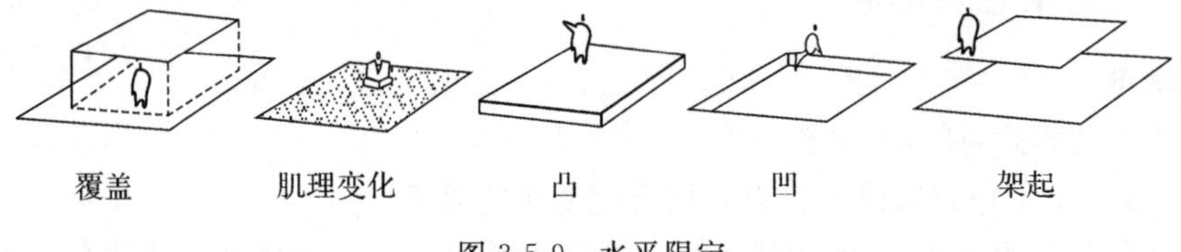

图 3-5-9 水平限定

四、空间组合的处理

分隔与联系

建筑室内空间的设计从某种意义上看就是根据不同要求,在水平和垂直面上对空间进行灵活的分隔和联系。

室内空间分隔的方式,包括竖向分隔与横向分隔两种基本形式。竖向分隔又可以分为通隔与半隔。所谓通隔,就是分隔面从地面直通天棚;半隔则指分隔面只占据纵向空间的一部分。分隔面可以是实面,也可以是虚面或透明材料。横向分隔因分隔面高低与大小的不同,效果也不一样。竖向分隔的形式有设立、围合等方式,横向分隔则有凸起、凹陷、架空、覆盖、肌理变化等,这个在前面的章节中已有论述,这里可以触类旁通。

如图 3-5-10，某酒吧内的室内分隔采用花墙、格栅和半透明的玻璃处理手法，显而不明，透而不通，反而具有更大的诱惑力。

图 3-5-10　某酒吧

如图 3-5-11，承重的结构构建也可以是空间划分的元素。

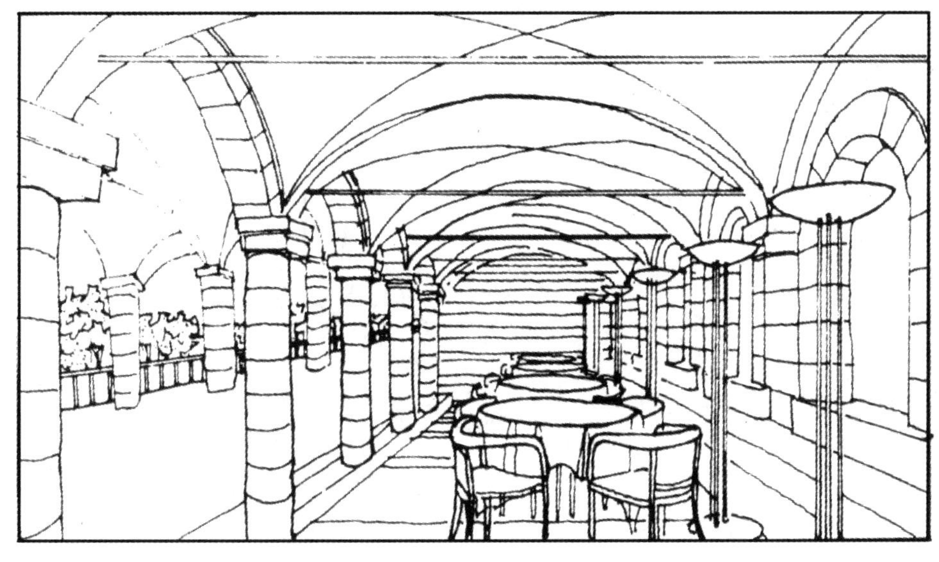

图 3-5-11　某餐厅

如图 3-5-12，非承重构件的分隔，如轻质隔断、帷幔、装饰构架、家具、绿化、照明以及水平面的高差、色彩与材质的变化等，都可以起到空间的分隔与联系作用。

图 3-5-12　分隔与联系

对比与变化

建筑空间的差异越大，对比越强烈，人们在此空间进入到彼空间的过程中体验到各自的特点，就会引起心理的强烈变化。对比与变化可以通过形状、尺度、色彩、肌理、方向等手段来达到。

如图 3-5-13，圆形的特异空间既与方形的主体空间构成对比，又符合功能要求。

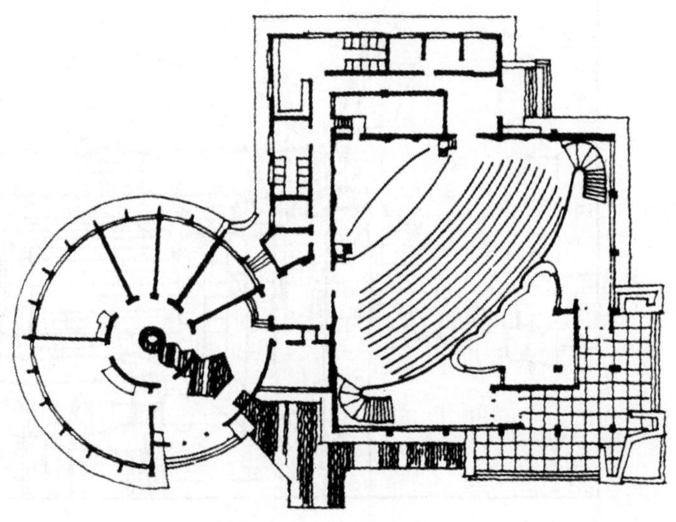

图 3-5-13　对比

如图 3-5-14，相邻的两个空间，如果在高低、大小方面相差较大，就会使人们在进入时引发情绪上的变化。

如图 3-5-15，空间开敞与封闭的变化，为建筑内部空间带来丰富的多样性与迂回曲折的趣味性。

图3-5-14　体量的变化

图3-5-15　塔特美术馆室内一角

如图 3-5-16，具有不同方向的空间组合在一起，空间方向的改变会产生强烈的对比作用，纵向空间显得愈发深远，富于闭合感和期待感；横向或方形空间则呈现出更为舒展、宽阔的开敞感；圆形平面的空间具有向心感，使空间具有凝聚力与向心力。

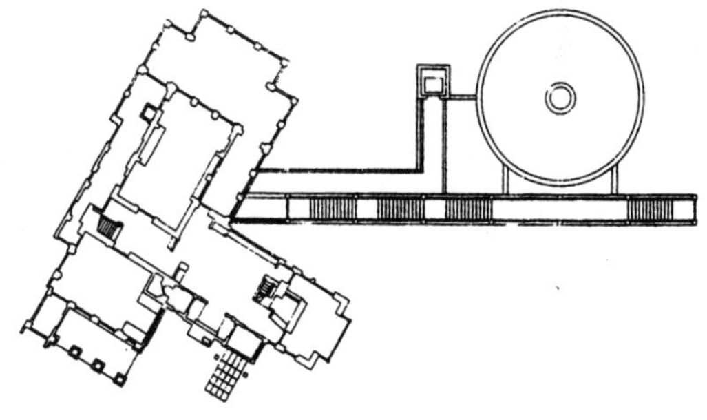

图 3-5-16　大山崎山庄博物馆

衔接与过渡

衔接与过渡是空间之间进行转换时经常会遇到的状况。

过渡空间作为内外、前后空间之间的媒介和转换点，无论是在功能上还是在艺术创作上，都有独特的地位和作用。

如图 3-5-17，内外空间的过渡，多在入口处设置门廊。

重复与节奏

空间的重复是相对于空间的对比而言的，只有空间的简单重复，可能会使人觉得过于单调；而过多对比空间的运用，又会使空间显得杂乱无章。只有将对比与重复这两种空间组合手法结合在一起使用，使之相辅相成，才能使空间效果显得既统一而又富于变化。

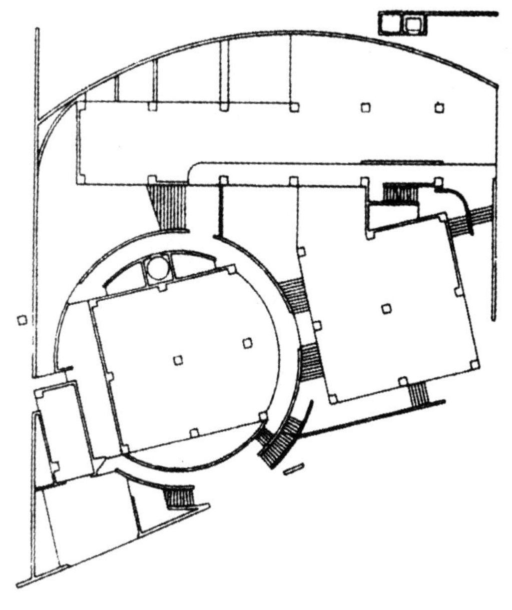

图 3-5-17　过渡

如图 3-5-18，我们常常见到西方古典建筑采用对称式布局的平面，沿中轴线纵向排列的空间多变换形状或体量，借对比求取变化；而横向排列的空间，则两两相对应地重复出现来取得统一。

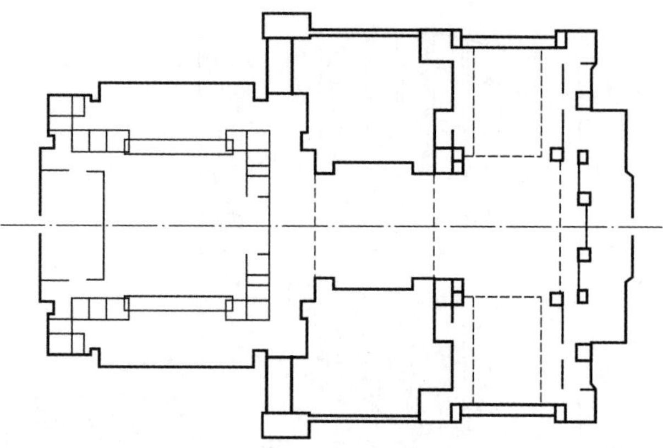
图 3-5-18　某教堂

如图 3-5-19，建筑师贝聿铭设计的美国国家美术馆东馆，建筑外形以及内部空间都以三角形为母题，空间相互穿插叠合，既丰富而又充满和谐的韵味。

如图 3-5-20，插入活跃元素，如采用过渡空间等打破简单的重复，加强部分空间的对比，求大同而存小异，改变单一的排列方式，以获得韵律和节奏感。

如图 3-5-21，空间再现是指在现代建筑中我们会有意识地选择某种形式的空间作为基本单元重复地运用，每个单元并不一定要直接连通，可以与其他形式的空间互相交替、穿插地组合运用形成空间系列。

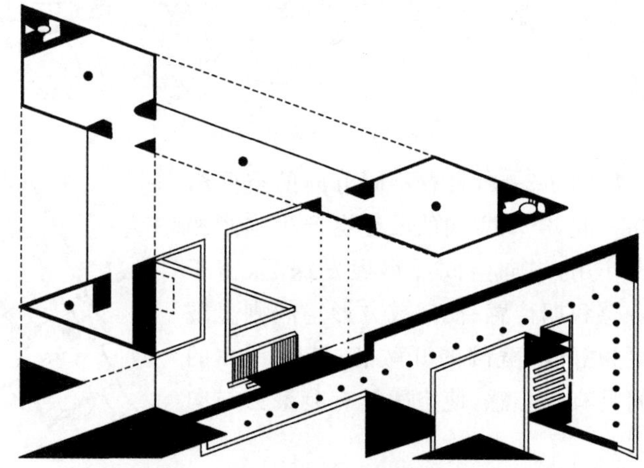
图 3-5-19　美国国家美术馆东馆

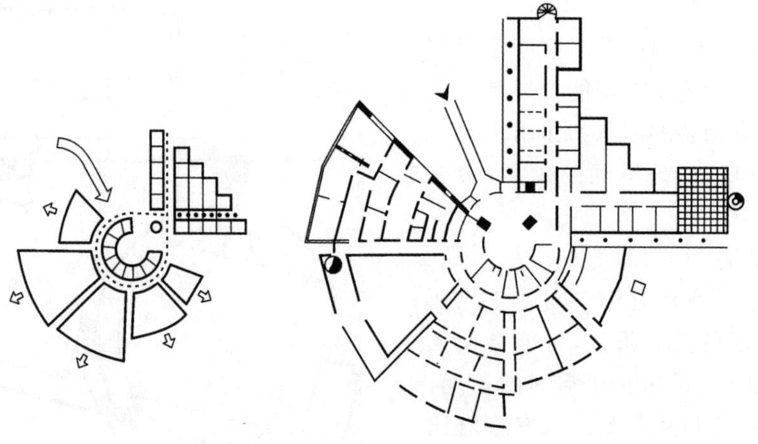
图 3-5-20　格拉茨圣彼得广播电台

引导与暗示

空间引导要根据不同的空间布局来组织。一般而言，规整的布局要有轴线来形成导向，而自由的组合则可以活泼多变一些。

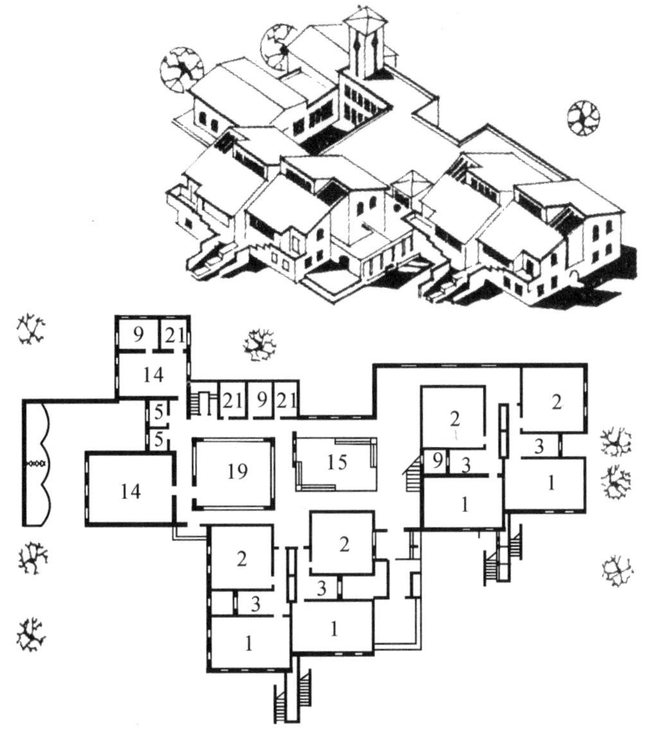

图 3-5-21　某幼儿园空间的节奏

1. 利用空间灵活的分隔，暗示另外空间的存在。在分隔中运用开洞、半透明等手法，增强空间的流动性和可预期性，引导人们进入下一个空间。（图 3-5-22）

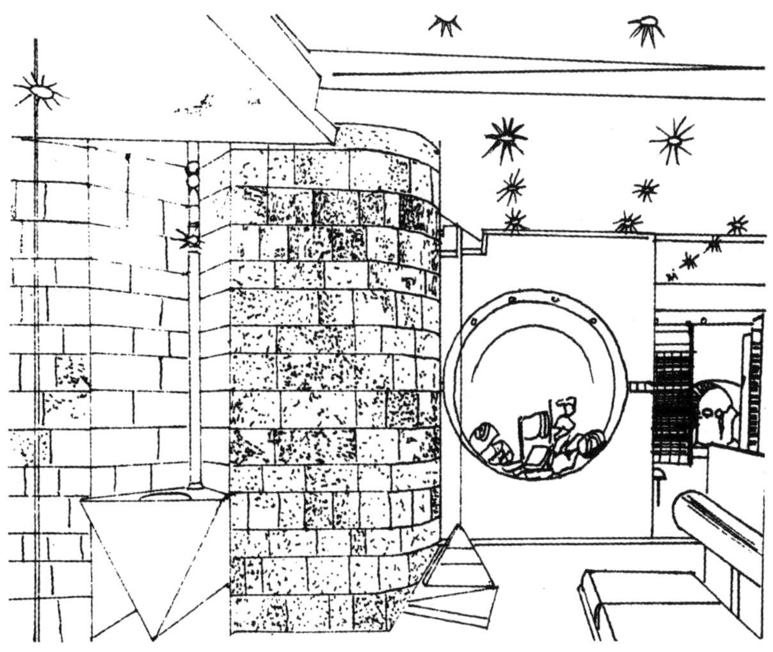

图 3-5-22　某室内灵活的分隔

2. 垂直通道也可以暗示空间的存在。

如图 3-5-23,室内旋转楼梯的存在构成垂直方向上空间的暗示。

图 3-5-23 某室内旋转楼梯

3. 利用空间界面处理,暗示出前进的方向。

如图 3-5-24,室内空间界面的各种韵律构图和象征方向性的形象性构图会使空间具有强烈的导向作用。

图 3-5-24 某展厅室内

4. 利用曲线引导人流，暗示另一空间的存在。

如图 3-5-25，用弯曲的墙面、蜿蜒的列柱与柜台乃至曲线形态的灯光等引导人流，会让人充满期待，起到顺畅、自然而然的导向效果。

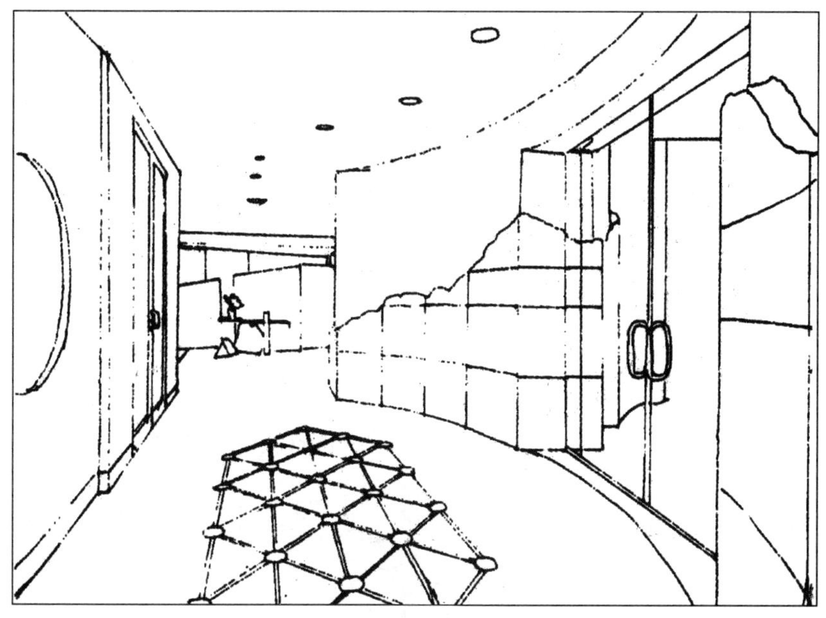

图 3-5-25　曲线引导效果

渗透与层次

渗透是指有意识地使两个相邻的空间相互联通，使它们彼此渗透，相互因借，从而增强空间的层次感。

获得空间渗透的方法通常有以下几种：

1. 围而不闭。空间被分隔但不被围闭，空间之间可以相互为对景、远景或背景。比如将围合空间的面减少，将一个或两个面打开，都会达到空间渗透的目的。

图 3-5-26 所示为卧室与起居室的空间渗透。

图 3-5-26　空间渗透

2. 横向连通。通过空洞与缝隙扩张空间，并作为空间延伸的手段，比如采用透空的隔断、墙上挖洞、列柱、连续的拱廊、透空的栏杆等来分隔空间，使被分隔的空间保持一定的连通关系，以利于空间的渗透。(图 3-5-27)

图 3-5-27 柱子分割

图 3-5-28 纵向渗透

3. 纵向连通。渗透既可以是水平方向的渗透，也可以是垂直方向的渗透。在垂直方向上经过合适的处理，也会形成上下空间相互穿插、渗透的空间效果。

如图 3-5-28，采用中庭、回廊、夹层等空间处理办法，都可以使纵向的空间互相穿插渗透得到充分体现。

4. 透射与反射。采用玻璃等具有透射性能的材料使视线穿过，有效地限定了空间，既保证了内部小气候的稳定，又保持了视线的连续性。利用镜子等反射材料，将相邻空间的景色引入，扩大了景域，尤其适用于面积紧张的小空间。(图3-5-29)

图 3-5-29 玻璃的透射

序列与秩序

空间的序列，简单地说就是指空间的先后次序，即为了展现空间的总体秩序或者突出空间的主题而创造的空间组合。

一个较复杂的空间组合的序列，往往分为几个阶段：前奏、引子、高潮、尾声等。前奏是序列的起始与开端，引起人的注意并指向到后序空间中去。引子是前奏后的展开与过渡，对高潮的出现具有引导、酝酿、启示与期待作用。高潮是整个序列的中心与重心，是序列的精华与目的，应充分考虑到期待后的心理满足并将情绪激发到顶峰。尾声以从高潮恢复到正常状态为主要任务，好的尾声会使人在高潮后充满回味，景断而意未尽。

1. 序列的布局。序列布局可以分为对称与非对称、规则与自由等基本模式。空间性质直接影响空间序列布局的选择。通常追求庄严肃穆效果的建筑如纪念性、政治性以及宗教性等建筑，多采用对称与规则的布局形式；而追求轻松活泼效果的建筑如观赏性、娱乐性以及居住建筑等多采用非对称与自由式布局。

如图 3-5-30，追求庄严肃穆效果的港澳中心大厦采用对称的布局形式。

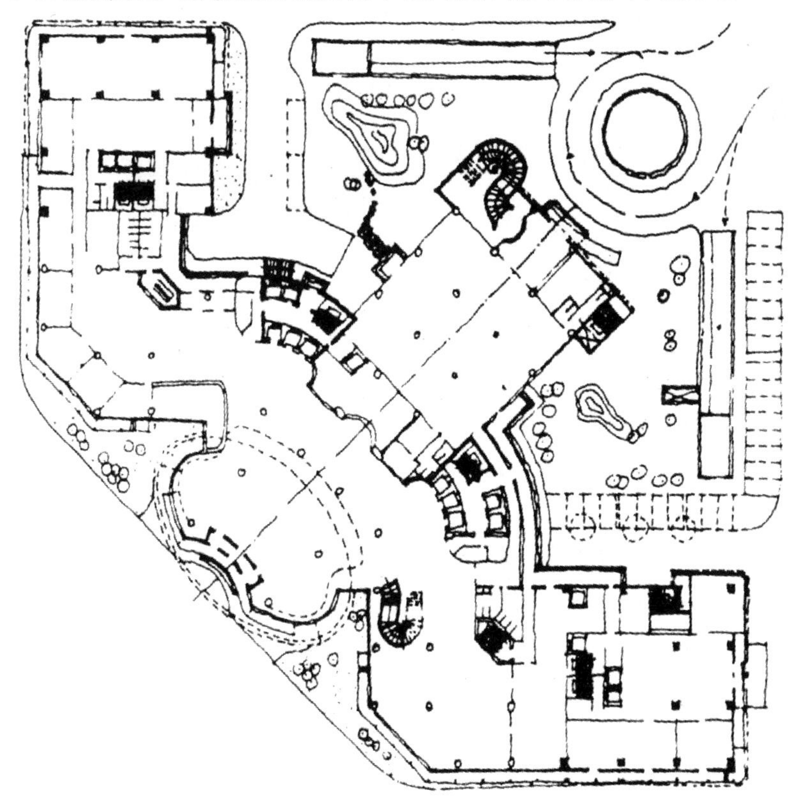

图 3-5-30　港澳中心大厦

如图 3-5-31，娱乐性的活动中心采用自由式的布局形式。

2. 序列的长短。序列越长，高潮出现得越晚，空间层次也必然会越多。因此长序列的室内空间常常用来强调高潮的重要性、高贵性与宏伟性，如某些纪念性与观赏性空间序列。短序列的室内空间则促进了通过的效率与速度，比如各种办公、商业、交通等公共建筑，应以快捷、便利为前提，空间的迂回曲折应尽量降低到最低程度。

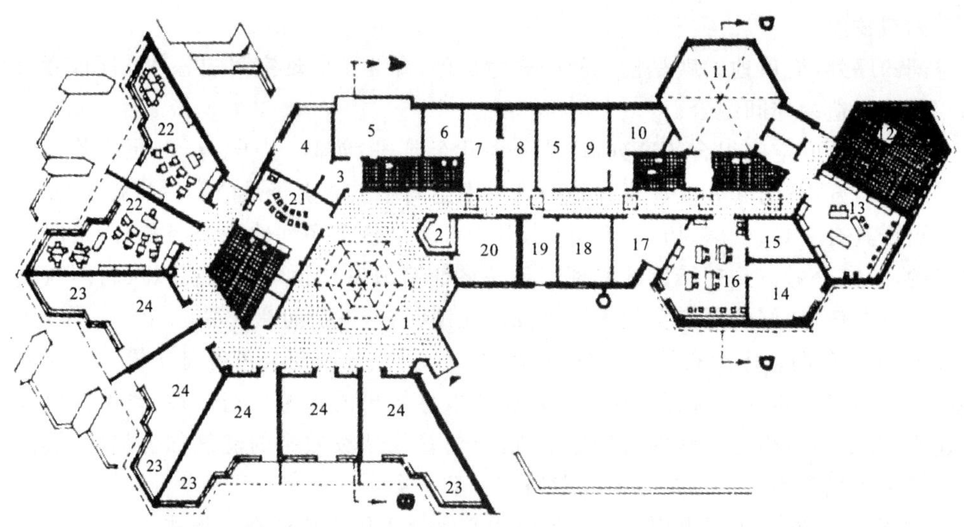

图 3-5-31 娱乐活动中心

如图 3-5-32，耶路撒冷高等法院的序列快捷便利，能提高效率。

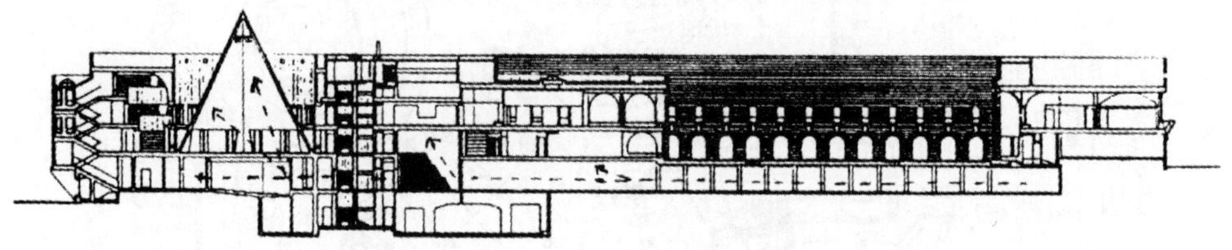

图 3-5-32 耶路撒冷高等法院剖面

3. 序列的高潮。高潮应该以着重表现且集中反映建筑性质以及空间特征的主体空间作为对象，使之成为整个空间序列的中心与精华所在。在长序列的室内空间中，高潮的位置通常在序列中偏后，以创造丰富的空间层次和引人入胜的期待效果。而短序列空间由于空间层次少，往往使高潮很快出现，应安排在最重要的位置，比如商业建筑常将高潮放在建筑的入口或中心处，以引发出其不意的新奇感和惊叹感。为了更加突出高潮，高潮前的过渡空间多采用对比手法，如先抑后扬、欲明先暗等，从而强调和突出高潮的到来。

第四章　建筑的室内外空间

空间连续不断地包围着我们。通过空间的容积我们进行活动、观察形体、听到声音、感受清风、闻到百花盛开的芳香。空间像木材和石头一样，是一种实实在在的物质。然而，空间天生是一种不定型的东西。它的视觉形式，它的量度和尺度，它的光线特征——所有这些特点都依赖于我们的感知，即我们对于形体要素所限定的空间界限的感知。当空间开始被体量要素所捕获、围合、塑造和组织的时候，建筑就产生了。

第一节　建筑内部空间的概念与认知

一、从概念开始

建筑内部空间、外部空间和"灰空间"(图 4-1-1)

——墙体、地面、屋顶等围成建筑的内部空间；

——建筑物与建筑物之间，建筑物与自然环境中的物体形成外部空间。

建筑空间有内外之分，但是在特定条件下，室内外空间的界限似乎又不是那样泾渭分

图 4-1-1　建筑空间的分类

明,例如四面敞开的亭子、透空的廊子、处于悬臂雨篷覆盖下的空间等。

——“灰空间”是指上述介于室内与室外之间的过渡空间,也就是那种半室内、半室外、半封闭、半开敞、半私密、半公共的中介空间。这种特质空间一定程度上抹去了建筑内外部的界限,使两者成为一个有机的整体,空间的连贯消除了内外空间的隔阂,给人一种自然有机的整体的感觉。一般建筑入口的门廊、檐下、庭院、外廊等都属于灰空间。

空间与实体

英国雕塑家亨利·摩尔(Hanry Moore)的作品十分强调雕塑的空间感,在他的作品中,我们可以看到这种实与虚并重的倾向(图 4-1-2)。对于这些作品,他自己曾解释道,“这些洞(指空间),本身就是一种形体”,并且,这是些“空间和形(实体)完全地相互依赖和不可分割的雕塑”。摩尔这番话虽指雕塑而言,但却道出了空间与实体的相互关系及空间在室内环境中的重要性。

图 4-1-2 斜倚像二

英国现代雕塑大师亨利·摩尔(Henry Moore,1898—1986)创作于 1956 年,现放置于法国巴黎的联合国教科文组织总部大楼入口前。

空间和空间界面

如果要理解建筑空间这一现象,必须从概念上区分两个因素:空间和空间界面。建筑师戴念慈先生指出:“建筑设计的出发点和着眼点是内涵的建筑空间,把空间效果作为建筑艺术追求的目标,而界面、门窗是构成空间必要的从属部分。从属部分是构成空间的物质基础,并对内涵空间使用的观感起决定性作用,然而毕竟是从属部分。至于外形只是构成内涵空间的必然结果。”

因此,我们对于建筑空间的理解是从以下观点出发的:

1. 空间是可以从它的界面感受到的;

2. 处于空间中的人和空间限界因素之间存在着可以感受和测量的关系。

二、对空间观念的认识

人们对空间观念的认识是不断发展的

人类最早居住的草棚与洞穴中已经隐含了空间概念的基本特征,然而对于空间概念的提出却是很晚的一件事。

《空间、时间和建筑》(*Space Time and Architecture*)一书的作者,著名建筑史学家 S.

吉迪翁(Sigfried Giedion)把人类的建造历史描述为三个空间概念阶段：

1. 穴居人类，虽然证据显示他们有惊人的创造力，但只是利用而非建造。公元前 2500 年，开始出现了真正意义的建筑，如美索布达米亚人和埃及人的金字塔(图 4-1-3)，但这些只是服从于外部的建造，真正的内部空间还没有出现。我们把它称为第一个空间概念阶段，有外无内。

图 4-1-3　吉萨金字塔群

吉萨金字塔群采用简单正方锥形，造型简朴，气势宏伟，外部形象的震撼力远远高于内部空间。

2. 公元 100 年，古罗马万神庙出现了塑造的室内空间(图 4-1-4)，内部与外部空间区分了开来，但遗憾的是外部形式被忽略了，技术和观念的困境使外部形式与内部空间的分离又持续了两千年。

3. 1929 年，密斯·凡·德罗的巴塞罗那国际博览会德国馆(图 4-1-5)，使千年来内外空间的分隔被一笔勾销。空间从封闭墙体中解放出来，“流动空间”出现，这称为第三个空间概念阶段，它是关于内外空间互动关系的发展。

我们通过实体的墙和屋顶来进行建造活动，但我们使用的却是被实体所围合的虚的部分，这虚的部分，就是内部空间，才是建筑的真正“实体”。因此挪威建筑学家诺伯格·舒尔茨从建筑空间的角度出发，提出建筑的组合元素是实体、空间、界面，并提出“存在空间——建筑空间——场所”的观念。空间是建筑创作的目的，实体是创造空间的手段，界面则是围合空间的要素。

图 4-1-4　古罗马万神庙

画家帕尼尼(Paolo Panini) 所绘的古罗马万神庙。古罗马万神庙是 19 世纪前世界上空间跨度最大的建筑，内部空间雄伟壮阔，光线从顶部洞口射入室内，充满宗教的象征意义与宁谧气息。

图 4-1-5 巴塞罗那国际博览会德国馆

建筑内部空间具有超越外在形式的独立魅力

从古至今，优秀的建筑总是与精彩的建筑内部空间相伴随的。内部空间是建筑整体不可分割的重要部分，建筑师对于成功建筑的探索，往往特别表现为对建筑空间的追求。

巴黎圣母院反映了欧洲哥特式教堂的结构美所引起的空间美(图 4-1-6)。

拉韦纳的圣维托教堂(San Vitale, Ravenna，建于 526—547 年)可以更好地让我们理解空间的力量(图 4-1-7)。

在这里，空间中的人走走停停看看，看见前面的时候联想到后面，眼睛里有看见了的东西，感觉中还有周围看不见的空间。这些都是图纸及照片无法描述的。

不要让图示语言束缚我们对空间的感知力

不少建筑师都习惯于以建筑的图形效果为目标对建筑进行设计和推敲。但是，图形信息很难表达人对建筑空间的实际感知。这种评判、设计建筑的方法就带有了巨大的风险和盲点。

图 4-1-6 巴黎圣母院

巴黎圣母院内部空间采用连续的肋骨券的结构，十分具有韵律美。空间高、窄、长，加上竖向的垂直线条、尖拱、飞扶壁的辅助效果，创造出轻盈飞升的感觉。

(a)

(b)

(c)

图 4-1-7　圣维托教堂

圣维托教堂外表十分不起眼，与丰富瑰丽的内部空间形成鲜明的对比。

当我们设计建筑时，会画一张外观的渲染图，还会拿出平面、立面和剖面图。换句话说，把建筑分为围成和分割建筑体积的各个垂直面和水平面，分别加以表现，反而忽略了空间的概念，在设计过程中图形信息很难表达设计者对建筑空间的实际感知。图示语言本是为了更好地表达空间，结果反而桎梏了我们对空间的想象力和创造力。很多设计外表丰富，但是内部却平淡无奇，缺乏激动人心的力量。

正如意大利有机建筑学派理论家赛维(Bruno Zevi)在《建筑空间论》中所说，“空间现象只有在建筑中才能成为现实具体的东西”，“空间——空的部分——应当是建筑的主角”。因此，我们在建筑设计基础的课程中增加了空间思维的训练。建筑师只有真正认识并且学会感知空间，才有可能在设计中建立起建筑空间观，将空间融入自己的设计，而不是仅仅停留在二维的平面。

三、学会认知与体验

其实我们每天都在空间认知与体验中度过的：早上在自己的卧室里醒来，穿过宽敞的客厅到餐桌吃饭；或者走过长长的走廊到教室里上课；午后在阳台上晒太阳；可能去逛商场，在各个柜台前流连忘返，也可能窝在咖啡厅的一角消磨时间，如此种种。我们总是从一个房间到另一个房间，从事着这样那样的活动，只是我们没有意识到我们已经在认知和体验的过程中了。建筑内部空间的认知与体验与生活是融为一体的。

认知要素

1. 量度：主要指空间的形状与比例。

由各个界面围合而成的室内空间，其形状特征常会使活动于其中的人们产生不同的心理感受。著名建筑师贝聿铭先生曾对他的作品——具有三角形斜向空间的华盛顿国家美术馆东馆——有很好的论述，他认为三角形、多灭点的斜向空间常给人以动态和富有变化的心理感受。

如图 4-1-8，科隆大教堂是哥特式代表作，外部造型与内部空间都强调竖向性和向上的感觉。

(a)

(b)

图 4-1-8 科隆大教堂

设计者正是利用这样的几何空间特点，发挥教堂的使用特点，让人产生希望和超越一切的精神力量，向上追求另一种境界。

如图 4-1-9，深远的轴向空间，会诱导人在心理、情绪上发生变化，使人对空间的深处产生好奇、期待。随着空间的深度增加，这种心理上的变化会更强烈。

2. 尺度：其含义是建筑物给人感觉上的大小印象和真实大小之间的关系问题。

人体各部的尺寸及其各类行为活动所需的空间尺寸，是决定建筑开间、进深、层高、器物大小的最基本的尺度。（图 4-1-10、图 4-1-11）

一般而言，建筑内部空间的尺度感应与房间的功能性质相一致。日本和室以席为单位，每席约为 190cm×95cm，居

图 4-1-9

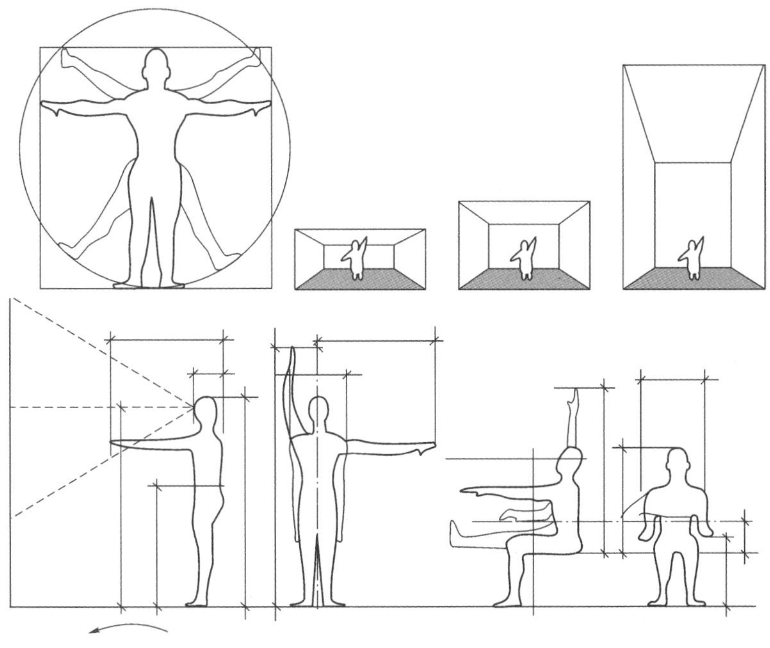

图 4-1-10　人体尺度

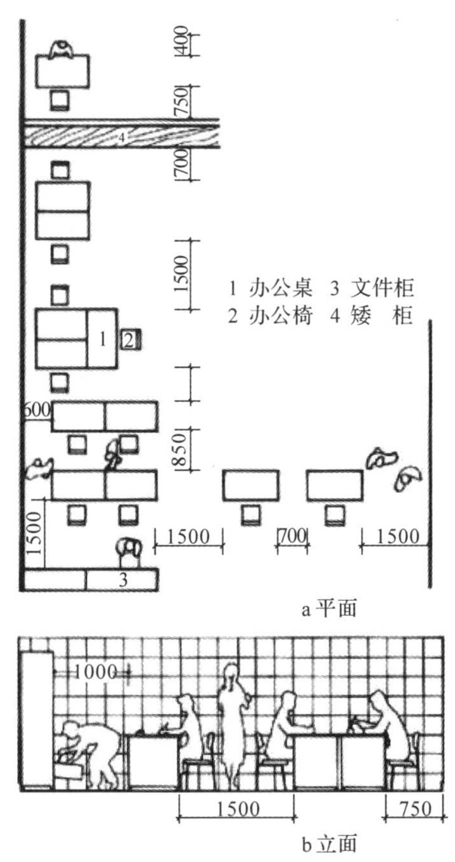

图 4-1-11　由人体尺度决定的办公空间的常规布置

图 4-1-12　京都桂离宫松琴亭茶室

图 4-1-13　古埃及的卡纳克阿蒙神庙

室一般为四张半席的大小。日本建筑师芦原义信曾指出:“日本式建筑四张半席的空间对两个人来说,是小巧、宁静、亲密的空间。”日本的四张半席空间约相当于我国 10m² 的小居室,作为居室其尺度感可能是亲切的(图 4-1-12),但这样的空间却不能适应公共活动的要求。

纪念性建筑由于精神方面的特殊要求往往会出现超人尺度的空间,如拜占庭式或哥特式建筑的教堂,又如人民大会堂,以表现出庄严、宏伟、令人敬畏的建筑形象。

如图 4-1-13,古埃及的卡纳克阿蒙神庙的柱式尺度巨大,营造出肃穆神秘的宗教空间。

3. 限定要素:既定要素是指空间是由哪些界面形成的。对于建筑空间来说,它的限定要素是由建筑构件来担当的,包括天花(屋顶)、地面、墙、梁和柱、隔断等(图 4-1-14)。

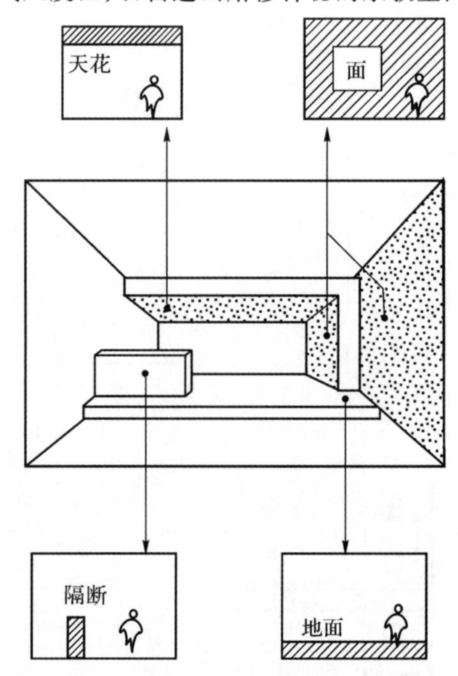

图 4-1-14　建筑内部空间限定要素的示意图

空间限定是指利用实体元素或人的心理因素限制视线的观察方向或行动范围,从而产生空间感和心理上的场所感。

实体如墙等围合的场所具有确定的空间感,能保证内部空间的私密性和完整性。

利用虚体限定空间,可使空间既有分隔又有联系。

利用人的行为心理和视觉心理因素以及人的感官也可限定出一定的空间场所,如在建筑的休息区,一条座椅上如果有人,尽管还有空位,后来者也很少会去挤在中间,这就是人心理固有的社交安全距离所限定出的一个无形的场,这个场虽然无形,却有效地控制着人们彼此的活动范围(图 4-1-15)。

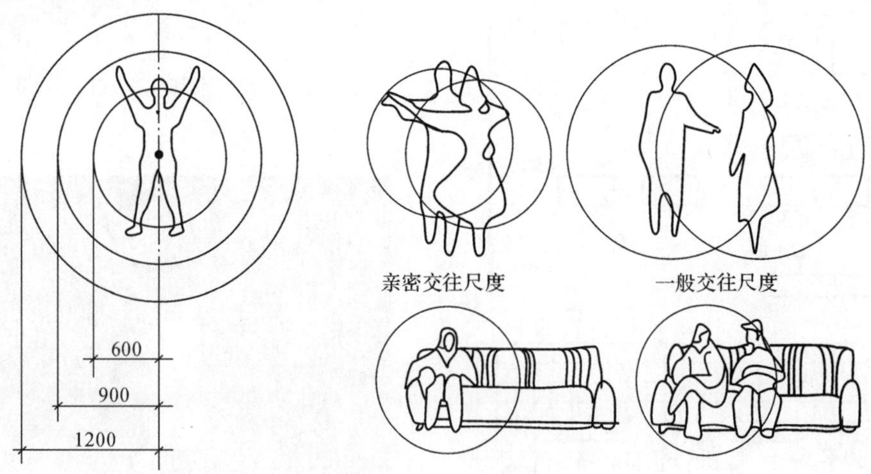

图 4-1-15　人的行为心理尺度所限定的空间

4. 材质:是指空间限定要素所使用的材料。

现代建筑使用的材质很多,砖的运用使围合体界面形成了丰富的层次纹理变化,体现出建筑的朴实质感；粗糙的石、混凝土等材质的运用容易形成粗犷、原始甚至冰冷的质感；天然的木纹理的运用可以让室内空间很贴近自然，容易产生温柔、亲切的感受；特别是玻璃材质的出现使建筑技术得到了新的发展，它明亮、通透的质感，改变了以往的建筑形式，使室内与外界有了一定的联系，增加了室内的明亮；金属构件则给人精致、现代的印象(图 4-1-16～图 4-1-18)。

图 4-1-16　麻省理工学院小教堂

沙里宁设计的麻省理工学院小教堂，内部使用了砖和木材两个元素，通过砖砌法的变化，体现出细腻、精致的质感。

图 4-1-17　托莱多艺术博物馆玻璃展厅

设计师妹岛和世选择了连续的曲面玻璃来围合展厅，营造了透明的如气泡般纯净的空间。

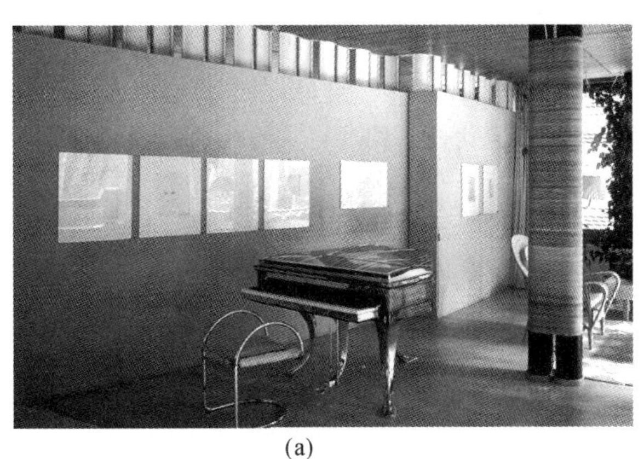

(a)

(b)

图 4-1-18　梅丽亚别墅

梅丽亚别墅的室内，阿尔瓦・阿尔托只用了白色和红褐色的主调，是石灰涂料和木头的颜色。在这个大空间里的本色柱子，疏密自得，就像室外树林的镜像。

材质还具有历史意义以及地域特征。比如中国建筑主要是木构为主，欧洲建筑则是石材，而西亚建筑是黏土砖和琉璃砖。

西扎对于混凝土的运用令人赞叹，他能将混凝土的特性和形式表现力发挥到极致，善于将不加修饰的粗糙混凝土的粗犷和沉重回应场所的特定氛围。白色石灰粉刷处理手法极其适应地中海地区阳光充足、气候温和的特点，既利于反射光线、抵抗热量，又可防止水分渗入。同时它的美学意义在于强调纯净的平面和表皮，表现出光线的全部变化，形体与空间强烈凸现，形象纯净而优美，创造了宁静精致的诗意(图 4-1-19)。

图 4-1-19 阿尔瓦罗·西扎的作品波诺瓦茶室(Boa Nova Tea House，Portugal，建于 1958—1961 年)

整个建筑的体量与屋顶形式，使其如同是从满布岩石的海岬地段中生长出来。覆盖暖红板瓦的单坡屋顶、木窗木板的装修、白色粉墙等都是源自于地中海岸传统的建筑材料的运用。

5. 光线特征：是指建筑内部空间产生光的效果。

英国著名建筑师理查德·罗杰斯在一次“光与建筑”的展览会上说：“建筑是捕捉光的容器，就如同乐器如何捕捉音乐一样，光需要可以使其展示的建筑。”的确，光是建筑的灵魂，人对空间的感知和体验必须有光的参与。没有光，视觉无从谈起，建筑形式元素中的形态、色彩、质感依托光的能量，使我们体验到建筑在四季中的变化及一天中早、午、晚的差异。光与影所渲染的建筑，提升环境质量，我们自然地溶入光与建筑交织所凝结的意境之中。

建筑中的光不但是室内物理环境不可缺少的要素之一，而且还有着精神上的意义。

如图 4-1-20，海德堡的圣灵大教堂，彩色玻璃窗的光象征着神的光辉。

如图 4-1-21，阆中古城的民居中，光透过天井一直延伸到厅堂，形成了自然的光影变化。

光影效果在空间概念加入了时间因素，光影的变化使人们不再从静止的角度观赏空间，而可以动态地体验空间序列的流动感(图 4-1-22)。

西扎建筑作品的内部空间是一个泛光的世界，他通过窗的特定位置的设计，空间界面的围合与开启，空间体量的压缩和扩张，使人们在光的变化中自觉地延续空间的漫游，游历和体验着建筑空间。作为一种特殊的虚质材料，光以自身的无形赋予了西扎建筑有形的、可以感知的艺术效果。威廉·柯蒂斯(William Curtis)说：“西扎最好的建筑其实不是真正的建筑，它们是嵌入当地文脉中的光与空间的容器。”

图 4-1-20　圣灵大教堂

图 4-1-21　阆中古城民居

(a)

(b)

图 4-1-22　史蒂文·霍尔设计的赫尔辛基当代艺术博物馆室内光影

在西扎设计的福尔诺斯教区中心圣堂中(图 4-1-23),人们可以看到光线的射入,但在透视视野中,无法看到实实在在的窗户,光源的隐匿使空间具有某种神秘感。在其对面,一个狭窄的带形窗在较低的位置引入光线,作高处光线的对应与平衡。在讲台左面的凹入部分之下具有微妙的阴影,在神龛后面的间接光线呈现出一个竖向的光井。

6. 文化意义以及心理因素的影响

日本著名建筑师丹下健三为东京奥运会设计的代代木国立竞技馆(图 4-1-24),尽管是一座采用悬索结构的现代体育馆,但从建筑形体和室内空间的整体效果看,又有日本建筑风格的某些内在特征,体现出建筑和室内环境既具时代感、又尊重历史文脉的整体风格。当人们处于这样的空间中,不自觉地将该空间与历史进程、社会环境、文化心态等模式联系在一起,形成空间的历史性及文化意义。

图 4-1-23 福尔诺斯教区中心圣堂

(a)

(b)

图 4-1-24 东京代代木国立竞技馆

第二节　建筑内部空间设计

建筑师在设计中不但要考虑建筑空间与环境空间的适应问题，还要妥善处理建筑内部各组成空间相互之间的内在必然联系，直至推敲单一空间的体量、尺度、比例等细节，更深一层的空间建构还需预测它能给人以何种精神体验，达到何种气氛、意境。从空间到空间感都是建筑师在建筑设计过程中进行空间建构所要达到的目标。

密斯·凡·德罗成功在哪里？他所设计的简单的玻璃盒子，除了完成玻璃和钢的构造艺术体系以外，还创造了非常简洁动人的内部空间，甚至于每一件配置的家具都是十分完美的。还有迈克尔·格雷夫斯，他的建筑里各种陈设都非常讲究。因此，好的建筑师不仅仅是做一个壳子，还必须把内部空间搞清楚，这样才能把建筑设计做完整。

因此在一年级建筑设计基础的学习中，需要引入内部空间观念的训练。训练有两个要点：第一是对三度空间想象能力的挖掘，第二点是创造性能力的提升。

值得注意的是，建筑设计的内部空间和室内设计的空间又有不同的理解方式。建筑的空间是由人运用实的形态要素对“原自然空间”进行限定，即一次空间限定；而室内环境艺术的空间则是在建筑空间的“笼罩”下，进行再加工，进一步深入进行再限定，即二次空间限定(图 4-2-1)。

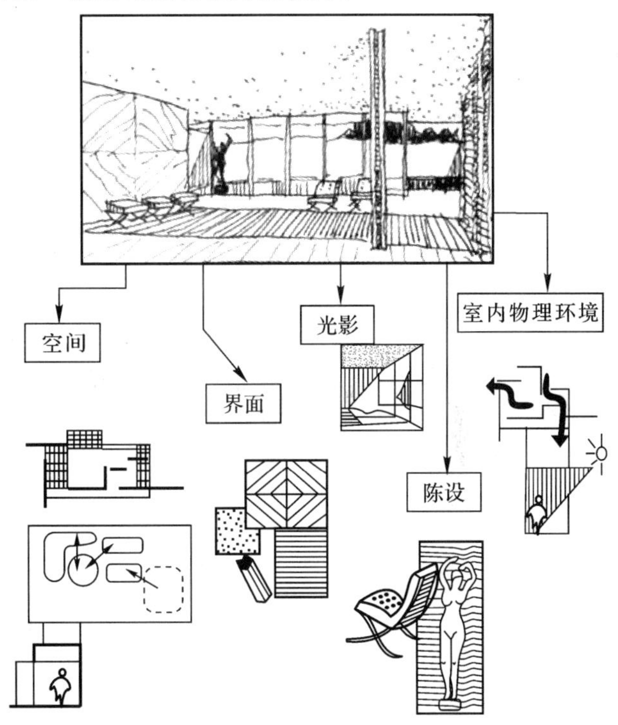

图 4-2-1　内部空间设计分析模型

我们应该关注空间分割、空间组合、空间序列、界面处理和室内物理环境这些问题。

一、空间分割

美国建筑师查尔斯·穆尔(Charles Moore)在他所著《度量·建筑的空间·形式和尺度》一书中有趣地指出：“建筑师的语言是经常捉弄人的。我们谈到建成一个空间，其他人则指出我们根本没有建成什么空间，它本来就存在那里了。我们所做的，或者我们试图去做的只是从统一延续的空间中切割出来一部分，使人们把它当成一个领域。”

空间分隔在界面形态上分为绝对分隔、相对分隔、意象分隔三种形式。空间分割按分割方式则可以分为垂直要素分割(图 4-2-2)与水平要素分割(图 4-2-3)两种。

如图 4-2-4，弗兰克·盖里设计的咖啡馆，通过曲线的座椅来分割空间，达到了良好的效果。

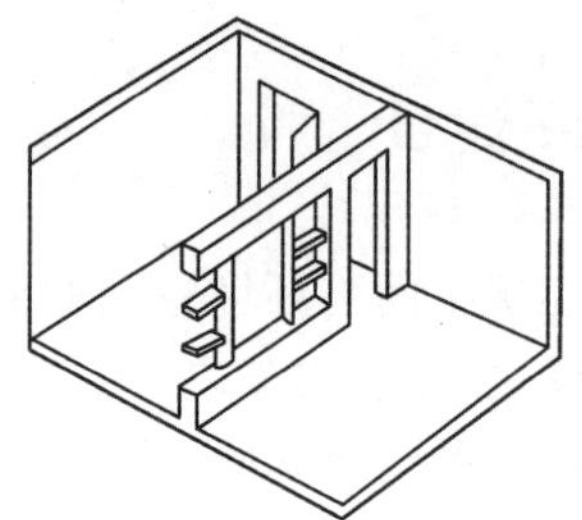

装饰构架隔断分隔空间

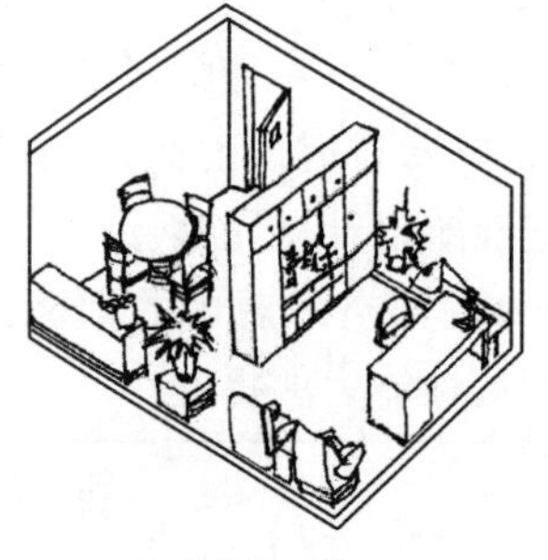

家具分隔空间

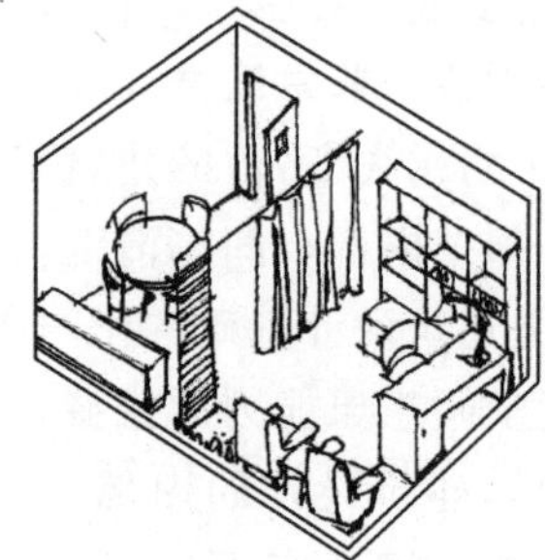

织物分隔空间

图 4-2-2　垂直要素分割

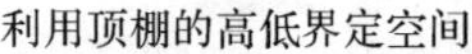

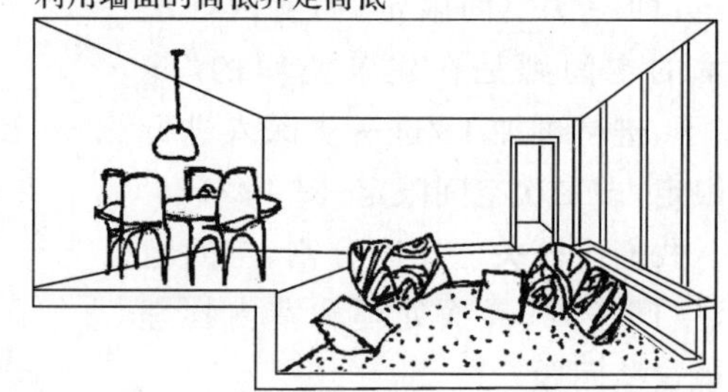

图 4-2-3　水平要素分割

(a)

(b)

图 4-2-4 纽约某咖啡馆

二、空间组合

在建筑设计中，单一空间是很少见的，我们不得不处理多个空间之间的关系，按照这些空间的功能、相似性或运动轨迹，将它们相互联系起来，下面我们就来讨论一下，有哪些基本方法，把这些空间组合在一起(图4-2-5)。

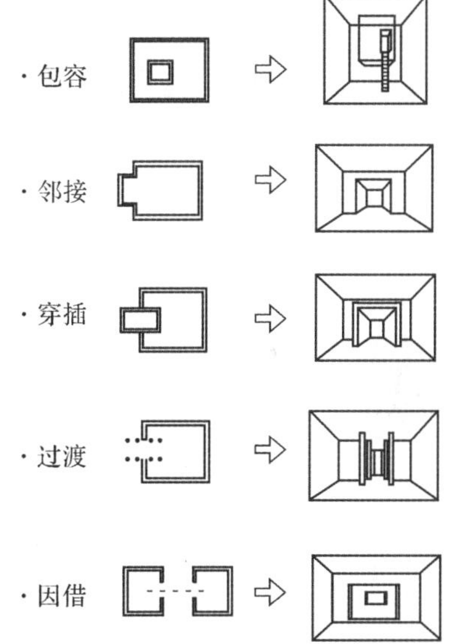

图 4-2-5 空间组合的方式

包容性组合

在一个大空间中包容另一个小空间，称为包容性组合。

日本建筑师妹岛和世设计的森林别墅是现代建筑中两层围护实体包容性的典型个案(图 4-2-6～图 4-2-8)。该别墅是一个艺术收藏家住宅，要求有展厅和工作室等比较特殊的功能。妹岛的策略是首先将功能进行分类，展厅作为核心空间，厨房和餐厅以及起居、交通等功能交错编织在一起作为公共空间，卧室、工作室、卫生间等功能性明确的空间相对独立。两层圆形的围护实体偏心嵌套在一起。小圆包裹核心空间，通高，靠玻璃屋面采光。公共部分布置于两层表皮之间形成的环状空间内，功能性较强的空间外化为盒体突出于外环之外。两层围护实体上洞口的刻意设置的对位或错开的关系，改变了环状空间内的方向性，丰富了空间体验。

邻接性组合

两个不同形态的空间以对接的方式进行组合，称为邻接性组合。

它让每个空间都能得到清楚的限定，并且以自身的方式回应特殊的功能要求或象征意义。两个相邻空间之间，在视觉和空间上的连续程度取决于那个既将它们分开又把它们联系在一起的面的特点(图 4-2-9)。

图 4-2-6　森林别墅外观

图 4-2-7　森林别墅展厅空间

森林别墅内环围合的展厅空间类似于传统的院落空间，是整个别墅的内在核心。

图 4-2-8　环状空间

环状空间类似于沟通各个不同房间的廊。取消不同功能分区之间的隔墙，使各种不同功能得以相互渗透。

图 4-2-9　手工艺收藏者临时公寓

手工艺收藏者临时公寓中，大部分空间都是连续的，厨房餐厅合而为一，与客厅用弧形墙分割（PKSB设计）。

穿插性组合

以交错嵌入的方式进行组合的空间，称为穿插性组合。

穿插性组合的空间关系来自两个空间领域的重叠，在两个空间之间出现了一个共享的空间区域。用一句话来形容就是“你中有我，我中有你”，所形成的空间相互界限模糊，空间关系密切。华盛顿国家美术馆东馆，其建筑中庭部分成功地塑造出交错式空间构图，交错、穿插空间形成的水平、垂直方向空间流动，具有扩大空间的功效，空间活跃、富有动感（图4-2-10～图 4-2-12）。

图 4-2-10　华盛顿国家美术馆东馆中庭的交错式空间

诺曼·福斯特设计剑桥大学法律系馆中，穿插交错的空间形成不同的区域，空间隔而不断。

过渡性组合

以空间界面交融渗透的限定方式进行组合，称为过渡性组合。

空间的限定不仅决定了本空间的质量，而且决定了空间之间的过渡、渗透和联系等关系。不同空间之间以及室内外的界限已不再仅仅依靠“墙”来进行限定和围合，而是通过空间的渗透来完成。过渡空间可以说是两种或两种以上不同性质的实体在彼此邻接时，产生相互作用的一个特定区域，是空间范围内对立矛盾冲突与相互调和的焦点。这种过渡性空间一般都不大，所限定的空间没有明显界限，但是韵味无限（图 4-2-13、图 4-2-14）。

图 4-2-11　荷兰 Sarphatistraat 办公室

史蒂文·霍尔设计的荷兰 Sarphatistraat 办公室的穿插空间令人印象深刻。

图 4-2-12　Mobius 住宅内部空间

Mobius 住宅内部的空间形态十分丰富，设计：UN Studio（荷兰）。

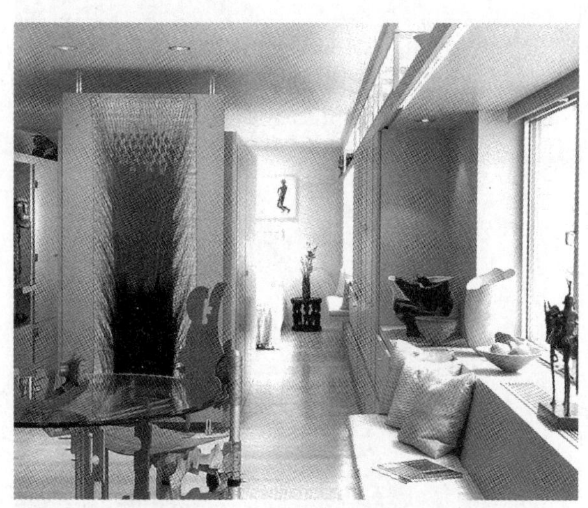

图 4-2-13　过渡性空间

卧室与公寓的其他区域设置过渡性空间，增强私密性。（手工艺收藏者临时公寓，PKSB 设计）

图 4-2-14　西雅图大学圣伊纳爵教堂入口

西雅图大学圣伊纳爵教堂的入口过渡性空间，史蒂文·霍尔设计。

因借性组合

综合自然及内外空间要素，以灵活通透的流动性空间处理进行组合，空间之间相互借景，称为因借性组合。

中国传统建筑中非常善于运用空间的渗透与流通来创造空间效果，尤其古典园林建筑中“借景”的处理手法就是一种典型的因借式关系。明代计成在《园冶》中提出“构园无格，借

图 4-2-15　杭州胡雪岩故居

中国传统民居中通过对应的隔扇门，把不同空间以及天井联系起来（杭州胡雪岩故居）。

图 4-2-16 日本美秀（Miho）博物馆的入口

透过圆形的窗，室外的山景就如成一幅画。设计：贝聿铭。

景有因"，强调要"巧于因借，精在体宜"。把室外的、园外的景色借进来，彼此对景，互相衬托，互相呼应。苏州园林是这方面的典范。在现代建筑空间中，也可以利用这种手法，将空间的开口有意识地对应或是错开，"虚中有实"、"实中有虚"，都是为了在观赏者的心理上扩大空间感（图 4-2-15、图 4-2-16）。

三、空间序列

空间序列是指人们穿过一组空间的整体感受和心理体验。要获得良好的整体感受，空间序列设计时要注重空间的大小高低、狭长或开阔的对比，以及空间中实体建筑界面的变化和联系。通过建筑空间的连续性和整体性给人以强烈的印象、深刻的记忆和美的享受（图 4-2-17）。

在进行空间序列的设计时，必须注意以下几个方面：

图 4-2-17　何香凝纪念馆的空间序列

方向

在空间中常常运用不同的构成元素指示运动路线，明确运动方向。这些构成元素以其不同的形式，联系着一个区域与另一个区域，强调明确前进方向，引导人们从一个空间进入另一个空间，并为人在空间的活动提供一个基本的行为模式。

轴线

轴线是空间序列中强有力的支配与控制手段。主要的空间沿轴线展开，暗示了序列的视觉中心。轴线可以简单地由对称布置的形式和空间来构成，也可以采用非对称的均衡构图来达成。

主从

在建筑中，各个空间的重要程度不同，因此在序列中的地位也不相同。一个空间在建筑组合中的重要性和特别意义可以通过与其他空间尺寸、形状的对比或是关键性的位置来体现。

渗透与层次

好的空间应具有渗透力、层次感和连通性。完全封闭的空间是令人乏味的，而且外部空间应该具有一定的层次感，使呈现在人们眼前的画面不过于简单而有近、中、远的空间变化。调整限定空间的界面形式的虚实关系，我们可以获得丰富的空间层次。

四、界面处理

空间形态必须通过界面才能形成，界面处理的手法通常不是独立的，而是与空间分割、构造形式、物理需求等因素综合一起的考量(图 4-2-18)。

如图 4-2-19，波尔图大学建筑学院的图书阅览室内部，西扎将光、构造、结构和场地富有诗意地组织在一起，形成简洁而明亮的顶界面设计。

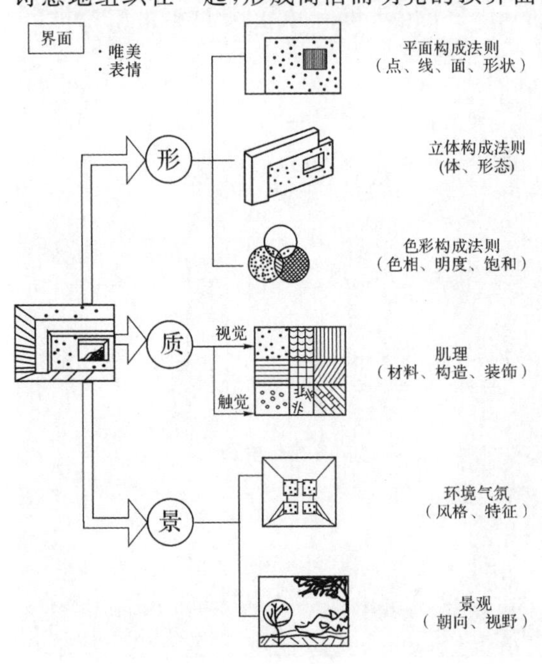

图 4-2-18 界面设计模型

图 4-2-19 波尔图大学建筑学院图书阅览室

界面设计主要包括以下内容：

1.结构与材料：结构和材料是界面处理的基础，其本身也具备朴素自然的美。

2.形体与过渡：界面形体的变化是空间造型的根本，两个界面不同的过渡处理造就了空间的个性。

3.质感与光影：材料的质感变化是界面处理最基本的手法，利用采光和照明投射于界面的不同光影，成为营造空间氛围最主要的手段(图 4-2-20)。

图 4-2-20 BLAS 住宅

阿尔伯托·坎波·巴埃萨设计的 BLAS 住宅，运用光影完成界面。

4.色彩与图案：在界面处理上，色彩和图案是依附于质感与光影变化的，不同的色彩图案赋予界面鲜明的装饰个性，从而影响到整个空间(图 4-2-21)。

5.变化与层次：界面的变化与层次是依靠结构、材料、形体、质感、光影、色彩、图案等要素的合理搭配而构成的(图 4-2-22)。

6.在界面围合的空间处理上，仍应遵循对比与统一、主从与重点、均衡与稳定、对比与微差、节奏与韵律、比例与尺度的艺术处理法则。

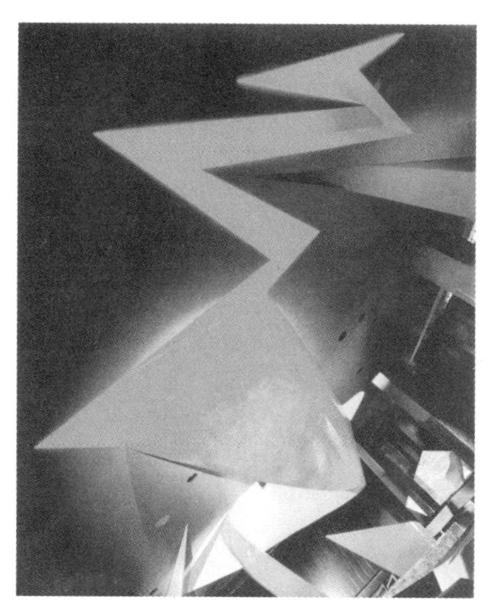

(a)

(b)

图 4-2-21 Moonsoon 饭店

Moonsoon 饭店红黑色的搭配，十分大胆(扎哈迪设计)。

图 4-2-22 菱形玻璃框格组成的外墙

Prada 东京旗舰店的外墙由菱形玻璃框格组成，形成虚幻如水晶般的视觉效果，人们既可从店外透视店内陈列的 Prada 服饰产品，也可从店内欣赏店外的景致。（赫尔佐格和德梅隆设计）

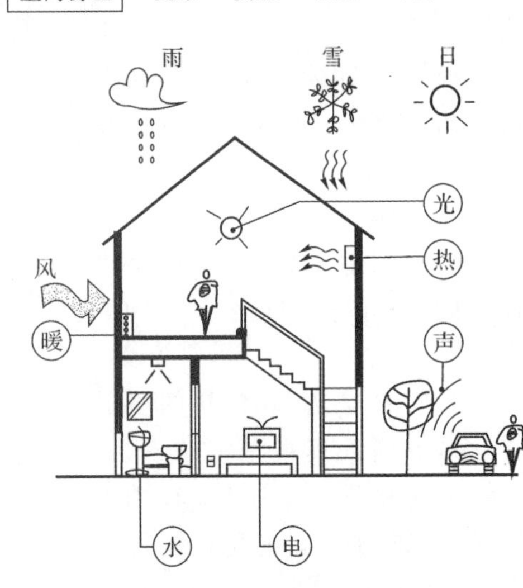

图 4-2-23 室内物理环境模型

五、室内物理环境

室内物理环境设计主要是对室内空间环境的质量以及调节的设计，即对室内体感气候、采暖、通风、温湿调节等方面的设计处理，是现代室内设计中极为重要的方面，也是体现设计的“以人为本”思想的组成部分。

为了营造更舒适安全的室内物理环境，就有必要对上述各种因素加以适当的控制（图 4-2-23）。从建筑学角度，我们更为提倡依靠设计手段，利用被动式的低能耗的节能技术，来解决室内物理环境问题。

如图 4-2-24，诺曼·福斯特设计的英国塞恩斯伯里视觉艺术中心草图，清晰地展示出建筑师对技术性因素的考虑。

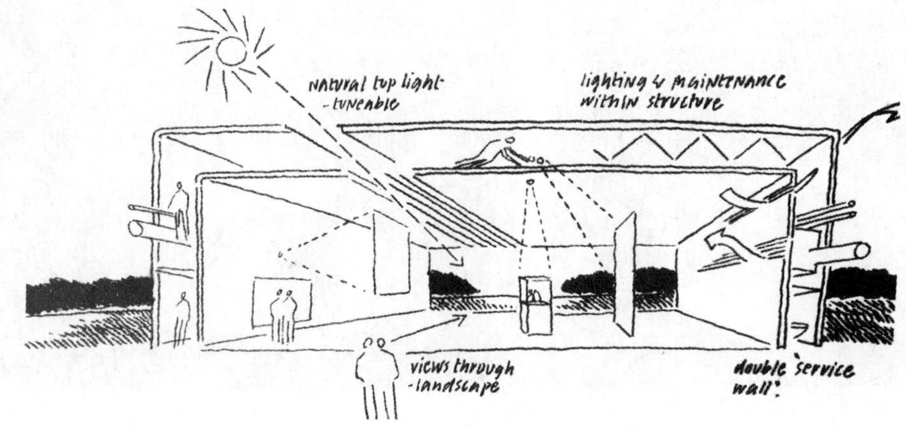

图 4-2-24 英国塞恩斯伯里视觉艺术中心草图

第三节　外部空间环境的概念

在对建筑内部空间认知与设计之后，我们需要把目光聚焦在建筑之外，从另一个角度来认知空间，认知环境。

首先我们先来了解环境的基本概念。

一、什么是环境？

环境就是被围绕、包围的境域，或者理解为围绕着某个物体以外的条件。

一般而言，我们所说的是人类的居住环境，就是包围我们的周围的一切事物的总和。

当我们身边的环境能用一个画面来展示，就形成了视觉美学意义上的"景观"概念，或者我们更愿意称之为"风景"。

环境的分类

【最基本的分类】

1. 自然环境，亦称地理环境，是指环绕于人类周围的自然界，它包括大气、水、土壤、生物和各种矿物资源等。图 4-3-1、图 4-3-2 是典型的自然环境。

图 4-3-1　三清山

自然山岳风光的瑰宝——三清山。三清山经历了 14 亿年的地质变化运动，风雨沧桑，形成了举世无双的花岗岩峰林地貌，"奇峰怪石、古树名花、流泉飞瀑、云海雾涛"并称自然四绝。

图 4-3-2　亚利桑那州大峡谷

美国亚利桑那州大峡谷是世界七大奇观之一。地形险峻绮丽，地质多由花岗石构成，色彩夺目，人置身其间有如走进地质博物馆之感。

2. 人工环境，是人类居住的人工构成部分，即那些由人类直接或间接参与创造而产生的物体、现象和空间环境。如建筑物(包括内部和外部)、构筑物、环境小品、城镇、风景区等(图 4-3-3、图 4-3-4)。

3. 半自然半人工环境，外部空间中既有自然生成的环境，又有人工构成部分的集合体，是被改造了的自然环境。如森林公园、中式园林等。

在建筑外部空间环境课题中，我们主要关注和讨论的是人工环境，即是分析人工构建的建筑外部空间。

图 4-3-3　罗马西班牙大阶梯

罗马西班牙大阶梯，以巨大的尺度、变化的曲线，形成夸张的视觉效果，是人们最喜爱逗留的场所。

图 4-3-4　苏州拙政园

苏州拙政园是目前苏州最大的古园林，也是我国四大名园之一。拙政园以水为主，疏朗平淡，是近乎自然风景的园林。

二、什么是外部空间？

外部空间就是从大自然中依据一定的法则提取出来的空间，只是不同于浩瀚无边的自然界而已。外部空间是人为的、有目的地创造出来的一种外部环境，是自然空间中注入了更多含义的一种空间。

由建筑家所设想的这一外部空间概念与造园家考虑的外部空间，也许稍有不同。因为这个空间是建筑的一部分，也可以说是没有屋顶的建筑。

——芦原信义

我们可以把建筑外部空间理解为建筑与建筑之间或是建筑与自然环境中的物体之间的空间。我们已经了解了建筑内部空间是由实体围合而成的虚的部分，但是如果我们把建筑看成实体，那么外部环境就是由这些建筑实体围合而成的另一个虚的空间，它的边界仍然是建筑的墙体、屋顶与地面或者是自然环境中的物体。图底关系至此发生彻底的转换(图 4-3-5)。

图 4-3-5　胡雪岩故居

胡雪岩故居的高墙与周围建筑形成的空间。

美国风景建筑师奥姆斯特德在 1858 年提出了“风景建筑学”的概念，他对建筑的外部环境质量的提高做出了有益的贡献，把园林扩大到了城市环境(图 4-3-6～图 4-3-8)。

图 4-3-6　纽约中央公园(一)

号称纽约"后花园"的中央公园,面积广达 843 英亩,是一块完全人造的自然景观,由奥姆斯特德和合作人沃克共同设计。

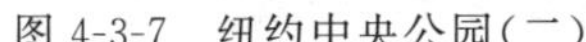

图 4-3-7　纽约中央公园(二)

图 4-3-8　纽约中央公园(三)

纽约中央公园标志着普通人生活景观的到来。美国的现代景观设计从中央公园起,就已不再是少数人所赏玩的奢侈品,而是普通公众身心愉悦的空间。

外部空间的分类

建筑外部空间从功能使用上来分类,主要有街道、广场、庭院、公园等人工环境。

1. 街道:街道空间的类型很多,比如步行商业街、街心花园、街角空间等。街道从来就是人们重要的交往空间,是非常有人情味的地方。(图 4-3-9、4-3-10)

2. 广场:指的是面积广阔的场地,通常是大量人流、车流集散的场所,是一个可让人们聚会休息的空间,在广场中或其周围一般布置着重要建筑物,往往能集中表现城市的艺术面貌和特点。

意大利中世纪的城市就是以广场为核心的向心空间,广场是和意大利人生活最密切相关的地方,在意大利人的眼中,广场是整个街道的起居室(图 4-3-11)。

3. 庭院:是指正房前面的宽阔地带,也泛指院子,是建筑外部空间环境中重要的一种类型,包括游赏性庭院、休息性庭院,还可分为前庭、侧庭、屋顶庭院等。

中国的建筑庭院由来已久,从可供考证的商代庭院遗址开始,已有 3000 多年的发展史(图 4-3-12)。现代建筑设计中,吸取了这种传统文化的精髓,尝试把庭院重新引入现代建筑中,以一种返璞归真的心态重新找回失落已久的庭院空间(图 4-3-13)。

图 4-3-9 阆中古城的小巷至今仍然流淌着浓厚的生活气息

图 4-3-10 惠灵顿商业步行街

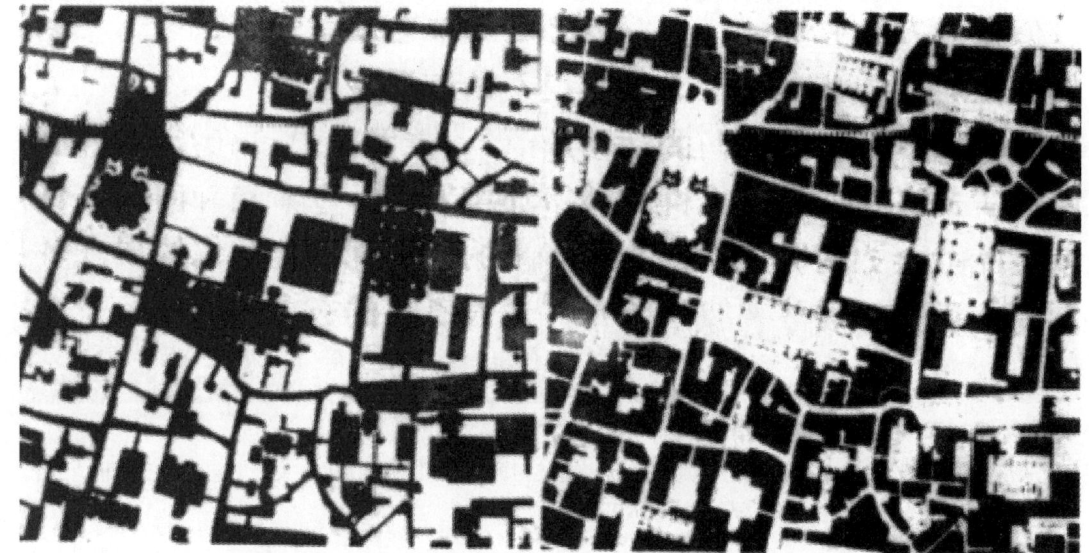

图 4-3-11 意大利的城市广场街道与建筑形成有趣的图底关系

图 4-3-12 老北京的四合院

图 4-3-13　苏州博物馆新馆

通过内庭院将内外空间串联，使自然融于建筑，庭园中的竹和树，姿态优美，线条柔和，在与建筑刚柔相济的对比中，产生了和谐之美。设计：贝聿铭。

4. 公园：通常意义上的公园指的是城市或市镇作为风景区，供公众游憩用的一片土地（图 4-3-14）。

图 4-3-14　西溪国家湿地公园

园区约 70％的面积为河港、池塘、湖漾、沼泽等水域，正所谓“一曲溪流一曲烟”，整个园区六条河流纵横交汇，其间分布着众多的港汊和鱼鳞状鱼塘，形成了西溪独特的湿地景致。

5. 郊野:是指远离城市,没有受到过度开发和破坏,仍然保留自然风貌的区域。

三、空间环境的构成要素

空间环境的构成包括三个方面要素:

物质要素

环境的物质构成要素包括实物与空间两个层面,它们的关系就像一个硬币的两面,相互依存,相互构成,相辅相成,是一种图底关系。

文化要素

空间不仅是物质的,而且还是精神的、文化的,它承载了多个层次的空间意义,比如文脉、传统、历史、宗教、神话、民俗、乡土等等,每一个空间环境在物质构成要素的基础上,都存在有其精神层面的意义。

其他要素

除了物质要素和文化要素之外,空间环境还包括光环境、声环境等其他构成要素。这些要素从人的感知层面成为空间环境的组成部分。

阳光,照明(光的聚焦、反射、投射、闪烁,以及激光等),影等构成了变化万千的光环境。天井中渗入的一缕阳光,大树下一片阴影,都可能构成环境的特定氛围(图 4-3-15、图 4-3-16)。

图 4-3-15 天井

张谷英大屋的天井在阳光下显示出独特的光与影的关系。

图 4-3-16 西溪湿地深潭口

一棵古樟树的树荫成为人们夏日休息的好地方。

另外还有声环境,唐代诗人张继途经枫桥,写下了"月落乌啼霜满天,江枫渔火对愁眠,姑苏城外寒山寺,夜半钟声到客船"的名句,江上半夜的钟声,构成了令人忘却烦恼的优美环境,从此诗韵钟声千古传颂。

嗅觉环境在我们的生活中也十分重要。特别是在中国园林中,造园家们很善于利用味道来营造环境氛围,如计成在《园冶·借景》中这样写道"冉冉天香,悠悠桂子",用桂花的香气可营造浓郁的江南特色。

四、环境意义的层次

空间环境的意义有三个层次的划分:低层次,就是功能实用层面,空间作何所用,何人所用,是否合用,是最基本的意义。

图 4-3-17　新奥尔良意大利广场

穆尔所设计的美国新奥尔良意大利广场，被认为是后现代主义代表作。设计采用了“拼贴”手法，将各种古典柱式加以引用和变形，涂以温暖的颜色，使得整个广场充满生机和情趣。

中层次，是一种文化、身份、地位等的认同，这样的空间环境具有吸引力、人情味和场所感。小沙里宁的圣路易拱门也是中层次空间环境的代表(图 4-3-18)。

图 4-3-18　圣路易市杰斐逊国家纪念碑

小沙里宁设计的圣路易市杰斐逊国家纪念碑。这座高宽各为 190m 的外贴不锈钢的抛物线形拱门，造型雄伟，线条流畅，走过它便意味着进入美国西部大地。

高层次，可以理解为有关宇宙观、信仰等更高层次的精神层面。如北京的天坛，天坛的主要设计思想就是要突出天空的辽阔高远，以表现“天”的至高无上（图 4-3-19）。

图 4-3-19 天坛

天坛从布局到建筑单体，处处展示着中国传统文化所特有的寓意、象征的表现手法。

东西方哲学的差异也导致了古典空间环境观的差异（见表 4-3-1）。最为典型的是表现于园林的设计中。东方的空间环境设计追求一种天人合一的境界。西方的空间环境设计讲求人类理性征服自然（图 4-3-20、图 4-3-21）。

表 4-3-1 东西园林艺术风格比较

类别	西方园林艺术风格	中国园林艺术风格
园林布局	几何形规则布局	生态形自由式布局
园林空间	大草坪铺展	假山起伏
园林道路	轴线笔直式林荫大道	迂回曲折、曲径通幽
园林雕塑	人物、动物雕像	大型整体大湖巨石
园林树木	整形对植、列植	自然形孤植、散植
园林取景	视线限定	步移景异
园林花卉	图案花坛，重色彩	盆栽花卉，重姿态
园林景态	开敞袒露	幽闭深藏
园林水景	喷泉瀑布	溪池滴泉
园林风格	骑士的罗曼蒂克	诗情画意、情景交融

图 4-3-20　苏州留园

中国园林体现的是自然美与自然拟人化，追求意境，讲究含蓄、虚实共生，形成自然写意山水园的独特风格。

图 4-3-21　凡尔赛宫

以凡尔赛宫为代表的造园风格被称作“勒诺特式”，具有明确的主次轴线，以喷泉和雕塑点缀主题。

五、外部空间环境与人的行为

特定的环境使得某些反应更易于出现，会暗示和激励人们应该怎样进行行动，反之亦然。行为需要有特定的空间环境作为背景而进行，如果没有这一背景，行为也是不可能发生，或不能持久的(图 4-3-22)。

图 4-3-22　清晨公园跳舞

这是市民的一种锻炼身体的方式，也是早晨公园里的一条风景线。图为杭州少年宫圣塘路口，每天早上已经形成固定的跳舞地点。

人在空间中的行为

如果要在小坐于私密性的后花园还是临街的半私密性前院之间做出选择，人们常常会选择住宅前面，那里有更多的东西可看。无论在独户住宅区还是在公寓式住宅周围，孩子们都倾向于更多地在街道、停车场和居住区出入口处玩耍，而较少光顾那些位于独户住宅后院及多层住宅向阳一侧专为儿童设计的游戏场，因为那里既没有交通，也看不到人。

人们对街道本身形形色色的人的活动有更大的兴趣。因此，各种形式的人的活动应该是最重要的兴趣中心。

公共空间中的活动可分为三种类型，即必要性活动、自发性活动和社会性活动，下面我们分别来看看这三种行为。

1. 必要性活动，即功能性活动，是有直接或间接目标的活动。如工作、学习、饮食、购物、参观、看展览等。换句话说，就是那些人们在不同程度上都要参与的所有活动。因为这些活动是必要的，它们的发生一年四季在各种条件下都可能进行，相对来说与外部环境关系不大，参与者没有选择余地。

2. 自发性活动，无固定目标、线路、次序、时间限制，具有很大的随机性，只有在人们有参与的意愿，并且在时间、地点可能的情况下才会产生，包括散步、游览、休息、驻足观望有趣的事情以及坐下来等。这些活动只有在外部条件适宜、天气和场所具有吸引力时才会发生。对于环境设计与规划而言，这种关系是非常重要的(图 4-3-23)。

图 4-3-23 杭州六公园湖畔居

盛夏的清晨,杭州六公园湖畔居的树荫下,吸引了许多离退休的老人在西湖边纳凉休息。

3. 社会性活动,不是一个人单凭个人的意志支配的行为,而是借助他人的参与下所发生的双边活动,如儿童游戏、打招呼、交谈,及其他社交活动。社会性活动是个人与他人相互联系的桥梁(图 4-3-24)。

图 4-3-24 纽约中央公园的雕塑

在这三种类型当中，必要性活动是自发性活动和社会性活动的基础，即当空间中包含了居民的必要性活动如上下班、买菜、做家务等日常生活行为时，其他两种类型的活动如散步、晒太阳、攀谈、打招呼等也就自然被引发了。

活动的方式

人们在空间中的活动通常表现为运行（表现于路径中）与场所（表现于一定范域中）两种方式，有的行为是以个体的方式出现的，有些是以群体的方式出现。不同的活动方式对空间环境的要求是不一样的。比如说，人在街边散步就是以个体的方式出现在路径中，是运行的一种，小型露天聚会则是以群体方式在某一特定的场所中出现，这两种活动的方式对空间环境的要求，前者是线性的路径，而后者则是有一个可以供人活动的固定场所。

我们在设计中会根据活动方式的不同采用不同的手法，比如单一狭长的矩形空间会对处于其中的人在心理上产生纵深引力，因此可以起到明显地引导人流行进的作用。曲线比直线要更具有流动感和引导性。内聚型的空间比发散型的空间更容易产生凝聚力，所以当人们进入内聚型的空间时，通常会产生滞留的暗示（图 4-3-25、图 4-3-26）。

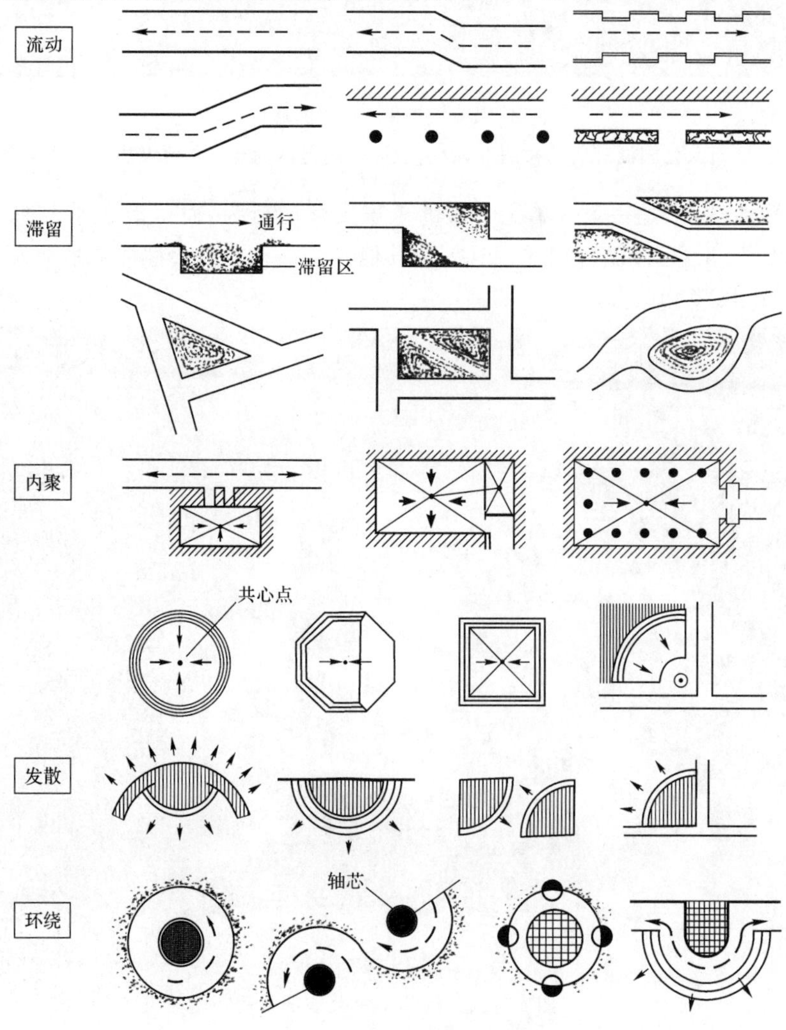

图 4-3-25　空间对行为的诱导

图 4-3-26　法国旺多姆广场

由建筑围合而成的内聚型空间，广场中心的方尖碑强化了整个空间的向心力和凝聚感，是人们的主要驻留空间。

场所效应

场所是指发生事件的空间。如果仅有空间而没有人的活动和身心投入，空间就不能成为场所(图 4-3-27～图 4-3-31)。

图 4-3-27　边界是人们停留的重要依托空间

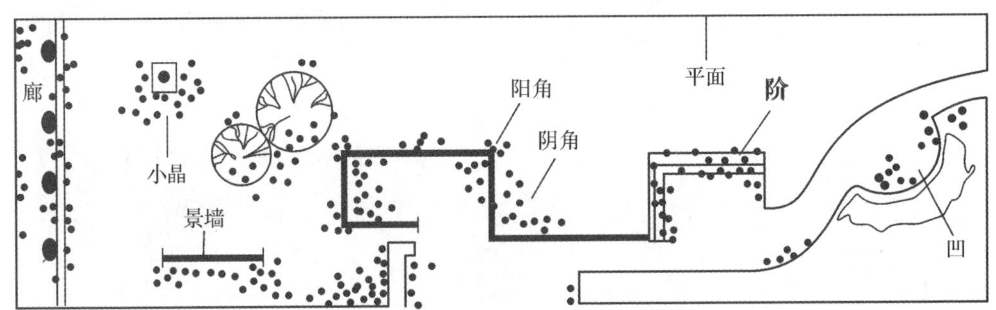

图 4-3-28 人在空间的定位选择概率

图 4-3-29 纽约洛克菲勒广场

直接参与活动与旁观参与,二者相互助兴,增强活动的意义。

图 4-3-30　济南泉城广场

济南以泉水众多、风光明秀而著称于世，一直有“家家泉水，户户垂杨”，“四面荷花三面柳，一城山色半城湖”的形容。以此为主题的泉城广场也因此获得人们的认同。

(a)

(b)

图 4-3-31　奥克兰博物馆

凯文·罗奇设计的奥克兰博物馆，分为三层，每一层的平台是其下一层的屋顶。屋顶平台上种植绿化植物，巧妙地将文化、自然、游赏融为一体，被誉为“带有高差的公园”。

第四节 外部空间环境的认知与设计

一、环境的主题

主题就是对于一个环境空间，我们想要表达一个什么样的主旨和意图。主题的性格决定了该空间环境的性格。它可以是纪念的、幽默的、活泼的、规整的、自由的……

比如南京中山陵外部空间的设计就充分表达了其纪念性的意义（图 4-4-1）。

图 4-4-1 南京中山陵

南京中山陵祭堂前的阶梯，气势恢宏。

二、外部空间的构成要素

外部空间可以有边界、场所、出入口、通道、标志、周边等要素分类。

1. 边界：可以划分、限定空间。

通常来说大部分空间是有明确的边界的，比如城市广场，就是由道路或是建筑限定而成。也有些外部空间没有明确的边界，就是我们通常所说的模糊空间、亦内亦外的空间，如传统民居中常用的宽挑檐所形成的廊道，街道与廊之间所形成的界面由若干柱形成，这种界面是不明确、不完整的，空间特性也模糊了，廊空间成为既非室内、又非室外的中介过渡空间（图 4-4-2）。

2. 场所：是有中心，从内部可感受到的宽广的空间。

场所是由边界限定而来，是真正容纳活动的区域。因此场所必须界定出活动的区域，或实围，或虚拟，或约定俗成，并且要界定出这个区域是属于什么人群（图 4-4-3）。

(a) 日本严岛神社伸到海面的舞台

(b) 涨潮时的严岛大鸟居如漂浮在海上，象征着神与人的界限

(c) 朱红色的大鸟居，红柱、白壁的神殿与高山大海融为一体

图 4-4-2 日本严岛

(a)

洛克菲勒中心广场中央是一个下凹的小广场，广场正面有一座金光闪闪的希腊神普罗米修斯飞翔着的雕像，下面有喷泉水池，浮光耀眼，冬季可作溜冰场。

(b)

洛克菲勒中心广场上的圣诞树是纽约圣诞节期间的著名景观之一，圣诞节期间在此竖起一颗高大圣诞树的传统始于 1933 年。

图 4-4-3 洛克菲勒中心广场

3. 出入口:是一种空间的隔断与连接,与人的活动相联系。

外部空间要渗入进去,内部空间要引出来,无论是空间形态还是人的活动,都会产生很多有趣味的东西(图 4-4-4)。

图 4-4-4　老北京的西四牌楼

牌楼既是引导人流进入空间的引导标志,同时也具有宏观上限定空间的作用。

4. 通道:是不同场所之间的线性连接,揭示空间的组织关系,很多时候也可以具有特殊的意义。

单一狭长的矩形空间是组织不同建筑空间的常见元素,其空间的高度、宽度与纵深距离的比例关系会对处于其中的人在心理上产生纵深引力。因此可以起到明显地引导人流行进的作用(图 4-4-5)。

图 4-4-5　苏州拙政园的游廊

5. 标志：是特定意义和象征性的记号。标志一般是环境空间主题的体现，或者是用来活跃空间性格。

标志可以是建筑或雕塑，一般在空间的变化处出现，给人醒目的视觉提示，暗示空间的特征或是变化。地区差异往往也可以构成标志的要素。

当标志居于空间的中央时，易使整个空间产生向心感；而当其位于空间的一端时则能在空间中形成方向性（图 4-4-6、图 4-4-7）。

图 4-4-6　旧金山渔人码头的圆形广告牌

旧金山渔人码头的标志是一个画有大螃蟹的圆形广告牌，找到了“大螃蟹”，就到了渔人码头，也就到了旧金山品尝海鲜的首选地点。

图 4-4-7　威尼斯圣马可广场钟楼的标志性作用

6. 周边：是建筑以外向四周延伸的空间，具有模糊性特点。

三、外部空间的设计手法

尺度与质感

尺度和质感是外部空间设计中两个非常重要的概念。

1. 尺度

在 0.5～1km 的距离之内，人们根据背景、光照、特别是所观察的人群移动与否等因素，可以看见和分辨出人群。这一范围可以称之为社会性视域。

在 70～100m 远处，就可以比较有把握地确认一个人的性别、大概的年龄以及这个人在干什么。70～100m 远这一距离也影响了足球场等各种体育场馆中观众席的布置。例如，从最远的座席到球场中心的距离通常为 70m，否则观众就无法看清比赛。

距离近到大约 30m 远处，可以看清细节时，才有可能具体看清每一个人。当距离缩小到 20～25m，大多数人能看清别人的表情与心绪。在这种情况下，见面才开始变得真正令人感兴趣，并带有一定的社会意义。例如剧场舞台到最远的观众席的距离最大为 30～35m。

在 1～3m 的距离内就能进行一般的交谈，体验到有意义的人际交流所必需的细节。如果再靠近一些，印象和感觉就会进一步得到加强。

距离既可以在不同的社会场合中用来调节相互

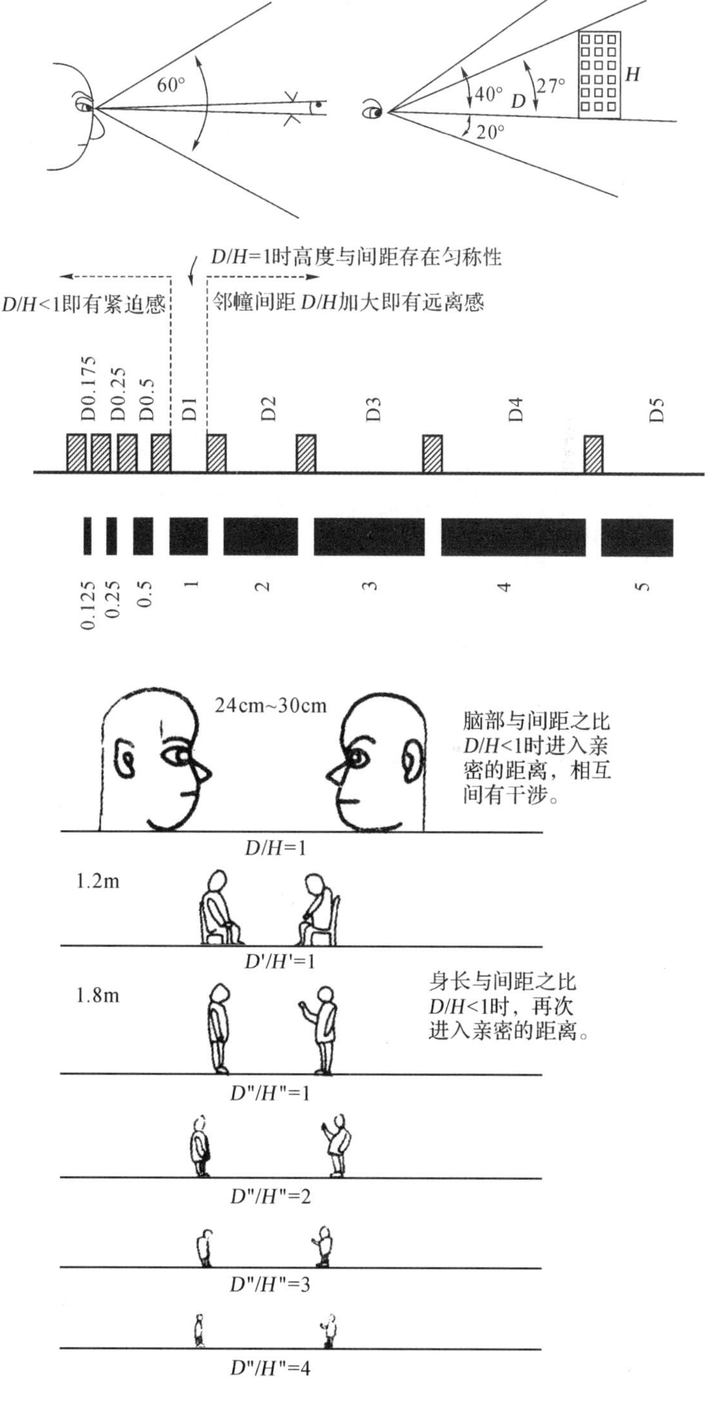

图 4-4-8 人的主观感受与距离的关系

关系的强度，在此基础上，爱德华提出了“空间关系学”的概念，并在一定程度上将这种空间尺度加以量化：密切距离（0～0.45m），个人距离（0.45～1.20m），社交距离（1.20～3.60m），公共距离（7～8m）。

日本著名建筑师芦原义信将人与人之间的距离的讨论，应用到外部空间的讨论中，以20～25m 作为外部空间设计的模数标准来设计外部空间，而我国古代国建筑的群体组合，也是以“百尺为形”（大约 30m）作为外部空间的衡量标准。这是与人能够看清楚细节的距离相适应的。

行为心理理论认为人类室外分析建筑的最佳注视夹角为 54°，也就是以垂直视角为 27°形成的视锥。当水平视角一旦达到 60°，四缘尺度就易产生变形，导致空旷无所适应感的发生；而一旦小于 54°，又将产生压抑感。

如图 4-4-9，北京故宫从太和门望太和殿，太和殿的院落、庭院空间的规模和比例就是按人类的生理尺度即眼睛的最佳视角来进行设计的。

图 4-4-9 北京故宫

如果用 H 代表建筑物的高度，用 D 表示人与建筑界面的距离，则有下面的结论：

（1）当 $D/H=1$ 时，建筑物高度与距离的搭配显得均匀合适，人有一种内聚、安定、不至于压抑的感觉。

（2）当 $D/H>1$ 时，心里感觉有远离或疏远的倾向。

（3）当 $D/H<1$ 时，两栋建筑开始相互干涉，内聚的感觉加强，心里感觉有贴近或过近的感觉，产生压抑感。其对面建筑的形状、墙面材质、门窗大小及位置、太阳入射角等都成为应关心的问题。

（4）当 $D/H>4$ 时，各幢建筑之间的影响可以忽略不计。

（5）当 $D/H=2$ 时，可以看清建筑的整体，内聚向心而不至产生离散感。

（6）当 $D/H=3$ 时，可以看清实体与建筑的关系，两实体排斥，空间离散，围合感差。

2. 质感

空间的界面和底面的材质不同，都会给人不同的感受，如建筑立面、矮墙、树丛和铺地等表面的质感差别，整个空间系列的质感在尺度上的变化创造了不同的空间氛围（图 4-4-10、图 4-4-11）。

图 4-4-10　中国传统街巷——压抑、静谧

图 4-4-11　筑波中心广场

分区与布局

分区与布局是对该空间所要求的用途进行分析，并确定相应的领域。这是外部空间设计的重点。

外部空间设计要尽可能赋予空间以明确的用途，根据这一前提来确定空间的大小、铺装的质感、墙壁的造型、地面的高差等。

在外部空间布局上带有方向性时，希望在尽端配置具有某种吸引力的内容。

在空间的布局中，我们应该注意距离的大小问题。人作为步行者活动时，一般心情愉快的步行距离为 300m，超过它时，希望乘坐交通工具的距离为 500m。大体上，作为人的领域而得体的规模，可考虑为 500m 见方。不管什么样的空间，只要超过 1 英里（1600m）时，作为城市景观来说，可以说是过大了。

开敞与封闭

在谈封闭性这个问题的时候，研究一下墙壁高度是很有意义的。墙的高度与人眼睛的高度有密切关系。

1. 在 30cm 高度时，作为墙壁只是达到勉强能区别领域的程度，几乎没有封闭性。不过，由于它刚好成为憩坐或搁脚的高度，而带来非正式的印象。

2. 在 60cm 高度时，基本上与 30cm 高的情况相同，刚好是希望凭靠休息的大致尺寸。

3. 在 90cm 高度时，也是大体相同的。

4. 当达到 1.2m 时，身体的大部分逐渐看不到了，产生出一种安心感，与此同时，作为划分空间的隔断性加强起来了，在视觉上仍有充分的连续性。

5. 当达到 1.5m 时，除头部之外身体都被遮挡了，产生了相当的封闭性。

6. 当达到 1.8m 以上时，人就完全看不到了，一下子产生出封闭性。

参考这些情况，就可以运用高墙、矮墙、直墙、曲墙等加以布置，创造出有变化的空间。

层次与序列

空间序列的加强对烘托环境、培养气氛也具有重要的暗示作用。要注意“时—空”结合的原则和连续空间的创造;同时,保持逐步转化的空间之间的紧密联系性,把空间的排列和时间的先后两种因素考虑进去。

如图 4-4-12,意大利圣彼得广场的空间序列十分鲜明。

图 4-4-12　意大利圣彼得广场

其他

为了获得宜人、丰富的外部空间,仅仅一种手法是不够的,需要多种手法的综合运用。根据不同的建筑以及不同的环境需要综合运用不同的手法。

1. 有效地利用地面的高差

著名的西班牙大台阶,不只是城市不同标高地面之间联系的通道,而且是城市生活的大舞台。美国纽约洛克菲勒中心的下沉式广场,成为这一闹市区中人们聚集、休息、活动的适宜场所。

2. 外部空间中水的处理

静水可产生倒影,使空间显得格外深远。动水有流水及喷水。低浅流水的使用,可在视觉上保持空间的联系,同时又能划定空间与空间的界限(图 4-4-13)。

3. 利用视觉手段,比如残缺、完形、视错觉等手段,增加空间的变化和景深

如图 4-4-14,罗马卡比多广场就是利用了视错觉的原理,原本梯形的广场经透视纠正后,看起来为矩形(米开朗奇罗设计)。

4. 隐喻与象征手法

前面提到过的摩尔设计的新奥尔良意大利广场就是象征主义的代表作。通过具象的或是抽象的符号,表达出作品的主题。

5. 构成与解构手法

屈米设计的拉维莱特公园(图 4-4-15)以不相关的方式重叠各具自律性的点、线、面三个抽象系统,建立了公园的基本框架。不再以和谐、完美的方式来连接与组合,而是用机械的几何结构处理矛盾与冲突。

图 4-4-13 印度泰姬·玛哈尔陵的水面处理

图 4-4-14 罗马卡比多广场

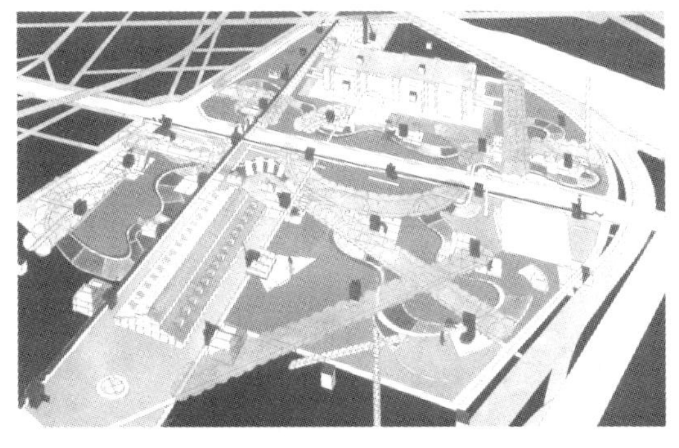

(a)

(b)

图 4-4-15 拉维莱特公园

第五章　建筑设计方法与分析

所谓建筑设计就是通过设计者的设计思想和意图，把建筑使用功能的要求转化到具体对象上去，并将其形象化的过程。

本章从建筑设计方法入门开始我们关于建筑设计的讨论。

第一节　建筑设计方法入门

对于建筑学一年级的学生而言，重要的不是设计了什么，而是怎样进行设计，在设计中学到了什么。开始时，不过是在收集、整理前人的材料，并尝试对这些材料进行分析，到了二、三年级从简单的材料整理进入学习阶段，把学习到的成果运用到自己的设计中去。到高年级就可以从学习模仿进入问题研究了，能够提出自己的问题，并能提出自己独到的见解。

很多同学在建筑设计基础的学习中一直存在这样的误区，即过于重视技法的训练，忽视能力的培养，认为初级阶段打基础，高级阶段做设计，把打基础和做设计分割开来，而忽视了创造力、批判思维、独立思考的能力、分析问题解决问题的能力的培养，其实，这两者应该是同步进行的。(图 5-1-1)

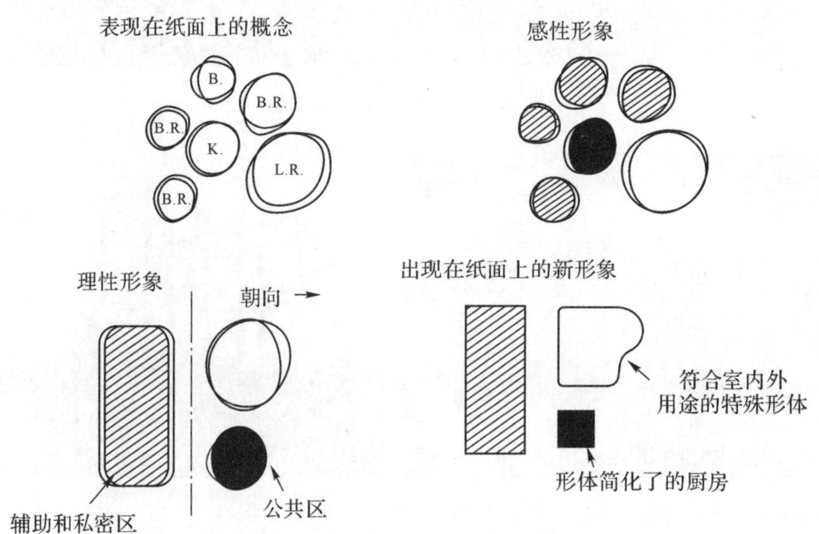

图 5-1-1　建筑形象的演变

下面我们就具体介绍一下建筑设计一般是怎么样进行的(图 5-1-2)。

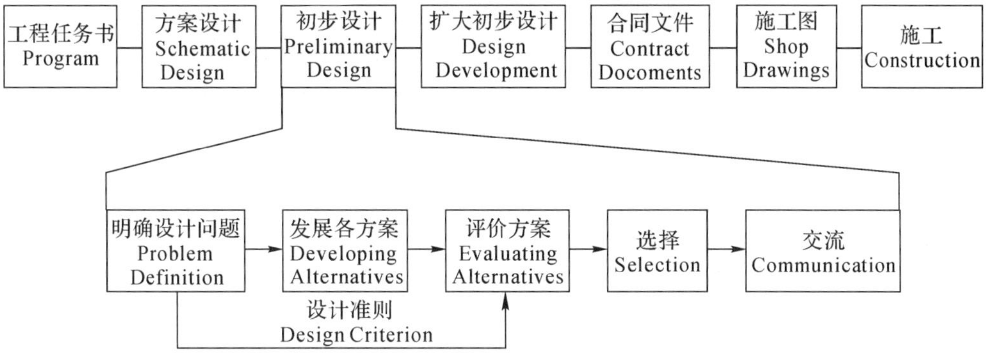

工程任务书 Program — 方案设计 Schematic Design — 初步设计 Preliminary Design — 扩大初步设计 Design Development — 合同文件 Contract Docoments — 施工图 Shop Drawings — 施工 Construction

明确设计问题 Problem Definition → 发展各方案 Developing Alternatives → 评价方案 Evaluating Alternatives → 选择 Selection → 交流 Communication

设计准则 Design Criterion

图 5-1-2　建筑设计的程序

一般建筑设计工作应包括方案设计、初步设计和施工图设计三大部分，即从业主提出建筑设计任务书一直到交付建筑施工单位开始施工之全过程。这三部分在相互联系相互制约的基础上有着明确的职责划分，其中方案设计作为建筑设计的第一阶段，担负着确立建筑的设计思想、意图，并将其形象化的职责，它对整个建筑设计过程所起的作用是开创性和指导性的；初步设计与施工图设计则是在此基础上逐步落实其经济、技术、材料等物质需求，是将设计意图逐步转化成真实建筑的重要的筹划阶段。

无论是设计什么工程还是由谁来设计，都有个共同的目的，就是把业主的要求转化为具体房屋或者符合他所要要求的其他实体。我们通常可以采取以下四个步骤来完成设计。

一、设计的起点：分析与调查

对设计问题的分析是设计过程的起点，面对庞大的信息量，我们不妨从设计任务书开始，那么第一个要了解的问题就是：

问题一：——什么是任务书？(或者说我们从任务书中能获得什么？)

建筑师着手设计前，首先获得的信息是设计任务书，它是任何一项建筑设计的指导性文件，从多方面对设计提出了明确的要求和有关的规定，以及必要的设计参数，只有充分理解了设计任务书的内容，才能开始着手设计的各个环节。

设计任务书通常包含了以下内容：

1. 工程名称：明确设计对象的性质。

2. 立项依据：凡是实际工程的项目必须有上级主管部门的有关批文，在计划和投资落实的条件下方可委托设计。

3. 规划红线：实际工程的用地范围由规划部门核准同意划出该工程的用地边界。并附规划设计要点，如建筑物高度限制，后退红线限定，造型要求，建筑密度、容积率等。

4. 用地环境：说明用地范围的地形、地貌情况以及周边的道路、毗邻建筑等情况。

5. 使用性质：即使是同类型建筑，在性质上也会有差别的。如幼儿园建筑设计，要了解它是日托幼儿园还是全托幼儿园；是设在住宅小区内的幼儿园还是师范大学的实验幼儿园，不同性质的幼儿园其设计要求和内容都有很大差别。

6. 设计标准：它涉及设计的多方面规定性，如功能完善程度、结构选用标准、装修材料档次、设备选用标准等等。如旅馆建筑设计规定是社会旅馆还是星级旅馆；住宅设计是每户建

筑面积 $50m^2$ 还是 $70m^2$。

7. 服务对象：任何一项建筑设计都是为人而使用的，有单一使用对象，也有众多使用对象。因此，必须在设计前搞清是为哪一类人而设计。如铁路旅客站建筑设计，旅客就有进站旅客和出站旅客之分，还有母子旅客、军人旅客、贵宾旅客以及残疾人旅客等。他们对设计分别提出各自的要求。

8. 房间内容：这是设计任务书的主要规定内容，一般按功能性质分区依次列出所要求的各房间名称，少则三两个房间(如小商店、传达室等)，多则可列出成百个房间(如电教、医院、博物馆等)。

9. 面积规模：与上一项紧密相关的是设计任务书要列出各房间的使用面积表。除必要的使用面积外，对于交通面积、辅助面积(如厕所等)一般不列出，但建筑师必须在设计中给予考虑。

10. 工艺资料：许多技术性要求复杂的建筑设计必须服从工艺流程要求，对于这类建筑的设计任务书一般单独提出工艺资料要求。如电视台建筑在设计任务书中列出节目制作工艺流程及各专业房间的技术要求(音质、温度、隔声、防震等)。博物馆建筑馆藏部分藏品的收藏、保护、管理工艺程序及专业房间的技术要求(防盗、防腐、温度、湿度等)。

11. 投资造价：投资是新建一幢建筑物资金的总投入，其中土建费用占有一定比例。设计任务书一般为计划投资，实际上往往要突破，形成追加投资。

12. 有关参数：某些设计任务书详尽说明了对设计有参考价值的数据，如气温、风向、降雨量、降雪量、地下水位、冰冻线、地震烈度等。

13. 其他。

上述各项内容不是所有设计任务书都一一罗列，小建筑只言片语即可交代清楚，复杂工程则千言万语方可说明，不论设计任务书是概略或是详尽，建筑师第一步就是要熟知文件内容，做到任务理解、方向明确。

问题二：——任务书能反映出全部设计要求吗？

答案是否定的，掌握了设计任务书的内容仅仅是信息输入的一部分，要使建筑设计建立在更扎实的基础上，还必须获得更多的第一手资料。调查研究是获取大量信息的有效手段。那么哪些信息是我们需要掌握的呢？我们又是如何获得这些信息的？

1. 他/她想要什么？

书面的设计文件并不能全部包括建造者所要交代的内容，建筑师往往需要帮助参与设计任务书的完善工作。因此，更需要摸清业主的意图以及各项详尽要求，提出合理的建议以取得业主的共识和认可(图 5-1-3)。

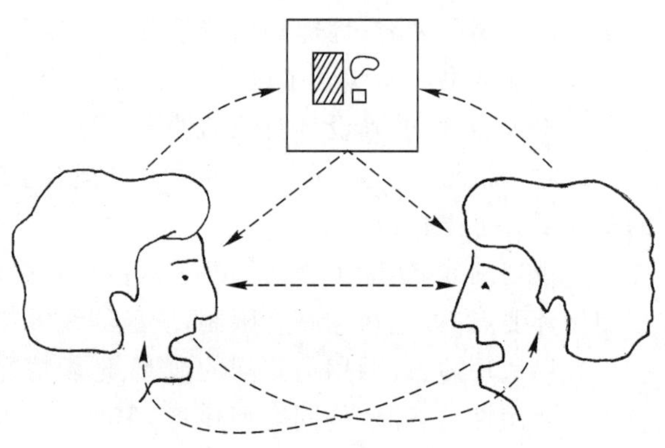

图 5-1-3 建筑师与业主

建筑师必须通过反复与业主交流，来获得他/她对建筑的全部要求的理解。

2. 房子是建在什么样的环境里？

古今中外的建筑师都十分注意对建

筑所处的地形、环境的选择和利用，具体的调研可以采取现场踏勘、访问对象以及资料收集三种方式进行。

我们需要获得的是以下三个方面的资料：

(1)基地状况：主要是了解基地本身的状况，包括基地的地形、地质条件、景观朝向、道路交通、周边建筑、在城市中的方位等，对该地段做出比较客观、全面的环境质量评价(图 5-1-4)。

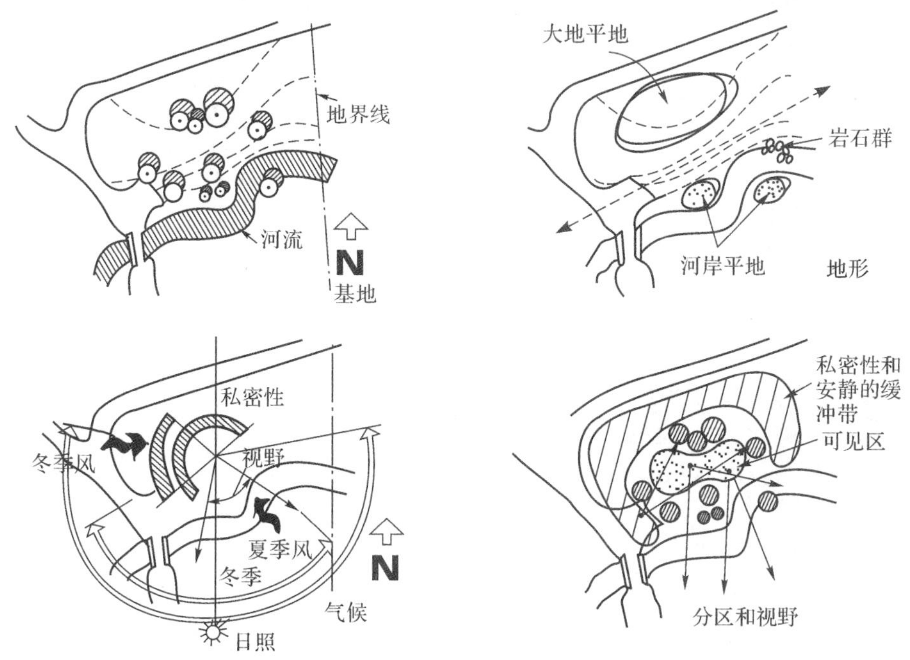

图 5-1-4 对假期别墅基地的分析

太阳角度、东西向的基地脊坡和夏季的清凉微风，决定了建筑的主要朝向。基地的现有入口通道、树木分布以及南岸小河构成了杰出的景色和基本环境，通过进一步的分析，就可以对建筑体量和位置做初步的探讨和选择。

通过对基地条件的调查分析，可以很好地把握、认识地段环境的质量水平及其对建筑设计的制约影响，可以分清哪些条件因素是具有优势，应该充分利用的，哪些因素是劣势的，必须回避或是改造的。

(2)城市规划资料：主要是依据城市总体发展规划，明确所处城市性质规模、区域规划情况以及限制条件等，以确保与城市整体发展相协调。

对于故宫来说，如果前门、天安门、午门、太和殿等这些建筑没有一个空间序列的轴线把它们串起来，它们将失去独特的内涵(图 5-1-5、图 5-1-6)。在美国的华盛顿，林肯纪念堂、国会大厦、白宫、华盛顿纪念碑，这些建筑离开了那个理性的城市设计格局，也就不成气候了。这就是为什么学建筑学的人只琢磨房子还不够，还要把视野扩展到城市的角度。

图 5-1-5　北京故宫的中轴线

北京故宫的中轴线与城市中轴线的统一,反映了森严的阶级观念。

图5-1-6　北京故宫全景

图5-1-7　罗浮宫的玻璃金字塔(贝聿铭设计)

(3)文脉情况：每个城市在发展过程中都会因为社会和自然条件的原因形成自己明显的地区性特征，建筑设计应该尊重这些已有的文脉，而不是破坏它。像罗浮宫扩建工程，把新建建筑全部埋于地下，外露形象仅为一宁静而剔透的金字塔形玻璃天窗，从中所显现出的是建筑师尊重人文环境、保护历史遗产的可贵追求(图 5-1-7)。

例如，诺曼·福斯特对柏林议会大厦的改建设计，在重新修建古建筑国会大厦时在顶层增加一个巨大的玻璃穹顶。不仅与古建筑精美结合，而且把现代科技和生态原理运用到建筑之中(图 5-1-8)。

(a) 穹顶的构思草图

(b) 柏林议会大厦

(c) 柏林议会大厦穹顶内景

图 5-1-8　柏林议会大厦的改建设计(诺曼·福斯特)

3. 除此之外还有什么是要考虑的？

• 经济技术因素分析：是指建设者实际经济条件和可行的技术水平。它决定了建筑的档次质量、结构形式、材料应用以及设备选择等因素。

• 规范要求：是指建筑设计必须要符合国家以及地方制定的建筑设计规范，其中影响比较大的是关于日照、消防、交通、节能方面的规范与规定。

4. 借鉴式的学习

学建筑如同学习外语、中国画一样，都离不开早期的鹦鹉学舌、拷贝临摹的过程。学习并借鉴前人的实践经验，开拓自己的视野，既是避免走弯路、走回头路的有效方法，也是认识熟悉各类型建筑、提高设计水平的最佳捷径。建筑学是个积累型学科，特别需要对前人作品进行不断的分析和学习(图 5-1-9)。

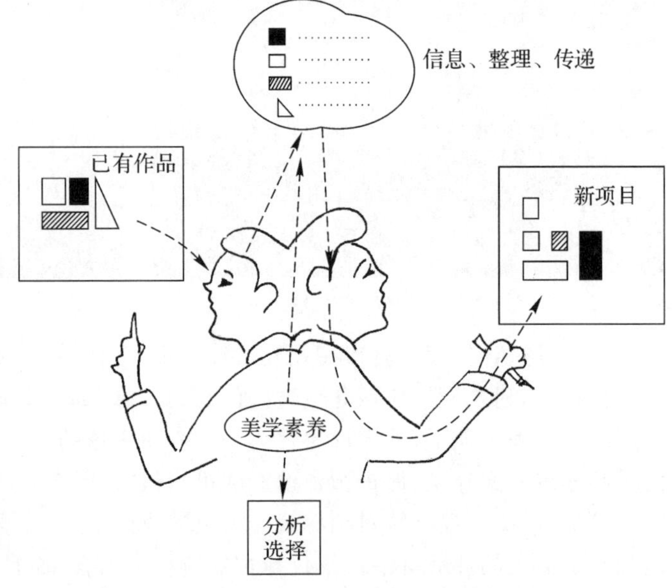

图 5-1-9　设计分析的思维过程

二、设计的立意——意在笔先

建筑设计开始阶段的立意与构思具有开拓的性质，它对设计的优劣、成败具有关键性的作用。

什么是立意?

所谓立意即是确立创作主题的意念，就好比文章少不了主题思想一样，立意作为我们方案设计的行动原则和境界追求，也是必不可少的。唐代画家张彦远有句话说："骨气形似，皆本于立意。"

设计的立意不是凭空而生，它有赖于设计者在全面而深入的调查研究基础上，运用建筑哲学思想、灵感与想象力、知识与经验等，对所要表达的创作意图进行决断。

这里有个小故事，给了我们很好的启示。北宋时期一次招考宫廷画师，题目是"踏花归来马蹄香"。其中有一位画家独具匠心，他的画面是：在一个夏天的落日近黄昏的时刻，一匹骏马奋蹄疾驰，马蹄边飞舞着几只蜜蜂——他不是单纯着眼于诗句中的个别词，而是在全面体会诗句含义的基础上着重表现诗句末尾的"香"字。画中没有花，但那追逐马蹄的蜜蜂却使人依稀嗅到花香，立意的高下不言而喻。建筑创作同样需要借助创造想象使立意提拔到更高层次。"如命意不高，眼光不到，虽渲染周致，终属隔膜。"①

建筑中立意新颖的名作很多，比如里伯斯金设计的柏林犹太人纪念馆，对于这样惨痛的历史事件的纪念馆，所有人都提出类似的想法：一个抚慰人心、吸引人的中性空间。然而设

① 语出清代画家王原祁(1642—1715 年)。

计师却选择以历史伤痕为主题，创造了具象化、曲折破碎的空间，展现在世人眼前。（图 5-1-10～图 5-1-12）

图 5-1-10 柏林犹太人大屠杀纪念馆（一）
从空中俯瞰，柏林犹太人大屠杀纪念馆就像一道被割裂的伤疤。

图 5-1-11 柏林犹太人大屠杀纪念馆（二）
墙上的窗，活像用乱刀劈过的伤痕，诉说着犹太人千百年来的痛苦。

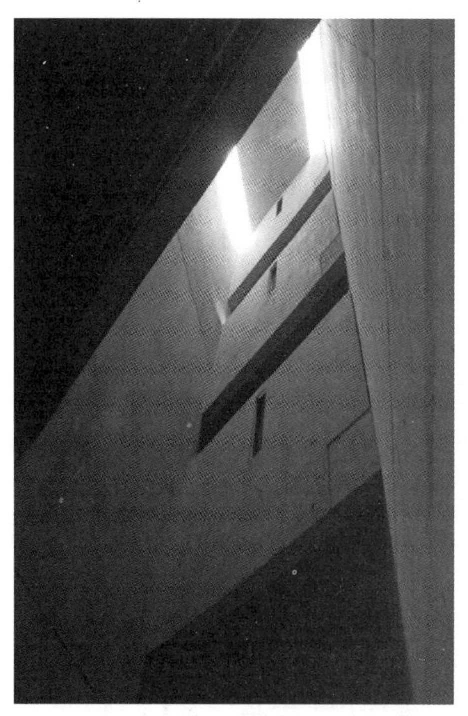

图 5-1-12 柏林犹太人大屠杀纪念馆（三）
内部空间是黑暗的、压抑的，塑造出如监禁一样的氛围。

立意离不开想象力

想象力与创造力不是凭空而来的，除了平时的学习训练外，充分的启发与适度的形象“刺激”是必不可少的。比如，可以通过多看（资料）、多画（草图）、多做（研究性模型）等方式来达到刺激思维、促进想象的目的。

有关灵感

灵感从哪里来呢？

柯布西耶创作的朗香教堂直到今天一直令人赞叹（图 5-1-13）。它的形象引发了

图 5-1-13 朗香教堂

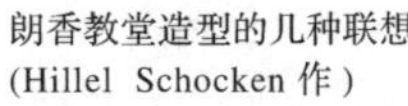

朗香教堂造型的几种联想
(Hillel Schocken 作)

图 5-1-14 人们对朗香教堂的五种联想

人们无数的想象(图5-1-14),它的构思,被世人赞誉为神来之笔。

他是从哪儿想出这一切来的呢?人们试图从朗香教堂的创作过程中来寻找答案。

1.立意由来

创作朗香教堂时,在动笔之前柯布西耶同教会人员谈过话,深入了解天主教的仪式和活动,了解信徒到该地朝拜的历史传统,探讨宗教艺术的方方面面。柯布西耶专门找来有关朗香地方的书籍,仔细阅读,并做摘记,大量的信息输进脑海。

一段时间后,柯布西耶第一次去到布勒芒山区现场时,在山头上画了些极简单的速写,记下他对那个场所的认识。写了这些字句:“朗香?与场所连成一气/置身于场所之中/对场所的修辞/对场所说话。”在另一场合,他解释说:“在小山头上,我仔细画下四个方向的天际线……用建筑激发音响效果——形式领域的声学。”(图 5-1-15)

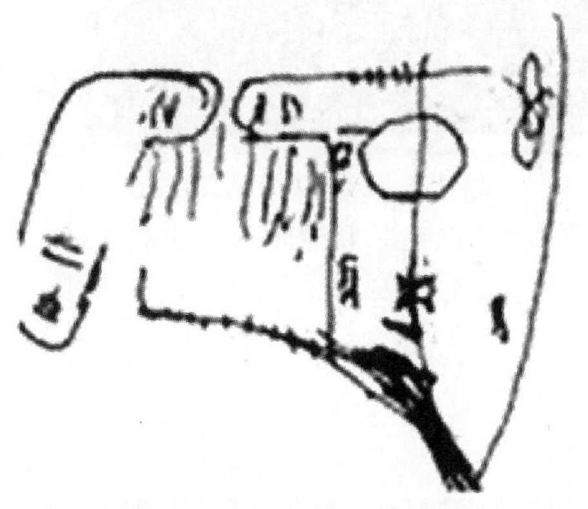

图 5-1-15 柯布西耶朗香教堂的构思草图

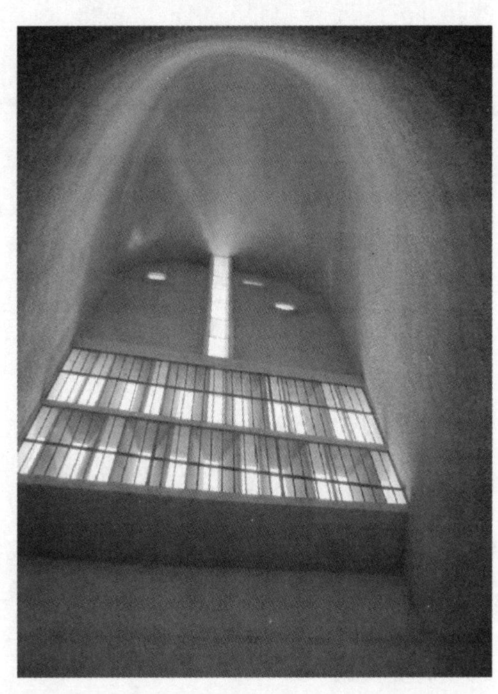

图 5-1-16 天光从采光井的侧高窗中进入

把教堂建筑视作声学器件,使之与所在场所沟通,信徒来教堂是为了与上帝沟通,声学器件象征人与上帝声息相通的渠道和关键。可以说这是柯布西耶设计朗香教堂的建筑立意，是一个别开生面的奇妙立意(图 5-1-16)。

2. 灵感来自积累

柯布西耶是有灵感的建筑师，但灵感不是凭空而来的，灵感也有来源，其源泉就是柯布西耶毕生广泛收集、储存在脑海中的巨量资料信息。

柯布西耶讲过一段往事：1947 年他在纽约长岛的沙滩上找到一只空的海蟹壳，发现它的薄壳竟是那样坚固。正是这个蟹壳启发出朗香教堂的屋顶形象。

1911 年柯布西耶参观古罗马建筑，发现一座岩石中挖出的祭殿的光线，是由管道把上面的天光引进去的。柯布西耶当时画下这特殊的采光方式，称之为“采光井”。几十年以后，在朗香教堂的设计中，他有意识地运用这种方式(图 5-1-17)。

图5-1-17　采光井和泄水管

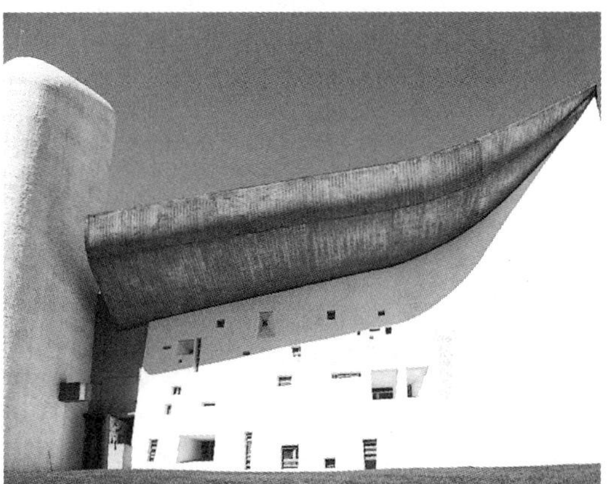

图5-1-18　朗香教堂的立面开窗

图 5-1-19　莫桑比克小清真寺的立面开窗

图 5-1-20　朗香教堂的光影效果

1945年,勒·柯布西耶在美国旅行时经过一个水库,他当时把大坝上的泄水口速写下来。朗香教堂屋顶的泄水管同那个美国水利工程的泄水口确实相当类似。而朗香教堂的墙面处理和窗孔设计,得益于他在北非对于当地民居的调研(图5-1-18～图5-1-20)。

这些情况说明像柯布西耶这样的世界大师,其看似神来之笔的构思草图,原来也都有其来历。灵感从现象来看是偶然因素在起支配作用,但必然性如果没有丰富的知识经验作根底,而坐等偶然因素来触发灵感就如同守株待兔一样断无希望。

3.最有效的方法

柯布西耶告诉人们,建筑师收集和存贮图像信息最重要的也是最有效的方法是动手画。他说:"为了把我看到的变为自己的,变成自己的历史的一部分,看的时候,应该把看到的画下来。一旦通过铅笔的劳作,事物就内化了,它一辈子留在你的心里,写在那儿,铭刻在那儿。要自己亲手画。跟踪那些轮廓线,填实那空档,细察那些体量,等等,这些是观看时最重要的,也许可以这样说,如此才够格去观察,才够格去发现……只有这样,才能创造。你全身心投入,你有所发现,有所创造,中心是投入。"

柯布西耶常讲他一生都在进行"长久耐心的求索"。朗香教堂最初的有决定性的草图确实是刹那间画出来的,然而刹那间的灵感迸发,是他"长久耐心的求索"的结晶(图5-1-21),诚如王安石诗所说"成如容易却艰辛"!

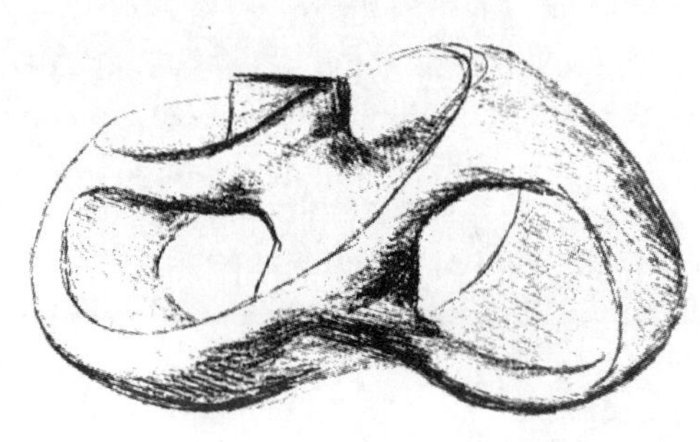

(a) 柯布西耶的速写

(b) 柯布西耶的办公桌

图5-1-21 柯布西耶的创作

柯布西耶说:"向自然学习积累灵感……破碎的螺壳,肉店里的一段牛胛骨,都能提供人脑想不出来的造型。"

三、从设计构思到方案设计

方案设计是建筑设计的关键环节,也是创作的最困难阶段。

抽象与具象

如果说设计立意侧重于观念层次的理性思维,并呈现出抽象语言,那么方案的构思则是借助于形象思维的力量,在立意的指导下,把第一阶段分析研究的成果落实为具体的建筑形态,由此完成了从物质需求到思想理念再到物质形象的质的转变。设计过程可以看作是从含糊通向明确的一系列变化。

图5-1-22所示为一个住宅设计从构思到方案设计的过程:

第一幅图用简单的抽象符号来代表各项功能要求和功能间的相互关系,并且标出了这

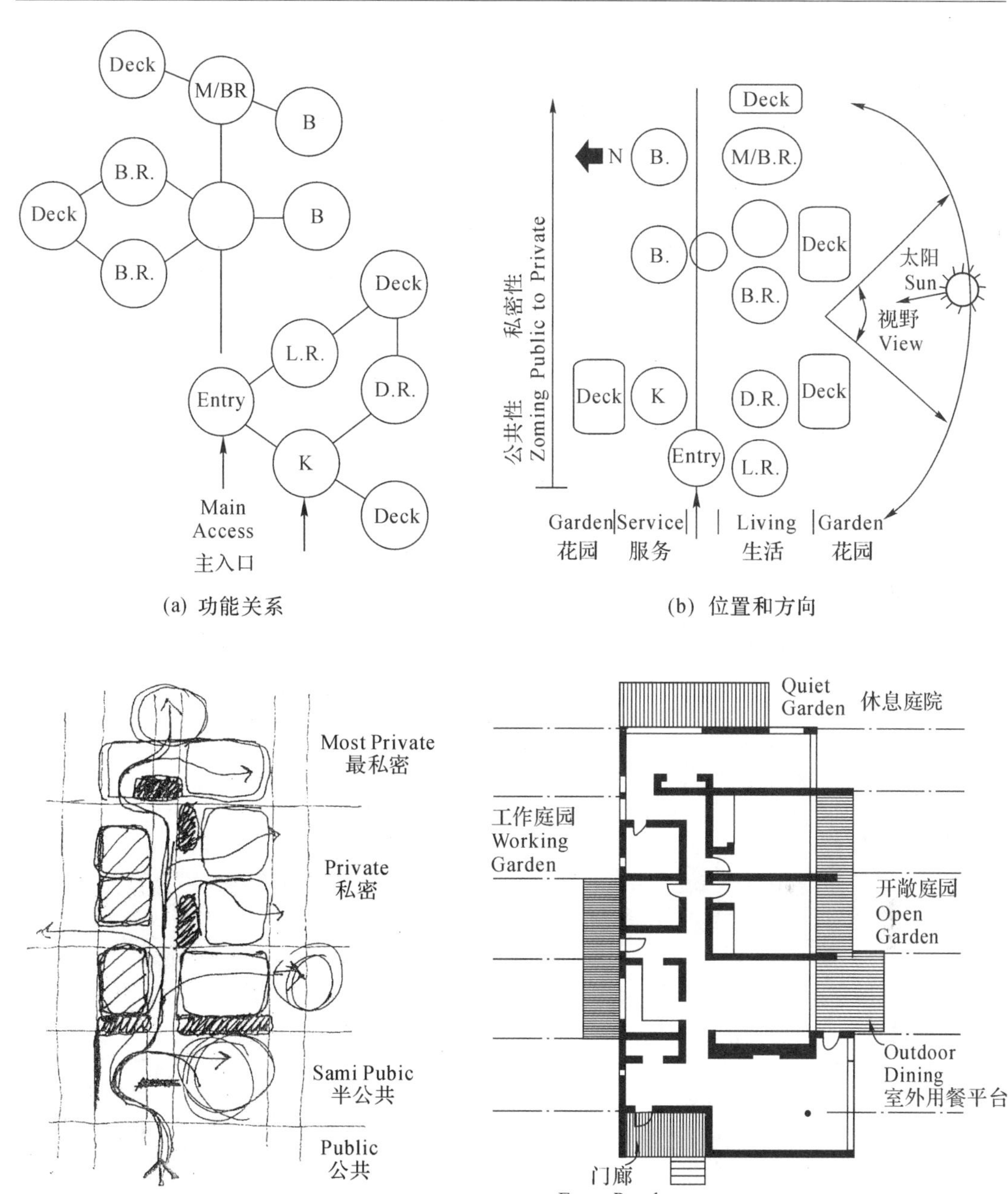

(a) 功能关系　(b) 位置和方向

(c) 空间尺度和形式　(d) 墙和结构

图 5-1-22　从构思到方案设计

些关系的等级(B 代表卧室，M/B. R. 代表主卧室，L. R. 代表起居室，K 代表厨房)。

第二幅图则表示出位置和气候信息，确定各功能的朝向和位置，考虑了景观、入口及功能分区。

第三幅图反映出适应功能要求的空间尺度和形式。

第四幅图着手确定结构、构造和维护物，进入方案设计阶段。

设计切入点

形象思维的特点决定了具体方案构思的切入点必然是多种多样的，可以从功能入手，从环境入手，也可以从结构及经济技术入手，由点及面，逐步发展，形成一个方案的雏形。

1. 从环境特点入手

富有个性特点的环境因素如地形地貌、景观朝向以及道路交通等均可成为方案构思的启发点和切入点。建筑设计只有与环境特色相结合，才能够真正形成建筑的场所精神。

然而建筑师对待环境的态度上也有所不同。例如赖特，作为现代建筑设计的巨匠，他极力主张“建筑应该是自然的，要成为自然的一部分”。和这种观点针锋相对的是马瑟·布劳亚的观点，他在论到“风景中的建筑”时说：“建筑是人造的东西，晶体般的构造物，它没有必要模仿自然，它应当和自然形成对比。”尽管他们所强调的侧重有所不同，但都不否定建筑应当与环境共存，并互相联系，这实质上就是建筑与环境相统一。所不同的是：一个是通过调和而达到统一；另一个则是通过对比而达到统一(图 5-1-23、图 5-1-24)。

图 5-1-23 赖特设计的流水别墅是与环境有机结合的典范

图 5-1-24　圣维塔莱河住宅

圣维塔莱河住宅，严谨的几何体明显与场地保持着一种距离感。

2. 从功能要求入手

更圆满、更合理、更富有新意地满足功能需求一直是建筑师所梦寐以求的，具体设计实践中它往往是进行方案构思的主要突破口之一。

早在 19 世纪 80 年代，建筑师沙利文就首先提出“形式服从功能，建筑设计从内到外”的观点。其后，由格罗庇乌斯设计的包豪斯校舍，采用先内后外的设计方法，以功能作为出发点，被誉为现代主义的代表作(图 5-1-25)。

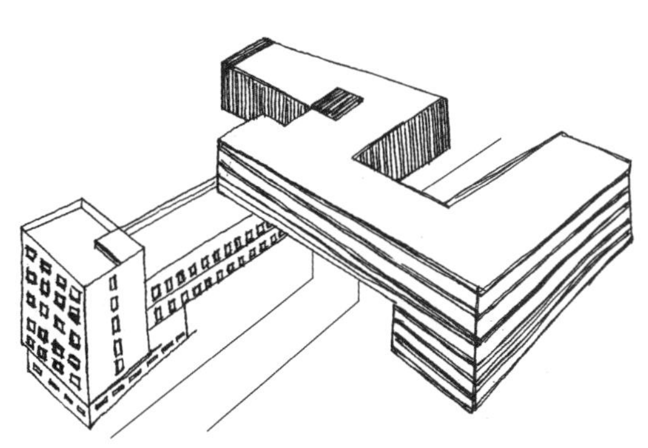

图5-1-25　包豪斯校舍

包豪斯校舍把功能、材料、结构和建筑艺术紧密结合起来。

与一般的展示空间不同，出自赖特之手的纽约古根海姆博物馆却有着独特的构思(图 5-1-26)。由于用地紧张，该建筑只能建为多层，参观路线势必会因分层而打断。对此，设计者创造性地把展示空间设计为一个环绕圆形中庭缓慢旋转上升的连续空间，保证了参观路线的连续与流畅，并使其建筑造型别具一格。

(a)

(b)

图 5-1-26 古根海姆博物馆

赖特设计的古根海姆博物馆内部螺旋上升的参观流线与外立面的几何构图完美结合，形成个性化的设计。

3. 从造型特点入手

有时候建筑师会从建筑造型入手设计，先确定建筑的形象特征，再考虑如何将形象与功能相结合。

图 5-1-27 肯尼迪机场环球航空公司候机楼

建筑的造型可以采用直接象征的手法，比如小沙里宁设计的肯尼迪机场环球航空公司候机楼，形象就是一只展翅欲飞的大鸟，与功能形成巧妙的暗喻，非常引人注目(图 5-1-27)。它极具表现力的混凝土外部造型和高大的内部空间使公众产生丰富的想象，也使它成为极富魅力的建筑之一。建筑造型也可以从几何或是抽象意义中寻找建筑造型的特点。比如香港中银大厦是一种组合的棱柱形建筑(图 5-1-28)。

建筑造型除了象征意义外，也常常与风格相联系。比如现代风格的建筑一般强调点、线、面的造型，强调几何形，重视建筑体量关系的变化；古典建筑则强调构图，强调外部形式特征，如坡顶、线脚、比例等。

值得注意的是：形式先于功能并不等于形式决定功能，在设计中，仍要随时把功能要求放入考量，以达到功能和形式的统一，切忌抱住一个形式不放手，生搬硬套、牺牲功能的建筑不会是一个好建筑。

4. 从结构技术入手

结构技术的发展对人们探索建筑设计有非常大的推动作用(图 5-1-29)。

不同的结构形式不仅能适应不同的功能要求，而且也各自具有其独特的表现力。

近代科学技术手段的艺术表现力，为我们提供了极其宽广的可能性。巧妙地利用这种可能性必将能创造出丰富多彩的建筑艺术形象，特别是那些对结构技术有很高要求的建筑

图 5-1-28　中银大厦

采用几何造型的中银大厦造型简洁干净，极具雕塑感，是香港的地标。

图 5-1-29　哈迪德设计的费诺科学中心

在我们为其流线型的造型、颠覆性的结构以及连续多变的空间体验而赞叹时，背后是结合了先进计算机技术的现代建筑结构与施工技术对设计的支撑。

如体育馆、机场、高层建筑等，更是如此，甚至很多建筑都是以表现结构之美而著称的(图5-1-30)。

(a)

(b)

图 5-1-30　21 世纪斯图加特新火车站设计

为了保持宫殿花园的完整性，设计师提出将轨道移至地下约 6m 处的设想。负责屋顶结构的建筑师弗雷·奥托进行了大量的实验、工作模型以及电脑模拟的工作，设计了独特的膜加光眼的屋顶结构。德国 HAUSER 杂志评论说："这一革命性的空间创造是继慕尼黑奥林匹克体育场之后最优美的建筑作品。"阳光通过拱形玻璃壳均匀进入到大厅中，形成的是充满阳光、明亮的车站大厅形象。

密斯是重视建筑结构技术的一位先行者，他的一生都在进行着对钢框架结构和玻璃在建筑中应用的探索(图 5-1-31)。

图 5-1-31　西格拉姆大厦

西格拉姆大厦实现了密斯本人在 20 世纪 20 年代初的摩天楼构想，开创了玻璃幕墙的先例，被认为是现代建筑的经典作品之一。

与密斯温和的讲究技术精美倾向不同，高技派更乐于彰显新技术的发展，蓬皮杜国家艺术和文化中心是代表作之一（图 5-1-32）。

(a)

(b)

图 5-1-32　劳埃德大厦（罗杰斯设计）

在设计风格上重复暴露建筑结构，大量使用不锈钢、铝材和其他合金材料构件，使整个建筑像巨型的钢铁机器一样闪闪发光。由于充满争议，获得了不少批评、赞誉、惊异等评论，也有"钢铁怪物"的昵称。

5. 建筑观的影响

好的建筑师一方面要了解哲学，一方面也要与他的工作、他的作品表现有机地结合起来，最终形成属于自己的建筑哲学。（图 5-1-33～图 5-1-35）

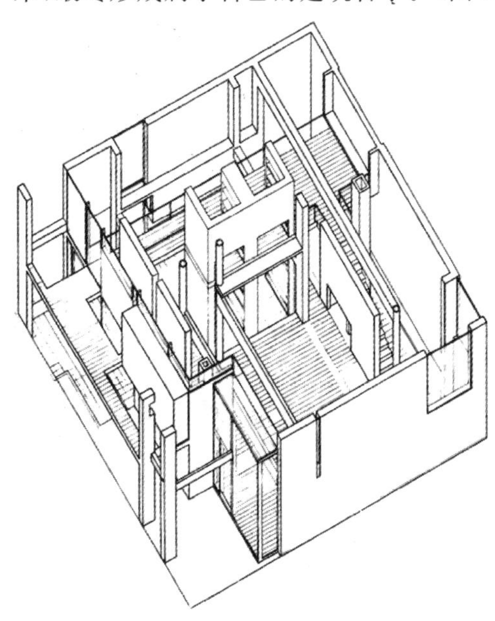

图 5-1-33　基于解构主义哲学设计的 1 号住宅

彼得·艾森曼强调建筑形式的独立性，颠覆了建筑形式与结构的关系，体现空间的艺术性价值，而非功能性。

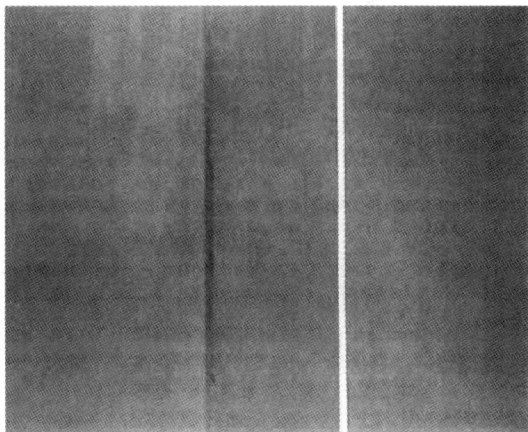

图 5-1-34　极少主义画作：盟约

巴尼特·纽曼 1949 年作。按照"减少、减少、再减少"的原则对画面进行处理，造型语言简练，色彩单纯，空间被压缩到最低限度的平面。

(a)

(b)

(c)

图 5-1-35　巴拉干自宅设计

受极少主义艺术影响，极简的形体、明亮的具有墨西哥传统的色彩以及纯净的光影效果交织在一起，追求纯粹、光亮、静默和圣洁的情感。

对于初学者来说，有自己的建筑哲学还是一件太遥远的事情，但是了解建筑大师们的建筑观，不但可以帮我们更好地理解大师作品的精髓，而且不知不觉中将对我们设计观念的形成带来深远的影响。

探索所有的可能性

对于建筑而言，没有唯一固定的答案，解决问题可以有很多的可能性，思维的发展更是千变万化、天差地别的。在设计过程中我们要不停地审问自己：只能这样设计吗？有没有其他更好的思路和方法？思维的桎梏是一件很可怕的事情，绝不能有了一个好主意就拍板决定了，必须经过多种方案的比较，才可探寻到最佳方案。就如同达·芬奇往往在速写本的同一页纸面上表达了许多不同的设想，他的注意力始终不断地从一个主题跳向另一个主题(图 5-1-36)。

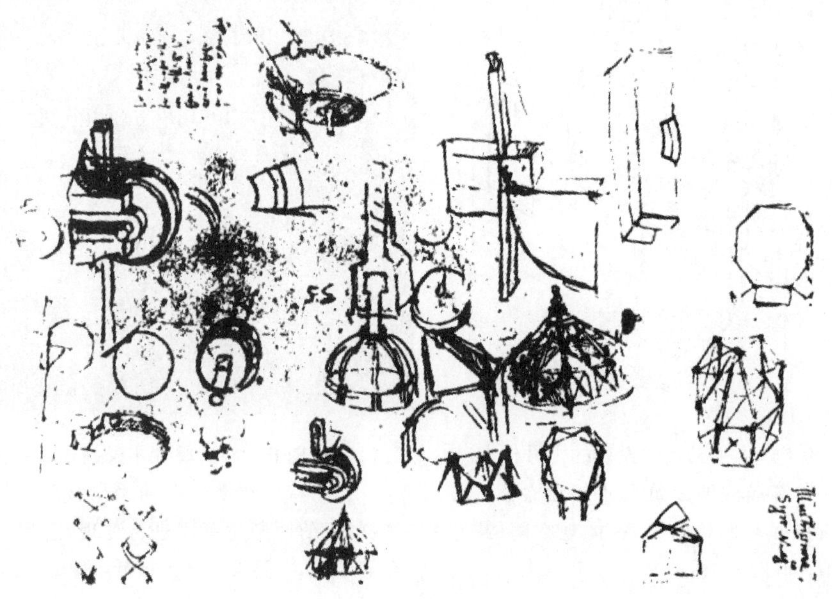

图 5-1-36　达·芬奇草图：节日临时建筑的研究

我们也把这种探索其他可能性的过程称为方案再生。一是从构思开始，提出多个不同的概念设计；二是在解决设计问题时尝试使用不同的方法；三是从多个造型母题上去探索，多做形态设计。这个时候设计不宜做深，重点在新思路的开拓上。

方案比较和选择

在多个方案经构思形成之后，我们往往要对这些方案进行评判和比较，最后选出较为满意的方案或集中各方案的优点进行改进。

比较的重点应集中在三个方面：

1. 是否能满足基本的设计要求，即是要审核建筑的功能、环境、结构等方面是否符合使用需要。

2. 是否具有突出的个性特色，缺乏个性的建筑方案是难以打动人的。

3. 是否具有修改和调整的可能性，即是否有致命的缺陷。

当然每个建筑师由于关注的方面不同，他选择的结果也不同，他的选择往往反映了在大多数设计中他认为重要的设计概念。有些建筑师比较倾向理性，即他们更重视平面组织与使用要求这类因素；而倾向于感性的建筑师则对室内外的个人直接体验比较感兴趣。建筑师必须意识到方案选择中的不同倾向，并且力求寻找一个相对平衡的评价标准，避免走到极端。密斯的范斯沃斯住宅从形式上无疑是成功的，但是他的功能设计上却远远偏离了一般人对居住的要求(图 5-1-37)。

(a)

(b)

图 5-1-37　范斯沃斯住宅

密斯设计的范斯沃斯住宅如一透明的玻璃盒子，除卫生间外全部对外开敞。

四、方案成形

发展方案选出之后，并不意味着我们的建筑设计就要大功告成了，相反，我们还有非常多的工作要做。

我们不得不反复地确认最终设计出来的作品是否是合理的，是否能够建造起来，每个房间是否可以满足它的使用要求，任何一个细部都不能放过。

我们把这个阶段称为方案最终成形阶段。

方案的成形阶段不是一次性、单向的发展过程，而是反复循环的过程。

如图 5-1-38，方案成形模式有四个基本阶段：

1. 推敲——根据方案比较过程中所发现的矛盾和问题，对发展方案进行调整和选择，使

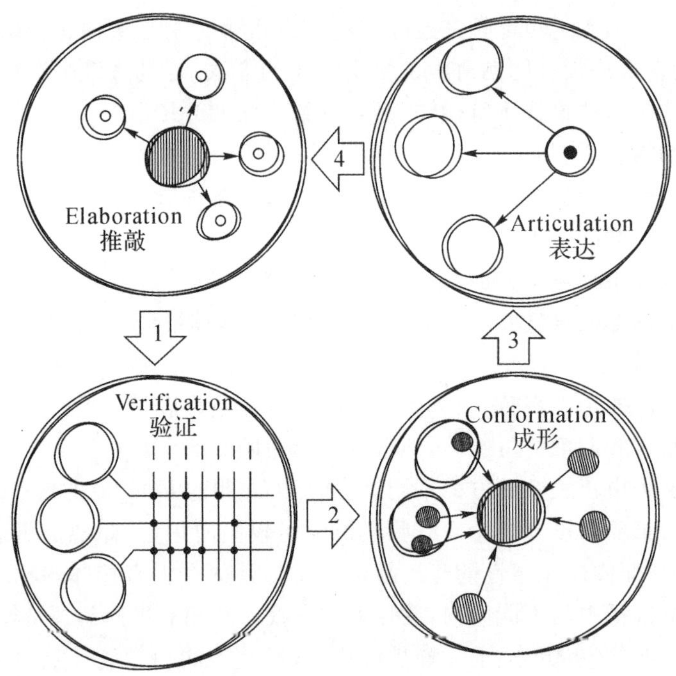

图 5-1-38 方案成形模式

方案尽可能地与实际设计要求结合起来。

2. 验证——根据设计要求与设计立意，对调整后方案进行检验和评价。

3. 成形——建筑师经过前两步，逐步形成完整、深入的建筑设计方案。

4. 表达——通过图示语言表达设计形象。形象出现之后往往会给予建筑师新的想法，由此建筑师必须重新对设计进行推敲，循环过程就开始再次运转了。

推敲是一种态度更是一种方法

这一阶段的主要设计任务是对已经过全局性调整的可供发展方案在平面、剖面、立面、总平面几个设计方面展开进一步的推敲和深化工作。特别是解决在多方案分析、比较过程中所发现的问题，弥补设计缺陷。建筑师必须确信自己的设计构思经得起下列提问的考验：各局部造得起来吗？能够相互配合吗？细部经受得起检验吗？

与前述各阶段的设计工作相比，两者是整体与局部的关系，对于设计目标的实现都是缺一不可的重要设计环节。正如绘画一样，人体比例尺度轮廓都掌握得很好，但是如果细部刻画不够深入，两眼无神，肌肉缺乏力量感，素描光影关系不准确，等等，就称不上是一件成功的作品。局部的修改与补充，应该限定在适度的范围内，力求不影响整体布局和基本构思，并能进一步提升方案已有的优势水平。

验证要从实用性与艺术性出发

在建筑设计领域，验证涉及房屋竣工交付使用后的实用性和艺术性评价，但是这在建筑设计方案的成形阶段毫无可能。我们惯常试行的是一种预先验证的过程，是根据设计要求与设计师意图，对设计方案进行的检验和评价。

这就需要我们重新回到设计之初的分析和立意过程，逐条比对，检验设计是否解决了全部问题。

比如说环境验证。任何一个建筑设计都是从环境设计入手。同时，又必须注意到，单体建筑既是最终要达到的设计目标，又是初始环境设计的因素。进入单体设计时，环境设计的初始成果就成了单体设计的限定条件。一旦建筑设计方案被认可，反过来又成为环境再设计的现状条件。如此思维螺旋形地上升，使环境设计深化到新的层次。

许多初学设计者常常掌握不了这种规律，总是一开始就钻进单体设计的思考中，对环境条件缺乏认真深入的分析，导致建筑设计方案违背了许多环境条件的限定，最终使单体建筑本身失去了环境特色和个性，变成放在任何地方似乎都可以说得过去的通用设计。这是初学设计者容易犯的通病。

再比如说立意验证。就是看最终设计是否很好地贯彻了设计师的意图，是否实现了立意构想。任何一个立意构思，或多或少都会有一些缺点，有待于我们在推敲阶段进行弥补。然而初学者经常面临的一个问题是：在方案的调整过程中缺点是改正了，但是立意也没有了。方案失去立意就等于失去特色和优势，变成一个平庸的作品。

设计方案成形是设计从粗略到精确的过程

推敲与验证之后，设计方案基本成形。成形的设计方案有具体量化的标准，所有的设计尺寸，包括家具的尺寸都要求准确无误地反映在设计中。另一个对设计方案的成形有很重要意义的就是细部表现的能力，包括材质、色彩、线脚、构造设计等，以确保获得理想的建筑形象。

表达是设计不可分割的另一面

从历史上看，表达和设计一直是紧密联系在一起的，预先看到方案实现的可能程度和大致效果，对每个人都是不可抗拒的诱惑。建筑师要用自己的绘图手段来传达设计方案的观点和优点。当然这里的表达不仅仅是指建筑画，还包括其他图纸。这些表达综合在一起，不但要给人全面的认识，还应该突出方案的创造性以及特征，甚至很多表现的风格都要与立意相一致。

设计的表达应注意以下几点：

1. 表达应完整、准确，能够传达出所有建筑设计的信息。每一种图示语言都有自己的表达内容，我们的任务是把它们组织起来，通过这些组织好的图示语言，阅读者可以了解我们需要让他们知道的一切信息。

2. 要选择适当的表达方式。设计与表达是一个统一的过程，不同的设计特点决定了表达形式、风格也不相同，表达要为设计而服务。

3. 要注意表达中图示语言对设计的促进作用。表达并不是设计的终点，而是设计循环中的一个过程，要善于从表达中发现问题，协助思考。

第二节　建构设计方法①

一、建构是建造本质的回归

空间生成是一种本能的行为，无关乎有没有设计。

① 本节内容参考了顾大庆老师在香港中文大学建筑系开展的建构实验课程及相关论文。

如图5-2-1，油画中女性的这种建造活动，是她生活中的一种经验，并没有有意识地要设计或创造空间，但是这恰恰反映了建造的意义所在，创造空间的过程不是概念的和抽象的，而是具体的和物质的。从这个最原始的层面上来看，建构和空间应该是同时发生的，两者在建筑活动中是不可分割的统一体。建造的目的就是创造空间(图5-2-2)。

图5-2-1 收割的麦垛

油画中的女性，趁着收割的空隙在麦垛上休息，她自然而然地将麦垛整理成一个可以舒适地躺下来的形状，或者说建造了一个空间。

建筑的根本在于建造，用材料来搭建以创造空间，这就是建筑活动的本质。历史上建筑风格的不断变迁，反映了建筑思想的演进过程，但风格始终是一种外在的表现，建筑总是按照自身的规律进化着，那就是建造的规律。传统的并沿用至今的砖、瓦、灰、砂、石和现代的钢材、玻璃等，才是建筑的血和肉。由材料、结构和构造方式所形成的建造的逻辑关系反映了建造的本质，它是建筑形式产生的依据和物质基础。

与纯艺术不同，建筑不仅是时代价值观的体现，而且是我们现实生活的体验，它是真实的存在，而不仅仅是象征性的符号。在我国的现代建筑设计教育中，对于建筑功能和形式及两者的关系的关注是重点，关注的是图面效果，而对于建筑空间形态的构成、建筑材料和技术的逻辑关系、建筑最终的建成效果缺少必要的关注，建筑往往被设计成一个不与具体材料和技术发生关系的抽象形体。作为设计行为的空间生成经常从建造过程中分离出来，造成设计的空间更多地存在于表面形式、象征意义等层面上，丧失了建筑的本质。因此从空间建构的角度出发学习建筑设计值得我们研究。

图5-2-2 瓜棚

华北最常见的瓜棚看似简陋，却反映了最朴素的建造概念：用材料来搭建以创造空间，满足使用需要。

张永和在《对建筑教育三个问题的思考》一文中谈道："建筑的基本功在于掌握设计的技能，即分析、综合、组织建造、基地、空间、使用诸方面条件和可能性的能力。"并由此将建筑学定位为：确定材料、结构、建造及空间形式的关系；确定房屋与基地的关系；确定使用的方式的关系。他首先将空间形式限制在建造的范畴，认为学生应该获得一定的对空间以及材料、建造方法的感性认识才能进行设计，这是个循序渐进的过程。

二、建构：诗意的建造

建构的概念

建构一词最早作为建筑术语出现是在19世纪，真正在建筑界得到广泛的重视则是以肯尼思·弗兰普顿教授的重要论著《建构文化研究》为标志。弗兰普顿把建构解释为具有文化性的建造或称为"诗意的建造"，其本意是关于木、石材等材料如何结合的问题。它注重建筑的建造方法，包含构造材料的内容和要求考虑人加工的因素。而"诗意"的定义说明建构所关注的不仅仅是纯粹的建造技术或过程，还有涉及形式与表达的问题。弗兰普顿在书的开篇便把建构研究与空间问题联系在一起，他认为空间已经成为我们建筑思维的一个核心概念，在这个前提下，建构研究的意图不是要否定建筑形式的体量性特点，而是通过对实现它的结构和建造方式的思考来丰富和调和对于空间的优先考量。建构将强调"空间"的研究转向"建筑的空间以及形成空间的物质手段的组织方式"的研究。

建构的表达

什么才是建筑所关注的表达呢？

建筑的形式通过材料的运用清楚地表达了结构体系关系，它的建造方式是直接可读的，这样的表达我们称为建构的表达。结构作为一种不可视的原则，通过建构得到视觉上的表达。同样的结构体系或者原则，可以通过不同的建造材料和手段来实现。建构的表达与另外两种表达形式——形象与象征的表达、抽象与雕塑的表达展现出截然不同的特征。(图5-2-3～图5-2-6)

图5-2-3　费尔南多·达沃拉设计的康塞甸公园网球馆看台

三角形的屋架、巨大的木梁和承重的石柱清晰地表达出了各个构件的结构关系和连接方式，并且用材料来强调建造的概念。

图5-2-4　入口台阶

入口台阶的构造处理有非常细致的考虑，房子外的一级用石板，过渡要排水的用碎石，房子里的用铺砖。

图 5-2-5 杭州国际会议中心

强调形象与象征的表达，建筑形式表现的与建筑本身没有直接的关系，借助形式表达一个建筑外的概念。

图 5-2-6 爱因斯坦天文台

强调抽象与雕塑的表达，建筑形式表现的是一种抽象的雕塑感，构件表面的涂料掩盖了具体建造的材料和它的结构。

建构作为一种设计的工作方法

建筑设计要考虑人、环境、结构等因素，每一项都可以成为专门的领域。20 世纪，人们普遍认为只要将这些问题研究透彻，即可获得好的设计。但是缺少了研究“如何将一个建筑物的整体各个部分组合到一起的基本规律”，往往仍然难以获得一个好的设计。建构的设计方法，不应是某个流派的翻版，而是具有普遍意义、广泛使用的工作方法。

从 2001 年开始，顾大庆老师在香港中文大学建筑学院开展了建构实验课程，试图解决这样几个问题：界定一套空间、建构和设计的语汇；开展一个以体块、板片和杆件为线索的空间研究；重新梳理模型和图在设计过程的作用；发展一个建构设计方法。这一建构设计方法的特点是以模型作为设计发展的主要手段，通过制作和观察的循环作业，将概念问题和感知问题联系在一起研究。在建构实验课程中，建构的练习可以分为四个阶段：

方法——操作与观察：针对要素类型与实例进行基本研究，观察材料的操作如何限定和组织空间。

抽象——要素与空间：根据前一阶段观察到的抽象要素与空间的关系进行建构操作，重点关注空间的组织与体验。

材料——区分与秩序：从材料的特性出发，引入多种材料，根据对结构、空间、功能等方面的考虑，对原有形式与空间的关系进行区分和诠释，建立新的要素和空间之间的秩序。目的是获得更丰富的建构表达。

建造——意图与实现：从建造的角度来完成模型材料到建筑材料的转换，通过构件拼接、层地等手段实现建构构思。

建构从本质上讲是一种有关于形式与材料的组合逻辑，逻辑性是建构设计的重点。具体来说，我们所要研究的是建筑空间和构成空间的物质手段之间的关系，构成建筑物各组成部分的组织规律，形式和结构之间的关系，体量、空间和表皮之间的关系，建造秩序和知觉秩序之间的关系，等等。

从图纸到模型的转变

现代建筑以前绘图是唯一设计手段，用连续的图形或者笔触来代表实体与空间的关系，用渲染的方法表达图纸，决定设计的因素是古典构图和比例。这种我们称之为“鲍扎体系”(学院派)的建筑教学重视的是对构图的玩味，对渲染图的青睐，思考常常停留在图形的层面上。

包豪斯发展了早期现代主义建筑的设计理念，将建筑的本质定位为实物建造和手工制作，对设计问题的研究从二维提升至三维。包豪斯工作坊训练衍生出模型设计方法，比图形更直观，打破了单纯的图形思维限制，着重立体和空间的表达。

现代建筑教育在继承两者的基础上形成了新的教育体系。以欧洲为例，以建筑空间发展为主线的“苏黎世模型”教学体系，强调对空间具体概念的认知，以及用建造的方法去分析空间；英国诺丁汉大学在一年级的初步教学中重视培养学生对生活中的空间原型进行体验和解读，并通过实际建造的方式来感知空间。我国很多高校也开始以空间建构为主线进行新的教学体系的探索实施。概念构图已经不能完全涵盖当今我们对于建筑设计的研究，模型与建构越来越成为有价值的方法，对空间的认知体验和对材料结构的真实建构已成为当今建筑学教学的趋势。

建构强调用模型来思考设计，是因为整个过程中始终包含了对材料(模型材料)的操作，这种操作和使用建筑材料搭建建筑物有一定的相似性，更接近建构研究的本质问题。这里说的模型的工作方法，不是在设计完成后用模型来表现设计成果，而是借助于模型来生成构思，推动设计发展。采用不同的材料(模型材料)，提供了不同的操作可能性，如何操作材料就直接影响到设计的成果。我们常说功能决定形式，场所决定形式，或者技术决定形式，现在看来，工作方法也能决定空间形式。比如以纸板为模型，很多时候会引导我们采用折叠的概念，在构思设计阶段用模型表现的折叠概念和操作成了形式的重要内容。如果一开始从构思时用了不同的材料如石材或是泡沫等，是否结果就会不一样了呢？(图 5-2-7)

图 5-2-7 某网站上以折纸板为概念发展出的一个设计

很多建筑师喜欢用模型进行设计研究。西班牙著名的建筑大师高迪,他大部分的建筑设计基本上没有图纸表述,就仅有一些草图,主要靠模型推敲设计,最后再由施工人员制作放大的模型,按照模型施工。高迪的作品主要采用陶瓷砖瓦和天然石材为建造材料,以隐喻、有机塑性形体和奇异结构而著称,后二者是和他的模型工作方式密切相关的。(图 5-2-8～图 5-2-11)

图 5-2-8　圣家大教堂模型

左:高迪的模型工作室,里面可以看到他最著名的作品圣家大教堂的各个部位不同比例的模型。右:完整的圣家大教堂模型。

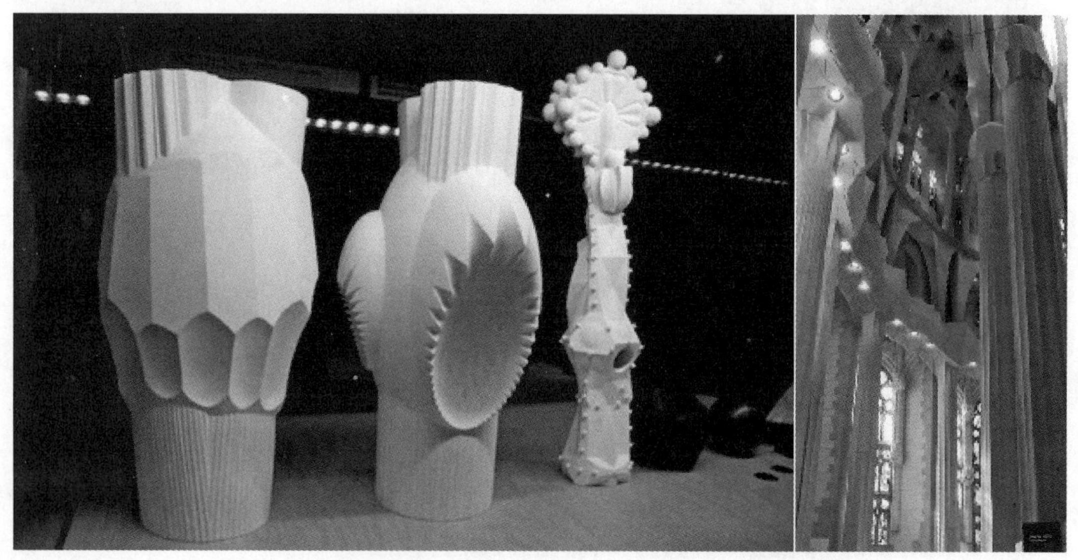

图 5-2-9　圣家大教堂柱结模型(1∶10 石膏模型)和教堂内部实景

图 5-2-10　圣家大教堂拱顶模型

圣家大教堂的拱顶是通过悬链试验确定拱的曲线，根据镜子反射制作出顶部拱形的模型。高迪认为，这些受到重力自然垂下的链条能确保最安全合理的受力结构。

图 5-2-11　圣家大教堂临时学校顶棚正弦锥曲面的模型

高迪在模型中用直线构造空间中的曲线平面——比如抛物线、双曲面、螺旋面以及它们的衍生体。

三、建构体系:要素—操作—材料—建造

要素:体块、板片和杆件

对应于实际建筑中的柱、梁、板和所围合出来的实体，空间中的物质要素在抽象的层次上可以区分为体块(block)、板片(slab)和杆件(stick)。每一个建构要素均存在不同空间特征和形式表达的可能性，生成与之相应的空间(图 5-2-12)。

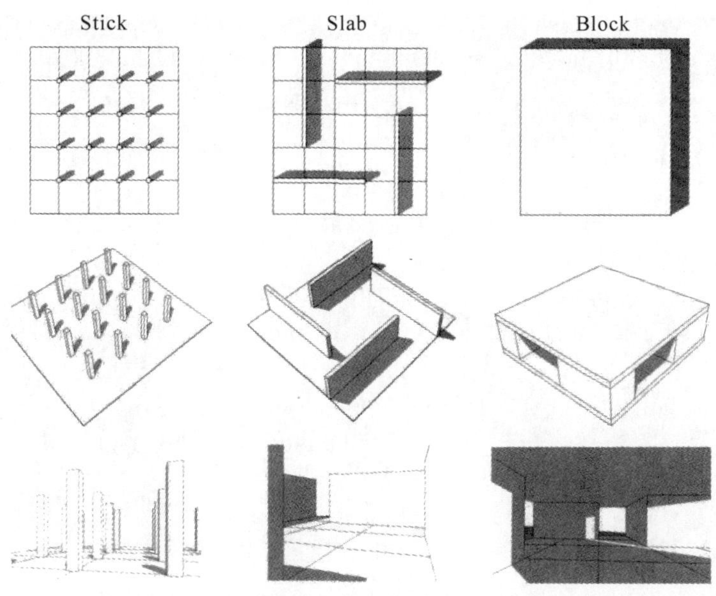

图 5-2-12　空间的抽象要素：杆件、板片和体块

1. 体块空间

体块空间是边界围合的空间，它的空间形状非常明确，具有容积性的特点。它的空间是由体块内的空间与体块之间的空间共同组成的，两者是互补和包容的关系，并且具有平衡的图底关系。我们可以形象地把它称为包裹空间。

近代欧洲净化建筑派别的路斯在他的米勒住宅设计中就表达了这种包裹空间设计的主张。整体建筑是非常规则、简洁的白色长方体(图 5-2-13)，内部的空间和材料却异常的丰富，在立方体限定下的不同空间容积根据功能要求有不同的形状大小和高度，并且可以清晰地感受到包裹界面的存在(图 5-2-14)。

图 5-2-13　路斯设计的米勒住宅外部是简洁的实体

图 5-2-14　内部空间

内部空间包裹在界面内，用细腻的材料强调墙面、地面和顶面的不同存在。

瑞士设计师卒姆托设计的瓦尔斯温泉浴场是典型的体块空间的体现，通过对体块掏空的操作形成丰富的空间及形式，灵感来自自然界巨石和孔穴。（图 5-2-15～图 5-2-20）

图 5-2-15　瓦尔斯温泉浴场外观

图 5-2-16　体块掏空，产生了悬挑的屋顶与垂直的承重墙体之间结构关系的变化

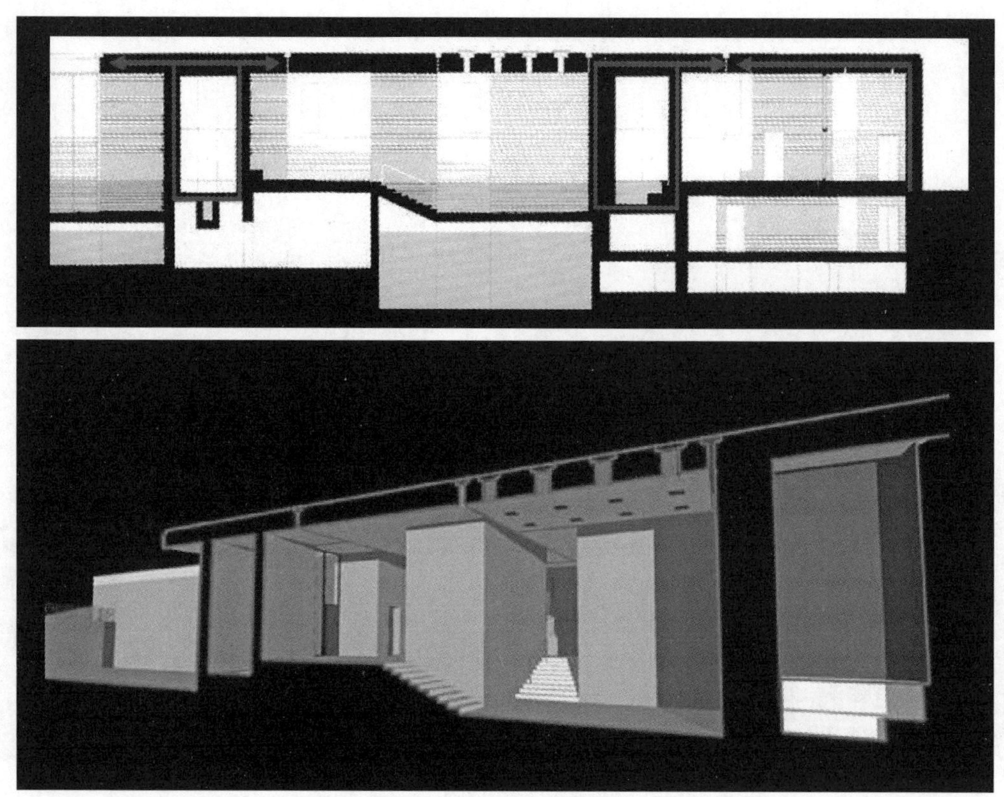

图 5-2-17　包裹空间的混凝土盒子

包裹空间的混凝土盒子大小多在 4m×8m 左右，不均匀地布置在基地上，结构上起到了竖向支撑的作用。在这里摒弃了传统的梁板柱的结构，楼板从墙体一面、两面或三面悬挑出来。楼板间留有 6mm 宽的缝隙，形成光线射进室内。

图 5-2-18　内部空间是包裹在体块里的，边界明确

图 5-2-19　墙面材料

设计师选取了当地的片麻岩石材作为墙面材料，并且找到了特殊建造的逻辑将石材和混凝土结合在一起：在断面上，具有不同宽度和长度的片麻岩条被垒起来，混凝土浇筑在垒起的两道石墙之间的缝隙里。石条暴露在墙外这一侧都是齐平的，但在浇筑混凝土的那一侧，石条是参差不齐的。如果是单面石墙，混凝土则浇筑在石墙和模板之间。片麻岩在这里不单单是装饰性的面，还表达了一种材料本身应有的建造做法。

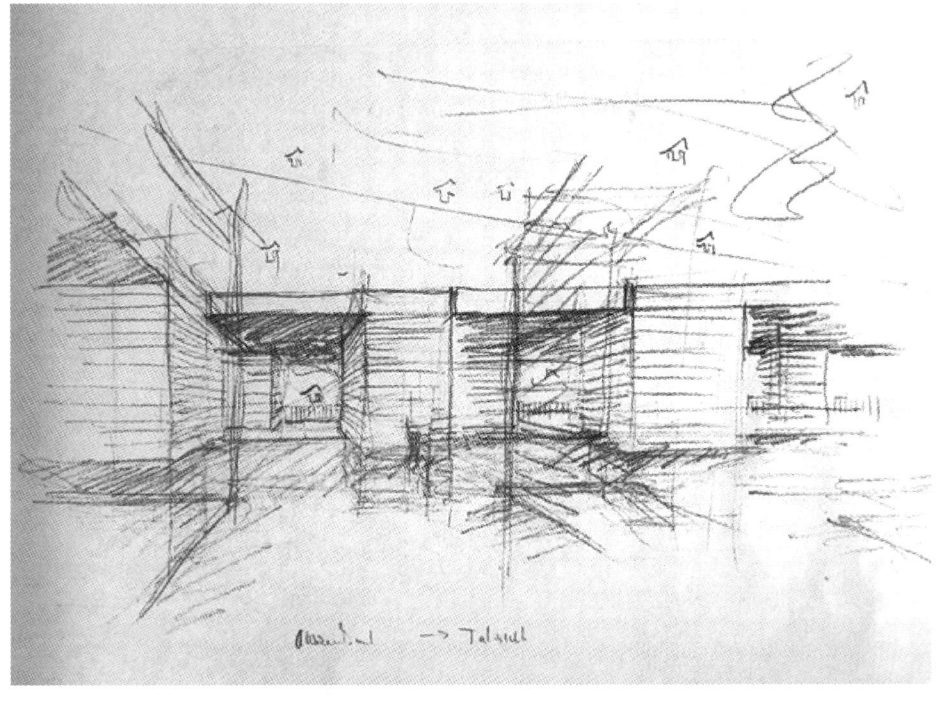

图 5-2-20　卒姆托早期的草图上已经显示了片麻岩的肌理

2. 板片空间

板片即通常所说的墙板和楼板，板片界定出若干相互重叠的空间关系，空间和限定空间的板片要素之间存在一定的联系，边界具有模糊性，易于形成流动性的空间。我们可以称其为连续空间。（图 5-2-21～图 5-2-26）

图 5-2-21　凡・杜斯堡的住宅设计

风格派时期，其代表人物凡・杜斯堡，就提出了反立方体盒子的观点，在他关于住宅设计的设想中，没有了体块的概念，而将限定立方体盒子的六个面相互分离，成为在三维空间的各个方向上相对自由穿插的水平面和垂直面，表达了一种动态的、连续的、流动的空间，并在某种程度上打破了形体内外的空间划分。

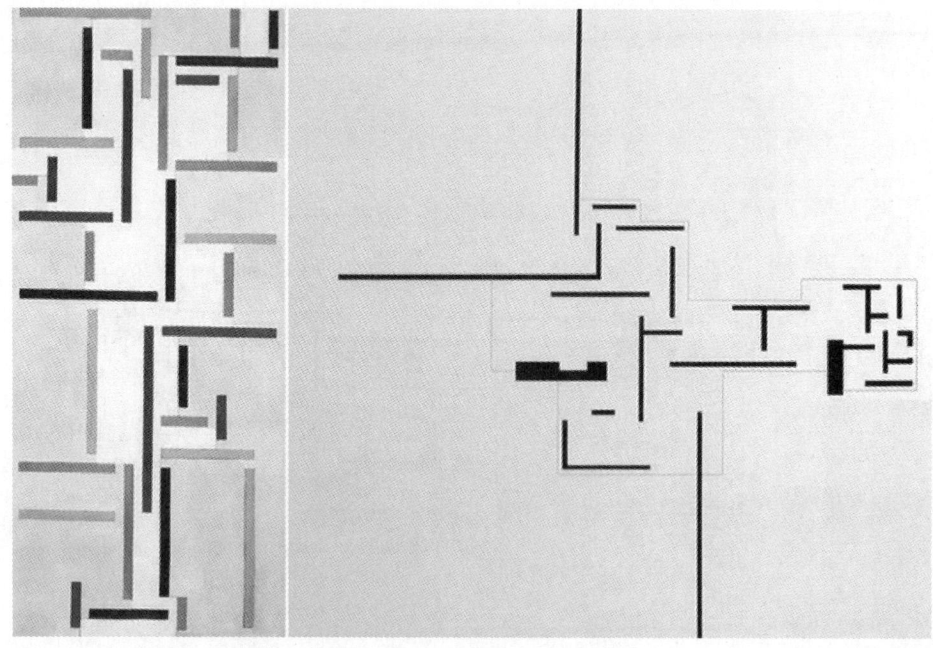

图 5-2-22　凡・杜斯堡的绘画《俄罗斯舞蹈的韵律》（左）与密斯・凡・德罗的乡村砖住宅平面（右）

凡・杜斯堡的空间构成概念对其后现代建筑的发展起到非常重要的作用，我们在密斯早期的住宅设计中可以明确看到这种影响。

图 5-2-23 巴塞罗那博览会德国馆

密斯为巴塞罗那博览会设计的德国馆是更成熟的板片空间的体现，水平延伸的屋顶和垂直的墙体形成两个方向板片的穿插。

图 5-2-24 板片分割空间

所有的板片强调的不是围合，而是分割空间的概念，无论是悬挑的屋面下还是错开的墙体之间塑造出的空间界限都是模糊的，空间是流动的。

图 5-2-25 十字钢柱

独立的十字钢柱承担了结构的重任，墙体被解放出来，自由灵活的布置，设计师采用了多种材料表达墙体来塑造空间的丰富性。

图 5-2-26 汉诺威世博会(2000 年)葡萄牙馆入口天井

与密斯强调水平面与垂直墙体的穿插不同，入口天井是由连续转折的顶面形成的板片空间。屋顶采用钢铁框架嵌入漆过的深色软木的形式，表达对葡萄牙地域材料的尊重。

3. 杆件空间

杆件空间是指由线性元素形成的空间，如空间中的柱和梁。杆件在一个空间的疏密或间隔的区分，可以调节空间的密度，划分空间界限。我们可以称其为调节空间。杆件空间中的视线具有良好的穿透性，并且杆件的密布排列易于形成规律的视觉效果。（图 5-2-27～图 5-2-34）

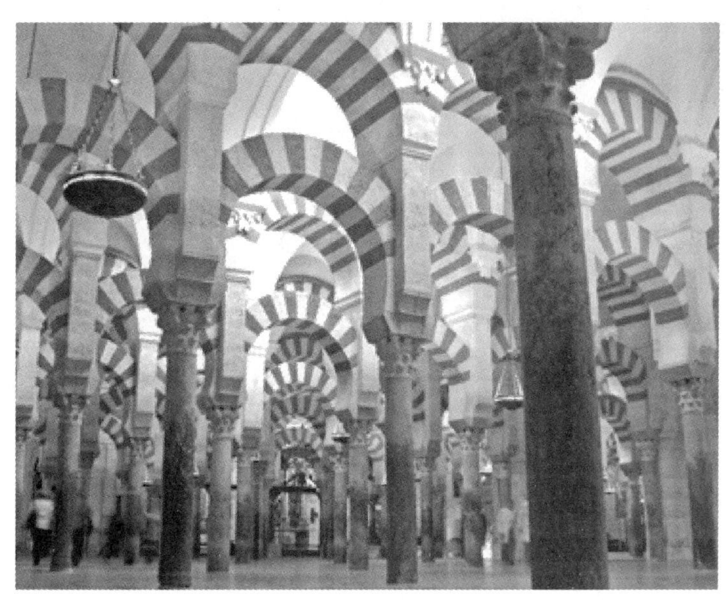

图 5-2-27　科尔多瓦大清真寺(一)

科尔多瓦大清真寺殿内有间距不到 3m 的 18 排柱子，南北轴线方向排列，将空间分为 19 列。柱子的排列规律限定了柱式空间的特有节奏。

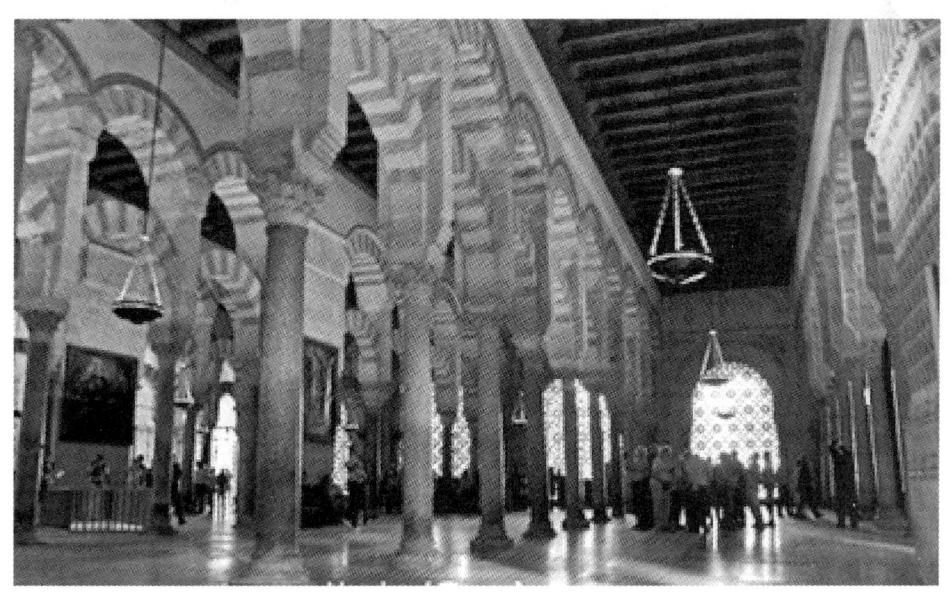

图 5-2-28　科尔多瓦大清真寺(二)

古典式的柱子，高 3m，上承两层重叠的马蹄形拱券，用红砖和白云石交替砌成。石柱密布，如同柱林，象征着阿拉伯故土的无花果林。

图 5-2-29 橘子中庭的敞廊

西班牙科尔多瓦大清真寺橘子中庭的敞廊是由一面实墙一面连续券柱形成的杆件空间，呈现出与主殿柱式空间完全不同的效果。

图 5-2-30 塞图巴尔教师学校

西扎在塞图巴尔教师学校中，设计了一个由柱廊围合的、具有匀称比例的规则的 U 形公共空间，具有内向的气氛。

图 5-2-31　神奈川工科大学 KAIT 工房(一)

石上纯也设计的神奈川工科大学 KAIT 工房具有典型杆件空间的特点。四面以 10mm 厚的玻璃包覆，结构由 305 根细长的 5m 钢柱支撑。每一根柱子都以独立的形式存在，与玻璃一起构成通透的空间效果。

图 5-2-32　神奈川工科大学 KAIT 工房(二)

石上纯也认为通过让柱子看起来是随机的(柱子没有传统使用的矩阵排列方式，而是不规则分布)，能形成一种柔和的、暧昧的边界。工房虽然有平面，但是没有明确边界，空间可以实现自由的变化。

图 5-2-33 神奈川工科大学 KAIT 工房(三)

柱子成为类似隔断的东西来形成边界，而不是采用区分和分隔空间的手法。各个场所在每个时刻都是面向 2000m^2 的大空间开放的，但同时各个场所中还拥有各自的领域和距离感。不仅仅是柱子，家具和植物等各种其他要素也共同创造了这些领域或空间。

图 5-2-34 神奈川工科大学 KAIT 工房(四)

工房的结构系统极其简化，305 根柱子当中有 42 根作为压力构件承受垂直载重，而其他 263 根则作为拉力构件。每根柱子都是细扁的长方体，最薄的拉力构件剖面尺寸是 16mm×145mm，最厚的压力构件则是 63mm×90mm，由于每根柱子的朝向都不一样，依照人们所站立的位置，会看到不同粗细的柱宽。

我们可以说体块的空间在其内，板片空间在其间，杆件则在空间之间。体块空间、板片空间和杆件空间并没有严格的界限，和形式中的点、线、面、体的关系一样，是可以相互转化的，比如杆件的密布排列可以形成面，面的转折和围合可以形成体(图 5-2-35)。

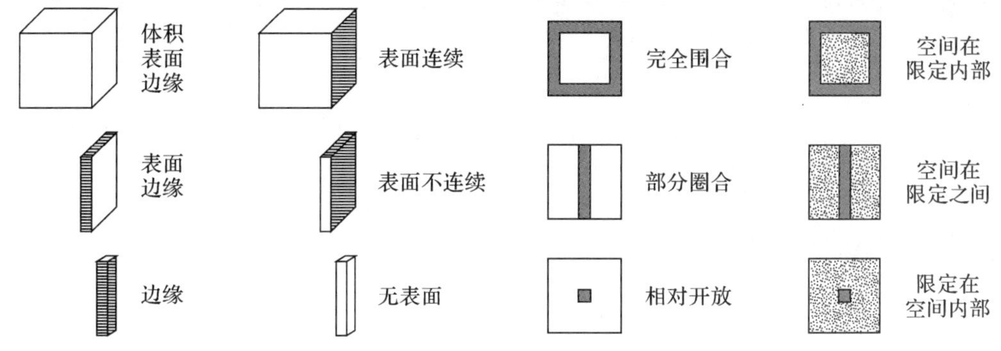

图 5-2-35　体块、板片和杆件产生的空间特征比较

要素操作

完成了对空间抽象要素的观察与提取，我们要考虑的是建构的具体的操作。

建构研究的出发点是借助模型的方法生成空间，我们假设的体块、板片和杆件每一种特定的处理方式就是操作，模型操作涉及具体的模型材料，方案实施需要真实的建造材料，所以要素的操作既与要素的类别有关，又与材料的特性有关，还与具体形成和表现空间的方式有关。

体块的操作方式可以是掏空、切割、推挤、旋转、位移，也可以是组合、排列等。掏空是一种按照减法原则体现空间的方式。通过挖去实体块中的部分实体，形成连续的“洞穴”一样的空间。相比于同是减法原则的切割，掏空更强调包裹的空间关系。组合则是加法原则的体现。将一系列具有共同特征的单个实体按照某种规律堆叠起来，可以是网格控制，也可以是错位、对位等，形成一组富有变化的空间序列。(图 5-2-36～图 5-2-41)

图 5-2-36　泡沫体块挖去一部分后产生空间

这是体块空间最基本的操作，挖去的部分在实体中的位置在转角、在中间、在边缘都会产生不同的空间感受。

图 5-2-37 连续的切割产生有序的空间变化

图 5-2-38 不规则的切割产生的体块空间

空间不但存在于每个实体内部，也存在于体块因切割产生的缝隙里。

图 5-2-39 实体旋转产生空间

有趣的是这些旋转产生的缝隙恰恰成就了光线的表达。

图 5-2-40 体块的组合排列

体块通过组合产生一个基本单元，再将这些单元不同方向排列组合，设计者注意到了瓦楞纸正面和侧边的材质变化，有意识地利用这一元素让单元体的组合看起来更为丰富。

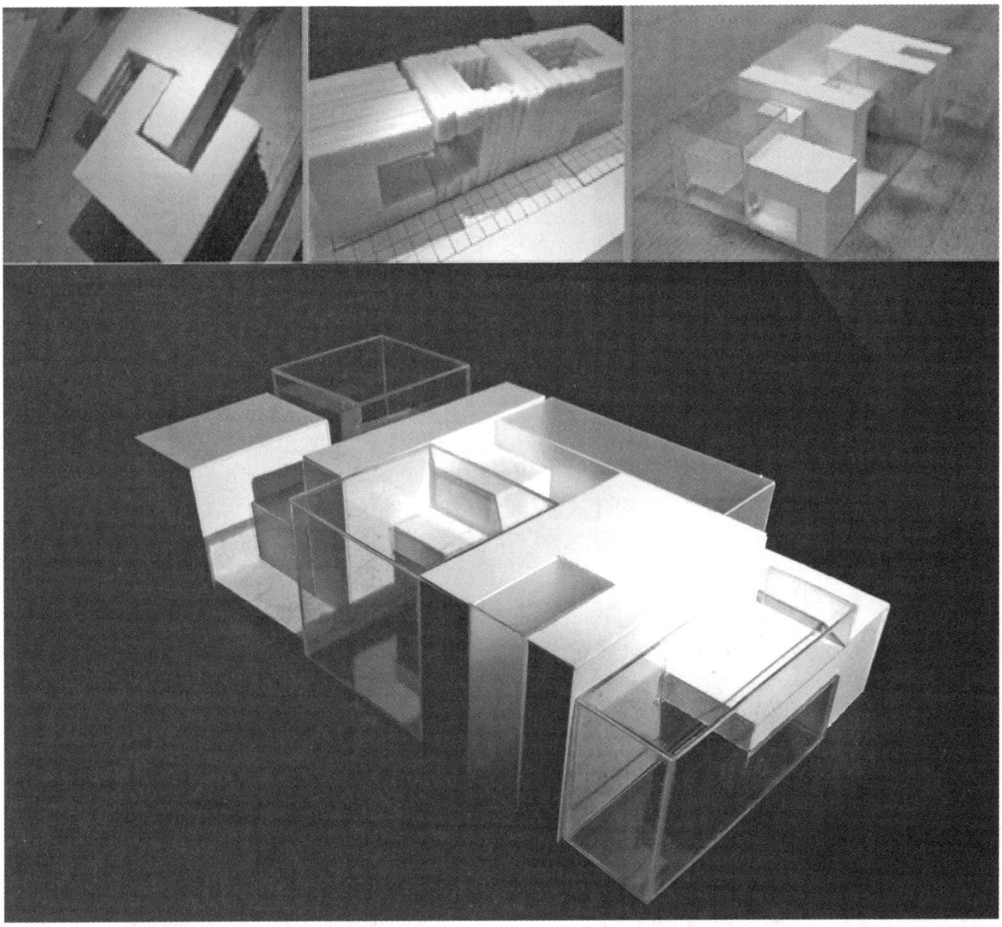

图 5-2-41　体块的穿插

设计的操作方法是基本的 U 形体块的穿插，对 U 形体进一步区分材料，目的是为了获得透明与实体材质带来的光影变化。

板片空间有三种操作方式，一是关注板片的连接方式：插接、搭接、转接和分离等；二是关注板片之间的相对关系，如错动、滑移，水平板和垂直板的延伸也能产生不同的空间特征；还有一类特殊的板片操作方式是整张板片通过特定的操作来形成一个结构和空间体，如弯折、切割、推压等。(图 5-2-42～图 5-2-47)

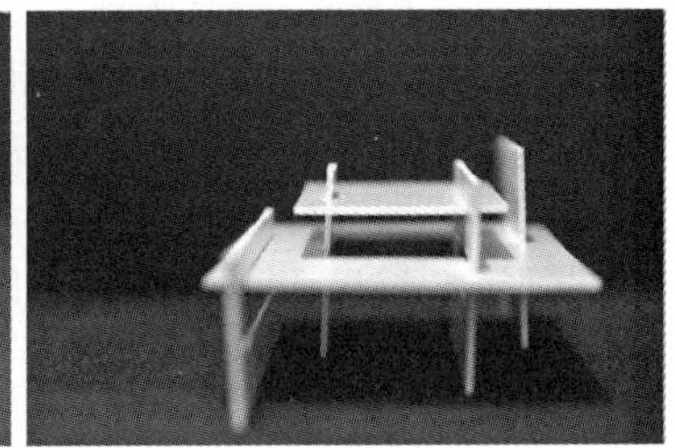

图 5-2-42　板片空间生成(一)

水平和垂直方向的板片一起来界定和分割空间是板片空间最直接的生成方式。平行的垂直板片之间强调出空间的连续，而非隔离。水平板片的错位和垂直板片之间的缺失，成为光线引入的路径。

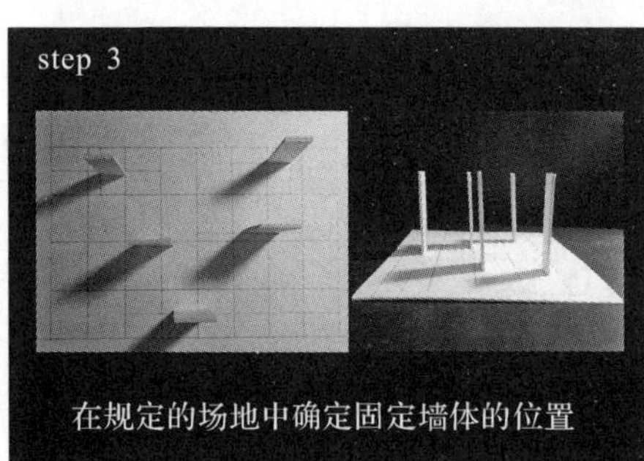

step 3
在规定的场地中确定固定墙体的位置

按照三面墙两面块板的穿插形式划分空间

垂直板为固定，水平板可以通过轨道移动

图 5-2-43　板片空间(二)

强调水平和垂直板片的区分,并且板片之间采用了特殊考虑的连接方式:垂直板片更多的是承担结构支撑的作用,是固定在场地上的。而水平板片主要是界定空间的,它与垂直板片的连接是采用非固定的插接方式,这样水平板片沿着插接轨道的移动就带来空间的可变性。

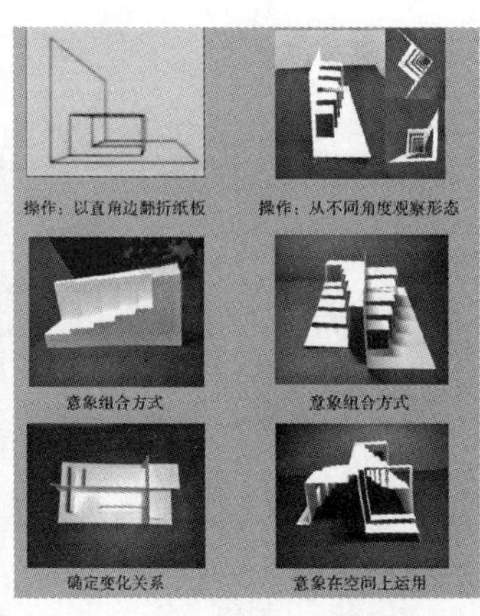

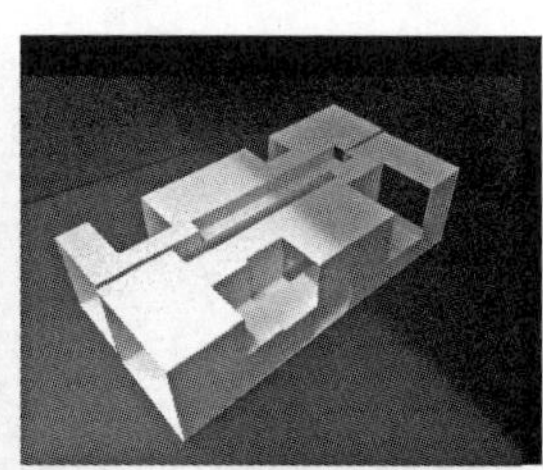

图 5-2-44　板片空间生成(三)

一个板片通过直角的折叠形成两个面的空间,再在板片上做一系列的切割和推压的操作,就形成了重复韵律的空间。将这一概念设计出来的单元体两个并列组合,就形成了最后的成果。

图 5-2-45　板片空间生成(四)

运用蒙德里安的构成原理进行板片空间的生成,重点是比例和色彩。

图 5-2-46 盒子边界操作

设计者对盒子的边界尝试了两种操作:一是在水平面和垂直面的交界处作切割和折处理,一是在垂直面上对板进行错位的处理,产生线状的光效果。

图 5-2-47 对体块空间进行面的消减也可以获得板片空间

我们在实际建筑的观察中很难找到独自存在的杆件空间,杆件空间多数都融合在其他空间之内,杆件只是对空间的密度和韵律起到调节作用。但这并不妨碍我们在抽象的环境下针对杆件要素进行空间操作。杆件的操作一般来说是采用搭接的方式将多个杆件组合起来,按照体和面的规则形成空间,只是空间的界面有更加丰富的表达,视线和光影更加通透。另外杆件也可以通过本身的排列方式、密度等来形成不同的空间感受,这种操作类似于植树成林。在这种操作里,重要的是要通过均匀排列形成均质空间,然后用减法产生规律的变化,或者是采用加法把不同的均质空间叠加起来。杆件的高低、直径大小、色彩材质也可以成为空间的变量。(图 5-2-48～图 5-2-50)

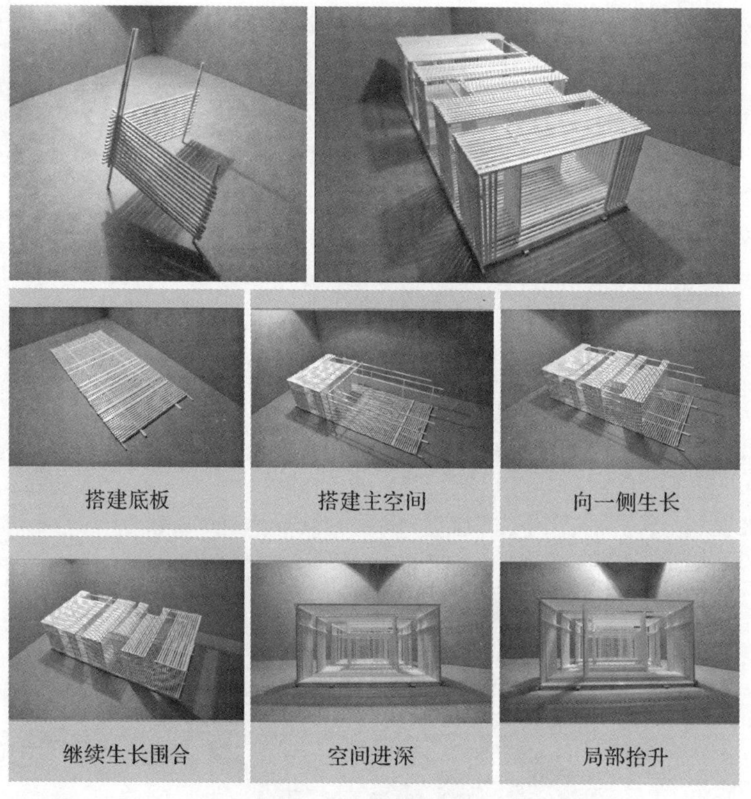

图 5-2-48 杆件的操作(一)

杆件的基本操作是搭接,在起始的搭接逻辑中,竖杆承担结构支撑的作用,其余两个方向的杆件采用排列成面的方式,围合空间。将这种逻辑延伸生长,就形成了类似板片形成的空间序列。

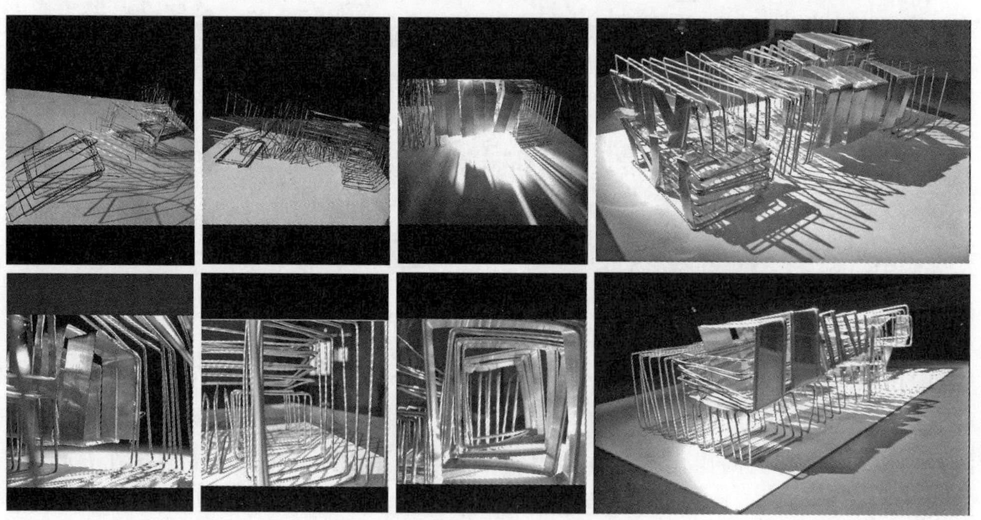

图 5-2-49 杆件的操作(二)

通过金属杆件的弯曲操作来形成结构和空间。因为金属的硬度,杆件每一次的弯曲都呈现出些微倾斜的角度,比之规则的排列,多了一些随意。杆件的宽窄及疏密控制不同的空间节奏,这些空间进一步交叉叠套,空间错落,缝隙的光影与金属的反光模糊了空间的界限。对要素和材料的特性,利用得非常充分。

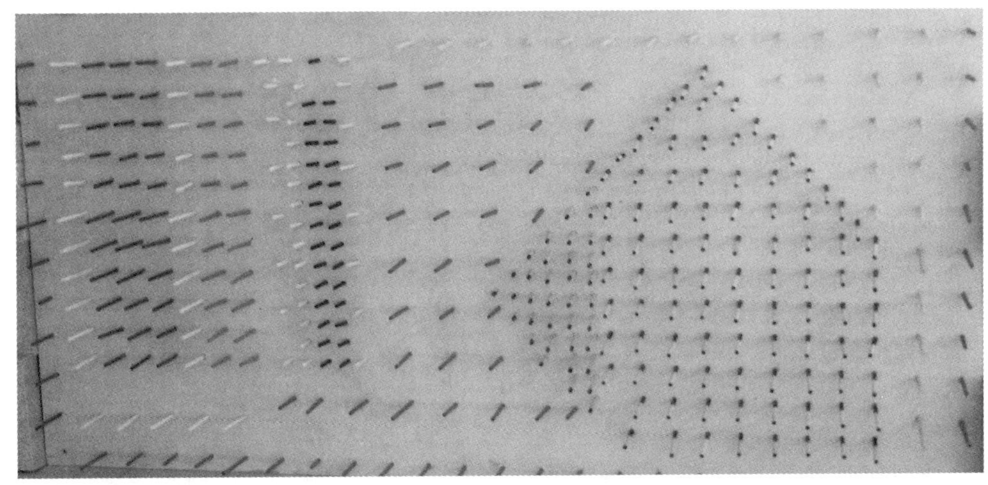

图 5-2-50　杆件的操作(三)

在木板上插入杆件，杆件以矩阵方式排列，但是疏密、方向、色彩上都有改变。

材料语言

赖特说："每一种材料有自己的语言……每一种材料有自己的故事。"

无论是建筑材料还是模型材料，我们可以从三个方面来考查它的特点，即材质、色彩和透明性。

对于材料一词我们通常是从其本身的物理力学方面的定义去理解的，而对于材质则更着重于人的感官感受，即通过触觉等感知到的不同材料的表面纹理。色彩，包括明暗，主要是视觉感受到的。材质和色彩的作用就是给不同界面空间的要素表面做出区分，它们可以改变和调节我们对空间界面的解读，但并不能改变空间本身。

材料的透明性，即材料的穿透、阻碍、反射光线和视线的特性，具有改变空间知觉的特点，现代建筑重视空间之间的感知和联系，因此材料的透明性对于建筑设计也具有特别重要的意义。(图 5-2-51、图 5-2-52)

图 5-2-51　伊东丰雄的仙台媒体艺术中心设计

柔软、轻盈、透明的结构体系与水平的楼板和玻璃的立面结合在一起，形成更为自由的平面以及通透的光影效果。

图 5-2-52　皮亚诺的工作室设计

同样的透明性我们在皮亚诺的工作室设计中也可以看到，与坡地几乎融为一体的三角形体量加上玻璃的墙体和屋面，白天建筑与环境的界限被降至最低，晚上灯光的映射又将建筑于黑暗中凸显出来。

如果我们尝试根据体块、板片和杆件的要素对材料进行归纳的话，会发现大部分材料的形式是具有可塑性的，即可以分别以体块、板片和杆件三种形式出现。比如混凝土材料，在柯布西耶多米诺结构中反映出来的是水平面与垂直杆件的结合，打破了封闭的承重结构，带来立面和空间的设计自由；而到他后面的粗野主义时期就变成厚重的体块空间的构成，表达体积和雕塑感。也有些材料的形式是固定的，或者说我们在使用这些材料时具有明显的倾向性，比如玻璃通常是被认定为板的形式，而木材和竹使用时往往处理成杆件。（图 5-2-53～图 5-2-55）

图 5-2-53　里斯本世博会的葡萄牙国家馆（西扎作品）

整个设计中最引人注目的莫过于作为广场顶部覆盖的仅有 20cm 厚的向下弯曲的薄混凝土板，混凝土在这里以板片的形式出现，而它的轻薄和弯曲的弧面突破了我们对于混凝土的认识。

图 5-2-54　清代一座厅堂建筑的结构模型

中国的木梁柱体系是木材作为杆件的典型实例，而杆件的连接是通过榫卯结构。

图 5-2-55　瑞士圣本笃教堂

现代建筑中，木材也往往强调其作为杆件的韵律感。卒姆托设计的瑞士圣本笃教堂，内部采用木质结构与材料，船型的屋顶上木质的横梁与木柱一起生成杆件空间，室内布满的凳子也是强调杆件线条的。

因为建构的过程始终强调对材料的操作(对建筑材料的操作是用模型材料替代的),而且最终成果也要体现出对材料形式的表达,所以我们需要特别关注材料的可操作性、视觉特征和表现性。

通常来说,材料的特性决定了加工的方式,选择不同材料有不一样的操作可能性。操作方法的不同,要素的连接方式以及由此产生的空间特性也不一样。但是随着技术的发展,我们对于很多材料的认知在扩展,现代建筑材料的形式展现出无限可能性(图 5-2-56)。

图 5-2-56 卡拉特拉瓦设计的坦纳利佛音乐厅

设计师运用混凝土的可塑性做出了巨大的弯曲的元素横跨表演空间,像张开的翅膀。通体的白色使建筑物显得十分简洁,独特悬挂翼使得音乐厅富有艺术感和雕塑美,突出了其作为表演场所的美感。在解决大跨度问题的同时也使美态由力学的工程设计表达出来,用复杂的结构表现出简单性。

建造实现

一个清晰的空间概念应该在抽象、材料和建造三个层次上一以贯之,即抽象层次的表达在材料层次得以加强,并最终在建造的层面得以实现。

我们说的建造实现并非是建造完成的建筑物,而是指在设计阶段考虑到建筑材料和建造方式对设计表达的影响,建造实现的关键问题是完成模型材料到建筑材料的转换。

通常来说,在构思阶段的模型材料只是起到真实材料的象征意义,它的意义在于实验和区分,比如说可以用纸板来代表混凝土墙体和楼板,比如说木片并不意味着在后期建造中采用木质的建筑构件。即使有时候模型材料和建造材料是一致的,但是在具体的建造过程中,任何建筑都是通过把各种材料进行组合拼接而成,建筑展现在我们面前的面貌也就是各种材质组合在一起所形成的面貌。模型材料里的一片玻璃在实际建造中也许会扩展为一片玻璃幕墙的构造,这意味着设计师必须考虑得更多更深入。

建构最终要落实到建造材料如何形成建筑的结构和表皮，以及它们如何表达空间和建造。一般来说，建筑材料必须要组成构件的形式，再由构件来建造大的墙体、楼面和表皮。因此必须从材料构件的拼接、层次和组织角度考虑建造方式问题，这也决定了人们如何来解读建筑的构成。不同的材料有着不同的拼接方法，以及合理的、符合材料特性的建造方式。

卒姆托在他的建筑中实验了多种多样的墙面构筑方式，即使同样是木材，在他的作品中也展现出不一样的变化。（图 5-2-57～图 5-2-59）

图 5-2-57 瑞士圣本笃教堂

外立面的墙体是由鱼鳞状的木片构成的，与传统乡村的原木风格是一致的。

图 5-2-58 水滴教堂

内部的墙体是建筑的骨架，是由松木构成的，外部则用河沙浇筑出类似混凝土的墙面，最后设计师有计划地在内部放了一把火，把松木烧焦，成为最后的墙面效果。

图 5-2-59 2000 年世博会瑞士馆

木材采用了一层层交错搭建的方式，红松木作为长向的水平材料而在中间横向分隔的木头为白松木。每一个原始并未加工的木料用不锈钢杆与弹簧构件将其加压束缚在一起形成了不封闭的木材围墙，形成了透影、透光、透气、透雨的有趣空间。而且所有的木头都没经过多余的加工，在展览结束后还可以被拆卸移到他处，甚至可以将其原料变卖。

砖也是一种非常讲究砌砖方式的材料，在不同建筑师手里会出现不同的效果，可以是厚实稳重的，可以是精致细巧的，甚至也可能展现出扑朔迷离的光效果。(图 5-2-60～图 5-2-62)

图 5-2-60 博塔设计的圣玛丽教堂

砖墙的表达是质朴厚重的，使建筑在提契诺群山背景中脱颖而出，营造出建筑与天空对话的场所。

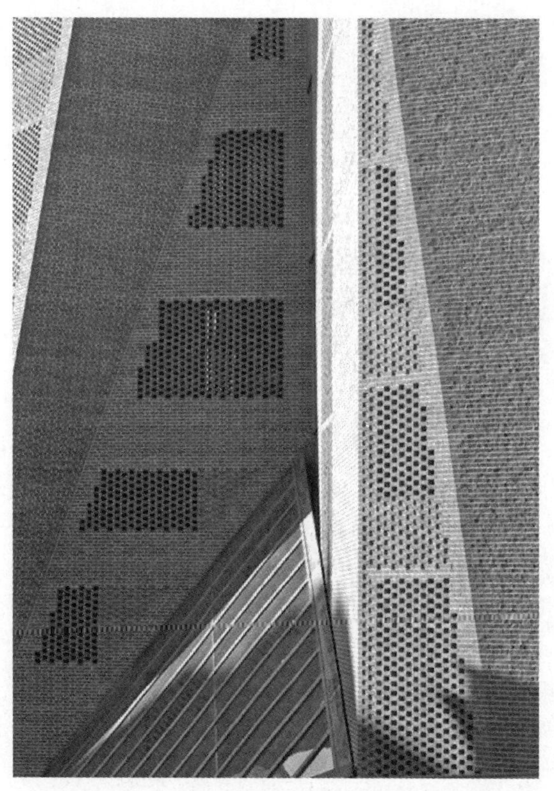

图 5-2-61　伦敦政经学生中心

爱尔兰事务所两位建筑师 Sheila O'Donnell 和 John Tuomey 设计的伦敦政经学生中心，红色砖墙不规则的块面与周边成不同的角度，与周边环境形成独特的几何关系。砖墙体的构建是典型的梅花砌砖法（flemish bond），有些部位形成实墙，在窗户的部位形成带孔的幕墙。这种用梅花砖砌法形成的带孔的墙面，既能让光线渗透进室内，在晚上还能将光线滤出去，产生图案的效果来。

图 5-2-62　南亚人权文献中心

建筑师们受到传统建筑的启发，设计了一种具有复杂视觉效果的单一重复砖墙模式。这种模式源于拥有悠久历史的印度传统建筑 jalis(brise soleil) 的精美的雕塑风格。

最后我们要讨论建造实现中的结构与构造问题。瑞士 ETH 建筑系一年级曾经有一个手套作业，同学们被要求从给定的一刚一柔两种材料库中各选取一种，去制作一副手套。在这个前提下，你必须要用所选的具体材料建立某种结构、某种构造方式，而这种结构体又必须和手指发生功能及空间关系——保护的、保暖的、运动的……这也早已不只是手套，而是建构了。从这个作业中我们能清楚地看到结构和构造的产生都是因为具体的目的而发生。(图 5-2-63)

另外一个例子是一张桌子。如图 5-2-64，这是一张长 9.5m、宽 2.5m、厚 3mm，如同纸一样薄的桌子。每一个初见这张桌子的人，都会被那种轻薄的感觉所震撼，转念就开始想这个桌子是怎么做出来的？

在这个作品中，建筑师利用桌面的薄来达成空间距离感的目的，这时身体的因素就已经介入了，因为这个薄是和我们通常关于桌子的经验相关的。为了薄以及长而选择了铝板这种材料。桌面分成三个部分，桌两端 1m 长的钢板桌面和桌腿则以无缝焊接的方式刚性连

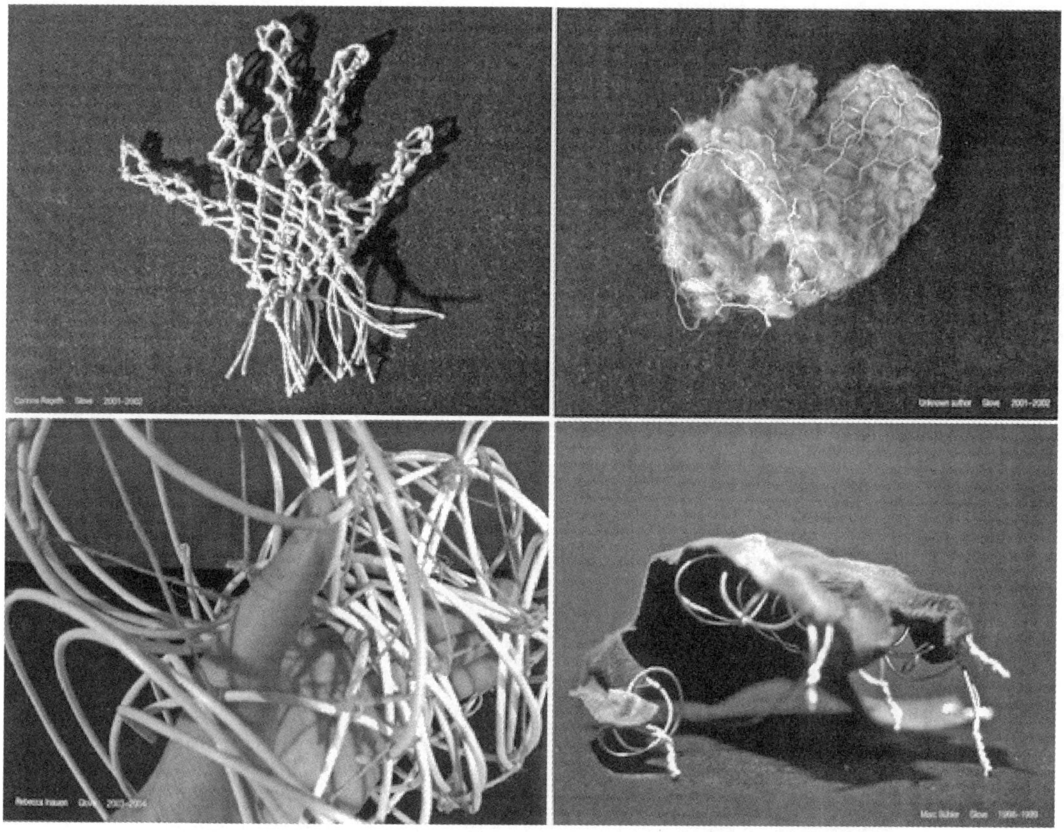

图 5-2-63　ETH 建筑系一年级的手套作业

接，中间铝板与两侧采用构造铰接做法，铰接点处以间距 150mm 的 M4 螺钉将两片启口厚度各为 3mm 的钢板和铝板平滑连接为 6mm 厚的整体，这个节点巧妙地连接了两种不同的材料。中间的铝板桌面可以弯曲成卷运输，如果碰触的话会发生缓慢且柔软的颤动。

图 5-2-64　石上纯也设计的一张桌子

建构意味着对材料的外部表现和建造技术等方面的真实表达，在形式上必须更直接地反映结构和构造关系。许多情况下，建筑所选的结构形式和构造关系对最后建筑的造型、体量、空间可以说具有决定性的意义。换句话说,建筑的结构与构造形式必须能够支持或者创造材料和建造的概念。(图 5-2-65～图 5-2-69)

图 5-2-65 武夷山竹筏预制场车间

我们可以清晰地看出结构与填充墙体的关系,屋面结构的高低、明暗以及墙面空心砌块特殊的界面效果,都是与加工工艺密切相关的。

图 5-2-66 日本东京拳击馆的木构空间,体现了结构与形式的双重意义

图 5-2-67 柳亦春设计的龙美术馆西岸馆

建筑以独特的现浇混凝土“伞拱”结构为建构特征,在形态上不仅对人的身体产生庇护感,亦与保留的江边码头的“煤漏斗”产生视觉呼应。同时设计者的操作与空间的关系也形成了隐含的呼应与对比。

图 5-2-68 多摩艺术大学图书馆

同样是拱形空间，伊东丰雄设计的多摩艺术大学图书馆的多重拱形结构空间显得更加轻盈开敞，这些拱由混凝土包裹的钢板制成，并且在平面中，沿着交叉于几个点的多条曲线设置。有了这些交点，才能在保持拱的底部非常薄的同时使其仍能承受上部楼板的活荷载。

图 5-2-69 横滨国际码头

横滨国际码头设计中采用了梁和折板的双重体系，下部的折板结构形成大厅的主要效果。

第三节 建筑分析

一、我们为什么要对建筑进行分析？

我们可尝试问自己这样的问题：是否曾经有一个建筑让自己难忘，或者曾经感动或触动了你某一种情绪？如果有，它是怎样的一个建筑呢？是一座轴线严谨、气势恢宏的皇家宫殿？是一座柱子上红漆剥落、隐藏林野的朴素古庙？是一方临水靠田、耕读传家的古镇农居？还是一个完全透明的可以看见繁忙都市的玻璃大厅？

这个建筑哪个方面对你的震撼最大，或者说让你印象深刻呢？是大气磅礴的空间序列，还是充满神秘光线的房间？是一种建筑与环境共生共长的历史气氛，还是那种让人振奋的现代符号？

以下这些虽然是完全不同的建筑，但是毫无疑问，它们都拥有令人难忘的力量（图 5-3-1～图 5-3-6）。

图 5-3-1 雅典卫城

图 5-3-2 法国圣米歇尔山

图 5-3-3　苏州留园华步小筑

图 5-3-4　北京旧城墙的角楼

图 5-3-5 扎哈·哈迪德设计的德国维特拉消防站

图 5-3-6 贝聿铭设计的伊弗森美术馆(Everson Museum Of Art)

对于前述问题,每个同学心中的答案都不同,因为文化背景、个人经历等等都不尽相同。这也是建筑为什么如此丰富多彩甚至复杂炫目的原因。每个无法让人感动或者令人感到厌烦的建筑,都有各自失败之处,但是每个可以让人产生共鸣的伟大建筑,究其本质,都是有共通的地方。

什么才是这种共通的东西呢?或者说,什么才是一个好的建筑,一个和谐的、适宜的、人性的建筑所应该具有的本质品格呢?这就是我们要进行建筑分析课题的目的。透过建筑形色各异的形式看到它的本质,通过对这种本质的描述分析、综合梳理、提炼升华,去找到这个"道之所存"。

好的建筑，应该是人性的建筑，而这种人性的介入，通过建筑的各种要素的组织，建筑手法的运用，以特定的规律，深入渗透到建筑的各个层面。我们完成建筑分析的意图就是要找到这些元素和规律。

重要性：

1. 通过建筑分析，我们可以用一种更系统的角度去认知建筑。能够深入地了解建筑的内部和外部、空间和结构、文化与地域、材料与构造等等。

2. 建筑分析是进入实际建筑设计课题项目的重要过渡。从单一视角观察到全方位理解，从逆向的角度观察建筑到学习和了解设计的手法，开始慢慢了解，建筑是怎么回事，建筑设计又是怎样的过程。

3. 通过建筑分析学习建筑的表达方式和手法。建筑师有着自己独特的图示语言，我们必须不断训练自己的图示表达能力，尽可能地做到直观、准确、简练（图 5-3-7～图 5-3-9）。

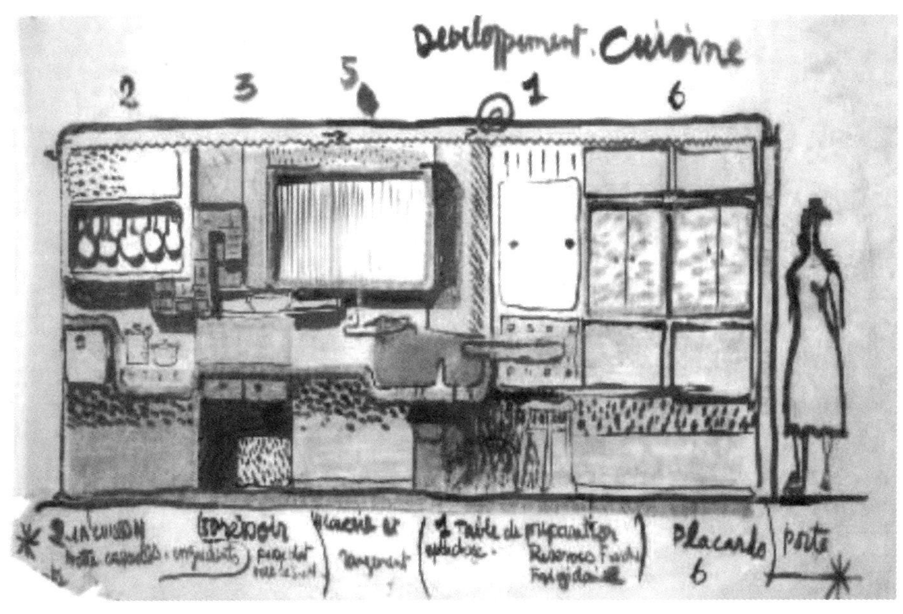

图 5-3-7　勒·柯布西耶的手绘

图 5-3-8　安腾忠雄的手绘

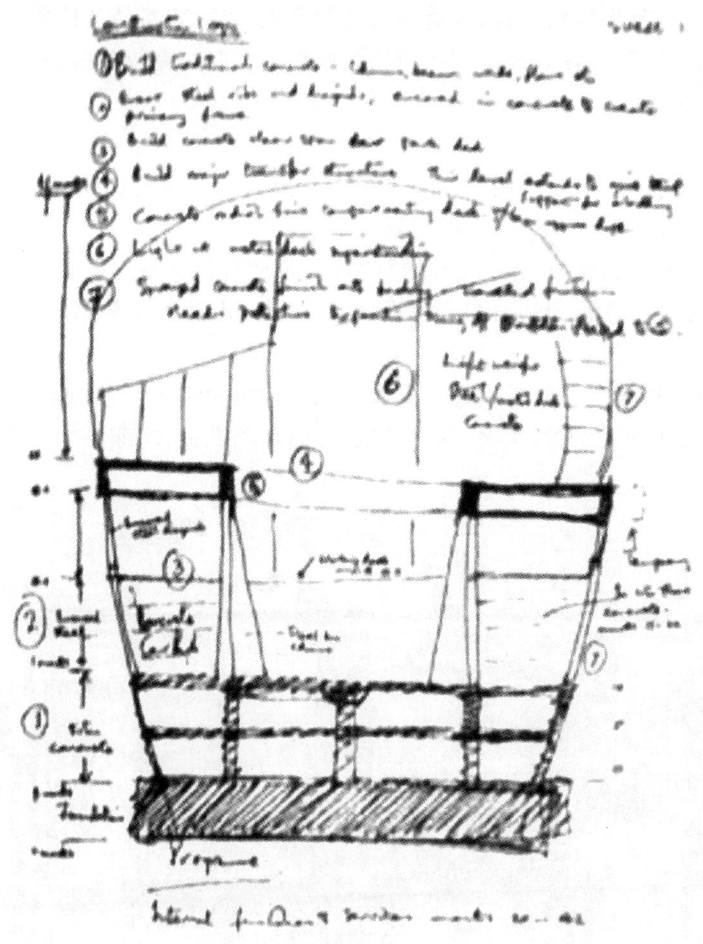

图 5-3-9 库哈斯的手绘分析图

二、分析的内容

建筑的过程其实就像是写文章，首先要掌握文字和词汇，然后根据一定的语法进行造句成文，对于语言来说，文字和词汇就是要素，而语法是运用要素的规则。在对建筑进行分析的时候，我们也要知道哪些是建筑的要素，哪些是运用要素的规则。

下面就是一些必要的要素，不一定完整，但是最基本的：

1. 建筑的场所标识

(1)如何理解场所的概念：场所是一个可以发生事件的空间或者环境。比如原始人狩猎结束，在黄昏时刻，围绕一团篝火取暖，男人在烧烤野兔，女人在用骨针缝制毛皮，孩子们在跑来跑去地试图接近快要烤好的美味……篝火的中心位置与人们的围聚形成了一个场所这个例子与我们野营有同样的道理，我们支起帐篷，场地的四周放好睡袋，中间可以有篝火或者放一台录音机播放音乐，人们欢快地在起舞。这些都是场所。这个场所没有墙也没有地板天花，但是它的本质是建筑性的。而我们在建筑的内部或者外部努力营造的，就是这样一种场所感，“人们创造场所是为了满足各种日常生活需要——就餐、休息、购物、礼拜、讨论、演说、学习、储存等等”。

(2)一个场地不一定可以成为一个场所，场所对于建筑而言，就像是含义对于语言的关系。场所就是建筑的含义。它标明了建筑的意义、作用和存在的理由。同样场所意义的建筑可以有不同的形式，就好像一个含义可以用不同的语言来表达。

(3)所以对于一个建筑，首先要分析它的场所标识，它承载的是什么功能，它的意义是什么，它追求的艺术风格是什么，影响它的客观社会因素(政治、经济、文化、宗教)有哪些？总而言之，它是关于什么的场所，它的场所感是什么样的气氛，它受制于什么样的社会背景。

图 5-3-10～图 5-3-14 所示为几种场所，请分析一下这些场所的标识。

图 5-3-10　烤火

图 5-3-11　美术馆

图 5-3-12　游泳池

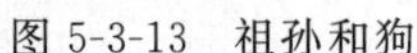
图 5-3-13 祖孙和狗

图 5-3-14 拾穗者

2. 建筑构成的基本元素

建筑的基本元素是指建筑的概念性元素，以下为最基本的几个元素。

(1)基地：建筑师斯蒂文·霍尔为他出版于 1991 年的第一本作品集取名为《锚定》(*Anchoring*)，并解释建筑乃是一种建筑物与基地间关系的寻求。他接着说明："建筑与基地间应当有着某种经验上的联系，一种形而上的联结，一种诗意的联结。"

我们通常从以下这些方面来了解基地的情况(图 5-3-15)。

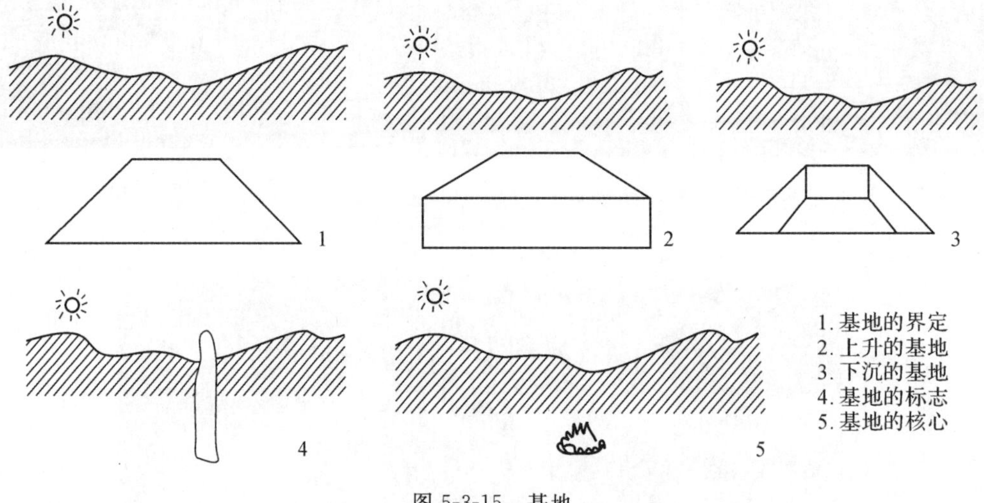

图 5-3-15 基地

(2)竖向支撑物：柱子、墙体都属于竖向支撑物。

埃及神庙的柱廊，是世界上最早的梁柱结构之一。还有平行的墙体——平行的墙体是最古老而有效的、最常见的建筑元素之一，比如特洛伊古城里面的民居大部分都是以平行的墙体构成的，同时希腊的神庙也是如此，具有强烈的方向感，两面平行墙体的距离和长短的不同，可以获得不同的精神性的感受。平行的墙体还可以经过变形有多种形式，比如梭形的两道墙体、一道直墙一道弧线墙等，有的时候平行墙体会与柱子结合在一起。

(3)通道：建筑空间的连接体，或笔直或蜿蜒。坡道、楼梯或者台阶、桥梁都是特殊的通

图 5-3-16　希腊神庙里的竖向支撑物

道。通道的进入方式决定了人们对于这个建筑的一种观察方式，也可以是为进入建筑进行的心理准备。

(4)开口：从一个空间进入另一个空间的过渡，玻璃幕墙、窗口、门洞，都属于开口，比如午门的皇家空间。

(5)水平面：楼板、悬挑的平台、屋面，比如 wright 草原式住宅的水平伸展。

以上抽象的元素在每个具体的建筑中都有其具体的形态，有的时候它们又互相组合形成丰富的空间(图 5-3-17)。

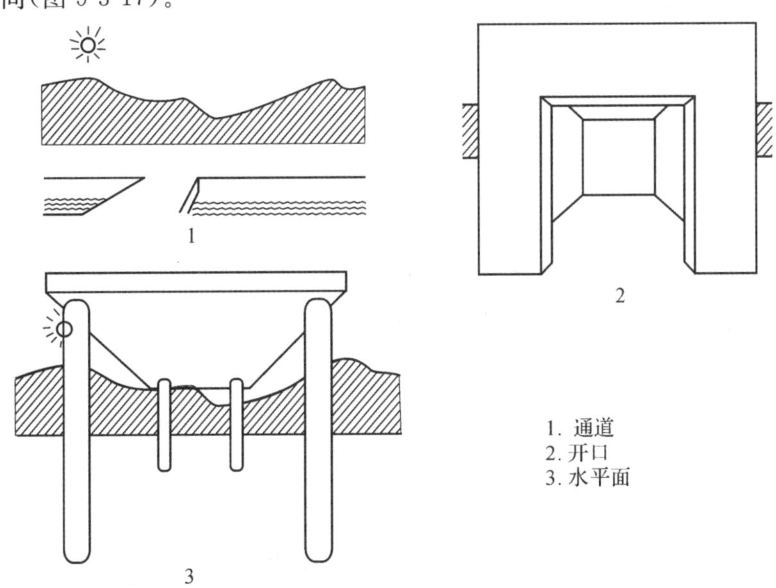

图 5-3-17　通道、开口、水平面

(6)材料:任何建筑意图都是需要通过材料来实现和表达的。

材料表达建筑的个性,表现了建筑的细部,好的材料运用应该是既有整体风格也让人在近处有欣赏的愉悦感(图 5-3-18)。

3.建筑的限定元素

限定元素是一般事物需要面对的外部条件。基本的元素可以完全被设计者控制,而限定元素则变化无常,基本元素的应用使空间通过概念化组织以后,形成特定的场所类型,而限定元素则通过不断的变化对建筑空间产生具体的影响。

(1) 光线:不论是具体光线还是人工照明,都是可以用过设计的具体应用来刻画空间并且赋予场所特定的性格。

图 5-3-18　材料是建筑的重要特征

光线的运用,是建筑设计中一个非常基本但是又高级的手法,基本是因为每个建筑都必须考量光照的因素,高级是因为要想使得自然光线赋予建筑独特的性格,需要技术和艺术的双重修养。我们应该时刻注意,某些时候,光线就是建筑的灵魂(图 5-3-19～图 5-3-22)。

图 5-3-19　光影柔和的咖啡座

(a)

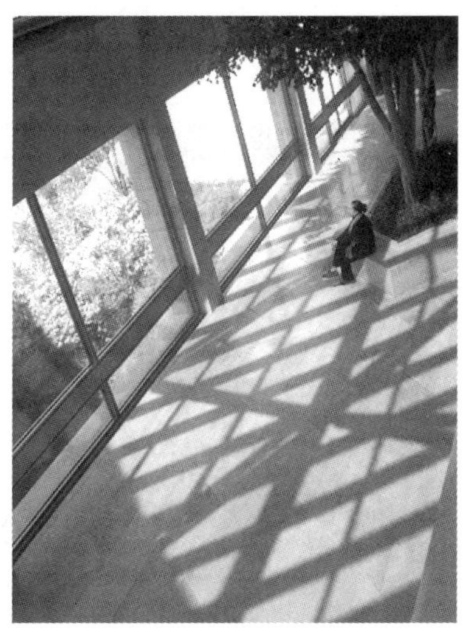

(b)

图 5-3-20 建筑的光影

图 5-3-21 光线赋予展品的魅力

(2)色彩:色彩不仅仅用来装饰或者营造特殊的气氛,还有助于场所的识别,往往也是建筑的一种暗示手段(图 5-3-23～图 5-3-25)。

(a)

(b)

图 5-3-22 美国西雅图大学圣伊纳爵教堂

图5-3-23 色彩是一种建筑的特征，也是一种重要的装饰手段

图5-3-24

站在高处俯瞰布拉格，那些高低起伏的红黄建筑加上黑的、绿的尖顶在蓝天白云的映衬下特别艳丽，是一幅令人赏心悦目的图画。

图 5-3-25 一种另外的建筑色彩

(3)通风：与温度、湿度状况共同作用，可以产生差异有别的空间感受，比如干燥或者潮湿，凉爽或者沉闷等。高明的建筑师都是可以自然利用建筑布局等寻求良好的通风。

(4)时间：时间对建筑的影响相当持久。它的作用是多方面的，如建筑材料的腐蚀和老化，建筑功能的不断深化扩展和向新功能的转化。时间的影响有的时候是积极的，比如校园老房子上的常青藤；有的时候是消极的，比如破旧的房屋(图 5-3-26～图 5-3-28)。

图5-3-26　罗马大角斗场：时间对建筑的破坏

图5-3-27　时间使平凡的建筑充满了人文的情趣

图 5-3-28　弹石小巷

布拉格老城区弯弯绕绕的弹石小巷别有风味，恍如游走在中世纪。

(5)气味：场所可以由气味来烘托与强化，比如陈旧图书馆里会散发出木材和纸张的霉味等。

(6)声音：一个场所可由声音或者其对声音的影响方式而得以识别，某名胜地有一个亭子为听水阁，看不见水流但是听得见瀑布的声音，空间富有意趣。而在有些建筑中，声音是非常重要的因素，比如音乐厅。

上述的元素往往不是单一作用的，它们的综合作用产生了丰富的建筑空间和个性化的建筑造型，而它们可以综合作用的原因就在于它们在互相配合的时候遵从了一些必要的规则，也就是我们前面提及的语法。

三、我们如何分析？

建筑是个复杂的综合体，我们试图通过一系列的分析，看清楚上述的元素是依靠一种什么样的规律进行组合运用的，这些元素又是如何各自或者一起发挥着作用。

从建筑构建的人文和地理条件上分析：

1. 建筑背景(图 5-3-29、图 5-3-30)

(1)建造的年代以及当时的政治文化背景。

(2)当时的建筑方向和趋势。

(3)建筑师或者建筑团体的名称及其代表作品、学术思想。

(4)该建筑的设计意图:是为了解决某种实际的功能问题或者环境问题,还是建筑师用来表达自己的设计主张,或者是其他。

(5)建设的过程是否有重要的影响该建筑的事件发生。

【分析目的】分析这部分内容可以让我们对建筑为什么最后成了它自己有一个宏观的认识,也可以看出该建筑的进步之处和局限。

【分析方法】通过查阅各种文献资料和书籍,整理与该建筑有关的重要的文字叙述(重要的史实引言、名人论述、设计者的文字等),结合适当的图示给予表达。

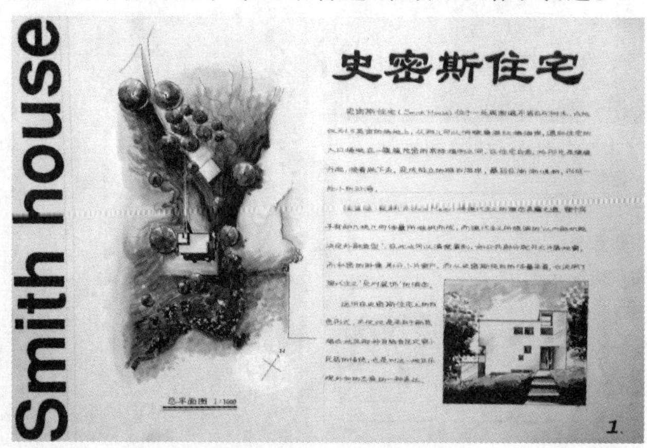

图 5-3-29　建筑概况

图 5-3-30　建筑师思想分析

2.基地分析(图 5-3-31)

(1)基地所在的国家、城市区块,与城市的关系和在城市中的作用。

(2)基地周围以及内部的自然环境因素,包括水文地质、植被动物状况、特殊的地形地貌(山洞、山峰、河道、丛林)、哪些是值得尊重和利用的环境条件(比如百年的古树)、哪些是不利的需要重点注意或者被改造的环境条件(山体过于陡峭,日照严重不足等)。适应和利用远远比摧毁和忽视更加值得推崇。

(3)基地周围或者内部的人文环境因素,包括曾经的人文痕迹(比如已经消失的遗址、雕塑),已有的人工构筑物(包括道路、建筑、雕塑或者人为留下的历史遗存)。

(4)基地上曾经发生的历史典故以及重要的人文精神遗存。

【分析目的】分析基地可以让我们了解,该建筑是否因地制宜地利用原有的条件进行设计和建设,它又是如何做到既利用环境又提升环境的。

【分析方法】主要通过绘制总平面图,对基地周围以及内部环境进行简要图示分析。可利用不同的图示来表达不同类型的环境要素,如树木、地形、水流、古迹等,并利用箭头、文字等分析各种环境特征要素对建筑设计带来的影响。总平面图的绘制应有一定的范围,一般可以以建筑为中心向外辐射 50m 左右,这样可以全面地分析建筑同周围环境的关系。

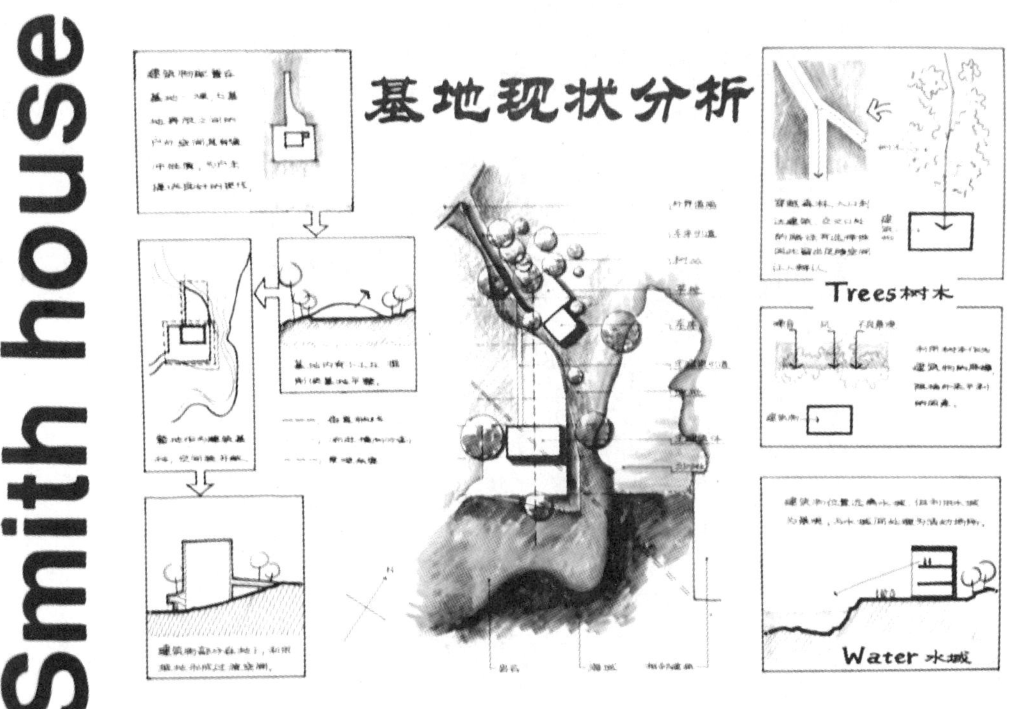

图 5-3-31　基地分析

从建筑本身的功能需要上分析:

3.功能关系(图 5-3-32)

(1)建筑有哪些功能区和用房,分别承担什么样的功能。

(2)不同的功能区块的相互关系,比如哪些需要靠近,哪些需要远离,哪些可以合并一起使用等。

(3)不同的功能对建筑形式的不同要求,比如私密性强的空间要求尽可能多的围合,花厅需要充分的日照等。

(4)是否有特殊的功能需要,这种功能需要在建筑中的作用和地位,比如有的建筑中要求有面向大海的起居室,或者是有充分日照但是光线均匀的个人画室和展厅等。

【分析目的】对于一般意义上的民用建筑来说,功能性始终是第一位的,而对于有些实用性不强的建筑,对形式的追求是它最大的意义所在,就是另外的概念了。这个分析是让大家对这个建筑的功能分布和组合有所了解,可以由此看到建筑师使用了怎样不同的空间来进行功能划分,各功能空间之间的关系如何。

【分析方法】主要通过功能分析泡泡图或者功能列图表来分析建筑的功能划分。在分析中应该注意观察和思考两个问题:第一,私密与公共、封闭与开放、压抑与高敞等概念,是否在建筑中存在着某种对应关系,为什么会这样?第二,不同的功能空间之间是如何划分的,它们的距离远近如何,互相之间的关系如何,为什么会这样?

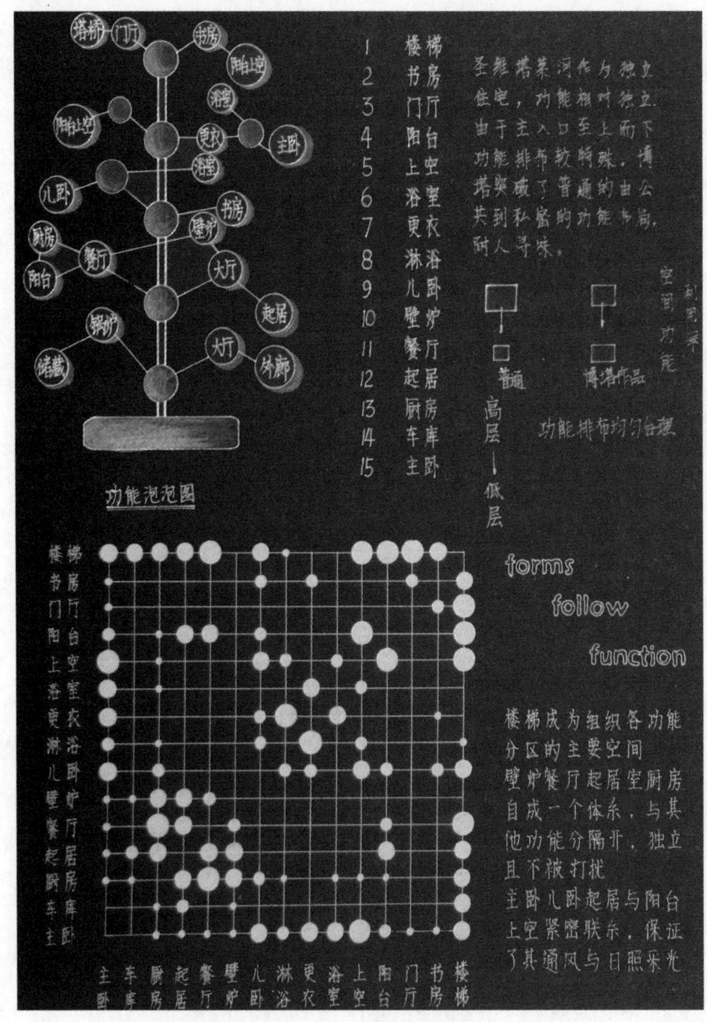

图 5-3-32 功能关系

4.交通流线(图 5-3-33、图 5-3-34)

(1)要素构成,包括引道(从远处引入)、建筑物的入口、通道以及形成的空间序列。

(2)交通要道与空间的关系,分析功能空间处于交通流线的何种位置(边缘、交叉点、重心位置等)。

(3)交通空间具体的表现形式,包括楼梯、电梯、走廊、阳台、台阶、坡道等。

(4)交通流线运动方式,也就是进入建筑之后,人流的方向和方式。

(5)交通流的细分,比如住宅里面,我们就需要划分客人的流线、主人的流线,甚至是家政工人的流线,看它们之间的关系,是否出现了不必要的流线冲突,还是互相既有共同的交通空间也可以保证主人的私密性空间不被打扰。

【分析目的】组织交通其实就是在设计人接触、进入、感受建筑的方式,通过分析交通流线,我们可以看到空间的串联、组合方式,从交通流线的方式上也可以看出必要的景观视线组织规律。

【分析方法】可以结合功能分析的泡泡图进行流线分析,用不同的图示或者颜色表示不同的人流,用箭头和直线代表交通的方向,也可以在建筑的平面图或者剖面图上加以分析,可单独分析平面交通路线和竖向交通路线,也可以两者结合分析。另外,也需要分析出在建筑中包括了哪些交通空间要素,它们之间是如合结合的。

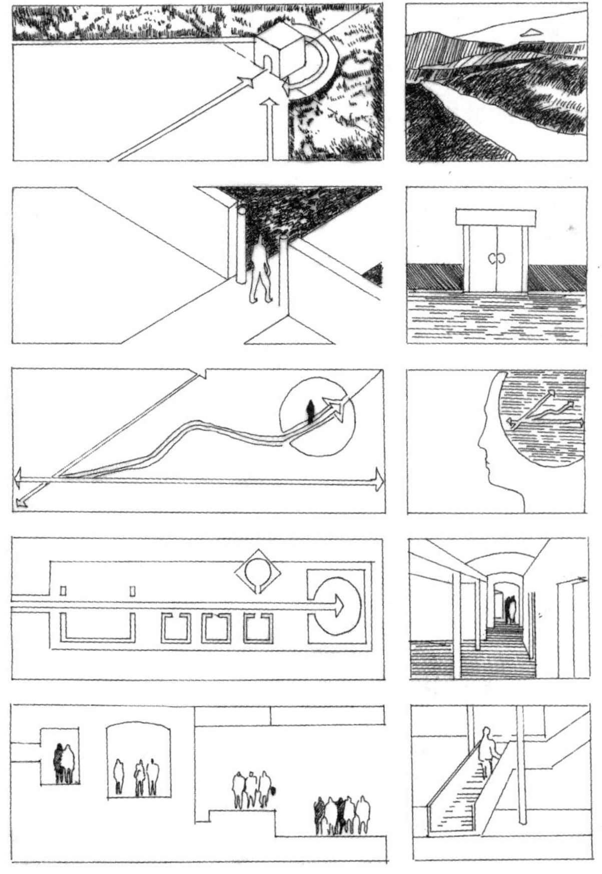

图 5-3-33　交通的要素构成与关系

图 5-3-34　交通流线分析

5. 景观视线(图 5-3-35)

(1)建筑周围是否有重要的景观要素，比如山峰、古亭、重要的植物等。

(2)这些重要的景观如何引导人们的视线，如苏州园林建筑中，很多墙壁上的窗洞其实构成了关于景观的画框，可以对人的行进路线起到引导作用。

(3)在平面以及剖面上的各个重要位置上的景观视线情况，在这些位置上人们可以看到的景观情况。

(4)从建筑外部重要位置对建筑进行观察的时候获得的景观，比如远处的引道上，建筑的入口处，从可以鸟瞰的地方看建筑等。

【分析目的】景观视线不仅仅是指从建筑看向外面，也是指从外面看向建筑，对二者的分析可以看到，景观视线和交通流线、功能布局之间存在着一种内部的联系。

【分析方法】主要通过景观视线分析图来进行，用不同的箭头和图示表示不同的景观实线，利用表达景观场景的小透视图来帮助分析不同视线获得的景观感受，可以辅以必要的文字说明。

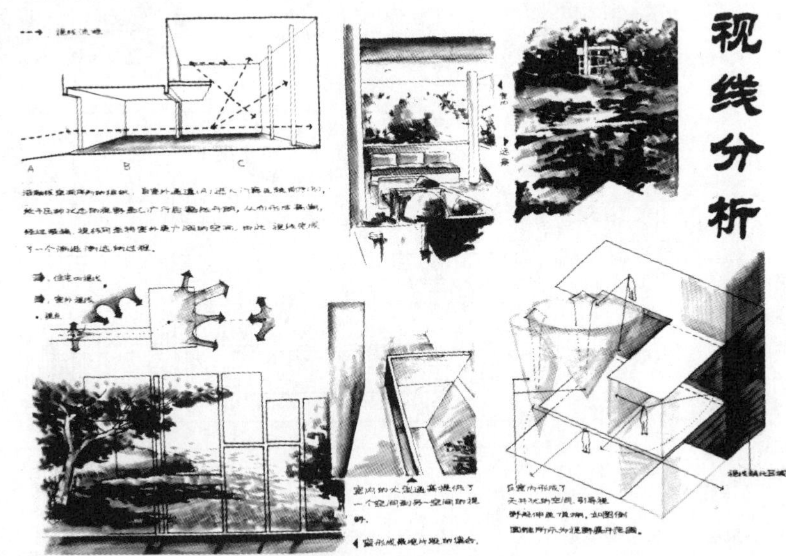

图 5-3-35　景观视线分析

6. 结构体系(图 5-3-36、图 5-3-37)

(1)建筑运用了哪种结构体系,主要是以何种方式将建筑的荷载由上至下地传递给大地。

(2)建筑上哪些部分是承重构件,哪些是非承重构件,它们又是如何围合空间的,又是通过何种方式进行组合的。

【分析目的】初步对建筑的结构有所了解,了解结构自身的构成逻辑,理解结构体系对于建筑的意义,及其如何成为建筑表达自我的一部分。

【分析方法】可以在平面图上将建筑的墙体、屋面等进行简化抽象,忽略门窗等细部,用粗实线表示承重构件,用细实线表示非承重构件;或者利用轴测图或者剖面图来整体分析建筑结构的组成。

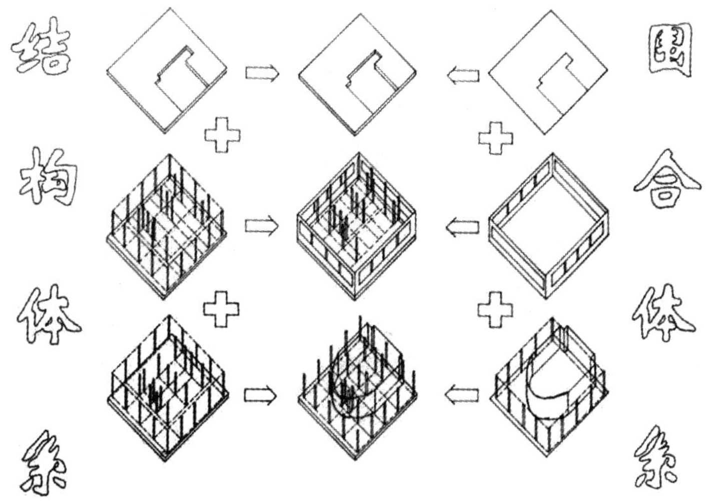

图 5-3-36　结构体系分析图

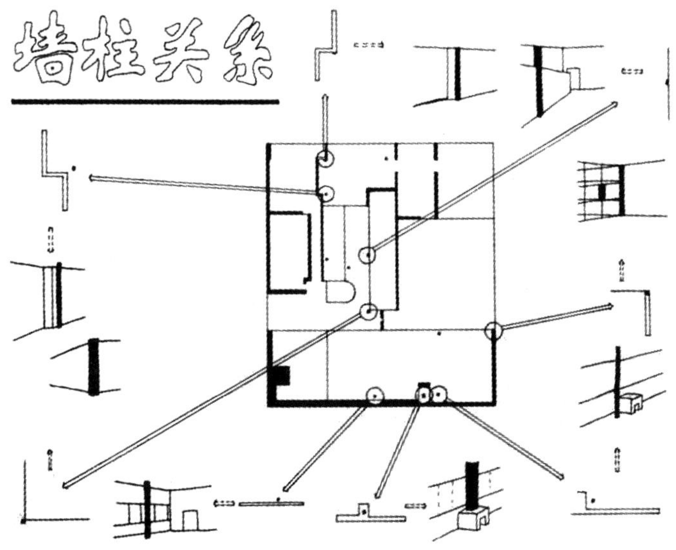

图 5-3-37　墙柱关系分析图

7.建筑材料(图 5-3-38)

(1)建筑主要运用了哪些建筑材料,这些材料的特性(强度、防潮性、耐久性、色彩和肌理、耐火性、隔热隔声性能、自重等)是怎样的。在这些材料中,何者为主,何者为辅。

(2)不同的材料在建筑构造中是如何搭接过渡的,建筑师对重要材料的衔接进行了哪些处理,有哪些材料的细部处理令人印象深刻。

(3)尝试分析使用这种材料的合理性,比如建筑师选择的材料是否是当地特有的;比如在历史建筑外搭界了新的建筑内容,其材料的运用是否尊重了新旧的对比等。

【分析目的】理解不同材料的不同特性与性格会给人不同的心理感受,不同材料搭配使用需要注意构造细节问题,初步掌握几种常见建筑材料(砖、混凝土、钢铁、玻璃等)的特性。

【分析方法】通过查阅文献资料,了解不同材料的特性,通过照片或者图片对建筑所应用的材料进行对比分析,辅助以手绘图示。细致刻画几处建筑材料的细部,分析其构造和材料搭接手法,辅之以必要的文字。

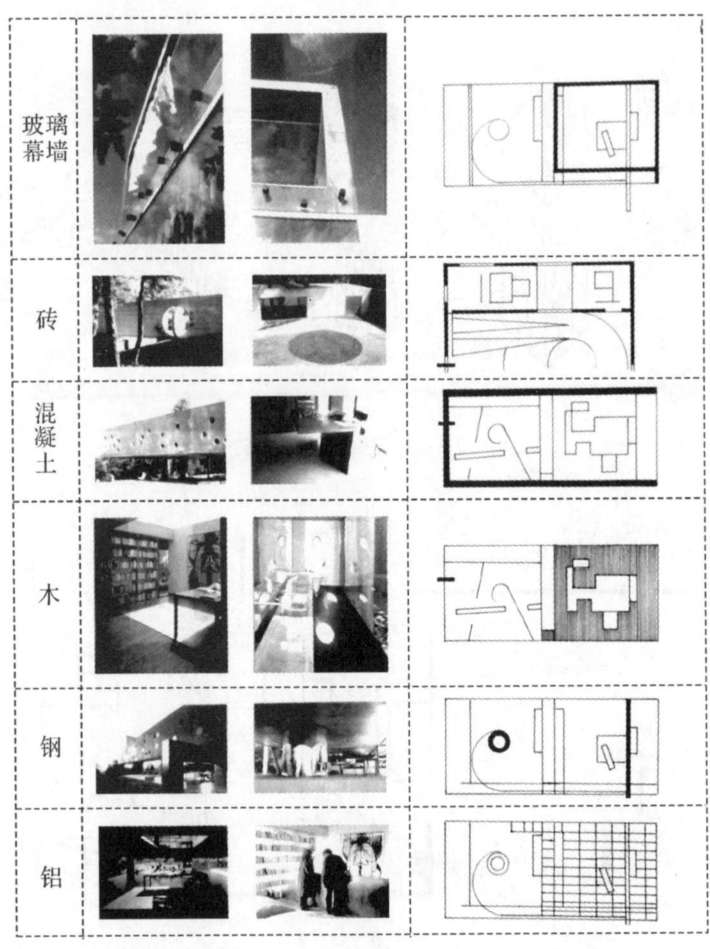

图 5-3-38 建筑材料分析

8.日照与通风(图 5-3-39、图 5-3-40)

(1)建筑所处地带上光照的特点,不同季节和时间里阳光对建筑的影响,建筑应用了何种调节手段来应对冬日阳光与夏日光线的问题。

(2)风进入并且流出建筑的方式,建筑是否积极地组织了室内通风,用何种方式。建筑落成后对周围环境中的风向与风速产生了积极的还是消极的影响。

【分析目的】日照通风是建筑重要的环境物理指标,也是塑造空间性格的重要手段,通过分析可以了解建筑利用和改善日照、采光与通风的方式。

【分析方法】可以通过日照分析图、通风分析图来完成,对重要的方式可以给予重点的图文分析。日照分析图一般要重点分析夏至日和冬至日两个时间点阳光高度角,研究其与建筑的关系,分析在夏日建筑是否可以有效地遮阳,而冬日建筑是否可以充分地引入光线。通风分析图重点研究建筑的围合方式对室内的空气流动会造成怎样的影响,可利用相关分析软件帮助。

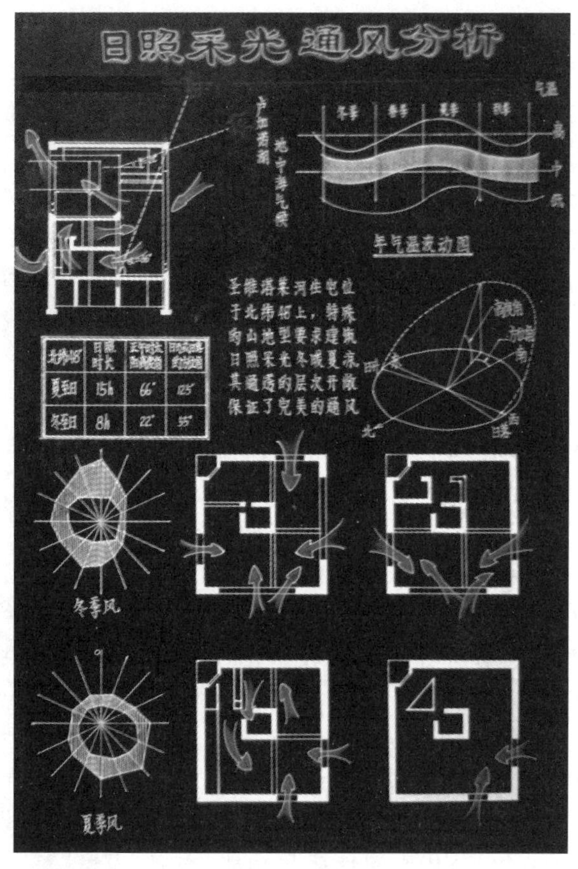

图 5-3-39　日照采光通分风析(一)

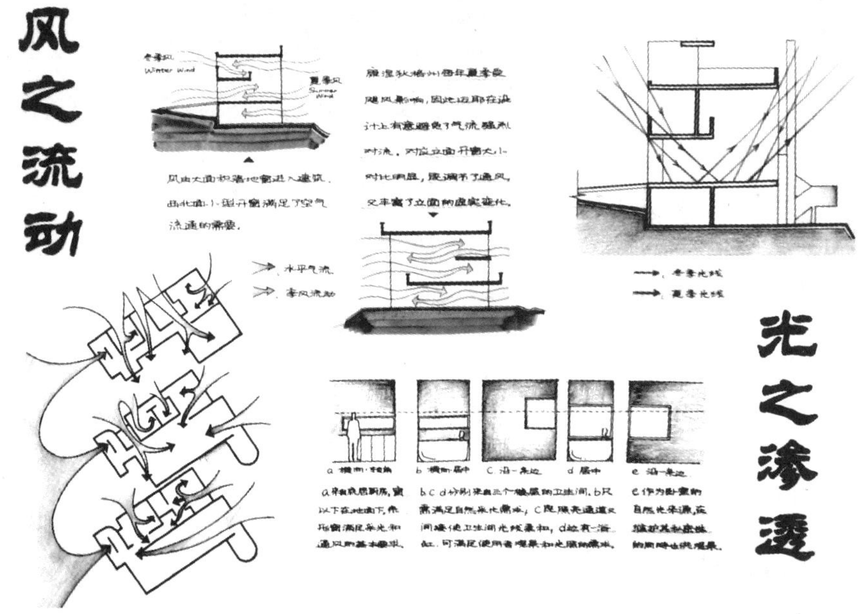

图 5-3-40　日照采风通风分析(二)

从空间塑造上分析：

9.空间性质(图 5-3-41)

(1)从私密性与公共性上对空间进行划分，比如在独立式住宅建筑中，客厅属于较为公共的空间，而卧室属于相对私密的空间。

(2) 从开敞性与封闭性上对空间进行划分，比如在独立式住宅建筑中，客厅或者餐厅一般是较为开敞的空间，而卫生间则大多是更加封闭的空间。

(3)从动态与静态上对空间进行划分。比如在独立式住宅建筑中，客厅因为经常接纳客人到访和家庭集体活动，因此一般属于动态空间，而主卧室因为属于主人的私人领域，一般属于静态的空间。

(4)从洁污分区上对空间进行划分。比如在独立式住宅建筑中，厨房和卫生间属于处理污水和污物的空间，比较而言，书房等属于比较整洁干净的空间。

(5)从其他重要的不同空间性质上进行划分。

【分析目的】归纳空间属性，掌握其中的规律，分析空间性质与功能、交通等方面的呼应处与不同处。

【分析方法】空间性质的图示分析，可以先简化建筑平面，利用不同的颜色或图示表达不同的空间性质，在平面图或者三维图上进行分类分析。分析过程中要注意，大部分建筑中不存在绝对公共或者绝对私密的空间，同样也不存在绝对封闭或者绝对开敞的空间，这些概念都是相对的，我们要在空间互相比较的过程中把握其性质。

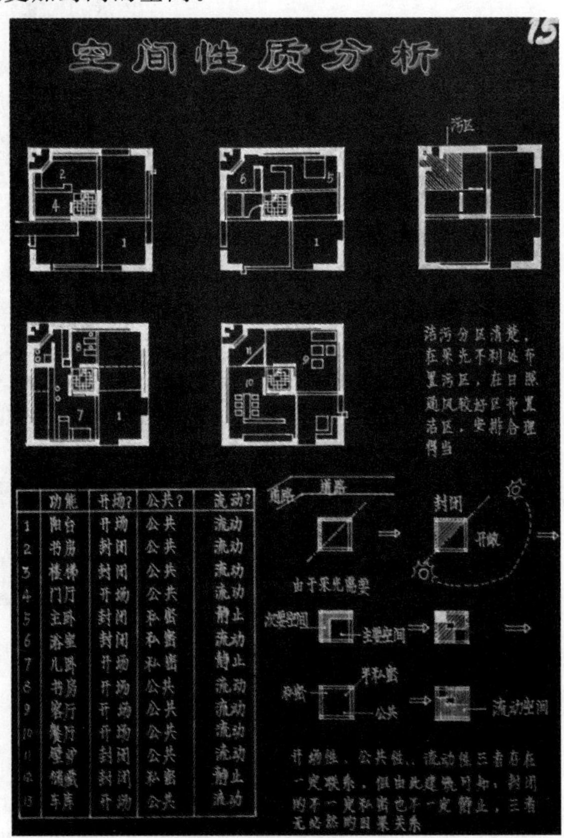

图 5-3-41 空间性质分析

10.空间限定(图 5-3-42、图 5-3-43)

一个空间一般可以用竖向的 4 个面、1 个顶面和 1 个基面等 6 个面进行围合限定，6 个面可以有不同的组合方式，对应前面分析的空间性质，提取最具代表性的空间进行抽象，分析都运用了哪些方式进行了围合和限定，在 6 个面上做了哪些变化。

【分析目的】理解点、线、面要素在建筑空间围合和限定中的不同作用，以及它们在实际建筑中呈现出何种样貌。

【分析方法】一般可利用空间限定分析图来完成。空间限定的分析难度较大，一般来说，可以不考虑建筑的材料和细部处理，将建筑的墙体、天花板等构件抽象为不同形状、方向和大小的体块，然后利用三维图来分析其在空间中的组合方式是如何营造出不同空间形态的。

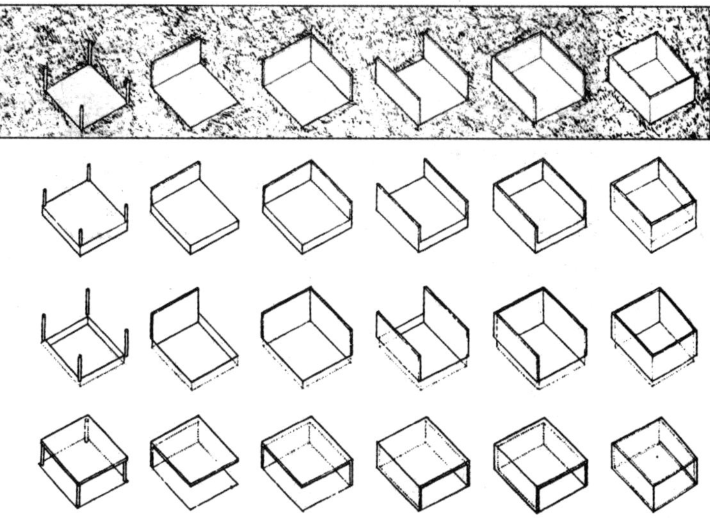

图 5-3-42　空间限定分析(一)

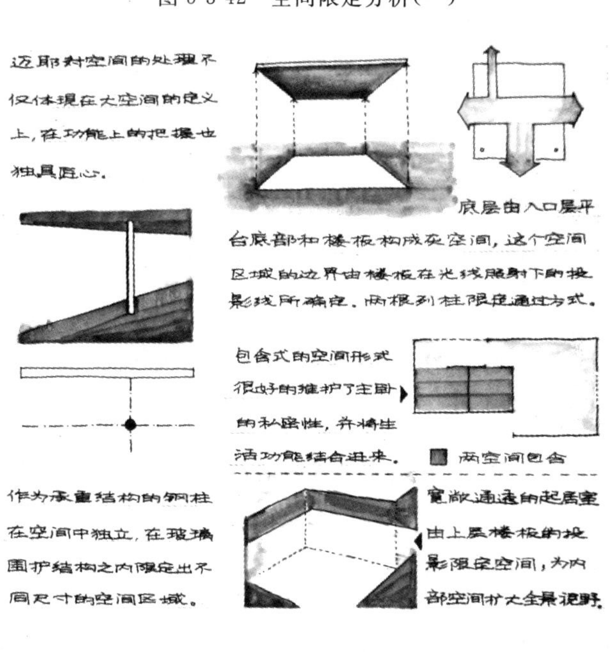

迈耶对空间的处理不仅体现在大空间的定义上，在功能上的把握也独具匠心。
底层由入口层平台底部和楼板构成灰空间，这个空间区域的边界由楼板在光线照射下的投影线所确定。两根列柱限定通过方式。
包含式的空间形式很好的维护了主卧的私密性，并将生活功能结合进来。
两空间包含
作为承重结构的钢柱在空间中独立，在玻璃围护结构之内限定出不同尺寸的空间区域。
宽敞通透的起居室由上层楼板的投影限定空间，为内部空间扩大全景视野。
K，厨房　HBR：主卧室
WR：卫生间，GBR，客卧室
D.R：餐厅　L.R，起居室
Deck，平台　G.P，活动室
Cloth，更衣室　Entry，入口
Main Path，主通道
View：视野可通过
○，使用空间
◎，重要交通空间
两空间穿插
两间客房采用穿插相嵌的形式，通过与下图简单组合方式相比，这样的空间组合体现了功能需求，同时丰富了平面。
VS

图 5-3-43　空间限定分析(二)

11. 空间形态与构成(图 5-3-44～图 5-3-46)

分析空间的形态要素，包括立方体、圆柱体、锥体、不规则异形体等。分析主要空间之间的组合关系，包括内含、相交、相邻、疏远等。分析各个空间的组合构成方式，如集中式、线式、辐射式、组团式、网格式等。

【分析目的】归纳空间形态，掌握空间构成的基本规律。

【分析方法】可根据自己分析的结论，对建筑进行抽象，剥离建筑的材料、颜色等要素，仅仅针对建筑空间形态进行研究，分析中要注意把握形态的整体而疏略细节。不同的研究者，对同一建筑的空间形态构成会有不同的理解。

1. 空间内的空间

2. 穿插式空间

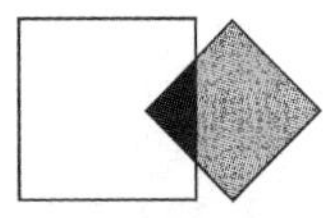

3. 邻接式空间

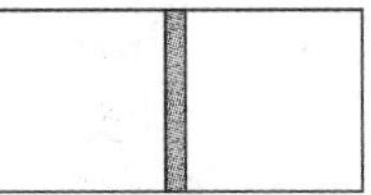

4. 由公共空间连起的空间

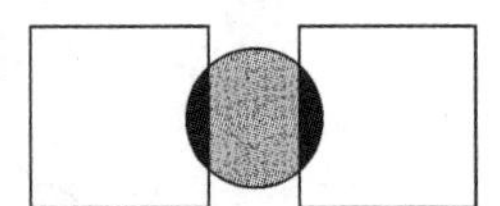

图 5-3-44　空间关系

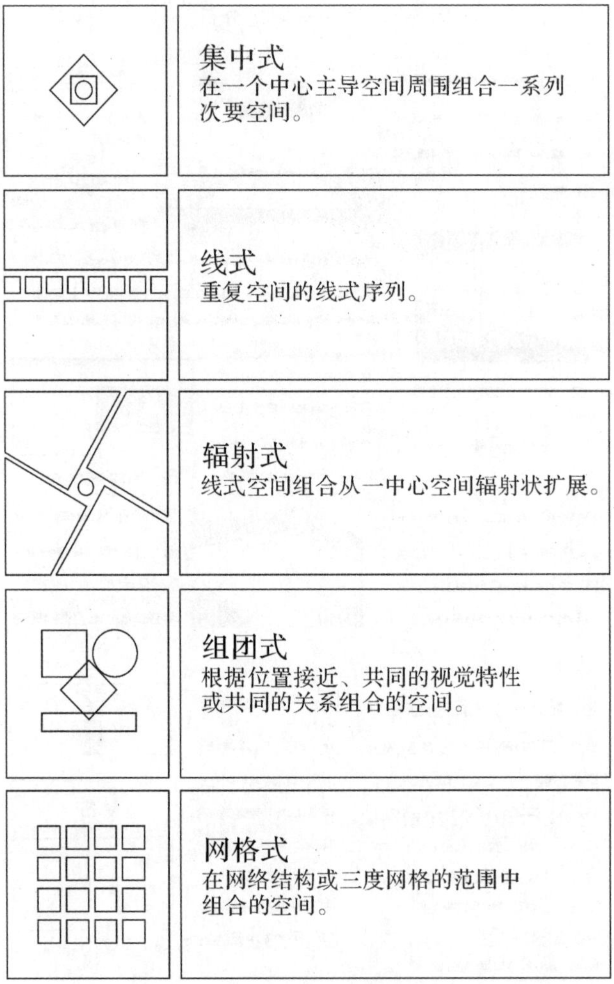

集中式
在一个中心主导空间周围组合一系列次要空间。

线式
重复空间的线式序列。

辐射式
线式空间组合从一中心空间辐射状扩展。

组团式
根据位置接近、共同的视觉特性或共同的关系组合的空间。

网格式
在网络结构或三度网格的范围中组合的空间。

图 5-3-45　空间组合方式

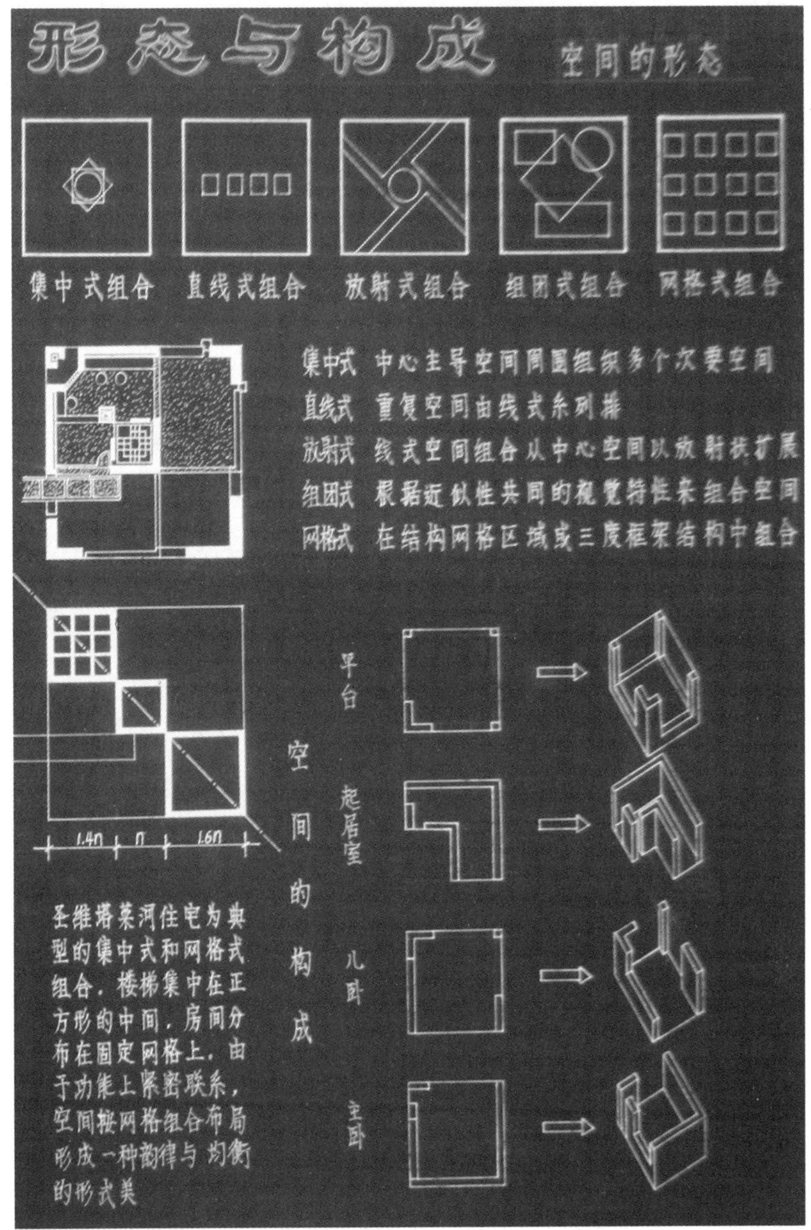

图 5-3-46　空间形态与构成分析

12.体量组合(图 5-3-47～图 5-3-55)

建筑体量设计中经常应用柏拉图几何体，即正圆、等边三角形、正方形、正五边形、正六边形等简单形式。形式越简单越有规则，就越容易被人眼所感知和理解。在体量组合分析中，我们可以分别从减法构成、加法构成、扭曲变形或不同形体的叠加构成，去分析建筑体量组合运用了何种方式，还是综合运用了这些方式。

【分析目的】掌握体量组合的基本规律。

【分析方法】去掉建筑的细节，将建筑的体量抽象成柏拉图几何体进行三维的空间组合分析，配合适当的文字分析说明。

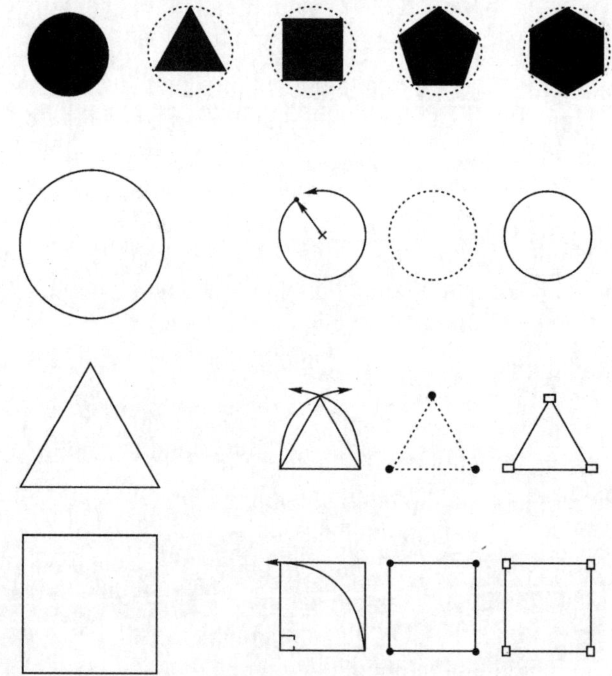

图 5-3-47　基本形式

图 5-3-48　规则与不规则的形式

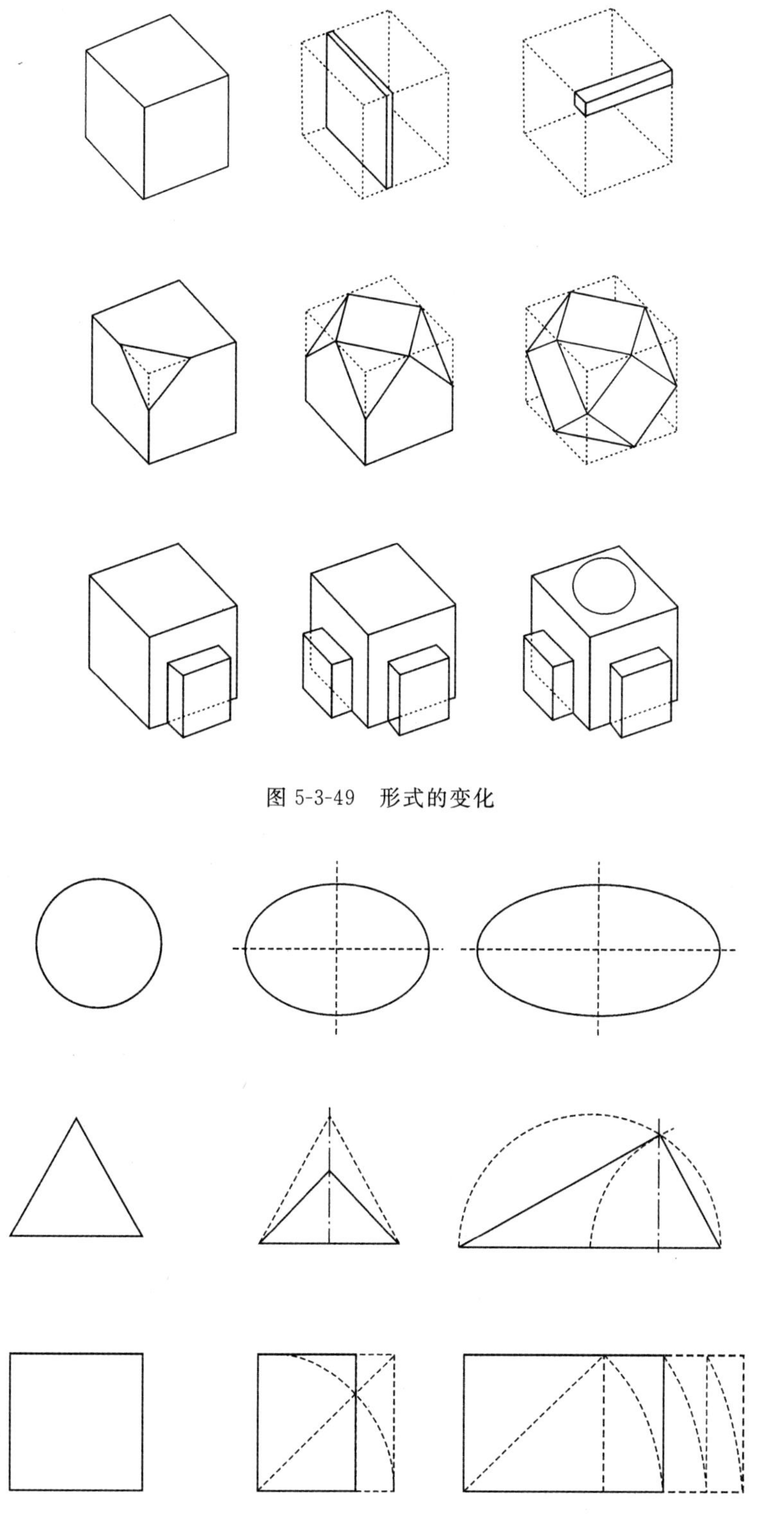

图 5-3-49　形式的变化

图 5-3-50　度量的变形

图 5-3-51　削减的形式(一)

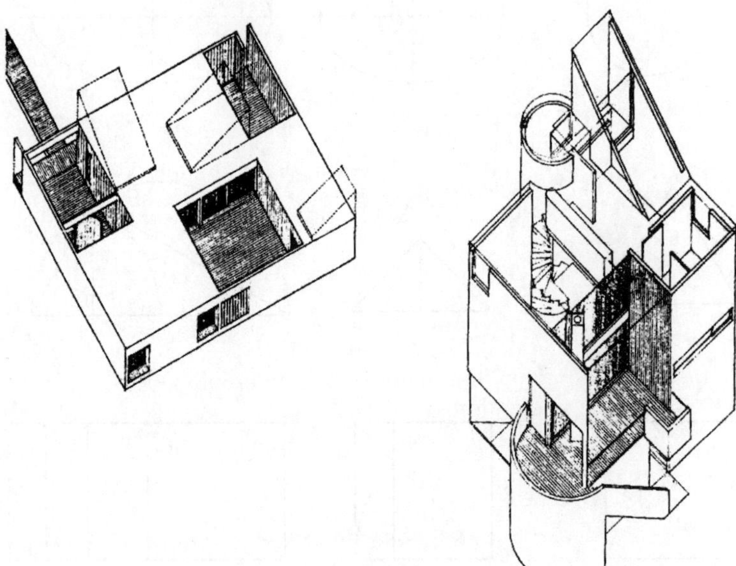

图 5-3-52　削减的形式(二)

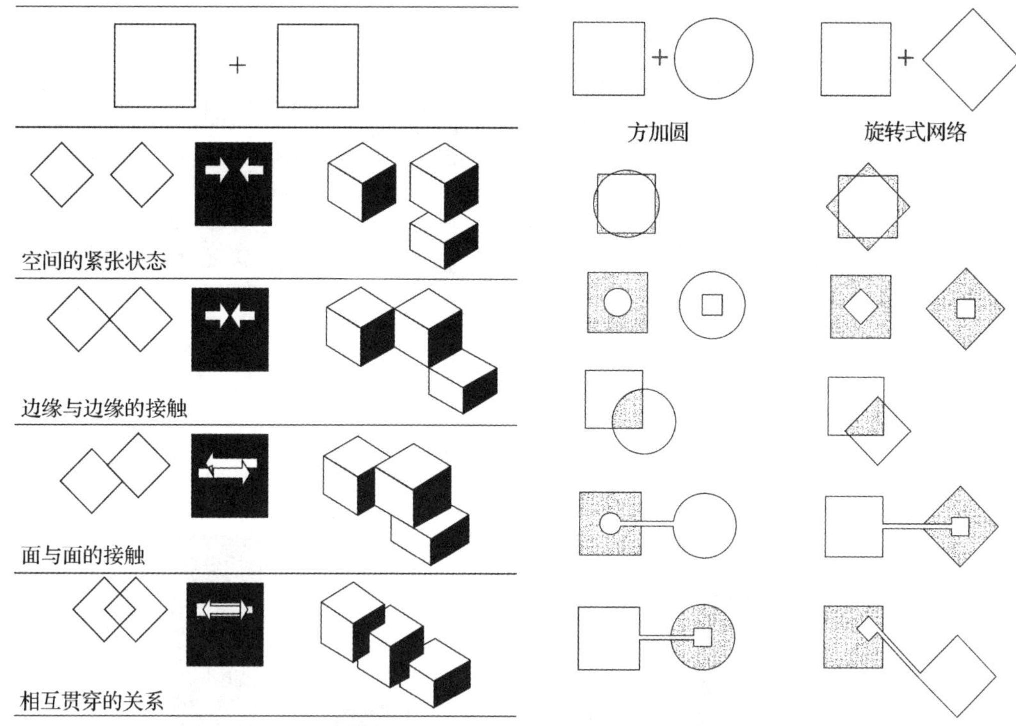

图5-3-53　增加的形式　　　　图5-3-54　几何形式的叠加

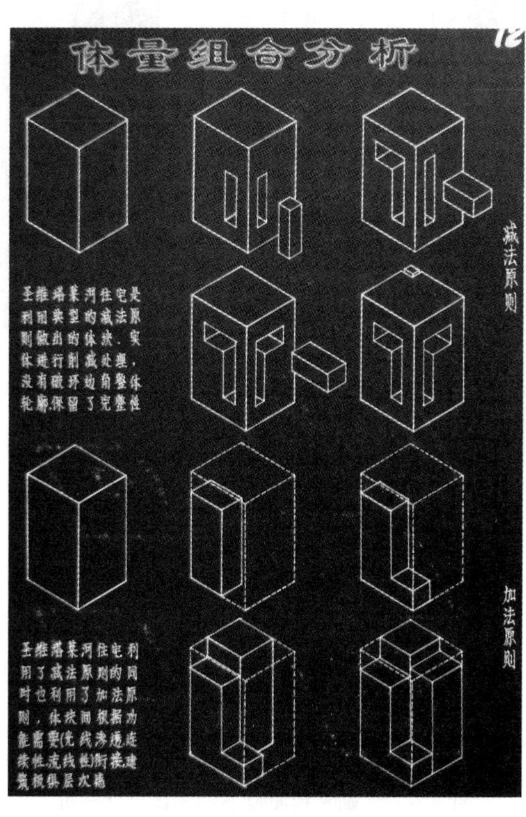

图 5-3-55　体量组合分析

13.形式美的原则(图 5-2-56～图 5-2-60)

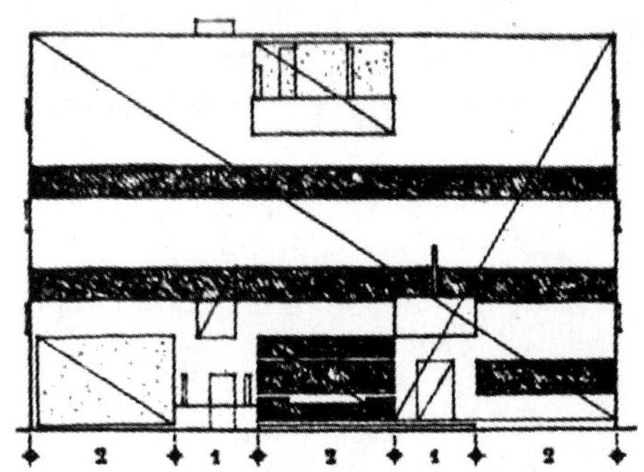

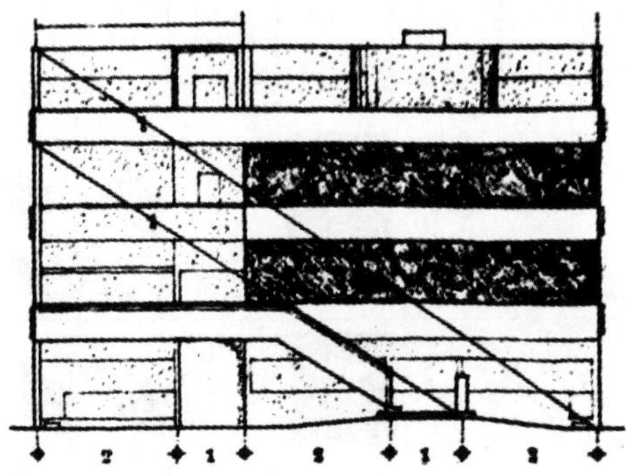

图 5-3-56 某建筑控制线比例分析

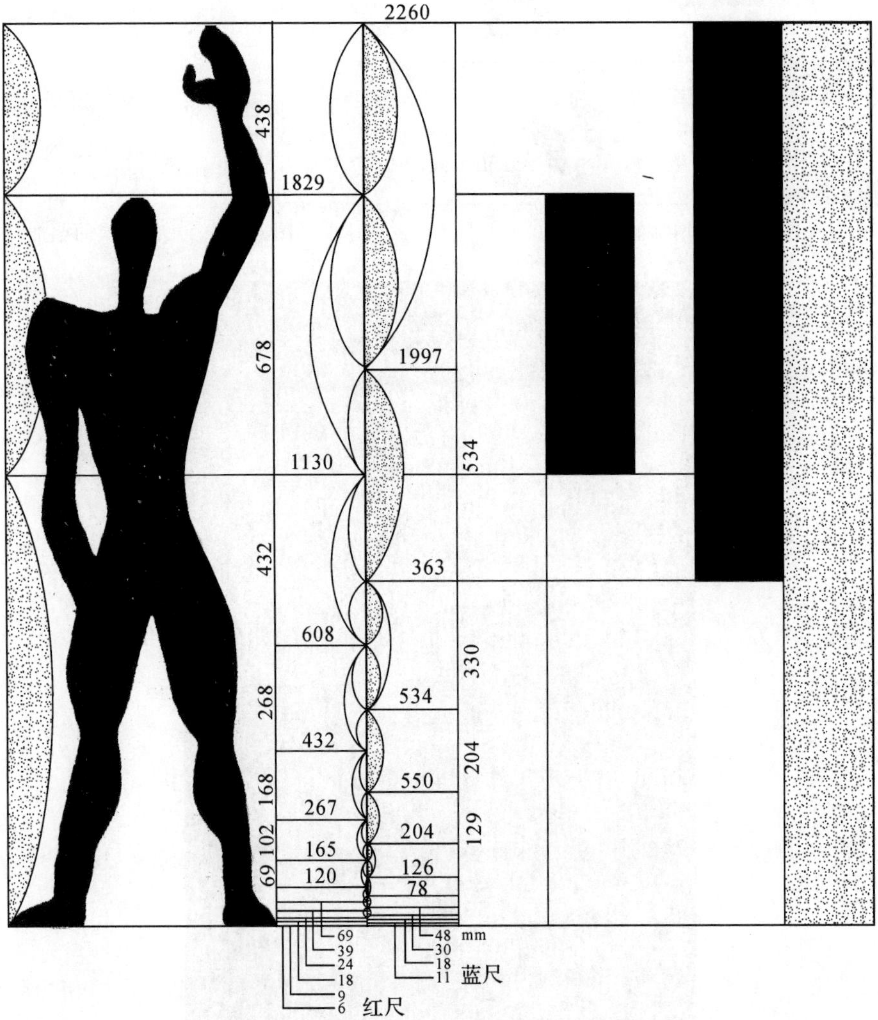

图 5-3-57 勒·柯布西耶的人体尺度分析

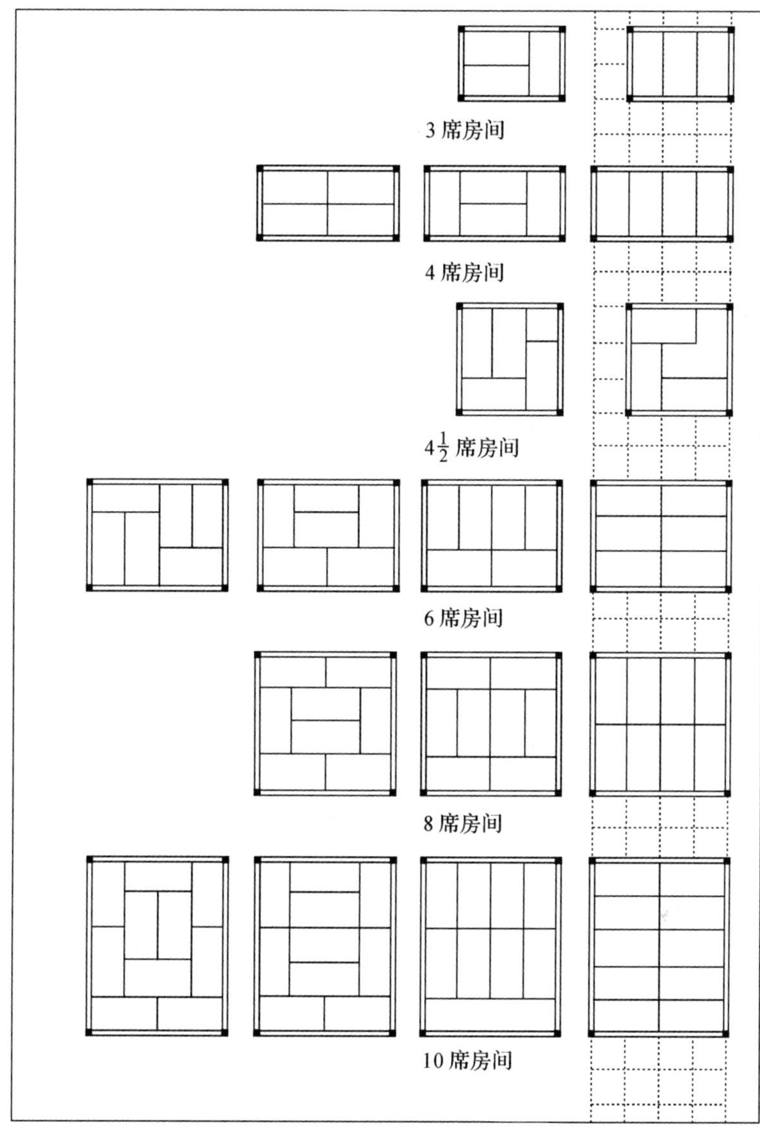

图 5-3-58　榻榻米席的模数

(1)比例。比例是指一个建筑形式和空间的实际尺寸之间的数学关系,包括基本的人体比例,比例的类别(黄金分割比、几何比 124、算术比 123、和谐比 236),几种控制比例的方式(模数制度,控制线,西方柱式和中国营造法式的材——斗拱的上、下厚度,契——上、下斗拱之间的距离等)。

(2)尺度。我们往往运用已知值的尺寸的大小作为参考系,比如人体尺寸、比较固定的建筑构建的尺寸(台阶、窗台高、床长度等)。

(3)变化与统一。个别形象和形式要素多样化,可以极大地丰富作品的艺术形象,但是这些变化又必须达到高度统一,使其统一于一个中心的形象或主体的部分,这样才能构成一种有机整体的形式。

(4)对比与和谐。对比就是应用变化原理,使一些可比成分的对立特征更加明显,更加强烈。如大小、曲直、方向、黑白、明暗、色调、疏密、虚实、开合等,都可以形成对比。和谐就是各个部分或因素之间相互协调，就是指可比因素存在某种共性，也就是同一性、近似性或调和的配比关系。

（5）对称与均衡。对称是指整体的各部分依实际的或假想的对称轴或对称点两侧形成等形、等量的对应关系，它具有稳定与统一的美感。其中完全等量、等形的对称又称为均齐，具有很强的整齐感与秩序感。

（6）节奏与韵律。表示有秩序的连续重现，比如统一元素的反复强调和重复。

【分析目的】掌握空间组合的形式美原则，重点分析比例和尺度。

【分析方法】利用图示，试图找出建筑平面、立面或者剖面中蕴涵的比例、尺度等关系，分析形式美的原则如何影响该建筑的设计。

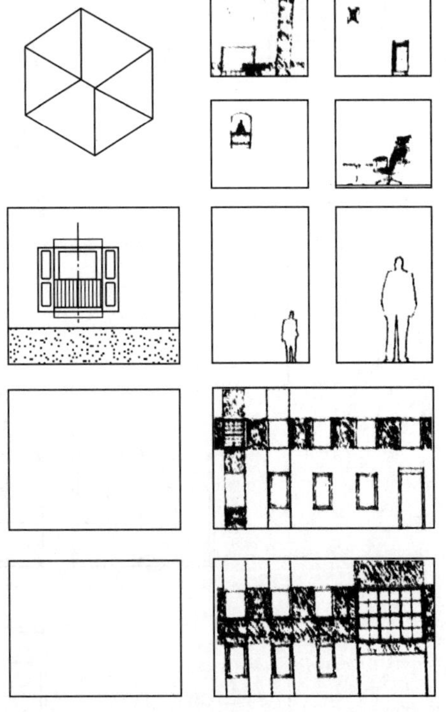

图 5-3-59　尺度示意

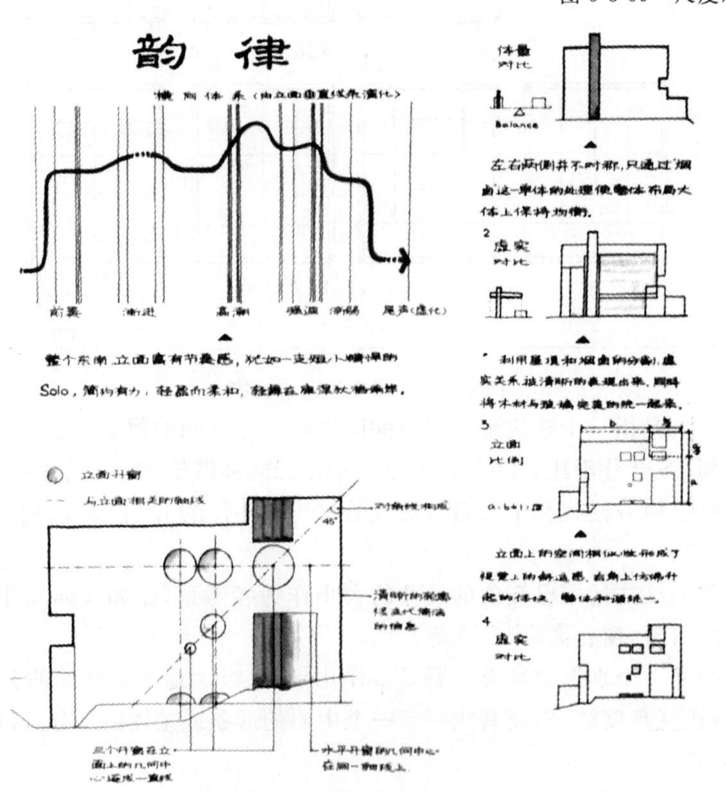

图 5-3-60　比例尺度与韵律分析

14.其他分析(图 5-2-61、图 5-2-62)

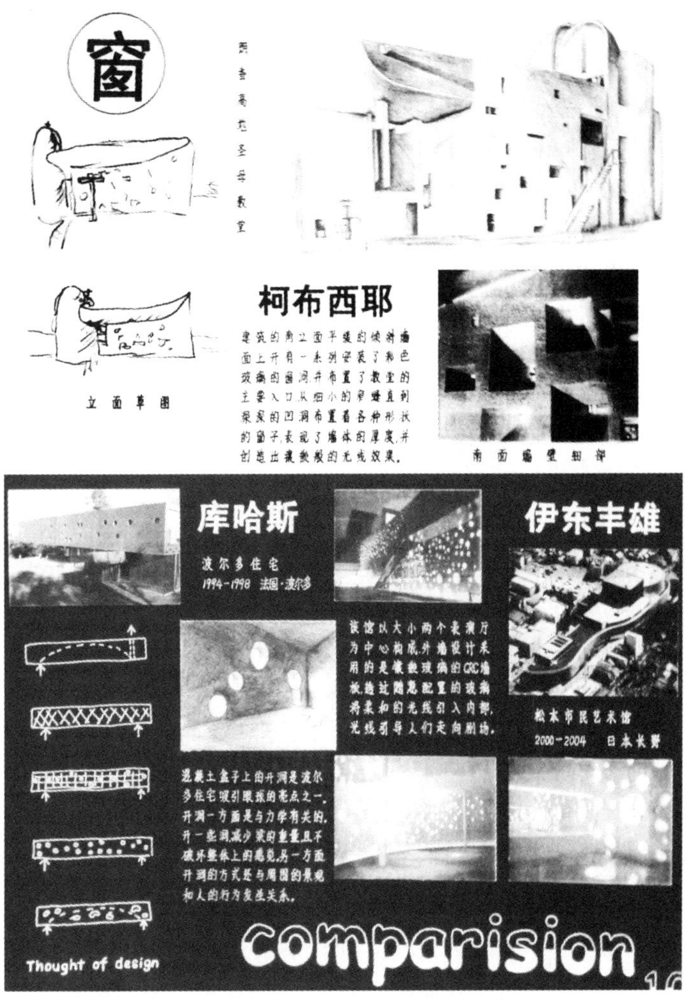

图 5-3-61　细部及比较分析

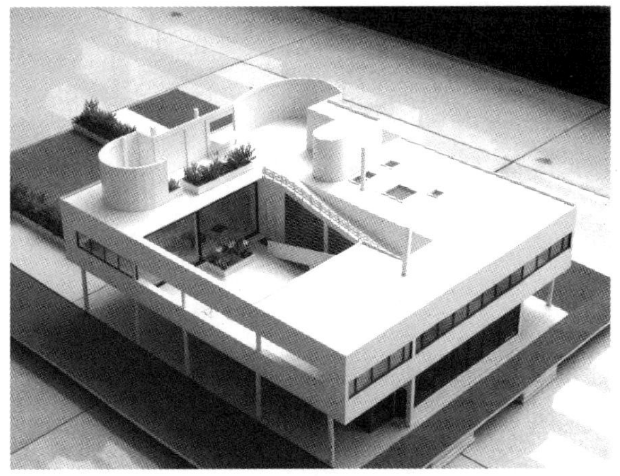

图 5-3-62　模型展示

(1)细部构成,比如对建筑中全部的窗的处理等;

(2)该建筑体现的建筑师的设计理念,与同时代的其他建筑师的比较;

(3)绘画与雕塑的运用与建筑的关系;

(4)建筑形体的过渡、空间的过渡;

(5)建筑场所感的营造与空间序列、层次;

(6)分析过程的心得体会等。

【分析目的】每个建筑都有独特的设计,分析具有特征意义的内容可以帮助学生更好地理解该建筑设计的方法和内容。

【分析方法】分析表达方法不限,但应能够充分说明问题。

参考文献

[1] 田学哲.建筑初步.北京:中国建筑工业出版社,2006.
[2] 田学哲,俞靖芝,郭逊,等.形态构成解析:《建筑初步》教材配套参考.北京:中国建筑工业出版社,2005.
[3] 培根 N.城市设计.黄富厢,等,译.北京:中国建筑工业出版社,2003.
[4] 纳特金斯.建筑的故事.杨慧君,等,译.上海:上海科学技术出版社,2001.
[5] 潘谷西.中国建筑史.北京:中国建筑工业出版社,2004.
[6] 褚冬竹.开始设计.北京:机械工业出版社,2007.
[7] 汉宝德.中国建筑文化讲座.上海:生活·读书·新知三联书店,2006.
[8] 赫茨伯格.建筑学教程:设计原理.天津:天津大学出版社,2003.
[9] 张文忠.公共建筑设计原理.北京:中国建筑工业出版社,2005.
[10] 西蒙兹 O.景观设计学——场地规划与设计手册.3版.北京:中国建筑工业出版社,2000.
[11] 爱德华兹.可持续性建筑.,周玉鹏,等,译.北京:中国建筑工业出版社,2003.
[12] 程大锦.建筑:形式、空间和秩序.2版.天津:天津大学出版社,2005.
[13] 刘先觉.现代建筑理论.北京:中国建筑工业出版社,1999.
[14] 艾伦.建筑初步.2版.刘晓光,等,译.北京:水利水电出版社,2005.
[15] 彭一刚.建筑空间组合论.3版.北京:中国建筑工业出版社,2008.
[16] 拉索.图解思考——建筑表现技法.3版.邱贤丰,等,译.北京:中国建筑工业出版社,2002.
[17] 同济大学建筑系建筑设计基础教研室.建筑形态设计基础.北京:中国建筑出版社,1996.
[18] 周立军.建筑设计基础.哈尔滨:哈尔滨工业大学出版社,2003.
[19] 昂温.解析建筑.伍江,谢建军,译.北京:中国水利水电出版社,2002.
[20] 黎志涛.建筑设计方法入门:高等院校建筑系学生辅导丛书.北京:中国建筑工业出版社,2003.
[21] 傅雷.世界美术名作二十讲.上海:生活·读书·新知三联书店,2003.
[22] 吴焕加.论现代西方建筑.北京:中国建筑工业出版社,1997.
[23] 阿恩海姆.视觉思维:审美直觉心理学.成都:四川人民出版社,2005.
[24] 卢少夫.立体构成.杭州:中国美术学院出版社,2001.

[25] 小林克弘.建筑构成手法.陈志华,王小盾,译.北京:中国建筑工业出版社,2004.
[26] 芦原义信.外部空间设计.尹培桐,译.北京:中国建筑工业出版社,1985.
[27] 盖尔.交往与空间.何人可,译.北京:中国建筑工业出版社,2002.
[28] 刘旭.图解室内设计分析.北京:中国建筑工业出版社,2007.
[29]《大师系列》丛书编辑部.大师草图.北京:中国电力出版社,2005.
[30] 刘永德.建筑空间的形态·结构·涵义·组合.天津:天津科学技术出版社,1998.
[31] 麦克哈格.设计结合自然.黄经纬,译.天津:天津大学出版社,2006.
[32] 赛维.建筑空间论:如何品评建筑.北京:中国建筑工业出版社,2006.
[33] 普林斯,迈那波肯.建筑思维的草图表达.赵巍岩,译.上海:上海人民美术出版社,2005.
[34] 罗易德,伯拉德.开放空间设计:城市·景观·建筑设计解析丛书.罗娟,雷波,译.北京:中国电力出版社,2007.
[35] 沈福煦.建筑方案设计.上海:同济大学出版社,1999.
[35] 史密特.建筑形式的逻辑概念.肖毅强,译.北京:中国建筑工业出版社,2003.
[36] 彭一刚.建筑绘画及表现图.北京:中国建筑工业出版社,1999.
[37] 齐康.画的记忆:建筑师徒手画.南京:东南大学出版社,2007.
[38] 何关培.BIM 总论.北京:中国建筑工业出版社,2011.
[39] 顾大庆,柏庭卫.空间、建构与设计.北京:中国建筑工业出版社,2011.
[40] 朱雷.空间操作:现代建筑空间设计及教学研究的基础与反思.南京:东南大学出版社, 2010.
[41] 同济大学建筑系“建筑设计基础”精品课程. http://www. tongji-caup. orgjpkc2006 国家申报/fianl-mtw/second/Second. html.
[42] 东南大学建筑系 “中国建筑史”精品课程. http://arch. seu. edu. cnjxkyindex. asp? id=8.

附录　学生作业

第一章

作业题目 1：人体尺度及室内环境认知。

作业目的：徒手绘图技巧训练，增强对人体尺度和环境的认知。

训练方法：通过铅笔徒手绘制出网格，学会徒手铅笔线的绘制（包括竖直方向和水平方向的长线条、斜线条）。认识人体基本尺度，结合人体尺度多角度对专业课教室进行环境认知、分析和评价，了解建筑的环境要素。

成果要求：徒手绘制 6～8 个不同姿态的人体图形并标注尺寸，按比例徒手绘制出教室的平面图并对其进行恰当评价。

图纸要求：A2 白色绘图纸，尺寸 594mm×420mm，排版自定（要求兼顾形式美），铅笔徒手线完成，线条注意流畅、美观、肯定，学会借助建筑构件、人体尺度来估测；尺寸允许误差，控制在 5％之内。

学时安排：整个作业 24 课时，其中理论授课 4 课时，设计指导 20 课时。

作业示例：图 6-1-1，图 6-1-2。

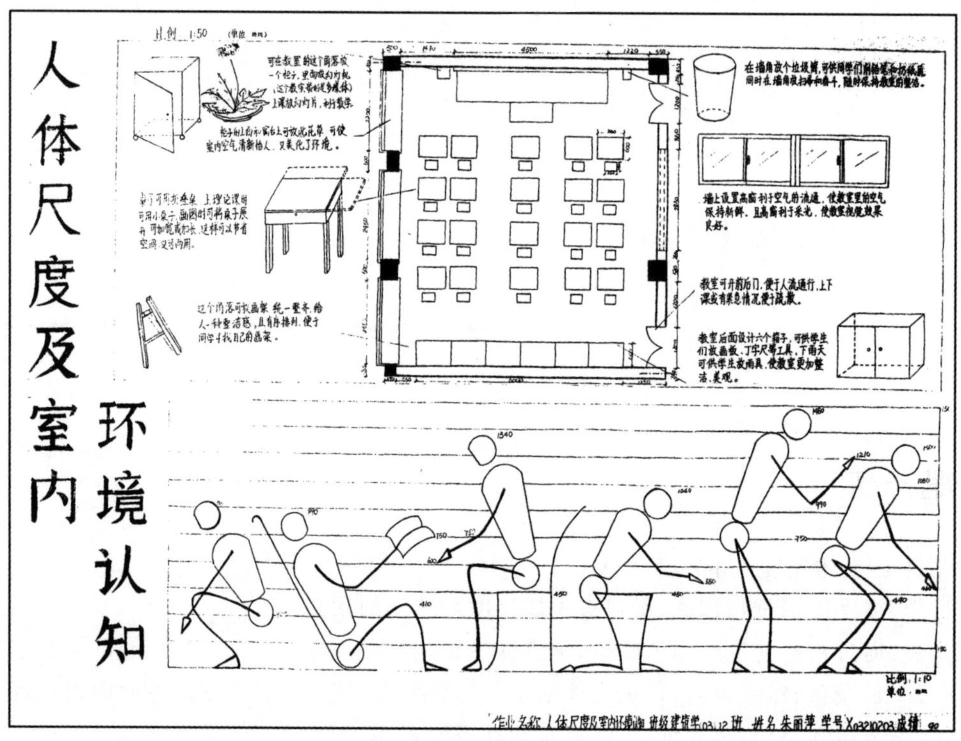
人体尺度及室内环境认知
比例 1:50
在墙角放个垃圾篓，可供同学们削铅笔和扔纸屑，同时在墙角放扫帚和畚斗，随时保持教室的整洁。
墙上设置高窗利于空气的流通，使教室里的空气保持新鲜，且高窗利于采光，使教室视觉效果良好。
教室可开前后门，便于人流通行，上下课或有紧急情况便于疏散。
教室后面设计六个箱子，可供学生们放画板、丁字尺等工具，下雨天可供学生放雨具，使教室更加整洁、美观。
比例：1:10

图 6-1-1

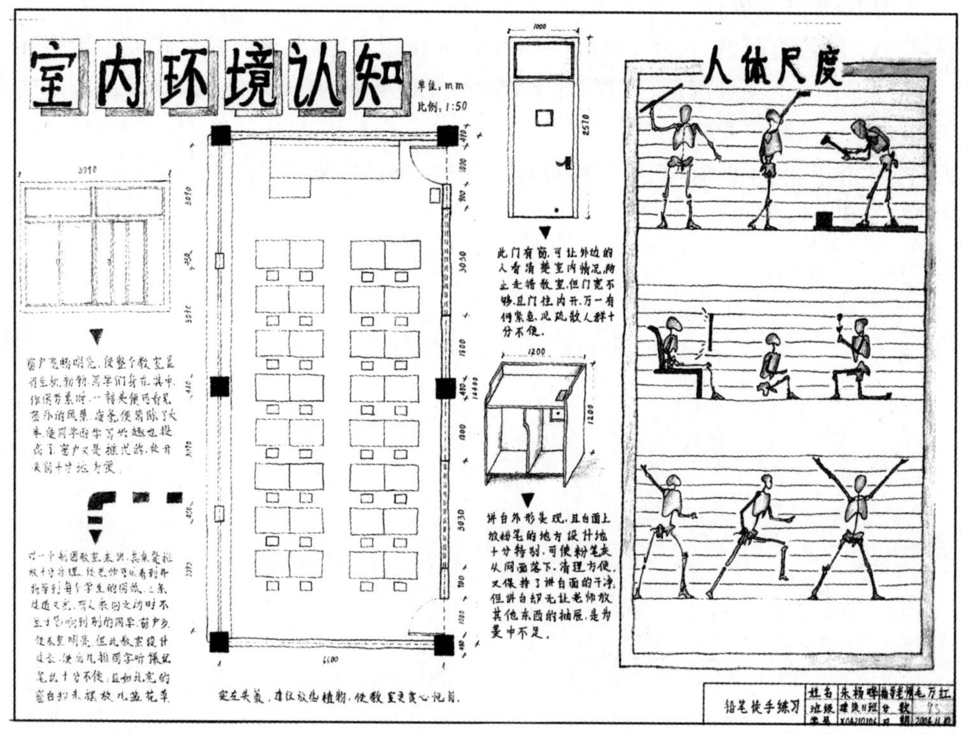
室内环境认知
单位：mm
比例：1:50
人体尺度
此门有窗，可让外边的人看清楚室内情况，防止走错教室，但门宽不够，且门往内开，万一有何紧急，况疏散人群十分不便。
讲台外形美观，且台面上放粉笔的地方设计地十分特别，可使粉笔灰从网面落下，清理方便，又保持了讲台面的干净，但讲台却无让老师放其他东西的抽屉，是为美中不足。
铅笔徒手练习

图 6-1-2

作业题目 2:尺度在空间的应用与建筑造型基础。

作业目的:掌握墨线绘制的技巧,初步了解不同尺度空间对人体感受的影响,以及窗造型的基本特点。

训练方法:通过对三方面内容的工具墨线绘制,学会正确使用丁字尺及三角板。同时,了解不同平面形状房间中开门位置、疏散与活动范围的关系,不同剖面形状房间中尺度的序列变化,通过不同造型的立面窗户形式了解窗户对建筑造型的影响。

成果要求:绘制方形、圆形、三角形等不同造型的立面窗户形式,绘制方形、三角形、圆形房间各 3~4 个,不同剖面形状房间 8~10 个,排版自定。

图纸要求:A2 白色绘图纸,尺寸 594mm×420mm,针管笔、工具墨线,注意线条流畅、美观。

学时安排:整个作业 16 课时,其中理论授课 4 课时,设计指导 12 课时。

作业示例:图 6-1-3。

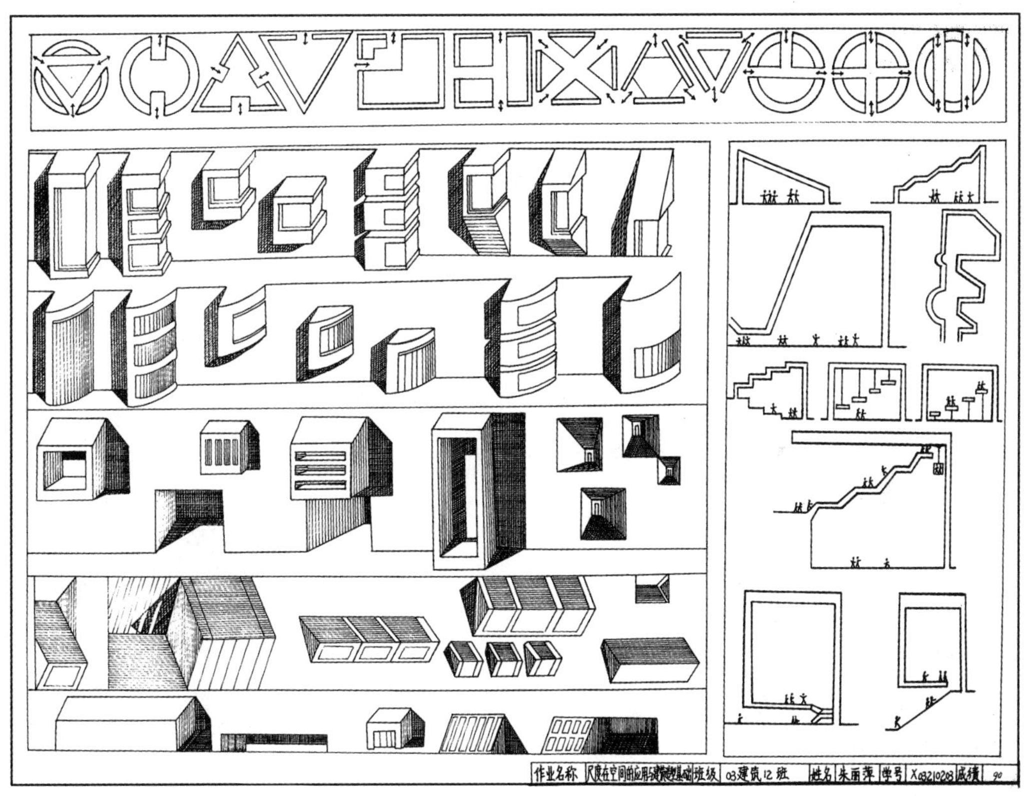

图 6-1-3

作业题目 3:建筑认知。

作业目的:通过实地踏勘的方式体验城市与建筑,了解建筑认知中的内容与要素,并能结合认知对象进行分析;可以通过手绘、摄影、摄像等多种方式记录和表达建筑;学会团队讨论的学习模式。

训练方法:分组对 A、B 两个线路进行实地考察,通过拍照、摄像、写生以及访问和文字等方式记录建筑,收集相关资料,选取感兴趣的点对建筑进行认知分析。注意把握两条线路的不同特征,对目标的认知应遵循从大到小、从整体到局部的原则,按街道的整体风貌—布局—重要单体—细节分析依次深入了解。

成果要求:徒手绘制 6～8 个不同姿态的人体图形并标注尺寸,按比例徒手绘制出教室的平面图并对其进行恰当评价。

图纸要求:A1 卡纸 1～2 张,尺寸 840mm×595mm,内框 810mm×565mm。表达:墨线绘制,以手绘为主,适当可采用贴图。

学时安排:整个作业 16 课时,其中理论授课 4 课时,设计指导 12 课时。

作业示例:图 6-1-4。

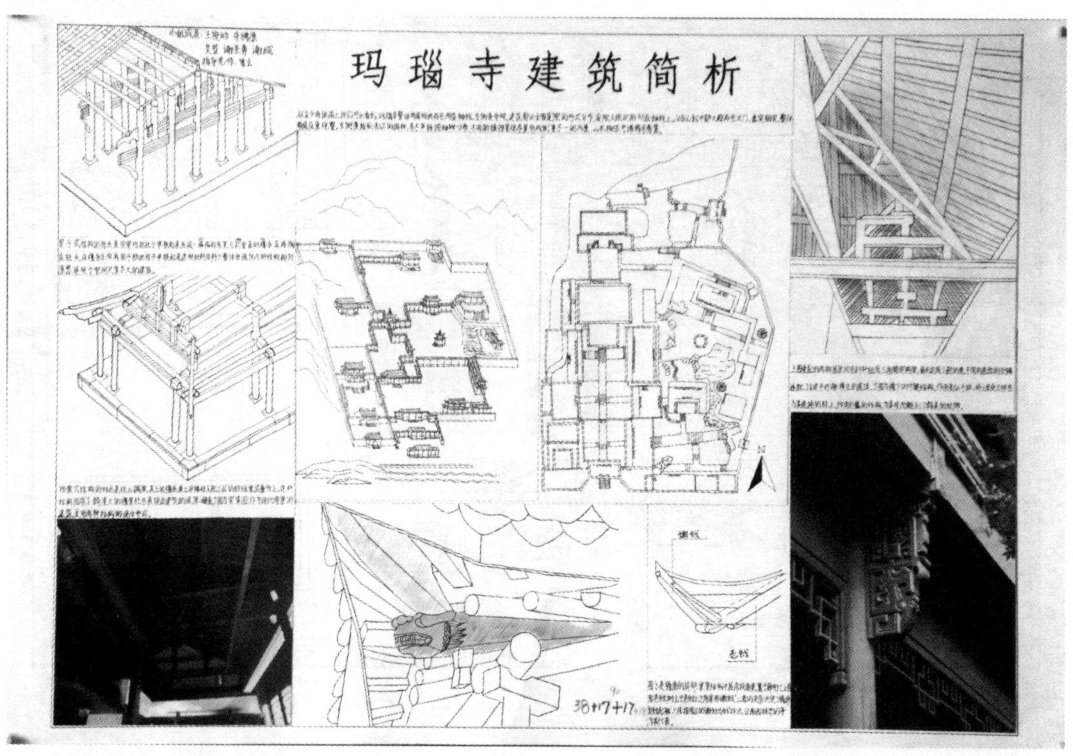

图 6-1-4

第二章

作业题目 1:徒手线的练习。

作业目的:徒手铅笔线的绘制,形式美的原则感性接触。

训练方法:在 A2 的绘图纸上,分别按要求绘制 0°、45°、90°、135°徒手线条各 20 根。

成果要求:图纸尺寸 598mm×421mm。

学时安排:整个作业 8 课时,其中理论授课 4 课时,设计指导 4 课时。

作业示例:图 6-2-1、图 6-2-2。

图 6-2-1

徒手线的练习　　　　胡海水

图 6-2-2

作业题目 2:小型建筑徒手测绘。

作业目的:掌握建筑徒手测绘的方法与步骤,进一步巩固建筑制图的相关规定。

训练方法:根据人体尺度和比例等原理,通过简单工具进行测量,绘制出建筑的平、立、剖面图。

成果要求:平面图(1 个:①标注轴线尺寸、总尺寸共两道;②标注房间名称、室内外地坪标高;③剖切符号、指北针、环境布置等);立面图(2 个:标高、配景等);剖面图(2 个:门窗尺寸、高度,建筑层高、标高等)。

图纸要求:A2 白色绘图纸,尺寸 594mm×420mm,工具墨线条绘制,排版自定。

学时安排:整个作业 24 课时,其中理论授课 2 课时,现场测绘 4 课时,设计指导 18 课时。

作业示例:图 6-2-3～图 6-2-5。

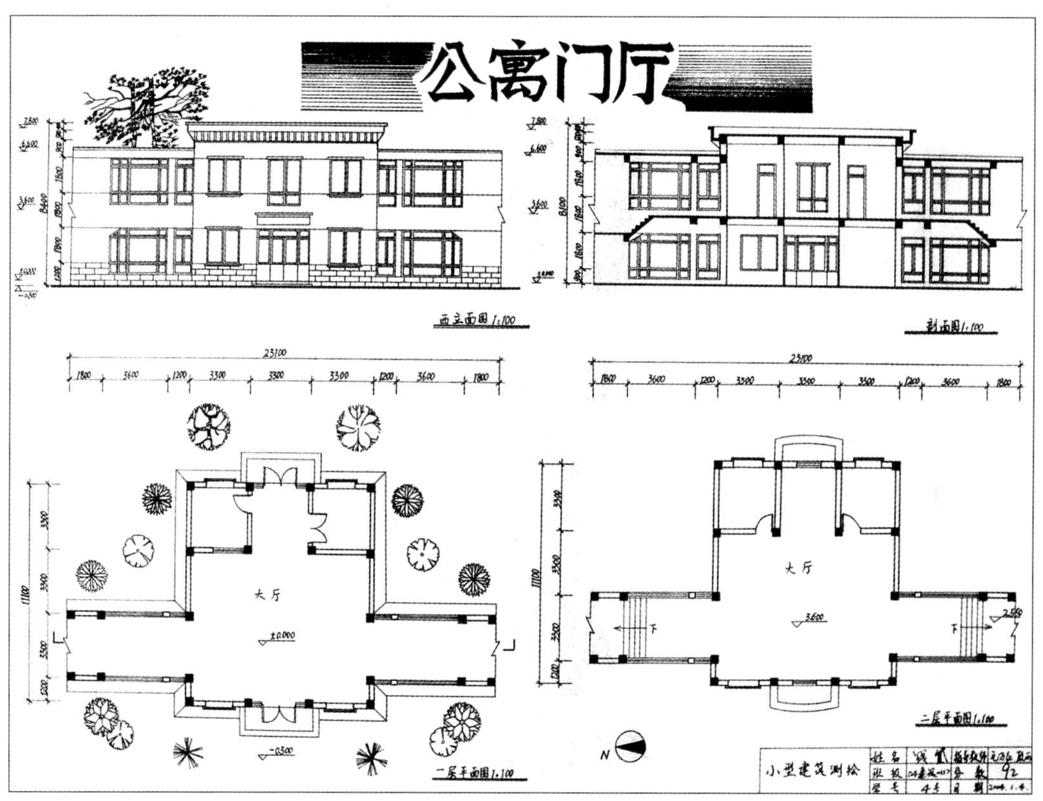

图 6-2-3

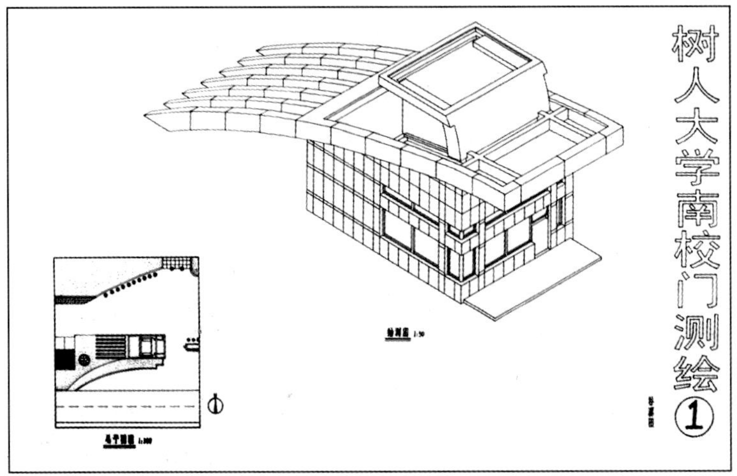

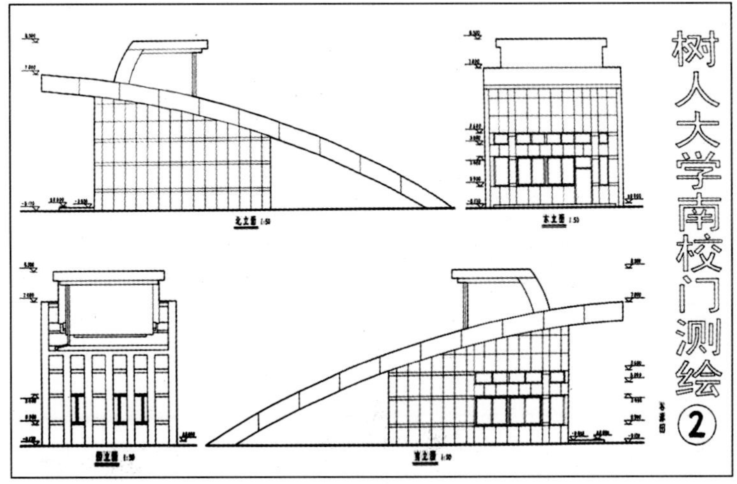

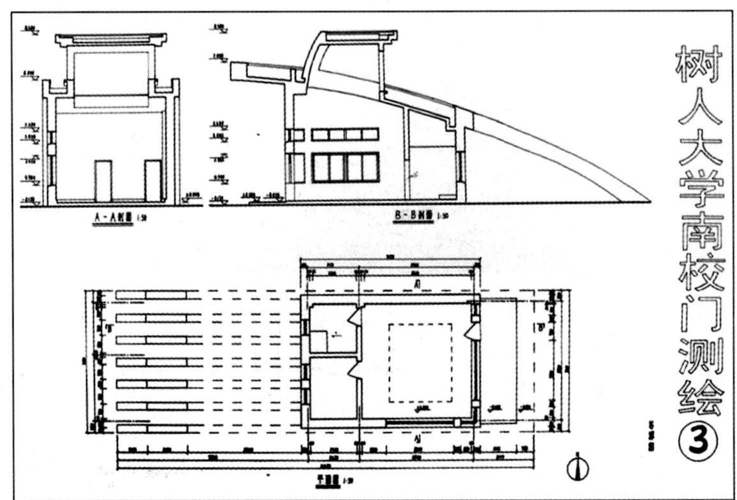

图 6-2-4

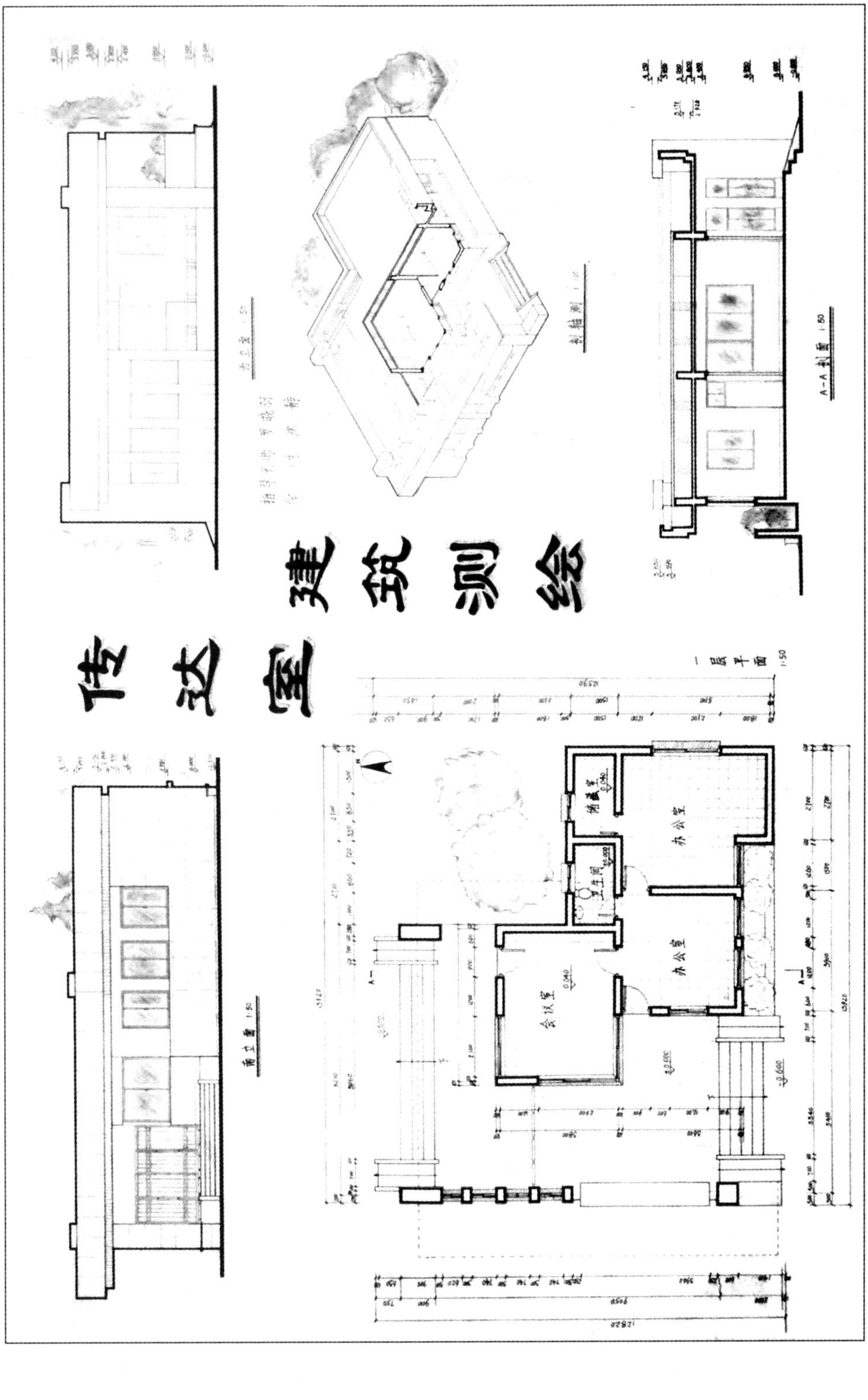

传达室建筑测绘

图 6-2-5

作业题目 3:水墨渲染。

作业目的:学会裱图,掌握水墨渲染的基本技巧,学习利用退晕和叠加的手法表现建筑的立体感。

训练方法:通过退晕、叠加色块练习、建筑立面渲染掌握水墨渲染的相关技巧,学会在二维立面上表达三维效果的方法。

成果要求:图纸尺寸 841mm×594mm。

学时安排:整个作业 8 课时,其中理论授课 2 课时,设计指导 6 课时。

作业示例:图 6-2-6。

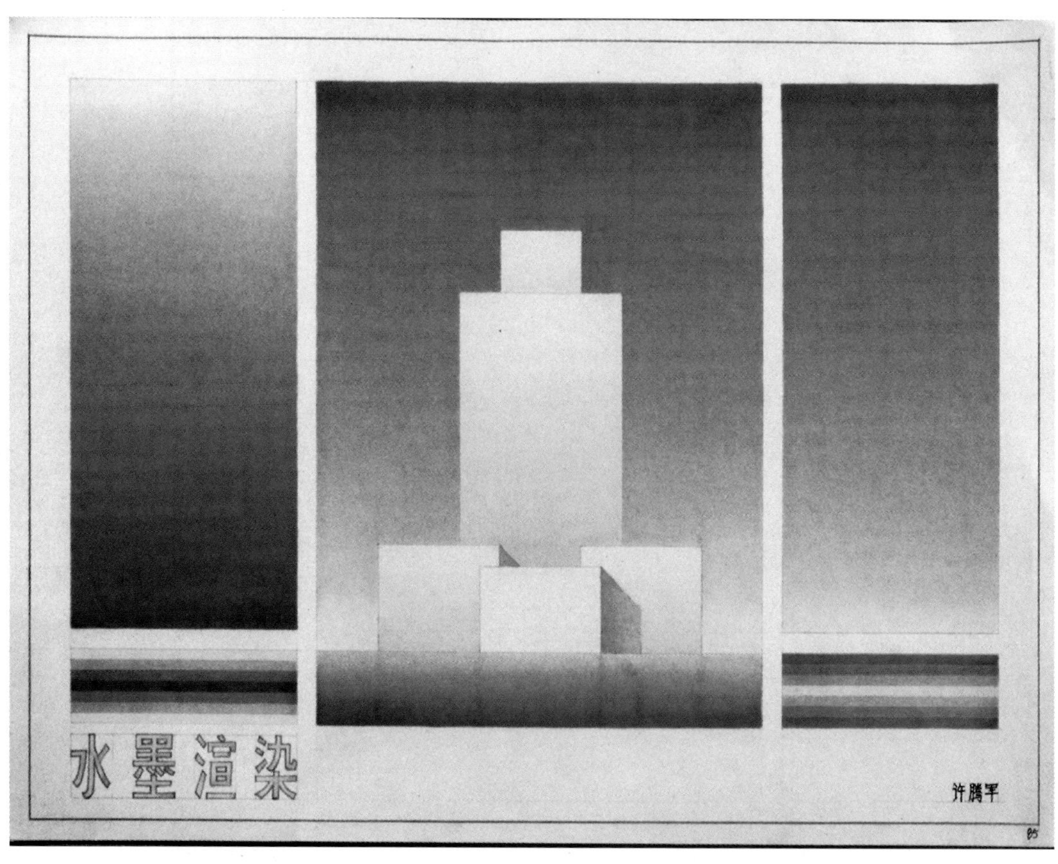

图 6-2-6

作业题目 4：钢笔淡彩渲染。

作业目的：掌握色彩的基本知识，了解钢笔淡彩渲染步骤，学习建筑画面的处理、建筑局部水彩渲染技法要领。

训练方法：利用钢笔线条和水彩相结合表现建筑，注意色彩搭配协调，图面中建筑与环境，环境远、中、近景的处理层次分明，力求体现出水彩画的透明感。

成果要求：A2 白色水彩纸，尺寸 594mm×420mm，钢笔线条，水彩表现。

学时安排：整个作业 20 课时，其中理论授课 4 课时，设计指导 16 课时。

作业示例：图 6-2-7。

图 6-2-7

作业题目 5：著名建筑空间再现——建筑模型。

作业目的：掌握建筑模型基础知识，了解建筑模型与建筑实体的关系，熟悉模型制作的基本工具与材料、模型的制作方法。

训练方法：通过模型制作再现著名建筑，使学生掌握建筑的三维表现手段，学会解读建筑，直观了解建筑的各个构件和细部处理，深入体会平、立、剖面图与建筑模型直接的转换关系。

成果要求：(1)建筑原型作品自由选择，宜选择空间变化丰富、规模适宜的中小型建筑，如别墅、文化建筑、旅游度假建筑等。

(2)模型必须配有基地环境。

(3)建筑模型的顶盖应可开启，以便于观察建筑内部空间。

(4)基地尺寸控制在 400mm×400mm，材料自选。

学时安排：整个作业 24 课时，其中理论授课 4 课时，设计指导 20 课时。

作业示例：图 6-2-8、图 6-2-9。

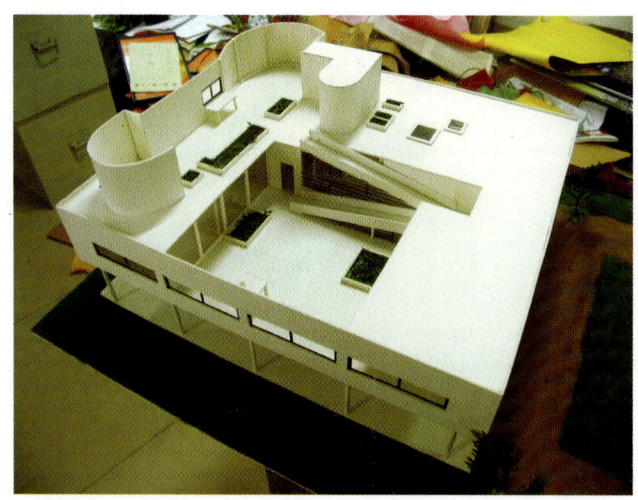

图 6-2-8

图 6-2-9

第三章

作业题目 1：面的切割。

作业目的：探讨如何运用形式美的原则，研究用线来切割面。

训练方法：利用规定的线条在规定的块面内进行切割。

成果要求：图纸尺寸 598mm×421mm。

学时安排：整个作业 16 课时，其中理论授课 4 课时，设计指导 12 课时。

作业示例：图 6-3-1、图 6-3-2。

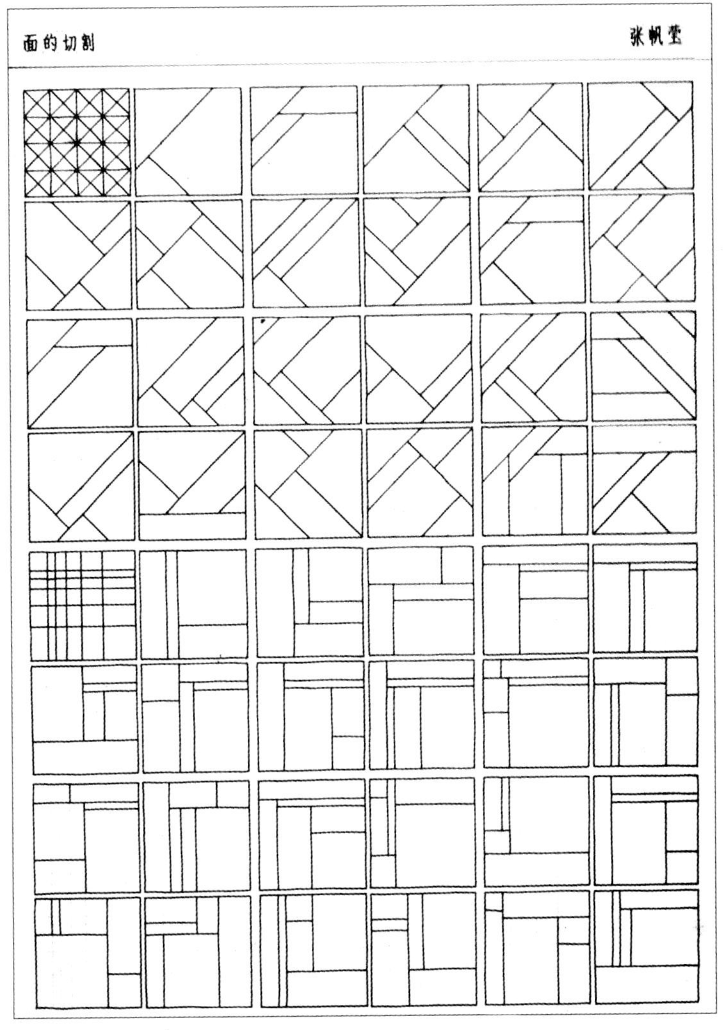

图 6-3-1

图 6-3-2

作业题目 2：面的积聚 1。

作业目的：探讨如何运用形式美的原则，用线围合面。

训练方法：运用 4 个基本形进行面的排列组合。

成果要求：图纸尺寸 598mm×421mm。

学时安排：整个作业 16 课时，其中理论授课 4 课时，设计指导 12 课时。

作业示例：图 6-3-3、图 6-3-4。

图 6-3-3

图 6-3-4

作业题目 3:面的积聚 2。

作业目的:探讨在如何运用形式美的原则,组织黑白灰的关系。

训练方法:运用墨线的平行排布生成不同灰度的面。

成果要求:图纸尺寸 598mm×421mm。

学时安排:整个作业 16 时,其中理论授课 4 课时,设计指导 12 时。

作业示例:图 6-3-5、图 6-3-6。

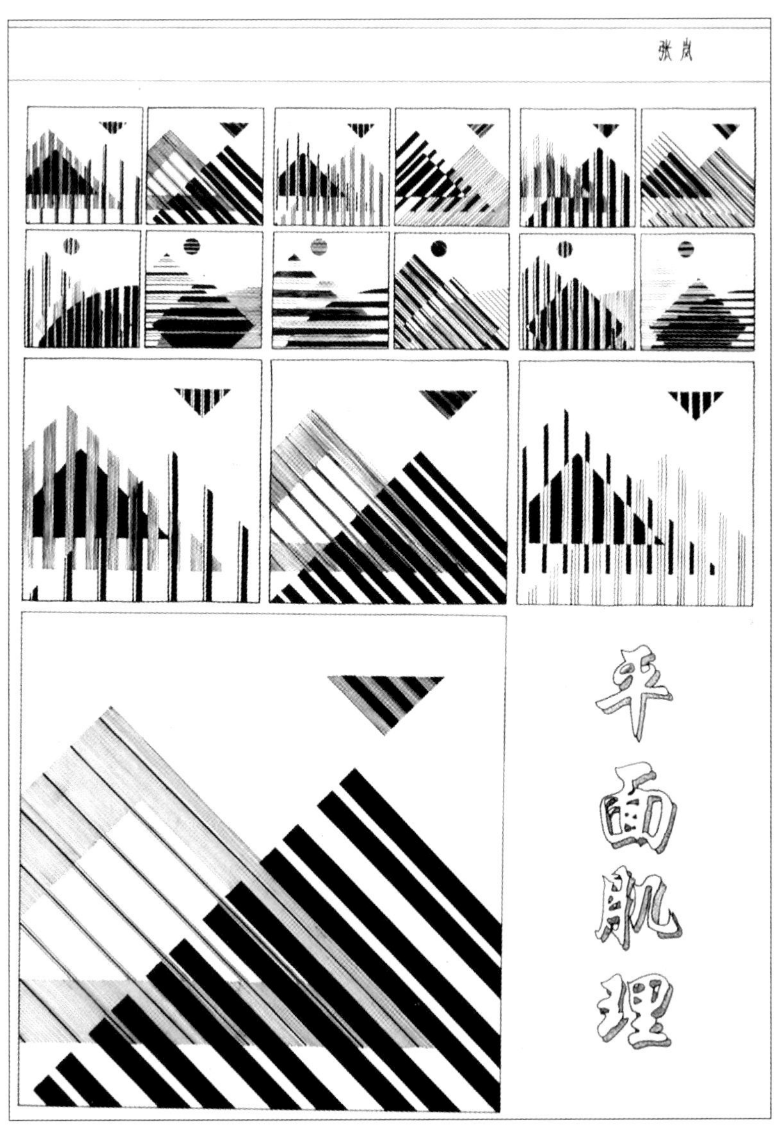

图 6-3-5

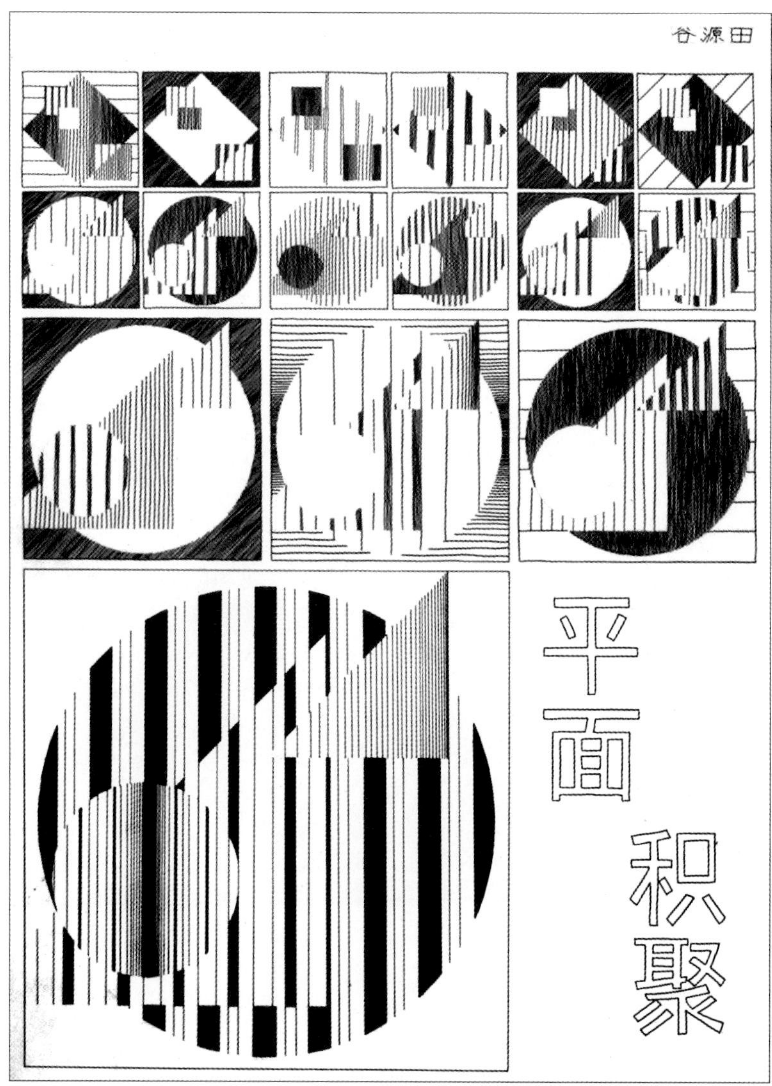

图 6-3-6

作业题目 4:墨线的绘制。

作业目的:探讨如何建立完整的构成体系,组织均衡稳定的图幅布局。

训练方法:四组形体之间关系清晰,12 个个体之间形成独立的构成关系:韵律、旋转、等比、等差、比例等。

成果要求:图纸尺寸 320mm×420mm。

学时安排:整个作业 16 课时,其中理论授课 4 课时,设计指导 12 课时。

作业示例:图 6-3-7。

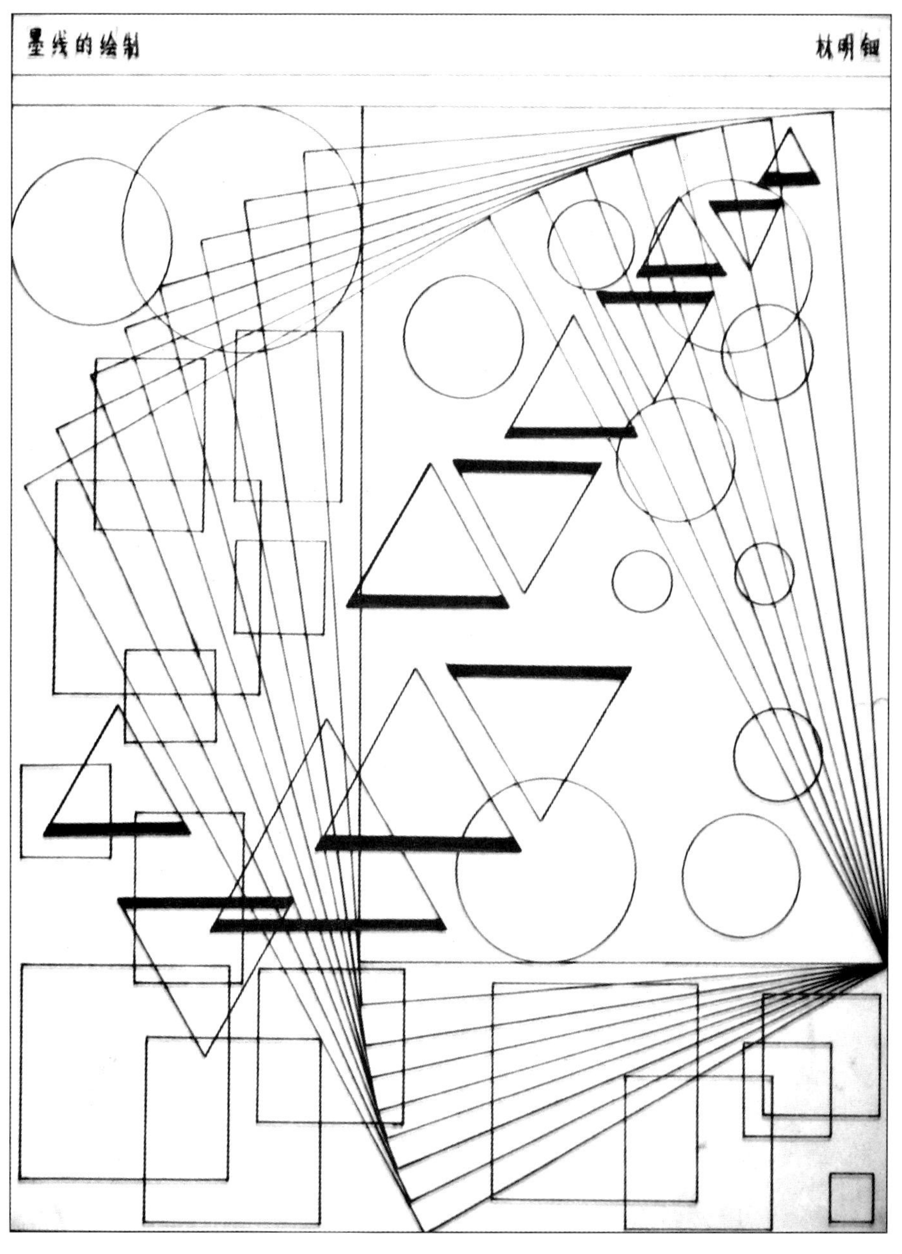

图 6-3-7

作业题目 5：平面构成。

作业目的：探讨在二维空间内的造型规律，研究形与形在两维空间中的联系。

训练方法：在 A2 的绘图纸上，按平面构成的形式：重复、近似、渐变、变异、对比、密集、分割、积聚等，绘出六幅平面构成图。

成果要求：图纸尺寸 598mm×421mm，每小幅尺寸 150mm×150mm，文字要求用仿宋字书写。

学时安排：整个作业 16 课时，其中理论授课 4 课时，设计指导 12 课时。

作业示例：图 6-3-8、图 6-3-9。

图 6-3-8

图 6-3-9

作业题目 6：立体构成。

作业目的：研究三维造型的“量块感”、“空间感”、“稳定性”等与形体创造有关的问题。

训练方法：用线材、面材、块材的构成方法，做出一种立体形态，可以一种材料为主练习，也可多种材料综合练习。

成果要求：作业长宽大于 300mm，高度不限，材料不限。

学时安排：整个作业 12 课时，其中理论授课 4 课时，设计指导 8 课时。

作业示例：图 6-3-10、图 6-3-11。

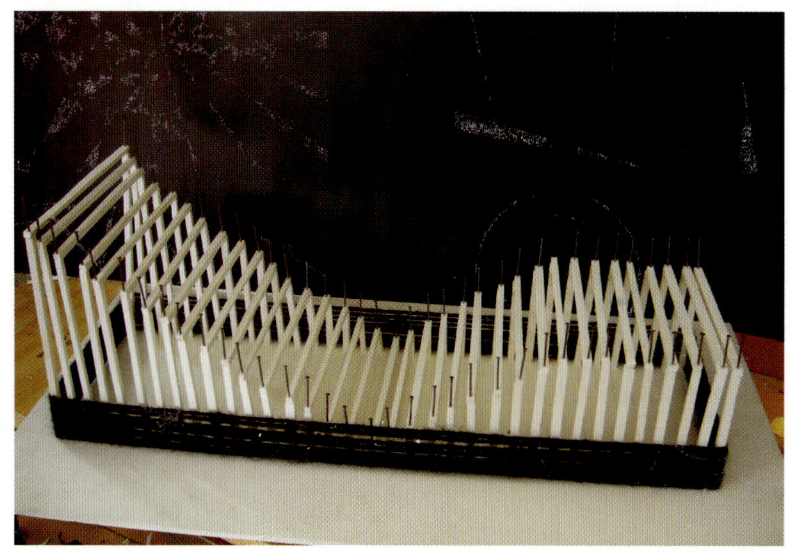

图6-3-10

图6-3-11

作业题目 7:空间切割。

作业目的:(1)研究切割在立方体减法原则中的运用;

(2)研究通过水平与垂直面进行切割引发的空间的变化。

训练方法:(1)选取一个切割构图作为底图进行立方体切割练习,高度遵循四等分格,按照每个切割面进行减法,制作泡沫模型,调整切割单元,观察所产生的不同变化,选取造型良好的构成模型。

(2)以立体切割模型为基础转化为空间模型,外界面采用透明材质,内界面为不透明模型卡,通过限定墙体与楼面的变化观察内部空间产生的变化。运用空间的构成形式及空间组织,进行建筑模型的制作。

成果要求:单个模型尺寸 80mm×80mm×80mm,第一组模型为三个实体泡沫模型,第二组为三个空间卡纸模型。

学时安排:整个作业共 16 课时,理论授课 4 课时,设计指导 12 课时。

作业示例:图 6-3-12、图 6-3-13。

图 6-3-12

图 6-3-13

作业题目 8:空间积聚。

作业目的:(1)研究立方体加法原则中的运用;

(2)研究空间组合中利用界面的虚实变化来组织空间。

训练方法:(1)在平面积聚图形中选择一个积聚图形作为母题,将各个图形要素赋予相同或不同的高度(高度须符合四等分网格),形成三个不同的空间加法构成。通过对界面虚与实的变化,组织空间,追求空间形态的丰富与变化,同时应达成统一、完整的群体形态。

(2)针对空间积聚的一个模型,放大,赋予 2～3 种不同的材料,通过材质、虚实、色彩与肌理的变化,强调空间的主次关系。

成果要求:第一组模型为三个卡纸模型,单个模型尺寸 80mm×80mm×80mm;第二组为一个 2～3 种组合材质模型,尺寸 120mm×120mm×120mm。

学时安排:整个作业共 20 课时,理论授课 4 课时,设计指导 16 课时。

作业示例:图 6-3-14、图 6-3-15。

图 6-3-14

图 6-3-15

作业题目 9:外部空间构成。

作业目的:研究物理空间与心理空间,创造出积极的建筑空间形体。

训练方法:运用空间的构成形式及空间组织,进行建筑模型的制作。

成果要求:在 300mm×300mm×300mm 的空间内,作空间划分,把平面的空间转化为立体的空间。建筑模型底板长宽大于 350mm,高度不限,材料不限。

学时安排:整个作业共 16 课时,理论授课 4 课时,设计指导 12 课时。

作业示例:图 6-3-16。

图 6-3-16

作业题目 10：立方体空间构成。

作业目的：利用界面的围合、穿插、引导进行空间的创造。

训练方法：运用空间的构成形式及空间组织，进行建筑模型的制作，同时绘制图纸。

成果要求：一个完整的 160mm×160mm×160mm 的立方体空间模型，4 个 1∶2 的分层展示模型，及一张 840mm×595mm 图纸。

学时安排：整个作业共 32 课时，理论授课 4 课时，设计指导 28 课时。

作业示例：图 6-3-17、图 6-3-18。

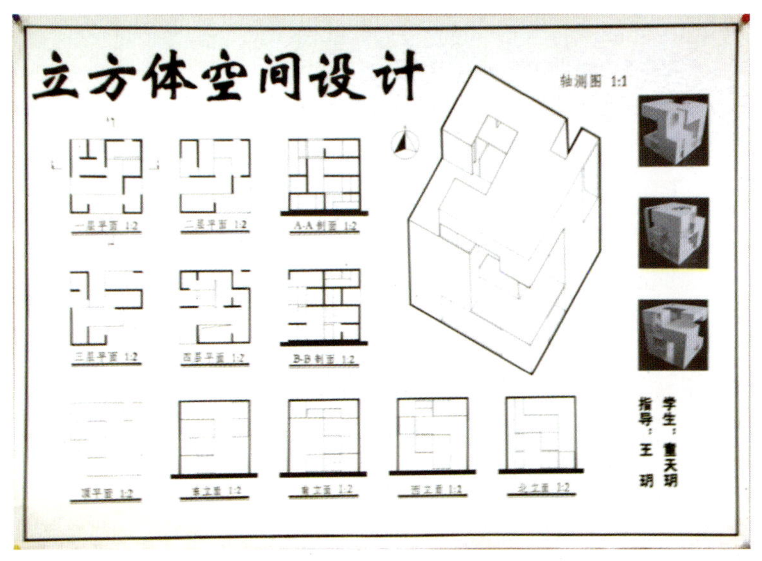

图 6-3-17

图 6-3-18

第四章

作业题目 1:限制性空间设计。

作业目的:作为建筑方案设计的前期准备阶段,在忽略建筑外部造型的前提下,学习如何结合功能、流线来组织建筑的内部空间。

训练方法:让学生在特定空间内,根据使用功能要求进行平面的概念设计,设计时忽略结构等因素的制约,强调平面的构成效果。

成果要求:(1)套型平面图比例为 1∶50,需要布置家具和厨卫用具、标指北针。

(2)套型剖立面图比例为 1∶50(2～3 个)(起居室、卧室)。

(3)室内透视:主透视至少 1 个,可辅以小透视补充说明(可用剖视图代替主要透视图)。

(4)方案的设计说明,要求文字简单扼要。

图纸要求:A2 白色绘图纸(1～2 张),尺寸 594mm×420mm,工具墨线条绘制,彩图效果,排版自定。

学时安排:整个作业 32 课时,其中理论授课 4 课时,设计指导 28 课时。

作业示例:图 6-4-1、图 6-4-2。

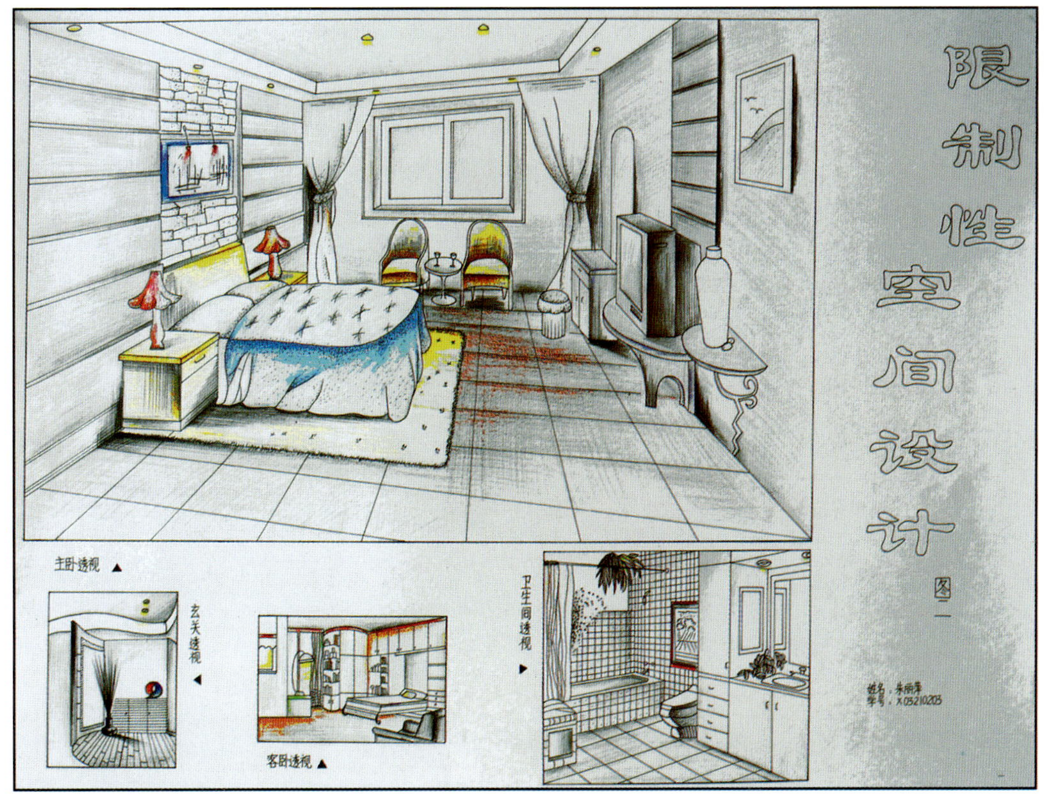

图 6-4-1

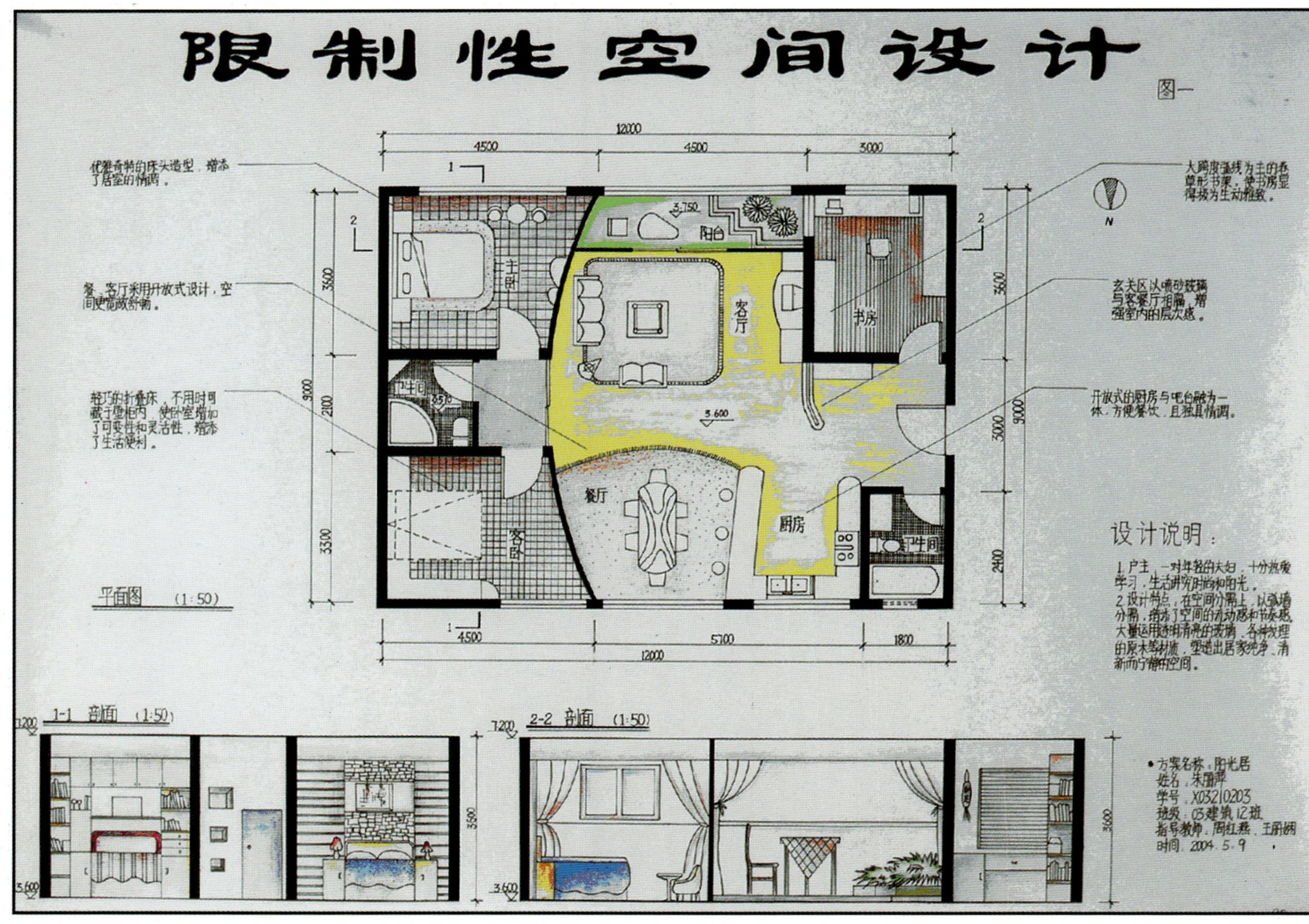
限制性空间设计
图一
书房
客厅
阳台
厨房
餐厅
主卧
客卧
卫生间
平面图 (1:50)
设计说明：
1-1 剖面 (1:50)
2-2 剖面 (1:50)

图6-4-2

作业题目 2:室内空间设计。

作业目的:组织某些局部空间,使之成为一个连贯、紧凑的整体。

训练方法:学生根据自己选择人物的个人生活与工作特性,结合给出的具体设计要求,确立自己的任务书,并进行高差、界面、家具、陈设、色彩设计。

成果要求:图纸与 1∶30 模型。

图纸要求:图纸尺寸 750mm×540mm,工具墨线条绘制,加入色彩表现,排版自定。

学时安排:整个作业 28 课时,其中理论授课 4 课时,设计指导 24 课时。

作业示例:图 6-4-3、图 6-4-4。

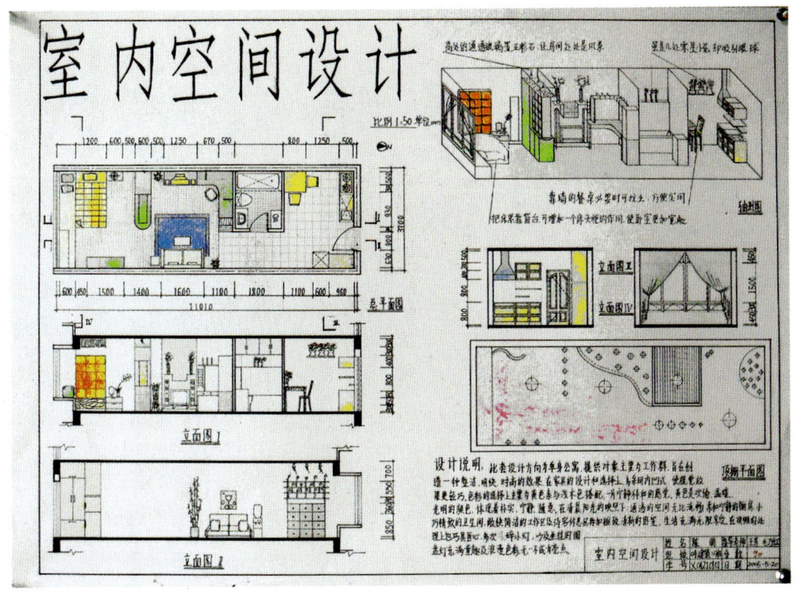

图 6-4-3

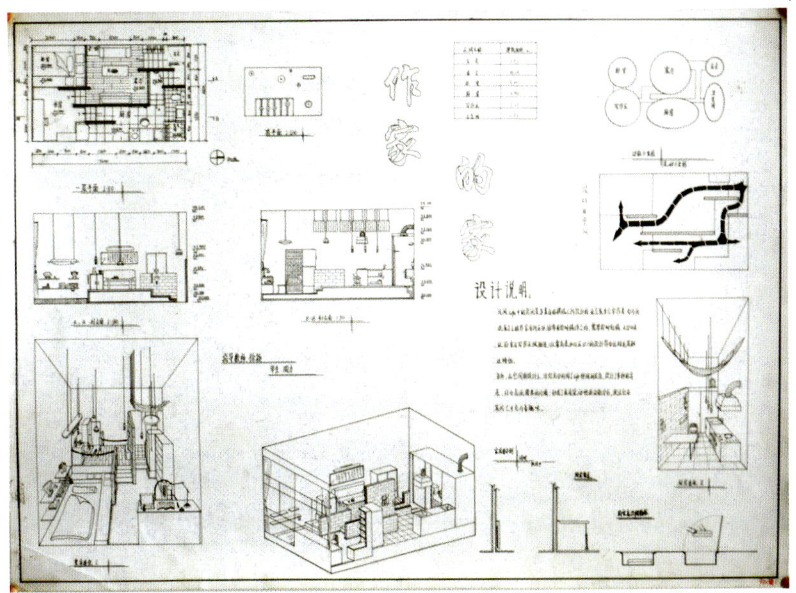

图 6-4-4

作业题目 3:外部空间环境认知与分析。

作业目的:掌握空间的限定方式,体会尺度的概念,学会分析、思考问题的方法。

训练方法:观察空间及其限定要素,测量空间及其限定要素的大小,观察或想象人的行为活动,并进行记录,进而描述。

成果要求:分析图若干,配备分析说明,表现方式不限。

图纸要求:A2 白色绘图纸,工具墨线条绘制为主,排版自定。

学时安排:整个作业 28 课时,其中理论授课 4 课时,设计指导 24 课时。

作业示例:图 6-4-5、图 6-4-6。

图 6-4-5(a)

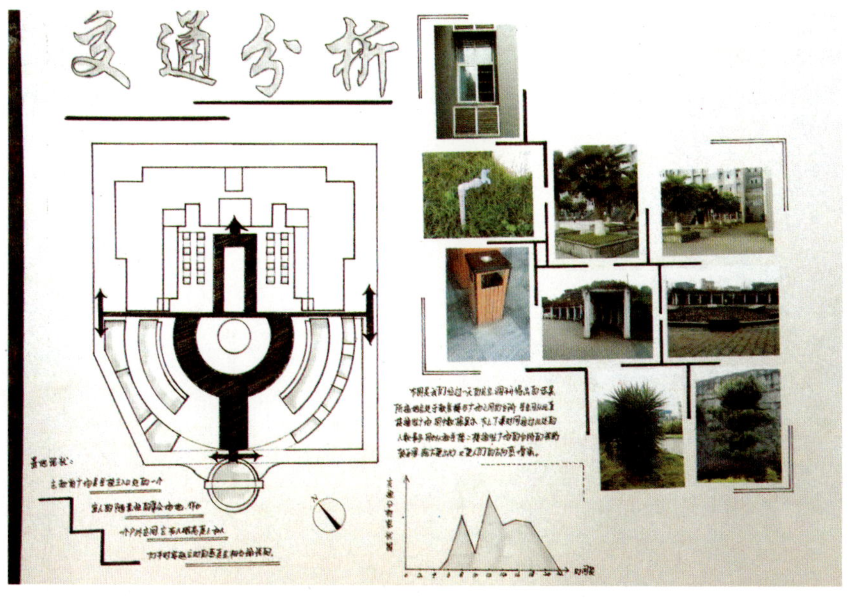

图 6-4-5(b)

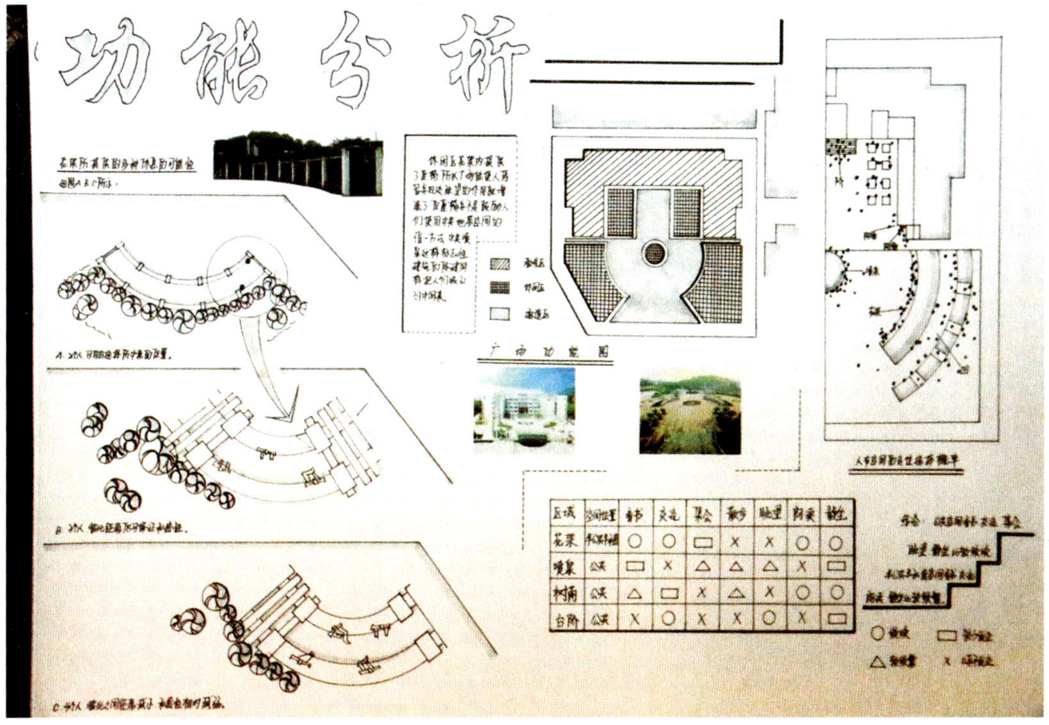

图 6-4-5(c)

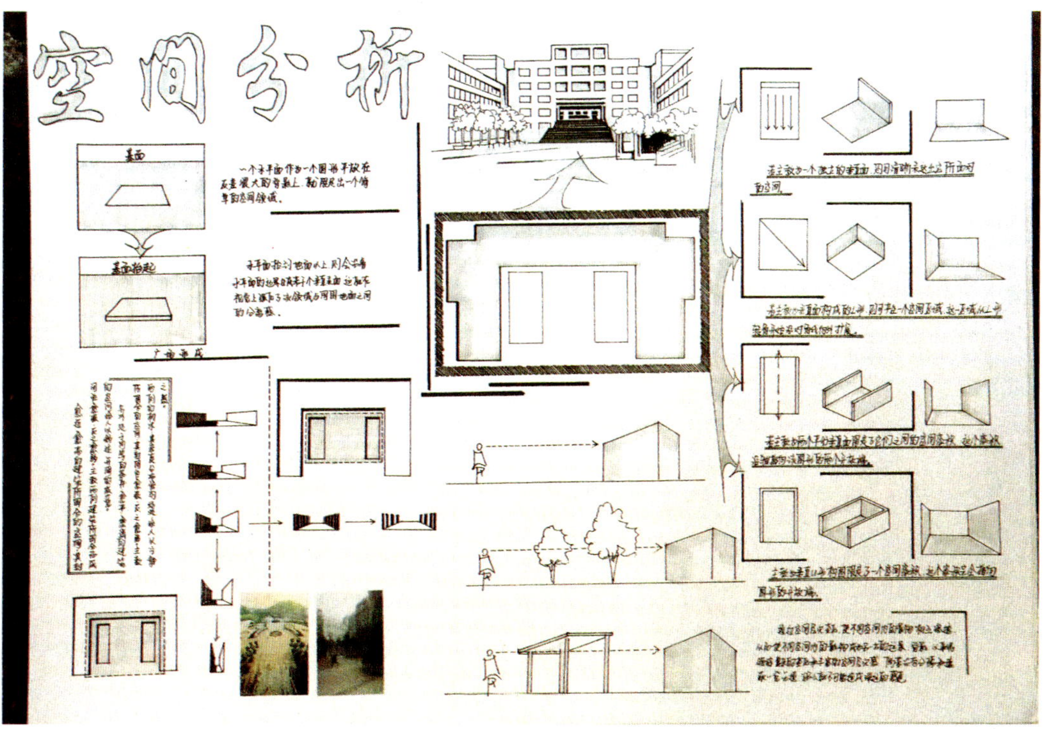

图 6-4-5(d)

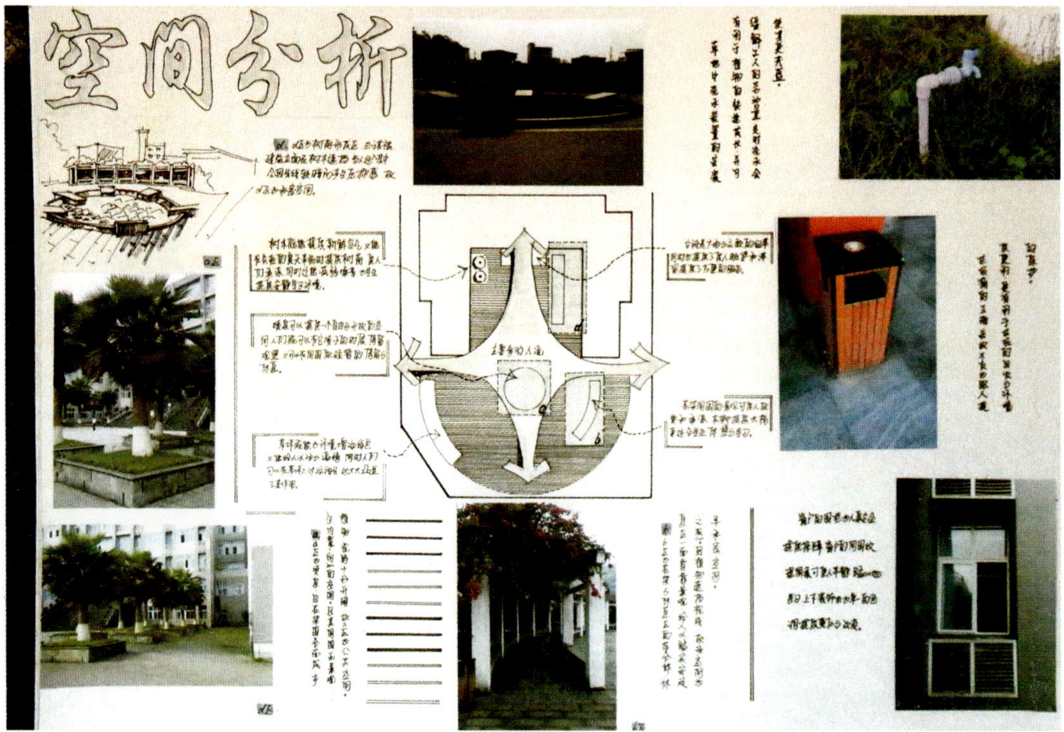

图 6-4-5(e)

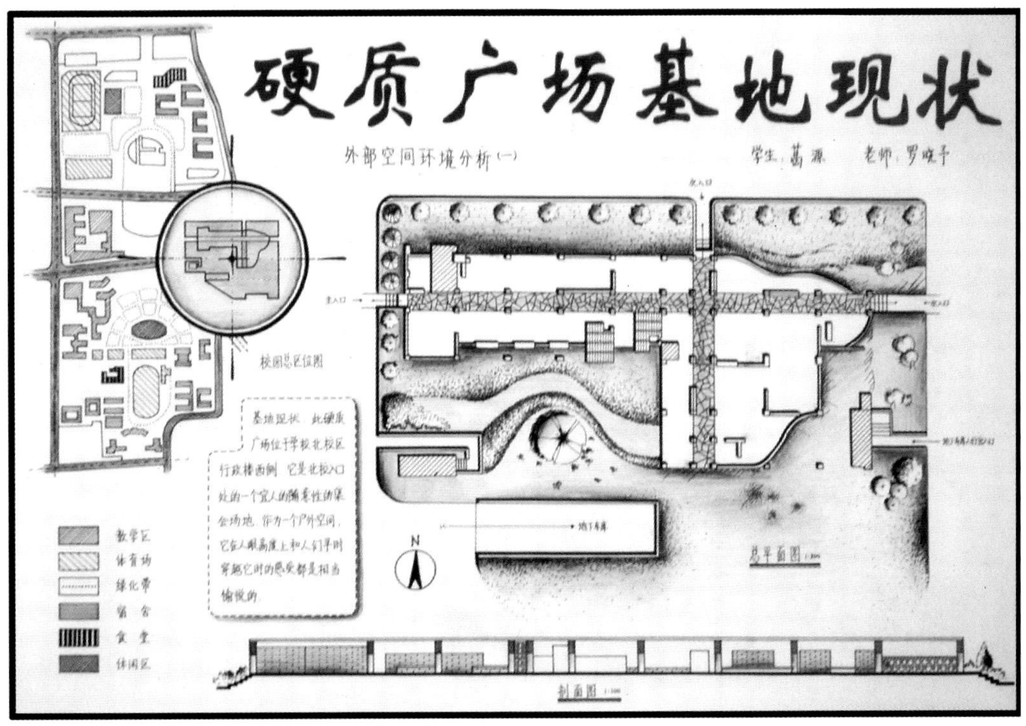
硬质广场基地现状
外部空间环境分析(一)
学生：葛源　老师：罗晓予
北入口
主入口
校园总区位图
基地现状：此硬质广场位于学校北校区行政楼西侧，它是北校入口处的一个宜人的随意性的聚会场地，作为一个户外空间，它在人眼高度上和人们穿越它时的感受都是相当愉悦的。
教学区
体育场
绿化带
宿舍
食堂
休闲区
N
地下车库
总平面图
剖面图

图 6-4-6(a)

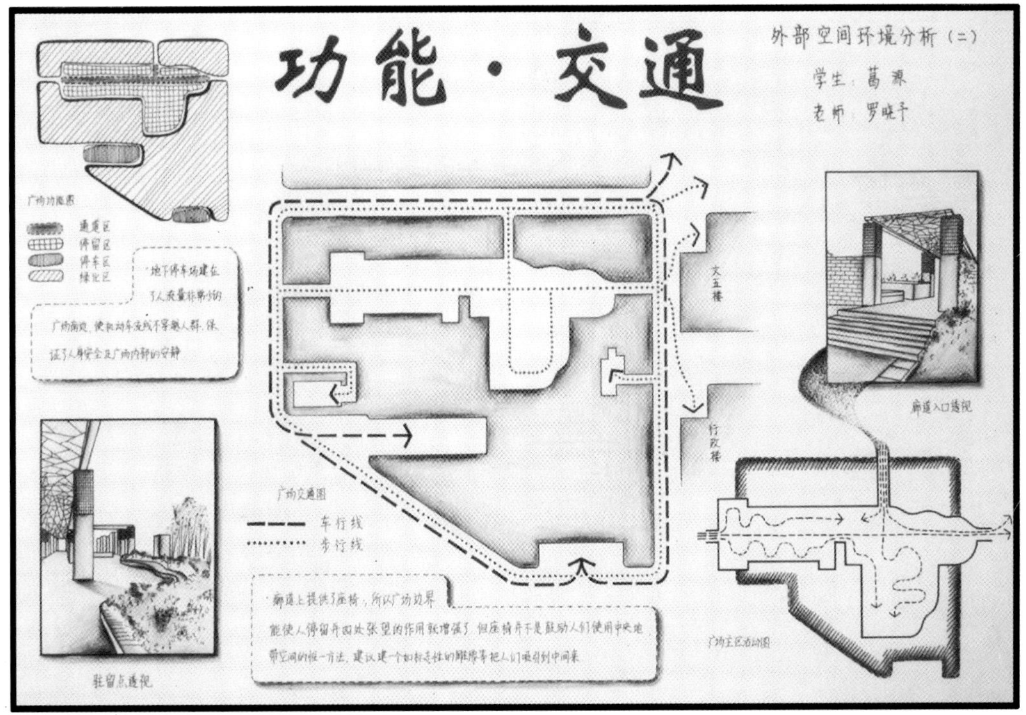
功能·交通
外部空间环境分析(二)
学生：葛源
老师：罗晓予
广场功能图
通道区
停留区
停车区
绿化区
地下停车场建在了人流量非常少的广场南边，使机动车流线不穿越人群，保证了人身安全及广场内部的安静
文五楼
行政楼
廊道入口透视
广场交通图
车行线
步行线
驻留点透视
廊道上提供了座椅，所以广场边界能使人停留并四处张望的作用就增强了，但座椅并不是鼓励人们使用中央地带空间的唯一方法，建议建一个如标志性的雕塑等把人们吸引到中间来
广场主区活动图

图 6-4-6(b)

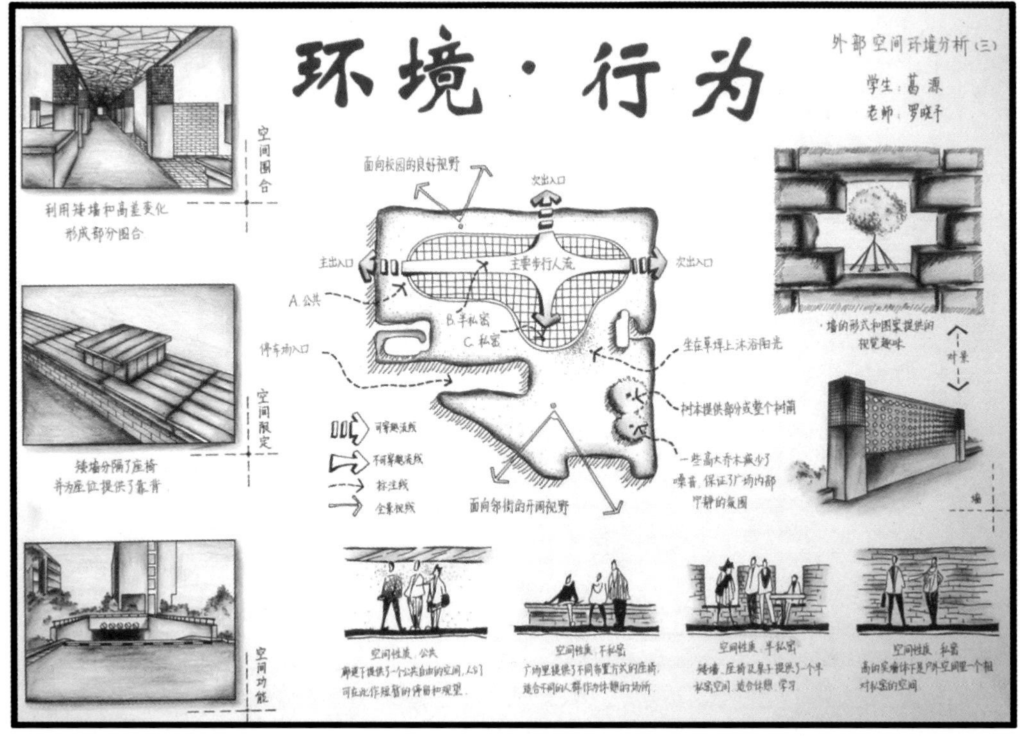

环境·行为
外部空间环境分析(三)
学生：葛源
老师：罗晓予
空间围合
利用矮墙和高差变化形成部分围合
空间限定
矮墙分隔了座椅并为座位提供了靠背
空间功能
面向校园的良好视野
次出入口
主出入口
次出入口
主要步行人流
A.公共
B.半私密
C.私密
停车场入口
坐在草坪上沐浴阳光
树木提供部分或整个树荫
一些高大乔木减少了噪音，保证了广场内部宁静的氛围
面向邻街的开阔视野
可穿越流线
不可穿越流线
标注线
全景视线
墙的形式和图案提供的视觉趣味
对景
墙
空间性质：公共
空间性质：半私密
空间性质：私密

图 6-4-6(c)

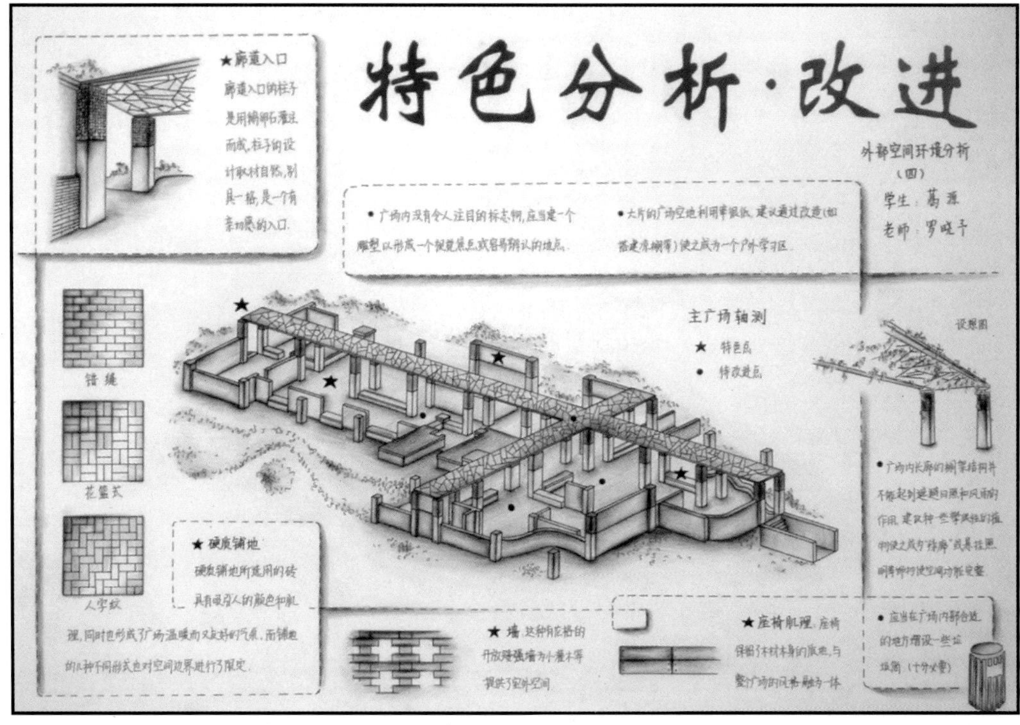

特色分析·改进
外部空间环境分析
(四)
学生：葛源
老师：罗晓予
★廊道入口
廊道入口的柱子是用鹅卵石灌注而成，柱子的设计取材自然，别具一格，是一个有亲切感的入口。
•广场内没有令人注目的标志物，应当建一个雕塑以形成一个视觉焦点或容易辨认的地点。
主广场轴测
★ 特色点
• 待改进点
设想图
错缝
花篮式
人字纹
★硬质铺地
★墙
★座椅肌理

图 6-4-6(d)

第五章

作业题目 1:1∶1 空间营建。

作业目的：通过学习和具体操作了解并掌握空间的概念和限定方式，以及空间形态的塑造方法，并能运用到具体的作业训练中。通过建造实践，学生获得对材料性能、方式及建造程序的感性认识。通过在自己建造的空间中进行活动体验，初步把握使用功能、人体尺度、空间形态以及建筑结构构造方式等方面的基本要求。

训练方法：(1)构思分析阶段：组成 7～8 人学习小组，查找资料分析，构思设计，制作 1∶10 模型小样。

(2)可行性分析阶段：选定材料，进行结构、构造方式分析，制作 1∶5 模型小样，考虑具体建造细节。

(3)建造实践阶段：建造小组进行 1∶1 实际建造。

成果要求：1∶10 和 1∶5 过程草模(不交)；1∶1 实地建造模型。

图纸要求：A2 白色绘图纸，尺寸 594mm×420mm，采用针管笔徒手制图加模型照片表达。主要表达构思创意和最后成果分析。工具墨线条绘制，排版自定。

学时安排：整个作业 28 课时，其中理论授课 4 课时，设计指导 24 课时。

作业示例：图 6-5-1、图 6-5-2。

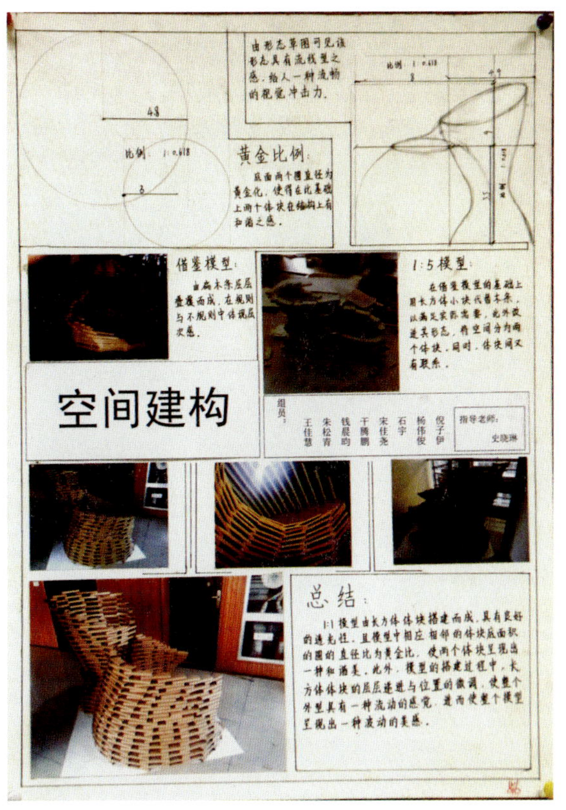

图 6-5-1

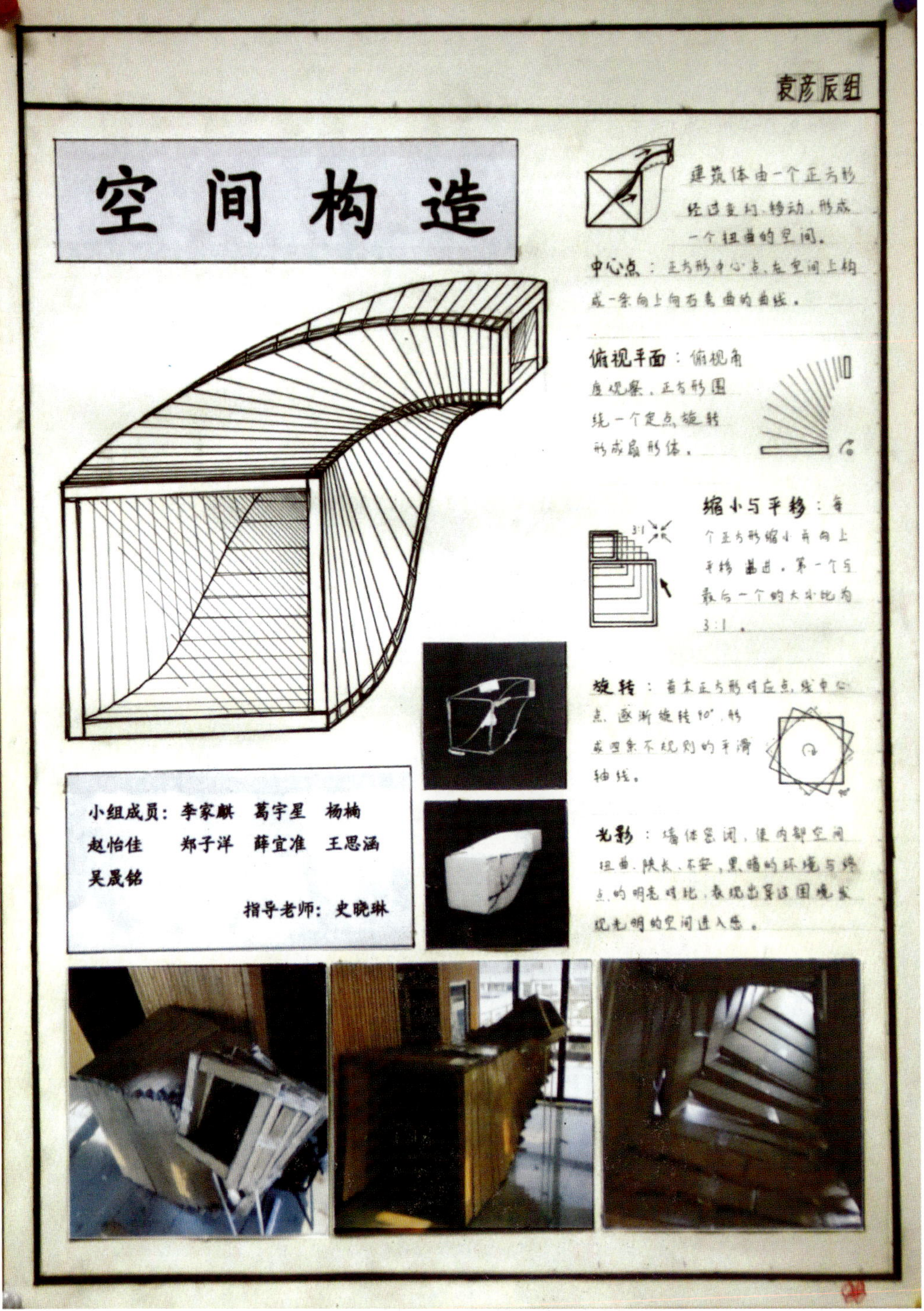
袁彦辰组
空间构造
中心点
俯视平面
缩小与平移
旋转
光影
小组成员：李家麒　葛宇星　杨楠
赵怡佳　郑子洋　薛宜准　王思涵
吴晟铭
指导老师：史晓琳

图 6-5-2

作业题目 2:建筑空间建构。

作业目的:掌握抽象的块、板、杆三种元素的基本特点与构成的操作方法。深入理解建筑形态与空间之间的辩证关系。初步建立建筑形态设计的逻辑方法,探索建筑材料与建筑形态构成的关系。

训练方法:(1)意象构成:在指定或自选的空间意象图中选定一幅作为设计依据。

利用块、板、杆其中的一种要素,以一种操作方式为主(块的操作可以是掏空、切割、位移等;板的操作可以是围合、折叠等;杆的操作可以是框架、围栏、疏密变化等),保留构成要素的形态特征,在 6m×12m×24m(长、宽、高可互换)的范围内塑造一个空间序列。此空间必须有主要空间和若干次要空间,形成连续的空间体验,其中主要空间意象应与选定的意向图相符。

(2)形态推敲:对已经完成的工作模型进行推敲,通过空间序列上空间之间的对比和变化,如大小、形状、比例、方向、视线位移、入射光线在空间中的变化等来调整和优化空间序列,并使其在外观上形成完整的形态。

(3)材料区分:用两至三种模型材料重新推敲和制作 1∶100 的模型,依据结构、空间和虚拟使用等方面的考量,在原有建造秩序的基础上建立新材料和空间之间的秩序。其中应重点考量模型材料的三个特性:材质肌理(如木料和金属材料的对比)、色彩明暗(例如各种颜色模型板的色彩和明暗对比)、材料透明性(例如透明材料、半透明材料和不透明材料的对比)。

(4)建构表达:推敲用两至三种模型材料制作的 1∶100 的模型,通过透视图等手段来观察和分析材料区分对于空间知觉的影响,加强最初的空间意象和设计构思,形成最终成果。

成果要求:各阶段模型和 1∶100 的模型。

图纸要求:电脑打印的 A1 图纸 1 张。图纸格式可参考模板,按照内容要求将相关的数码照片和解释文字填入即可。图纸应能清晰表达四个阶段的工作成果,并能阐释设计的逻辑、方法。

学时安排:整个作业 48 课时,其中理论授课 4 课时,设计指导 44 课时。

作业示例:图 6-5-3～图 6-5-5。

建筑空间建构

设计：沈佳苗 学号：31005402
指导：赵　群

第 1、2、3周　成果

设计说明：

在分析空间意向图后，选取了图中一面可移动的墙和一条缝隙作为此次设计的主要意象。结合雷姆库哈斯的波多尔住宅中独特的垂直交通手法——升降平台，以及结合了老师提供的以可以升降的功能房间完成交通流线的构思，设计出一个基本型，利用板材来进行建构。

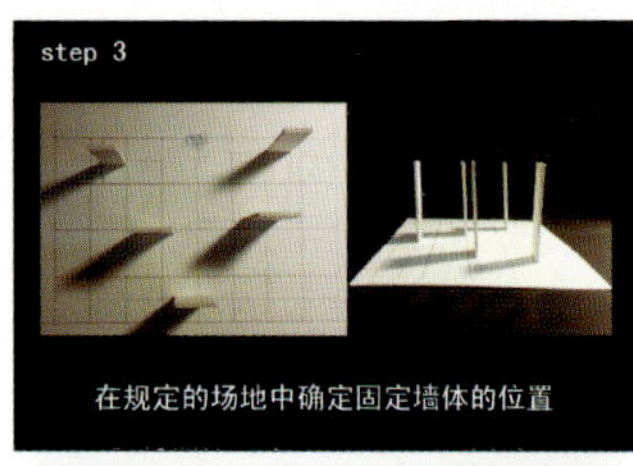

step 3
在规定的场地中确定固定墙体的位置

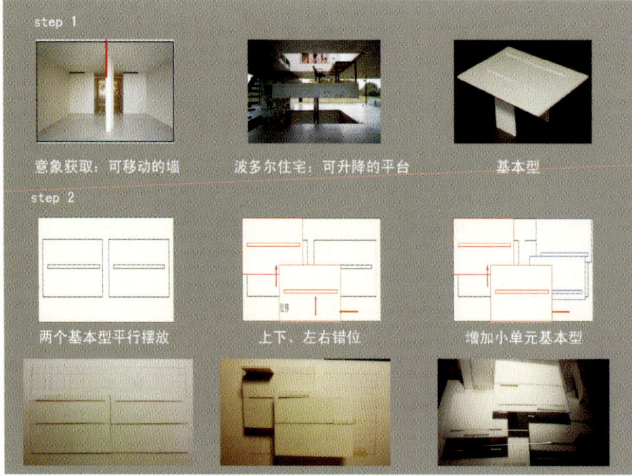

按照三面墙两面块板的穿插形式划分空间

垂直板为固定，水平板可以通过轨道移动

图 6-5-3(a)

建筑空间建构

设计：沈佳苗 学号：31005402
指导：赵　群

第 4、5周　成果

设计说明：

在前三周的推敲以后，加入了功能的分析，该建筑可以应用于展览厅、博物馆等公共建筑。但是由于该设计有一个重要的特点——可以进行空间移动。所以我想到了一群特殊的人群——残障人士。利用升降空间，可以便捷的使他们达到任何想去的地方。所以，这个设计可以应用于残障人士住宅以及公共活动场所。

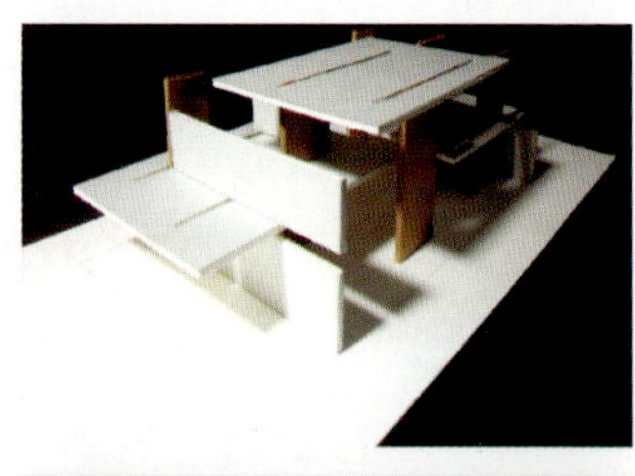

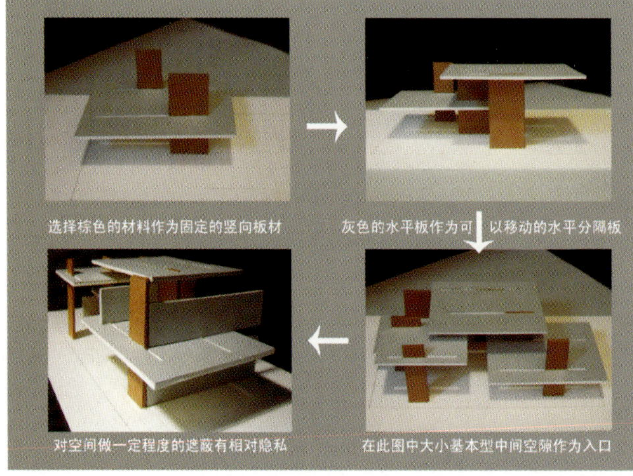

选择棕色的材料作为固定的竖向板材
灰色的水平板作为可以移动的水平分隔板
对空间做一定程度的遮蔽有相对隐私
在此图中大小基本型中间空隙作为入口

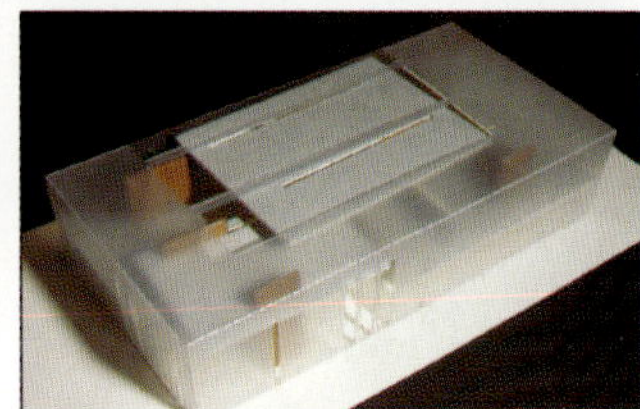

图 6-5-3(b)

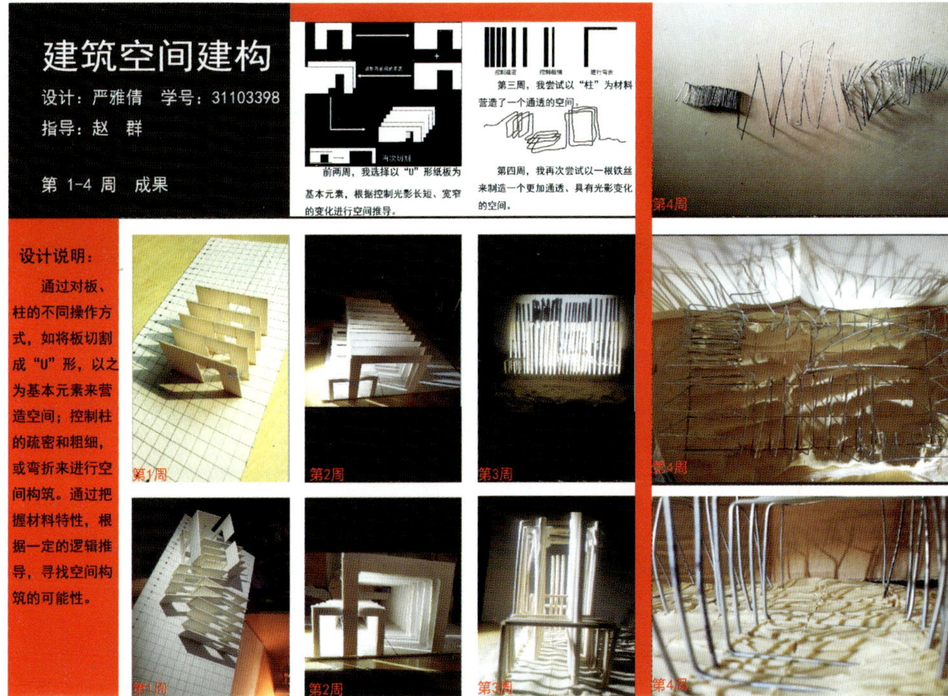
建筑空间建构
设计：严雅倩　学号：31103398
指导：赵　群
第 1-4 周　成果
前两周，我选择以“U”形纸板为基本元素，根据控制光影长短、宽窄的变化进行空间推导。
第三周，我尝试以“柱”为材料营造了一个通透的空间。
第四周，我再次尝试以一根铁丝来制造一个更加通透、具有光影变化的空间。
设计说明：
通过对板、柱的不同操作方式，如将板切割成“U”形，以之为基本元素来营造空间；控制柱的疏密和粗细，或弯折来进行空间构筑。通过把握材料特性，根据一定的逻辑推导，寻找空间构筑的可能性。
第1周
第2周
第3周
第4周
第1周
第2周
第3周
第4周
第4周

图 6-5-4(a)

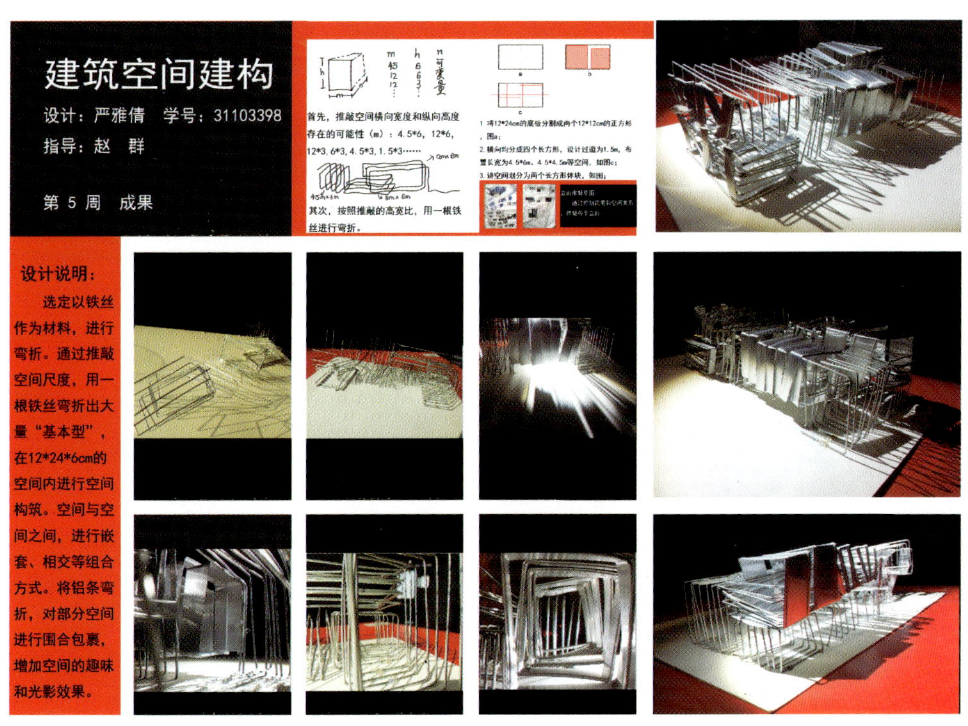
建筑空间建构
设计：严雅倩　学号：31103398
指导：赵　群
第 5 周　成果
首先，推敲空间横向宽度和纵向高度存在的可能性（m）：4.5*6，12*6，12*3，6*3，4.5*3，1.5*3……
其次，按照推敲的高宽比，用一根铁丝进行弯折。
1. 将12*24cm的底板分割成两个12*12cm的正方形，图a；
2. 横向均分成四个长方形，设计过道为1.5m，布置长宽为4.5*6m、4.5*4.5m等空间，如图c；
3. 讲空间划分为两个长方形体块，如图；
设计说明：
选定以铁丝作为材料，进行弯折。通过推敲空间尺度，用一根铁丝弯折出大量“基本型”，在12*24*6cm的空间内进行空间构筑。空间与空间之间，进行嵌套、相交等组合方式。将铝条弯折，对部分空间进行围合包裹，增加空间的趣味和光影效果。

图 6-5-4(b)

建筑空间建构

设计：陈柳芬 学号：31103390

指导：赵群

第 1-3 周 成果

设计说明：首先我分析了意象图，发现左右两边的体块十分相似，于是我就归纳出如分析图所示单体，两块单体便能组合成我所需要的意象。再经过两两组合，便得到了第一周的成果。在考虑如何联系左右两边体块时，我考虑了很多种可能，分析图所示的是我相对满意的两种可能。一种是抽取单体中的L型体块进行连接，但由于显得零碎，空间不够饱满而否定了。另一种是仍旧采取大小比例相同的单体，稍作改动，然后利用材料的特性进行推拉，便成了我第三周的成果。

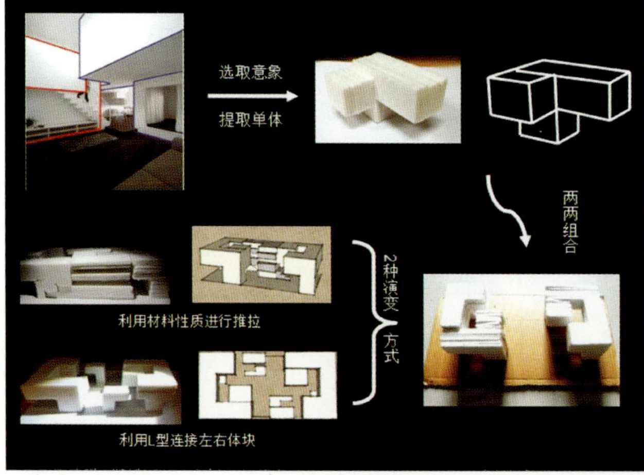

图 6-5-5(a)

建筑空间建构

设计：陈柳芬 学号：31103390

指导：赵群

第 4、5 周 成果

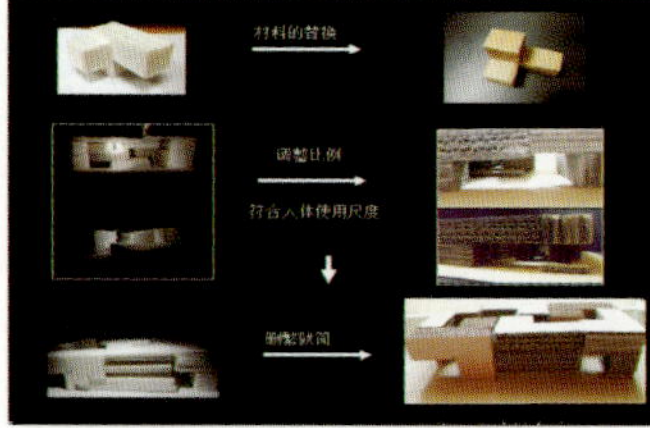

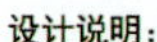

设计说明：

第三周进行推拉之后模型显得凌乱，因此还是决定删繁就简，只保留部分推拉之后我进行了比例调节，使空间符合人体使用尺度。

我选择了硬纸板作为材料，利用它本身的肌理使表面变得丰富。由于单体可以向3个方向发展，因此可以使空间较为饱满。这样就能使得外表面规整而内部空间丰富有趣。

图 6-5-5(b)

作业题目 3:经典建筑分析。

作业目的:学会对某一建筑作品进行深入分析,揣摩建筑师的设计手法和设计意图,掌握建筑的基本评价方法,学习绘制各种分析图。

训练方法:让学生从五个方面入手进行深入分析。

(1)空间——提炼出空间简图;

(2)功能——《建筑设计资料集》中各种类型建筑的功能分区及其泡泡图;

(3)技术——《建筑构造》、《建筑设计资料集》;

(4)环境——建筑与环境之间的关系;

(5)文化——了解建筑师的时代背景,建筑所处的地理环境,建筑所在地的人文、习俗。

成果要求:绘制建筑的相关平、立、剖面图,必要分析图和评价。

图纸要求:A2 白色绘图纸,尺寸 594mm×420mm,工具墨线条绘制,排版自定。

学时安排:整个作业 32 课时,其中理论授课 4 课时,设计指导 28 课时。

作业示例:图 6-5-6、图 6-5-7。

图 6-5-6(a)

图 6-5-6(b)

Smith house
史密斯住宅
史密斯住宅（Smith House）位于一处周围遍布岩石与树木，占地仅为1.5英亩的场地上，从那儿可以俯瞰康涅狄格海岸。通向住宅的入口掩映在一簇簇茂密的常绿植物之间，在住宅后面，地形先是缓缓升起，接着跌下去，变成陡立的礁石海岸，最后在渐渐倾斜，形成一处小的沙滩。
理查德·麦耶（Richard Meier）将现代主义的理念表现无遗，整个房子有如几块几何体量所堆积而成，而现代主义所强调的"以内部机能决定外部造型"，在此也可以清楚看到，如公共部分就开大片落地窗，而私密的卧室则开小片窗户。而从史密斯纯白的体量来看，也说明了现代主义"反对装饰"的信念。
运用在史密斯住宅上的白色形式，不仅仅是来自于新英格兰地区那种自给自足式家小民居的传统，也是对这一地区乐观外向的态度的一种表达。
总平面图 1:1000
N

图 6-5-6(c)

图 6-5-6(d)

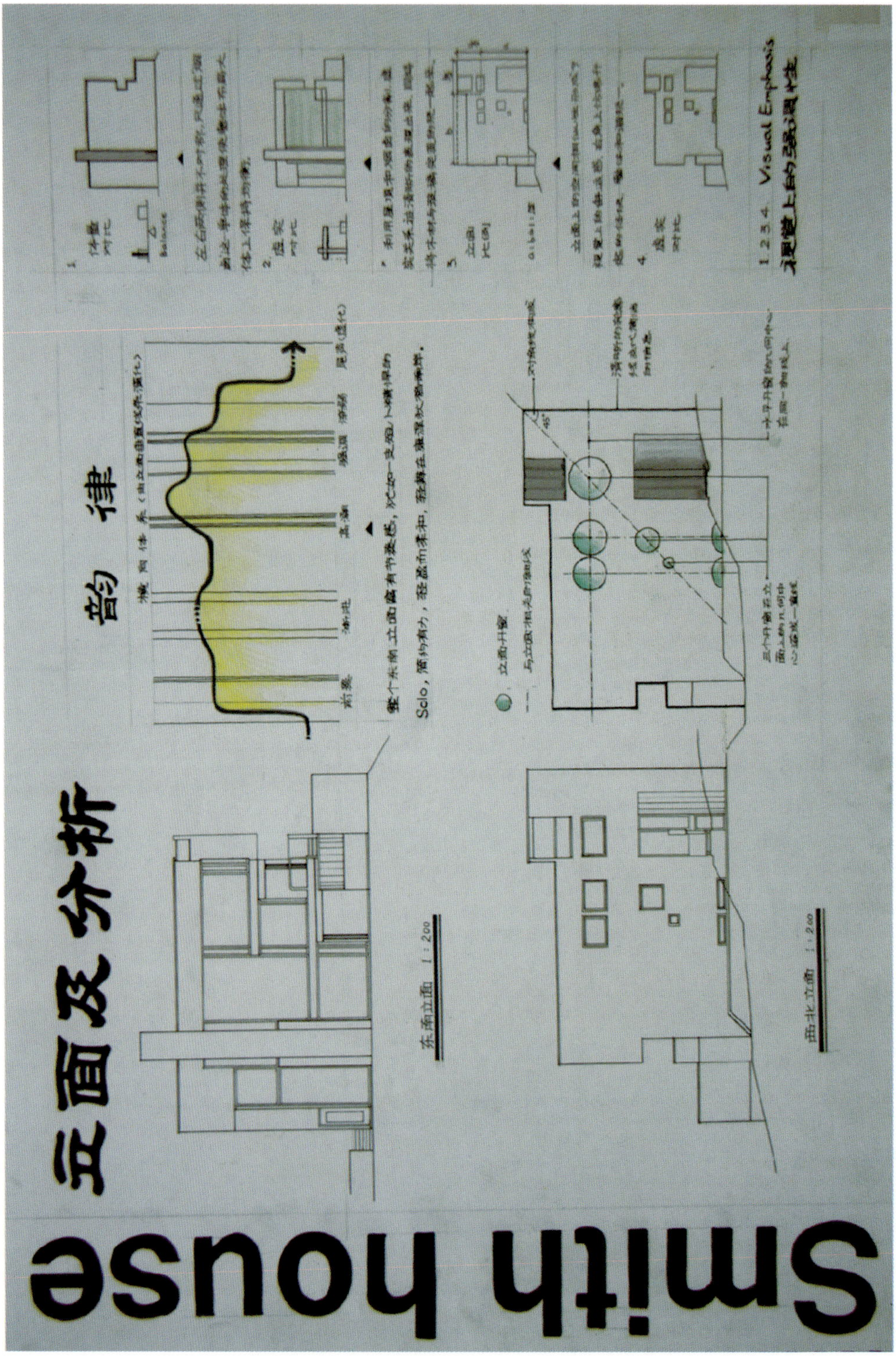

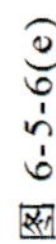

图 6-5-6(e)

Smith house
钢筋
建筑的公共空间部分的结构由圆钢柱构成，独立的元件将空间网格划分出来。
玻璃
玻璃外墙是史密斯一大亮点，它将室内开敞部分体现出来，与实墙的虚实对比产生对话。
木材
砖
White 白色派
迈耶一直认为，白色包含了所有的颜色。白色有力的表现出大自然中的所有色彩，是一种可扩展的颜色，而不是一种有限的颜色。表面材料经以白色的建筑，以绿色的自然为衬托，总会令人倍感清新脱俗。迈耶亦善于利用白色表达建筑本身与周围环境的和谐关系。
天然光线随季节变化在白色建筑体上显现出不同色彩投影，建筑便有一种浑然天成的美感。
Summer
Fall
Spring
Winner

图 6-5-6(f)

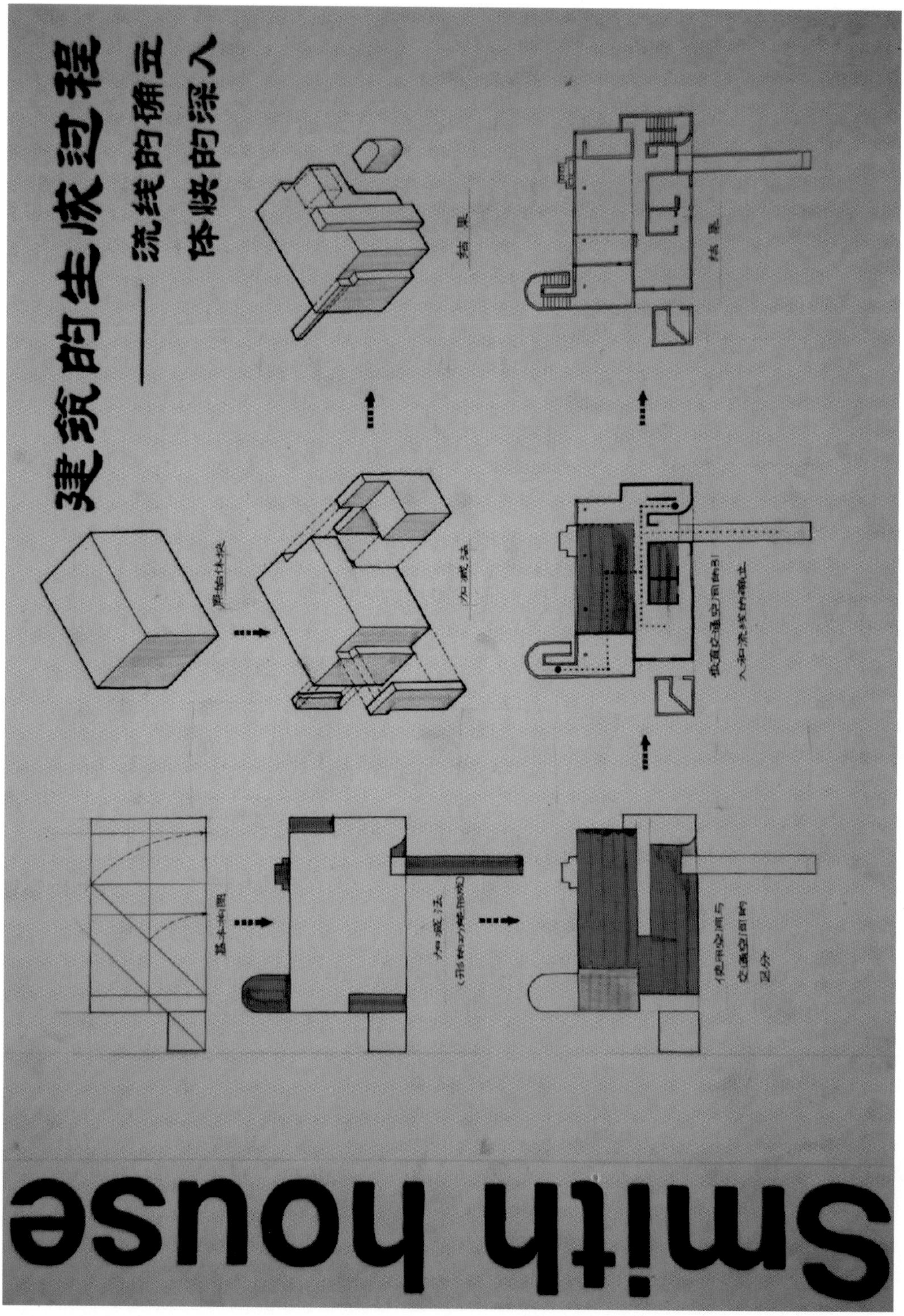

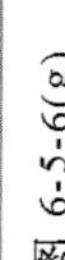

图 6-5-6(g)

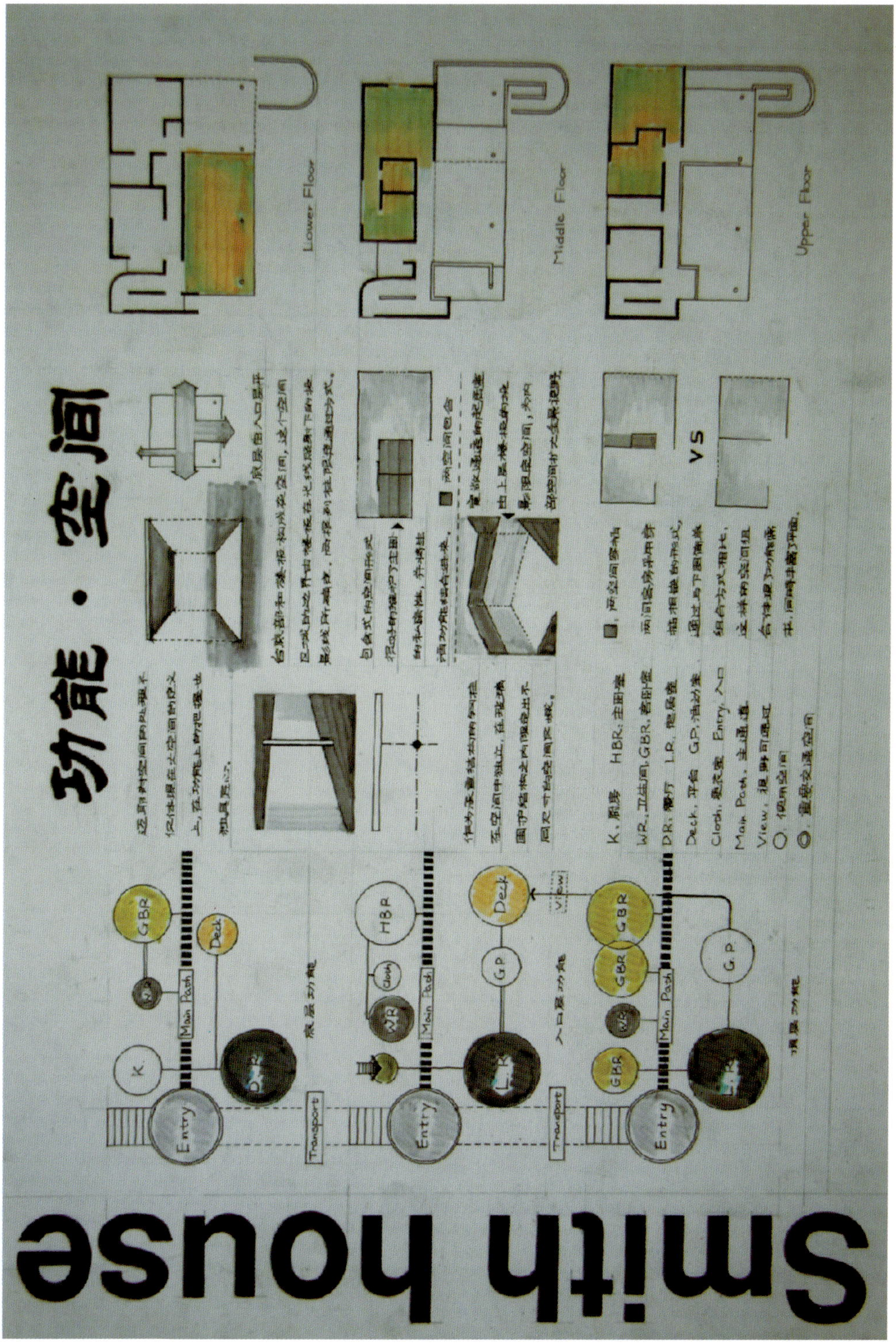

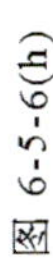

图 6-5-6(h)

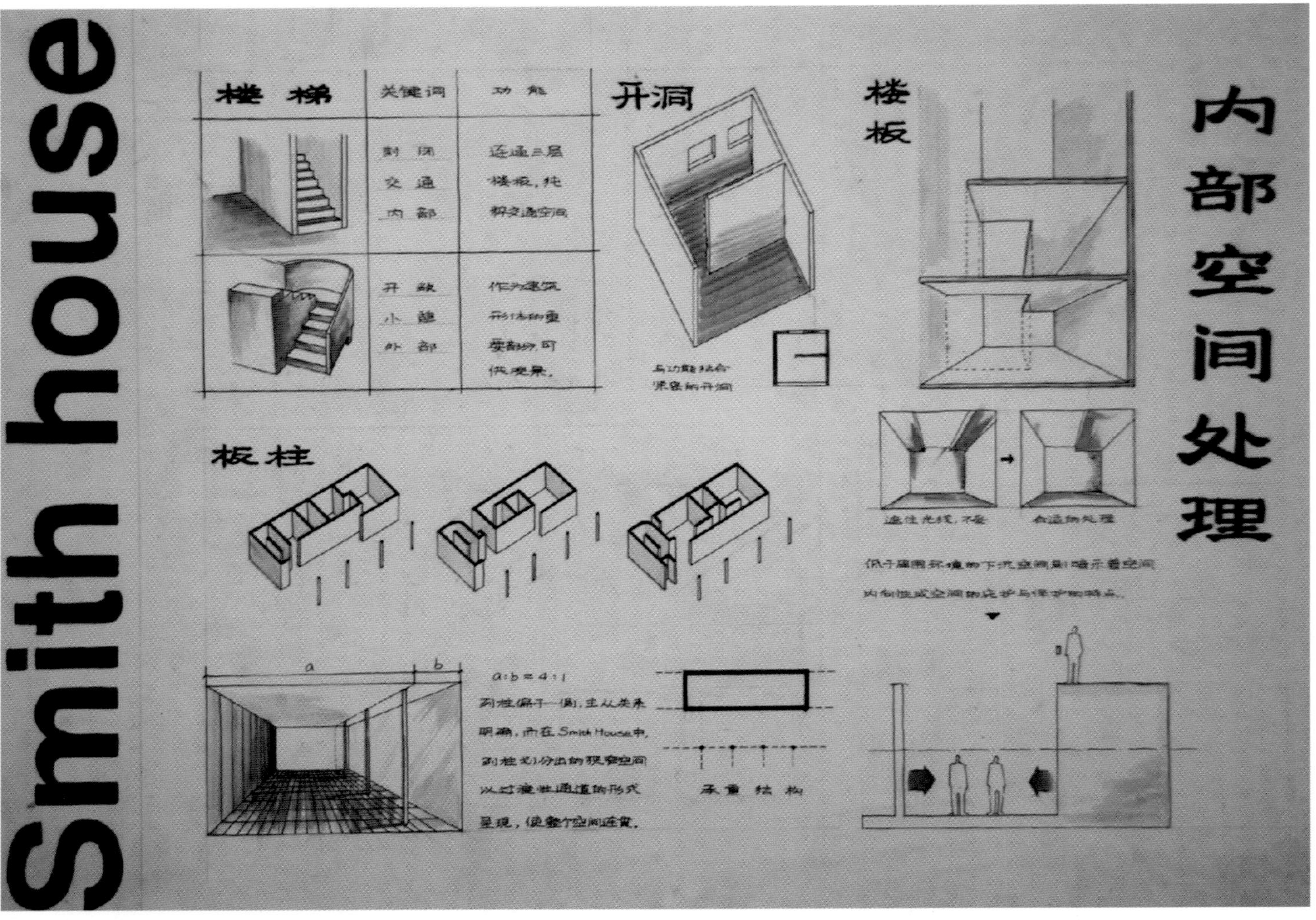
Smith house
楼梯
关键词
功能
封闭
交通
内部
开敞
小趣
外部
开洞
楼板
内部空间处理
板柱
遮住光线，不妥
合适的处理
a
b
a:b = 4:1
承重结构

图 6-5-6(i)

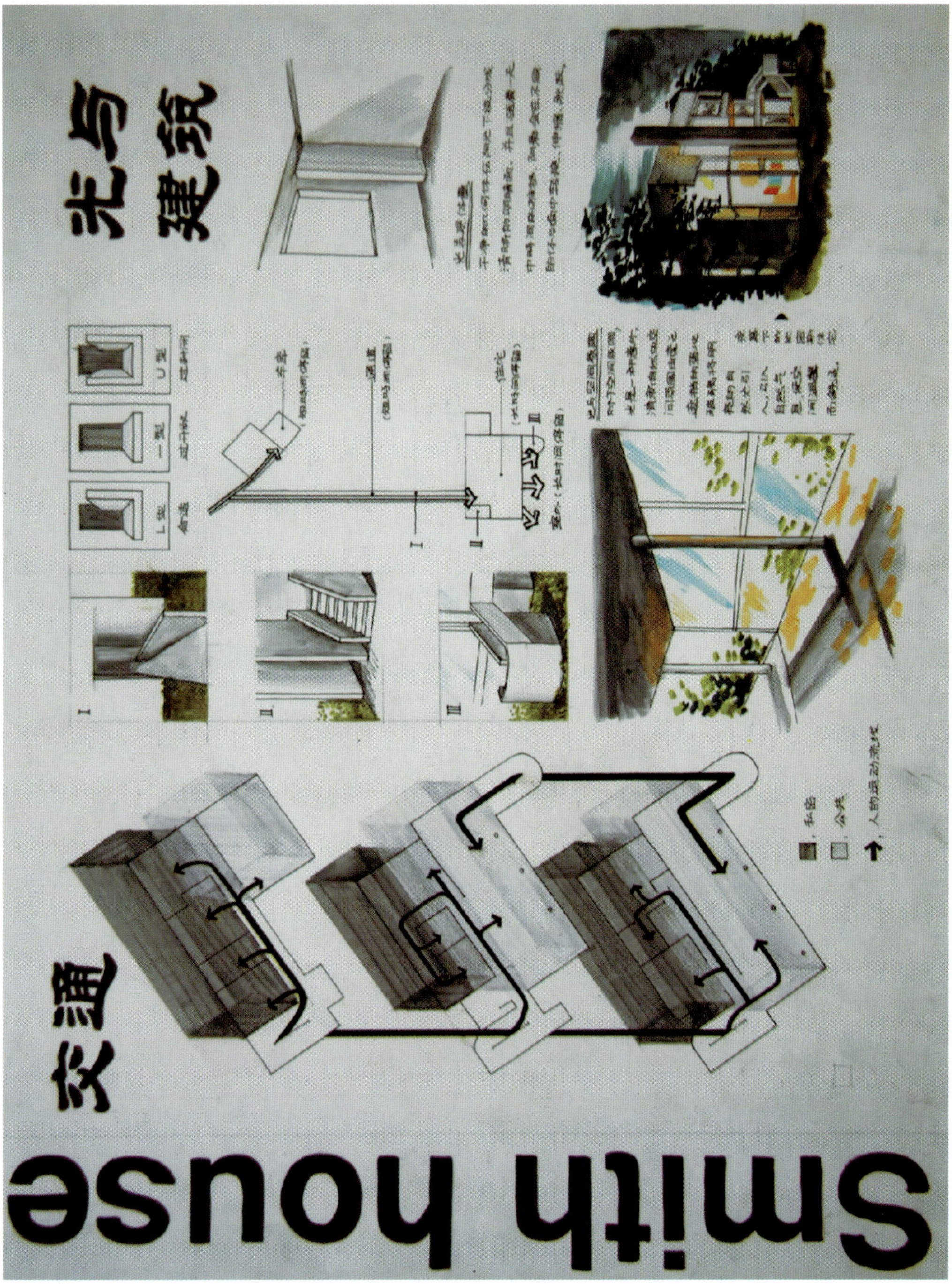

图 6-5-6(j)

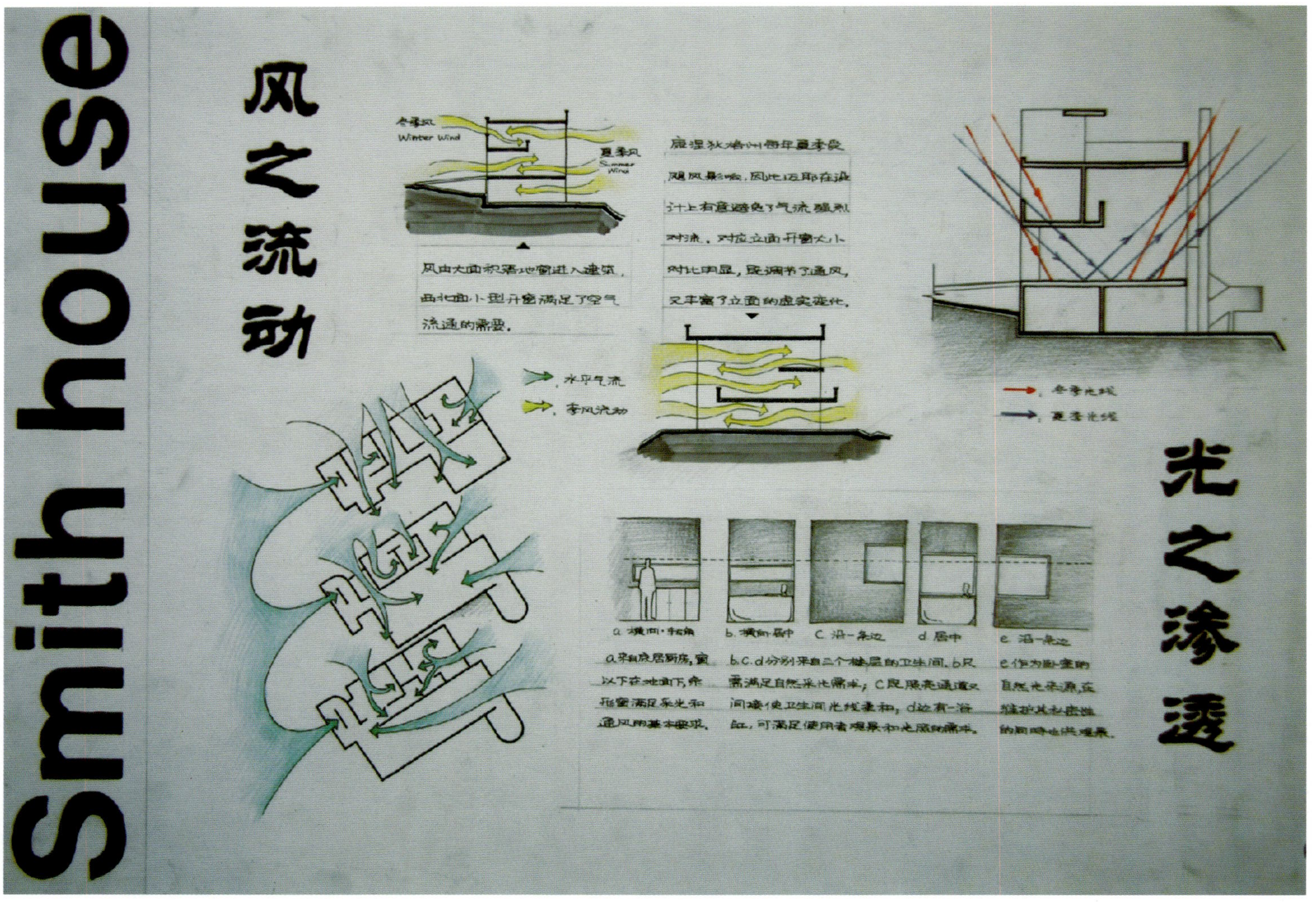
Smith house
风之流动
冬季风
Winter Wind
夏季风
Summer Wind
风由大面积落地窗进入建筑，由北面小型开窗满足了空气流通的需要。
庭院状格网每年夏季受强风影响，因此迈耶在设计上有意避免了气流强烈对流，对应立面开窗大小对比明显，既调节了通风，又丰富了立面的虚实变化。
水平气流
季风流动
冬季光线
夏季光线
光之渗透
a. 横向·转角
b. 横向·居中
C. 沿一条边
d. 居中
e. 沿一条边
a.采自底层厨房，窗以下在地面下，条形窗满足采光和通风的基本要求。
b.c.d分别采自三个楼层的卫生间。b只需满足自然采光需求；C既服务通道又间接使卫生间光线柔和，d边有一浴缸，可满足使用者观景和光感的需求。
e.作为卧室的自然光来源，在维护其私密性的同时也供观景。

图 6-5-6(k)

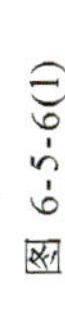

图 6-5-6(1)

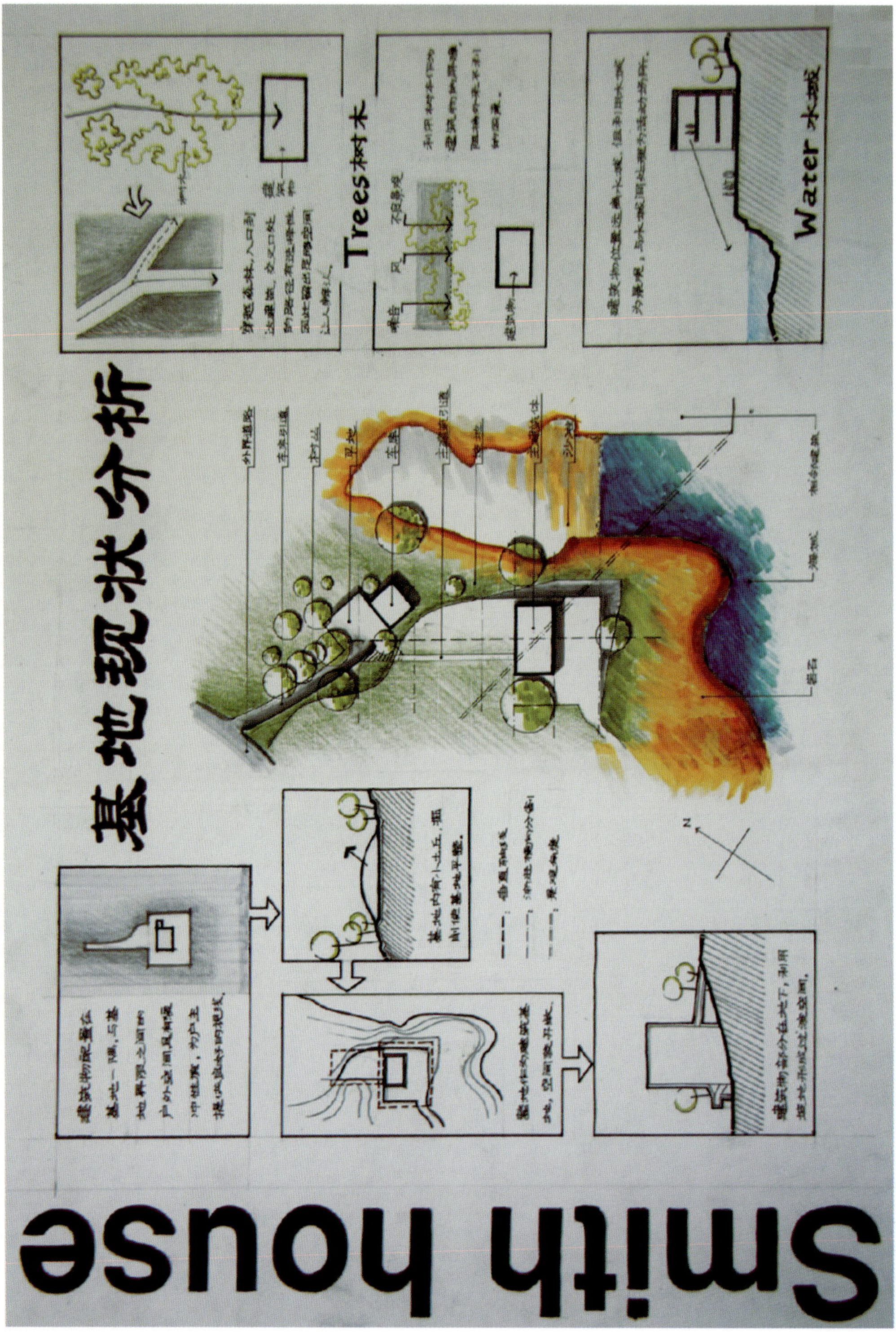

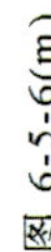

图 6-5-6(m)

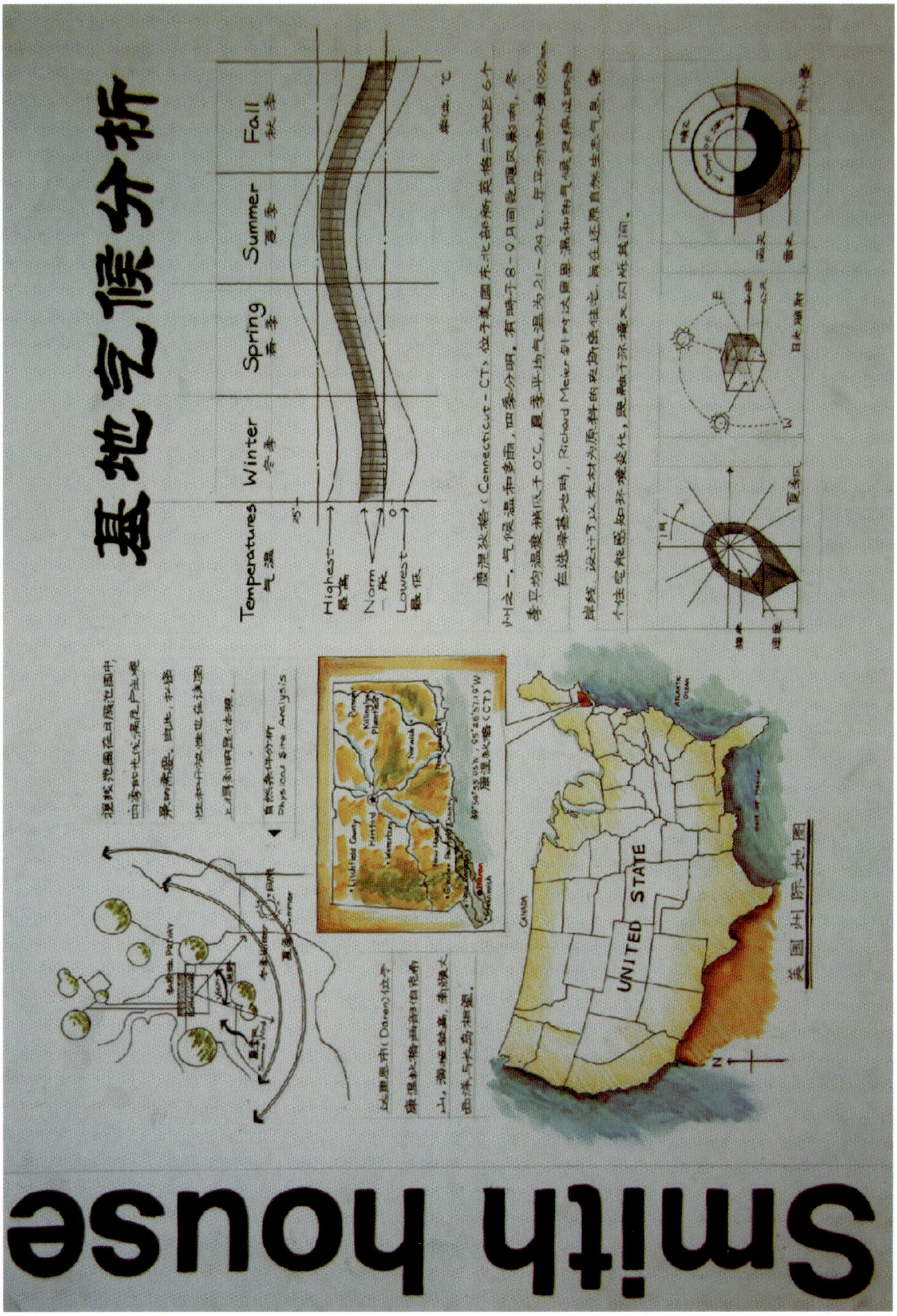

图 6-5-6(n)

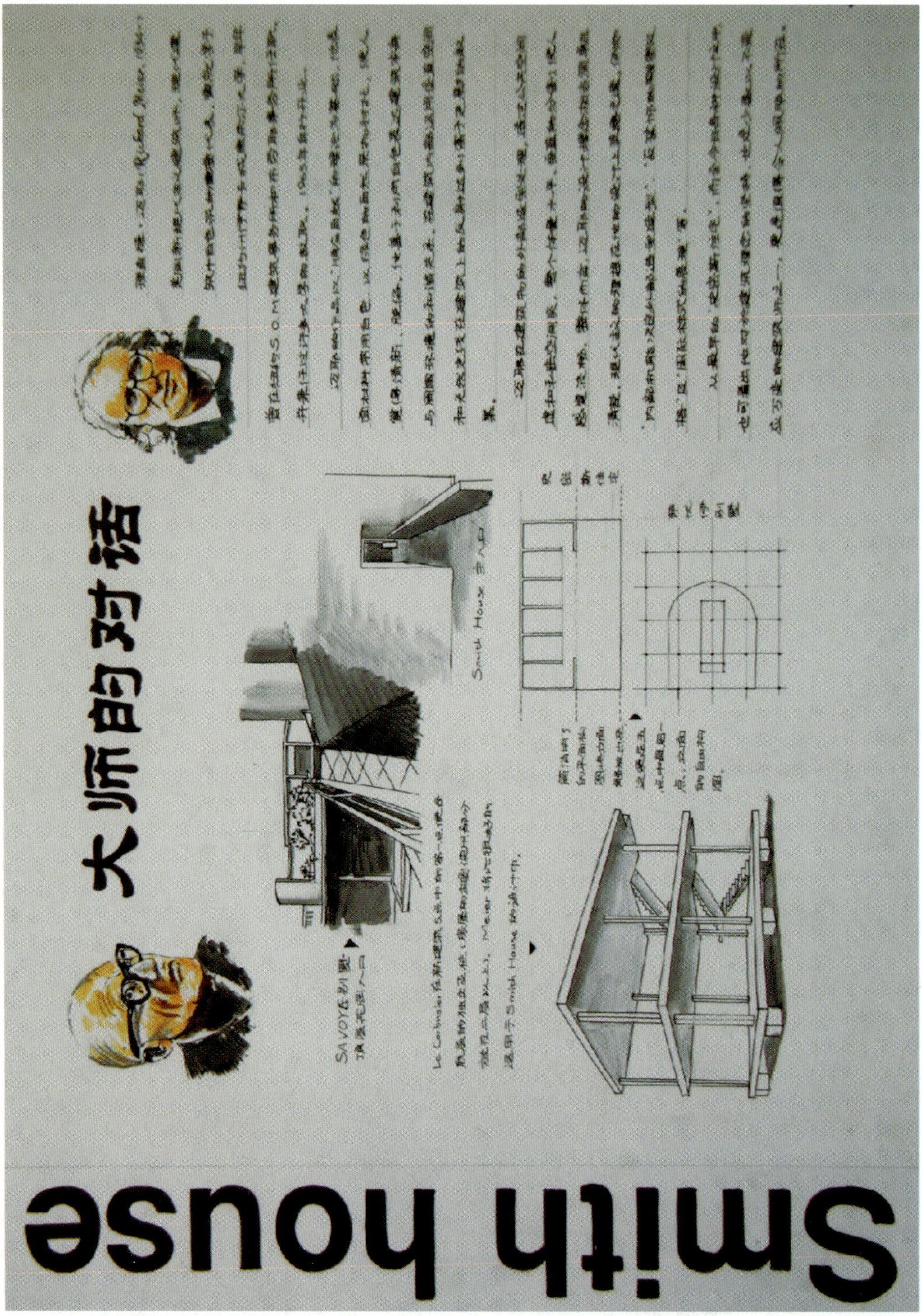

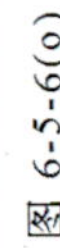

图 6-5-6(o)

建筑大师
作品分析

波尔多住宅

学生：张帆莹

指导老师：吴云

图 6-5-7(a)

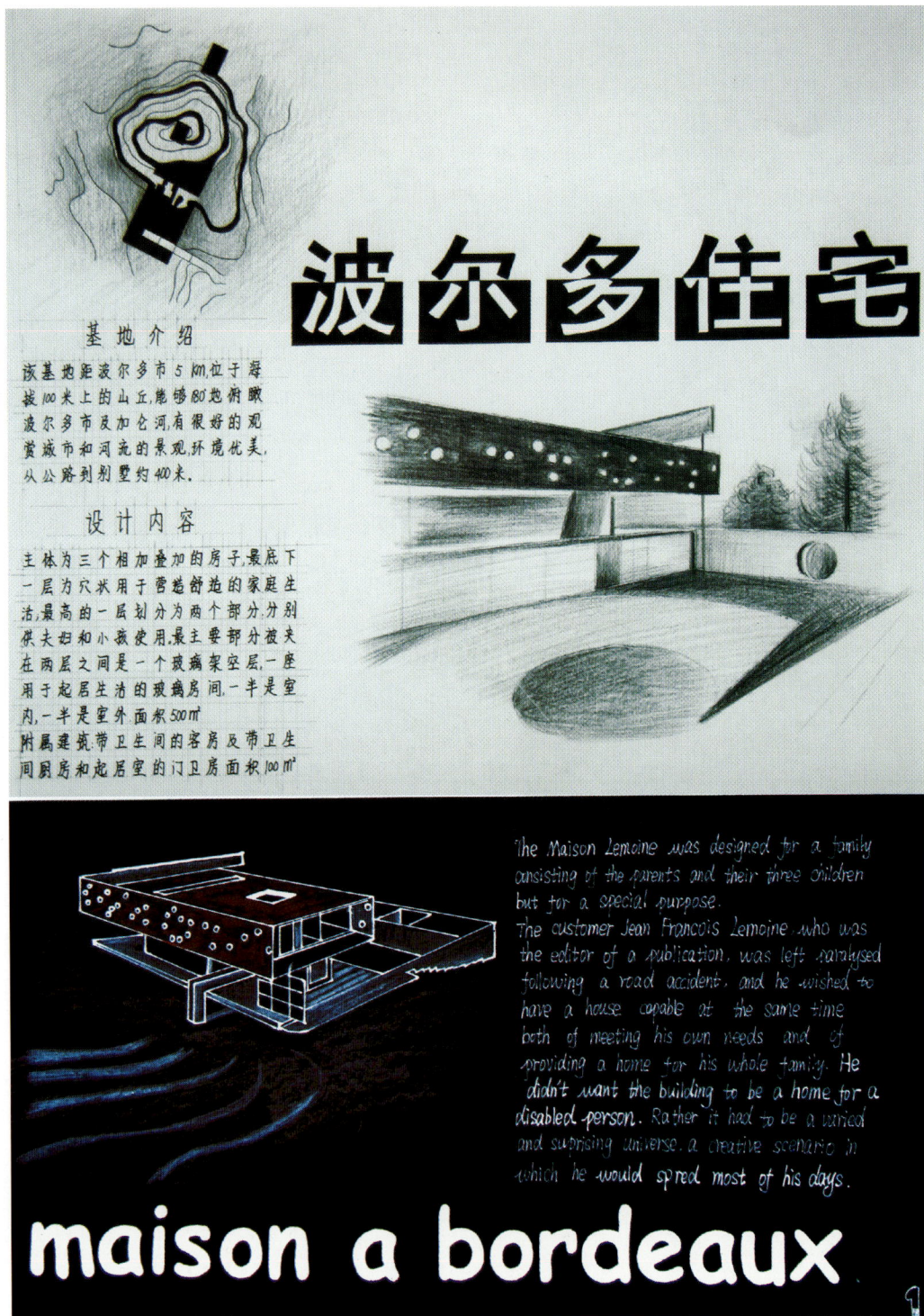

波尔多住宅
基地介绍
该基地距波尔多市5 km,位于海拔100米上的山丘,能够180°地俯瞰波尔多市及加仑河,有很好的观赏城市和河流的景观,环境优美,从公路到别墅约400米.
设计内容
主体为三个相加叠加的房子,最底下一层为穴状用于营造舒适的家庭生活,最高的一层划分为两个部分,分别供夫妇和小孩使用,最主要部分被夹在两层之间是一个玻璃架空层,一座用于起居生活的玻璃房间,一半是室内,一半是室外.面积500㎡
附属建筑:带卫生间的客房及带卫生间厨房和起居室的门卫房面积100㎡

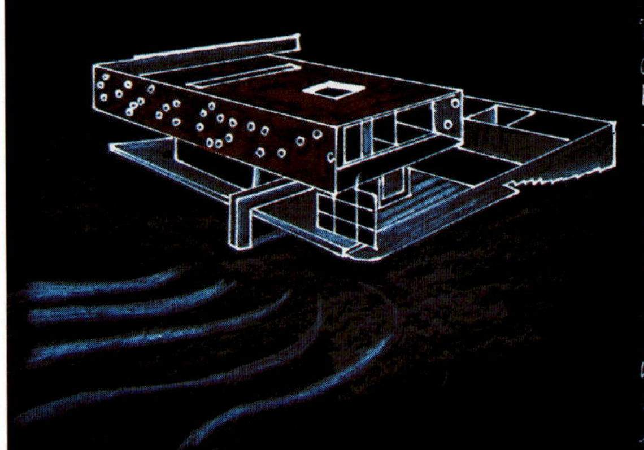
The Maison Lemoine was designed for a family consisting of the parents and their three children but for a special purpose.
The customer Jean Francois Lemoine, who was the editor of a publication, was left paralysed following a road accident, and he wished to have a house capable at the same time both of meeting his own needs and of providing a home for his whole family. He didn't want the building to be a home for a disabled person. Rather it had to be a varied and suprising universe, a creative scenario in which he would spred most of his days.
maison a bordeaux
1

图 6-5-7(b)

Rem Koolhaas

荷兰人库哈斯

"荷兰没有山，只有风。"

——瑞姆·库哈斯《SMLXL》

瑞姆·库哈斯1944年出生于**荷兰鹿特丹**，在战后贫瘠的土地上和渴望重建的环境中成长。从某种角度看荷兰是**特殊**的，这样一个低地国却具有欧洲**最高**的人口密度，它的历史就是一部和洪水斗争的历史，**生存**是最重要的。库哈斯的世界观深受荷兰的**实用主义**的影响，他的世界观也同样深深根植于荷兰的土地上，**荷兰式的实用主义**占据了他观念的重要部分，从理论到实践。这是他**挑战传统**，创造出更有**生命力**和**精神力量**的建筑之源泉，也是其建筑思想的"**危险性**"。因为荷兰的特殊，有人说荷兰的文化是一个在特别的临界点上生存的"拥挤文化"，**多样而极端**。这个特征同样适用于身为荷兰人的库哈斯，在一个有限的范围内获得最大限度的**自由**，这样的荷兰精神作用于一个**善于思考**的建筑师身上，创造出一个**富有个性**的大师来。2000年，库哈斯获建筑界的最高荣誉——**普利兹克**建筑奖。

达尔雅瓦住宅

CCTV大厦

荷兰驻德国大使馆新馆

瑞姆库哈斯的双重身份

在我本人看来，我作为作者和作为建筑师的成分不相上下。

——瑞姆·库哈斯

库哈斯的职业生涯富于传奇色彩，从记者到建筑师，记者、建筑师可以说是他的双重生活。早年在报社当记者与剧本写作的经验影响了库哈斯对建筑与都市的诠释角度，他的设计构想富有幻想的张力，具有蒙太奇式的建筑表现手法。

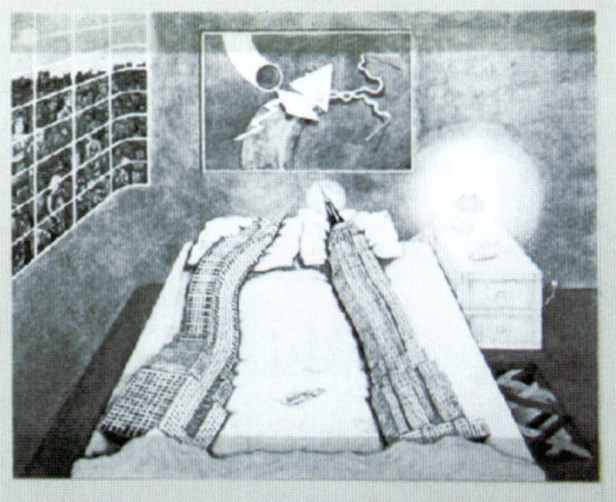

库哈斯与都会建筑工作室

都会建筑工作室(OMA)于1974年在伦敦创立，其宗旨探讨当代的社会，以及建立现代的建筑。早期的作品大都是极具争议性的参赛作品。在纽约，瑞姆库哈斯受聘为建筑与都市研究学院(IAUS)的客座教授，并且出版了《幻梦般的纽约：剖析曼哈顿》，该书于1978年出版时，恰巧呼应了当时于古根汉博物馆所展现的主题。1978年，OMA的设计赢得荷兰国会大楼的扩建工程，这一工程成为他们经手委托的第一个案子，由于完成得出色，从此许多工程也陆续交给OMA负责设计。OMA由瑞姆库哈斯所领导，成员包括来自各国的建筑师及景观设计师。

代表性作品

1987　荷兰歌舞剧院　荷兰海牙
1988　内庭别墅　荷兰鹿特丹
1989　爱塞尔湖计划　阿姆斯特丹
1991　达尔雅瓦别墅　法国巴黎
1992　康索　荷兰鹿特丹
1994　里耳大殿　法国里耳
1997　乌特勒克大学教育馆　荷兰
1998　波尔多住宅　法国

Office for Metropolitan Architecture

图 6-5-7(c)

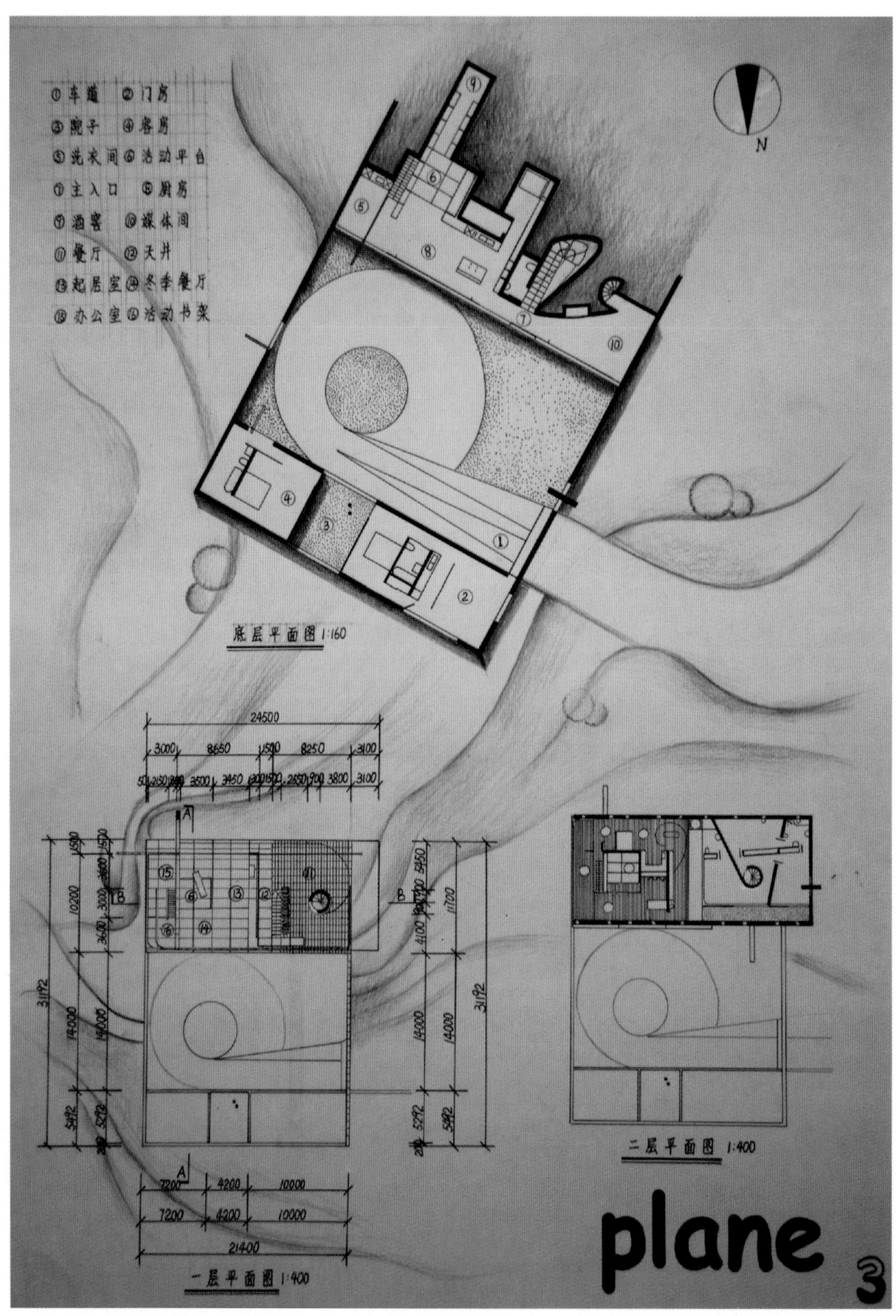

图 6-5-7(d)

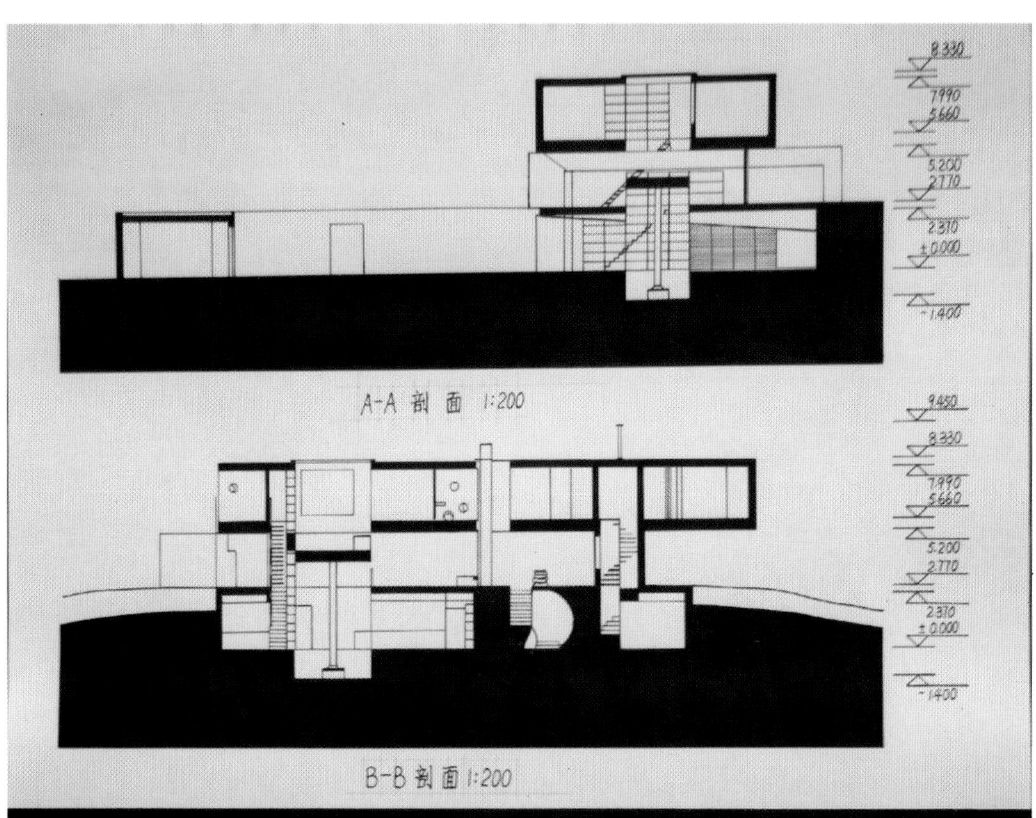
8.330
7.990
5.660
5.200
2.770
2.310
±0.000
-1.400
A-A 剖面 1:200
9.450
8.330
7.990
5.660
5.200
2.770
2.310
±0.000
-1.400
B-B 剖面 1:200

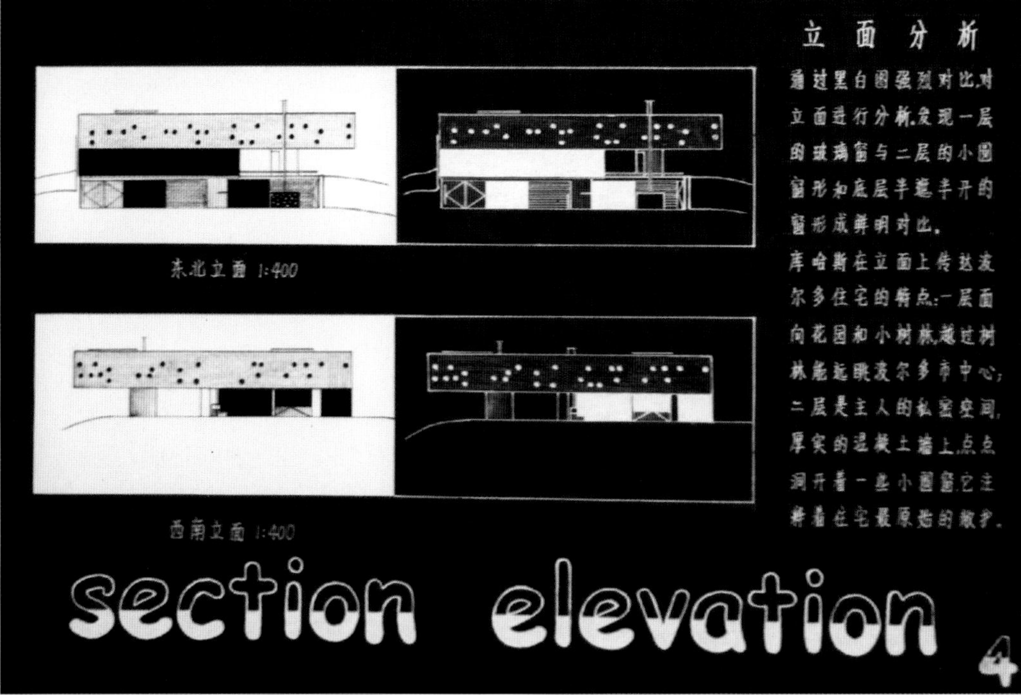
立面分析
通过黑白图强烈对比,对
立面进行分析,发现一层
的玻璃窗与二层的小圆
窗形和底层半遮半开的
窗形成鲜明对比。
库哈斯在立面上传达波
尔多住宅的特点:一层面
向花园和小树林,越过树
林能远眺波尔多市中心;
二层是主人的私密空间,
厚实的混凝土墙上点点
洞开着一些小圆窗,它注
释着住宅最原始的庇护.
东北立面 1:400
西南立面 1:400
section elevation
4

图 6-5-7(e)

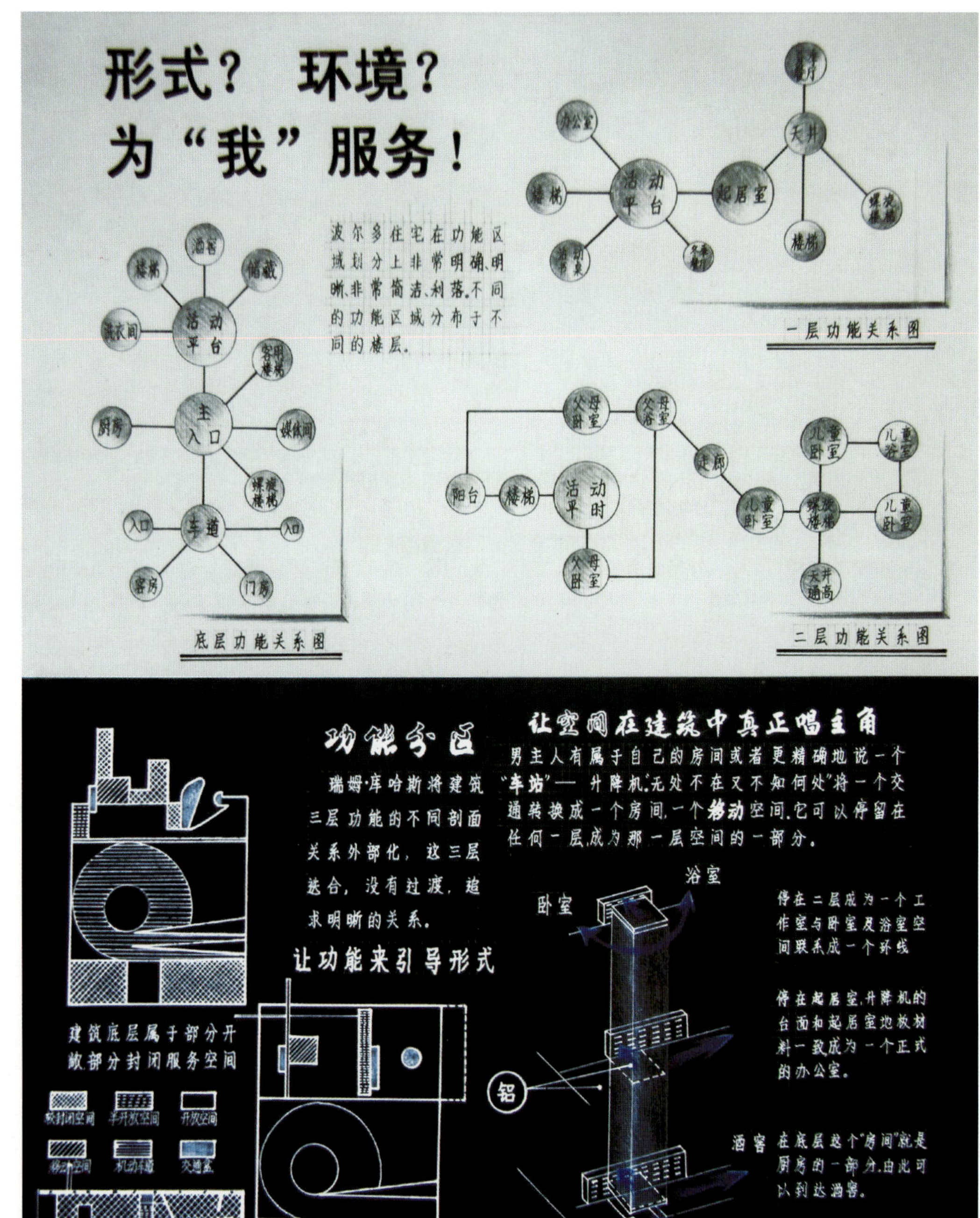

形式？ 环境？
为“我”服务！
波尔多住宅在功能区域划分上非常明确、明晰、非常简洁、利落。不同的功能区域分布于不同的楼层。
底层功能关系图
一层功能关系图
二层功能关系图
功能分区
瑞姆·库哈斯将建筑三层功能的不同剖面关系外部化，这三层迭合，没有过渡，追求明晰的关系。
让功能来引导形式
让空间在建筑中真正唱主角
男主人有属于自己的房间或者更精确地说一个“车站”— 升降机，无处不在又不知何处，将一个交通转换成一个房间，一个移动空间。它可以停留在任何一层，成为那一层空间的一部分。
建筑底层属于部分开敞部分封闭服务空间
一层是起居交流空间，是完全开敞流通空间。
二层是私密部分，是封闭性的生活空间。
停在二层成为一个工作室与卧室及浴室空间联系成一个环线
停在起居室，升降机的台面和起居室地板材料一致成为一个正式的办公室。
在底层这个“房间”就是厨房的一部分，由此可以到达酒窖。
卧室
浴室
酒窖
厨房
function
5

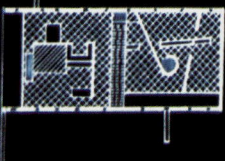

图 6-5-7(f)

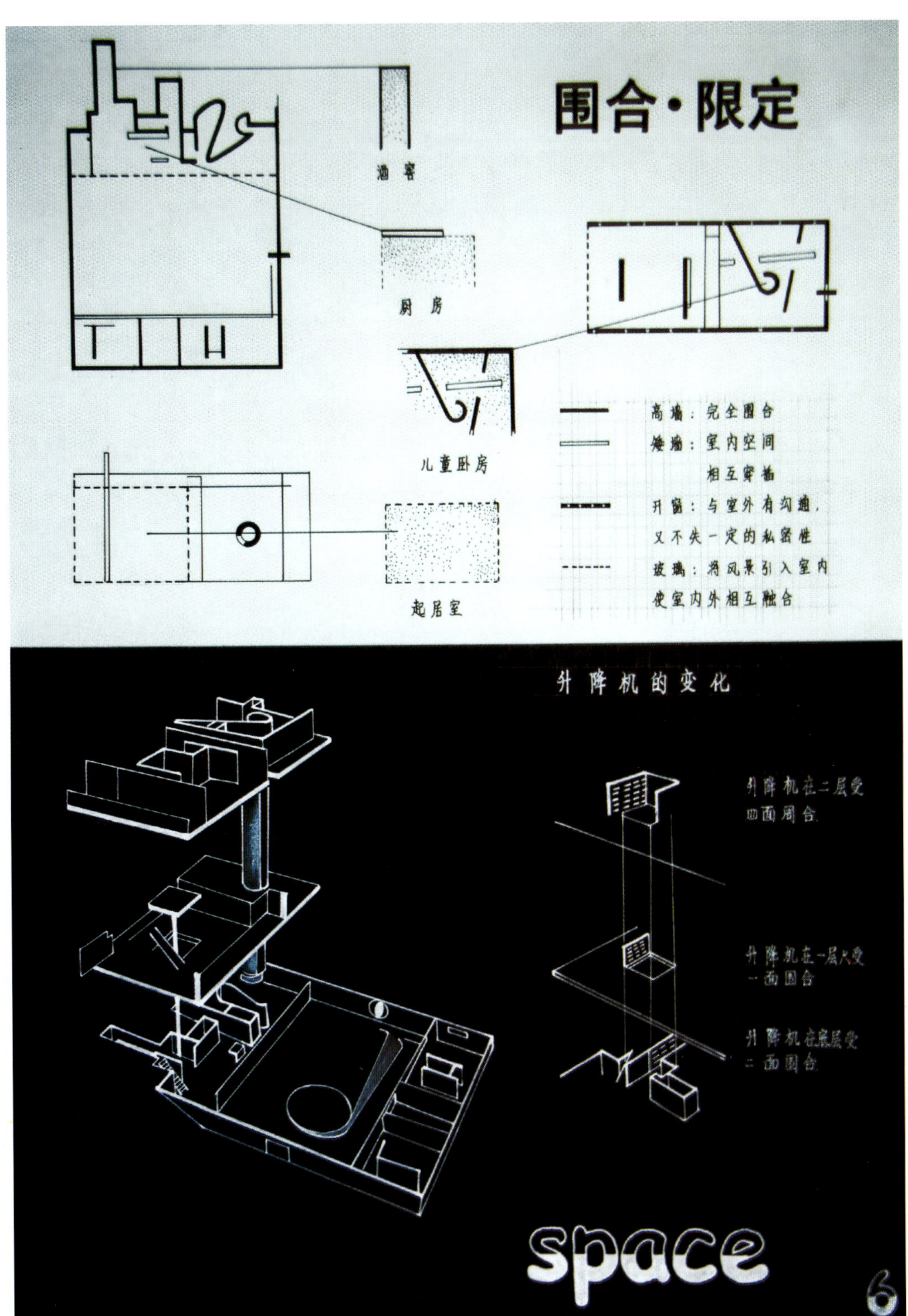
围合·限定
酒窖
厨房
儿童卧房
起居室
高墙：完全围合
矮墙：室内空间
相互穿插
开窗：与室外有沟通，
又不失一定的私密性
玻璃：将风景引入室内
使室内外相互融合
升降机的变化
升降机在二层受
四面围合。
升降机在一层只受
一面围合
升降机在底层受
二面围合
space
6

图 6-5-7(g)

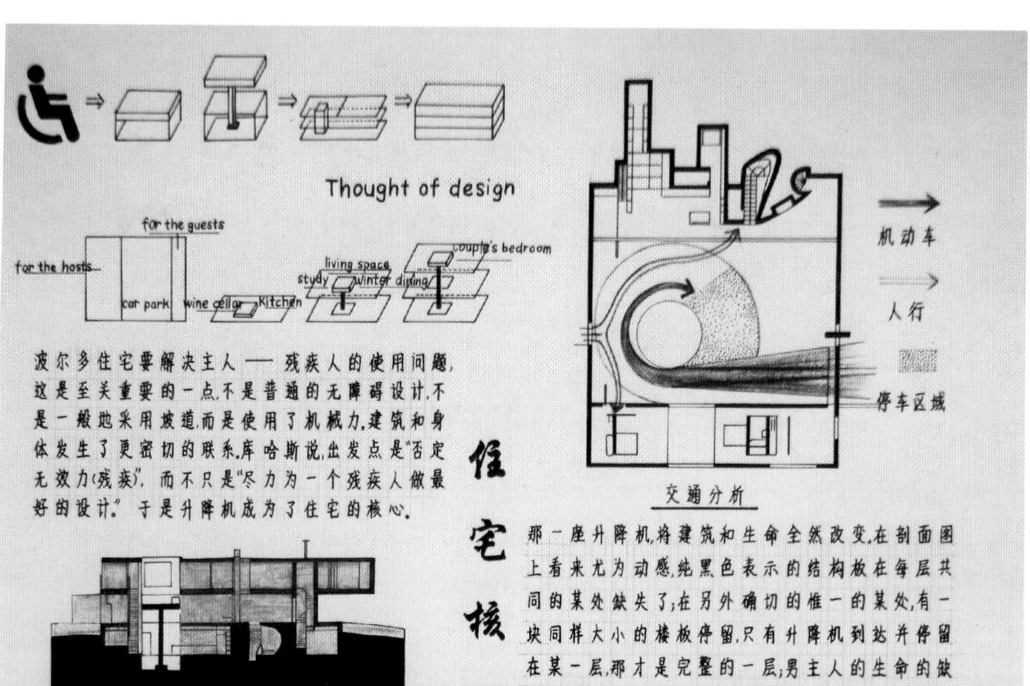
Thought of design
for the guests
for the hosts
car park
wine cellar
Kitchen
study
living space
winter dining
couple's bedroom
波尔多住宅要解决主人——残疾人的使用问题,这是至关重要的一点,不是普通的无障碍设计,不是一般地采用坡道,而是使用了机械力,建筑和身体发生了更密切的联系。库哈斯说,出发点是"否定无效力(残疾)",而不只是"尽力为一个残疾人做最好的设计。"于是升降机成为了住宅的核心。
住宅核心
机动车
人行
停车区域
交通分析
那一座升降机,将建筑和生命全然改变。在剖面图上看来尤为动感,纯黑色表示的结构板在每层共同的某处缺失了;在另外确切的惟一的某处,有一块同样大小的楼板停留,只有升降机到达并停留在某一层,那才是完整的一层;男主人的生命的缺失由他的房子对他的依赖来弥补。

交通流线图
升降机+书柜整体轴测图
升降机的液压设备都在地下,中心有一根伸缩杆支撑台面垂直上下移动,可以停在任何一层,或两层之间。
坡道?NO!
根据《建筑规则》(A部分)建议1:12的坡度为最大坡度,一般使用1:12,1:15,1:20的坡道;最小的无障碍宽度为1000米,并且规定1:15和1:20的坡道每隔10米要加一个休息平台,至少1200m。以底层为例,2.83m的层高如造坡道需53.6平方米,而升降机只需10.5平方米。另外坡道点明了业主的残疾人身份。
1200
10000
1500
5033
1200
3.8141°
18900
1:15 坡道
女主人流线
儿童流线
客仆流线
traffic
7

图 6-5-7(h)

如果让我对自己的一样事情感到骄傲那就是合作的天才

波尔多住宅

设计者 OMA Rem Koolhaas
Maarten van Severen

合作者 Julien Monfort, Jeanne Gang
Bill Price, Jeroen Thomas
Yo Yamagata, Chris Dondorp
Erik Schotte, Vincent Costes

结构设计 Ove Arup & Partners
(Cecil Balmond, Robert Pugh)

顾问 Maarten van Severen Raf de Preter(设备和平台)
Vincent de Rijk(书架)
Michel Regaud(技术)
Robert-Jan van Santen
Gerard Couillandeau(水力)
Petra Blaisse(家具)

Maarten Van Severen

Van Severen was also frequently commissioned as a decorator and furniture designer for private residence projects. teamed with Rem Koolhaas. they worked together on the Villa dall'Ava in 1990. then again in Bordeaux in 1996

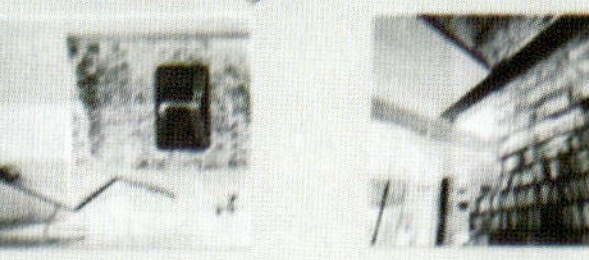

cecil balmond

赛西与库哈斯的合作

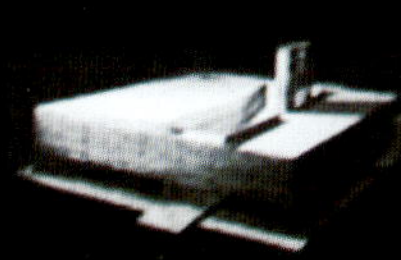

康索现代艺术中心
荷兰鹿特丹 1992

波尔多住宅
法国波尔多 1998

CCTV大楼
中国北京 2002

蛇形画廊
伦敦 2006

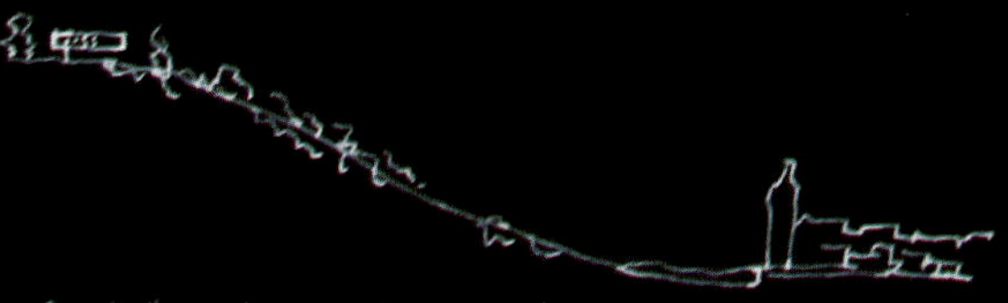

Rem Koolhaas phones me. As usual the voice is urgent, full of convictions and ambitions. the language poised beautifully on extreme polarities. He has an unusual request: to make a villa in Bordeaux "fly"

Cecil Balmond, a graduate of the Imperial College of Science and Technology, is a design engineer who believe in the fundamental commensurateness of science and art. Innovative projects that bear his imprint include the Chemnitz Stadium plan projected for 2002 (with Peter Kulka and Ulrich Konigs) the master plan for **Euralille** in Lille France (1994 with **Remkoolhaas**) Now, he have joined in **Ove Arup & Partners** for 30 years

cooperation

8

图 6-5-7(i)

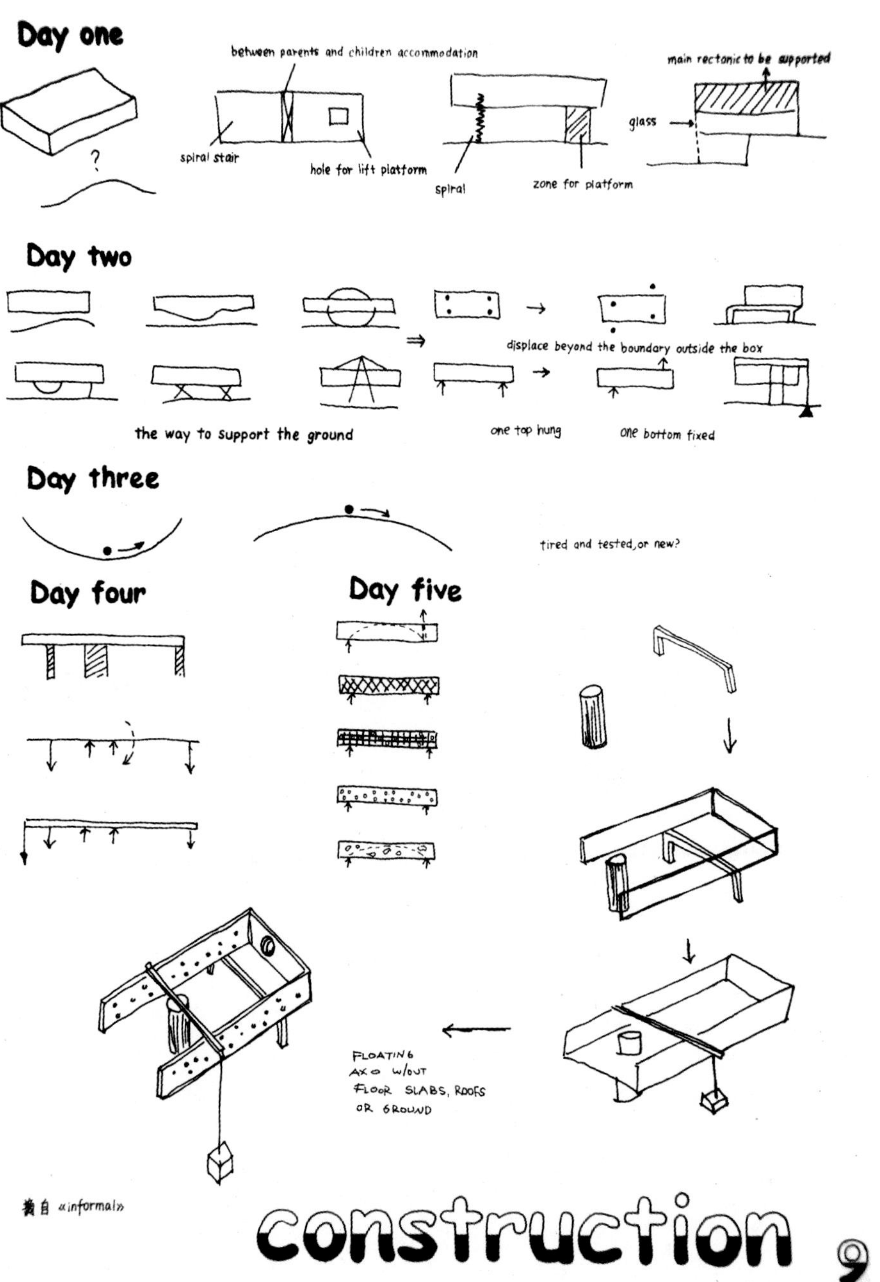
Day one
between parents and children accommodation
main rectonic to be supported
?
spiral stair
hole for lift platform
glass
spiral
zone for platform
Day two
displace beyond the boundary outside the box
the way to support the ground
one top hung
one bottom fixed
Day three
tired and tested, or new?
Day four
Day five
FLOATING
AXO W/OUT
FLOOR SLABS, ROOFS
OR GROUND
摘自 «informal»
construction 9

图 6-5-7(j)

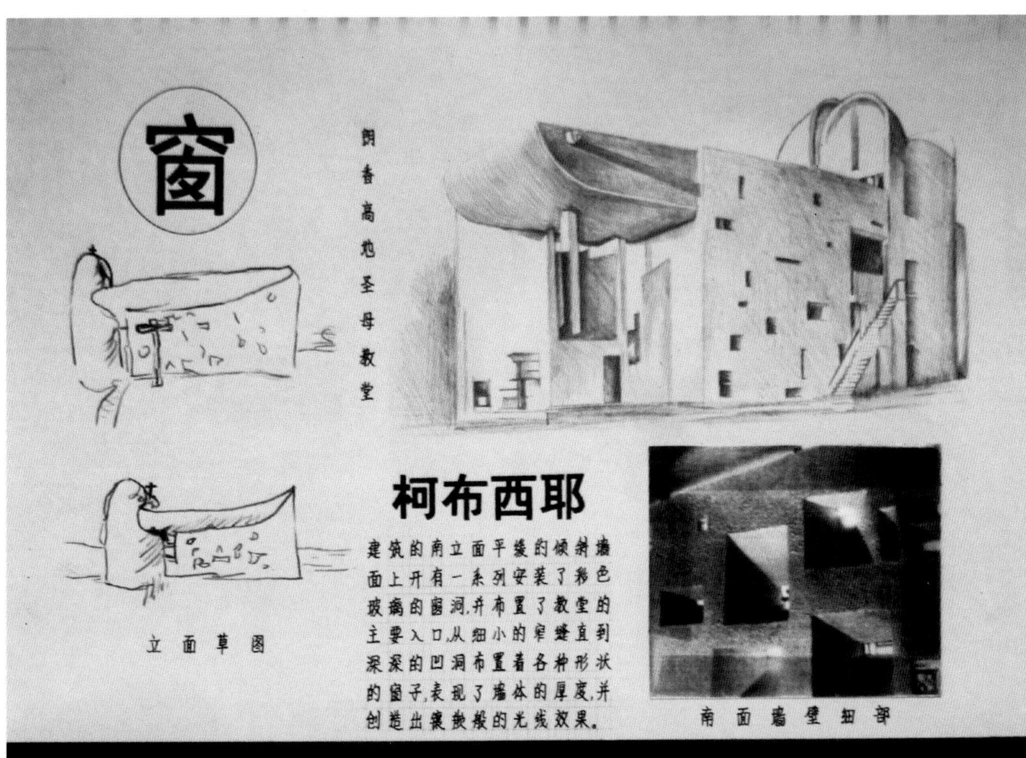

窗
朗香高地圣母教堂
柯布西耶
建筑的南立面平缓的倾斜墙面上开有一系列安装了彩色玻璃的窗洞,并布置了教堂的主要入口,从细小的窄缝直到深深的凹洞布置着各种形状的窗子,表现了墙体的厚度,并创造出镶嵌般的光线效果。
立面草图
南面墙壁细部

库哈斯

波尔多住宅

1994-1998 法国·波尔多

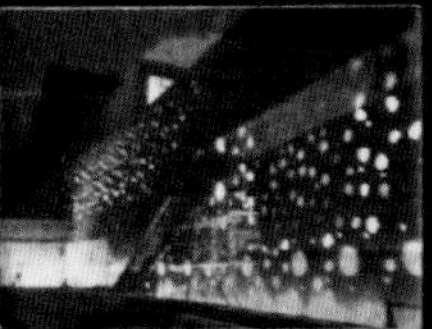

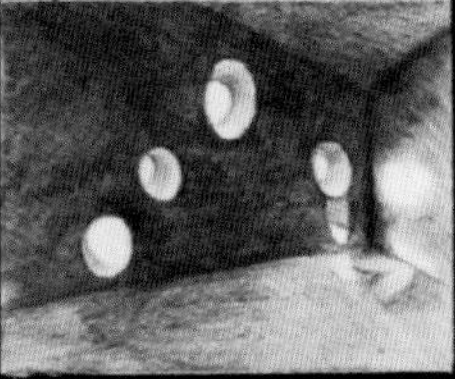

该馆以大小两个表演厅为中心构成,外墙设计采用的是镶嵌玻璃的GRC墙板,透过随意配置的玻璃将柔和的光线引入内部,光线引导人们走向剧场。

松本市民艺术馆

2000-2004 日本长野

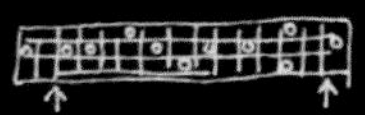

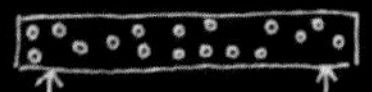

混凝土盒子上的开洞是波尔多住宅吸引眼球的亮点之一。开洞一方面是与力学有关的,开一些洞,减少梁的重量且不破坏整体上的感觉,另一方面,开洞的方式还与周围的景观和人的行为发生关系。

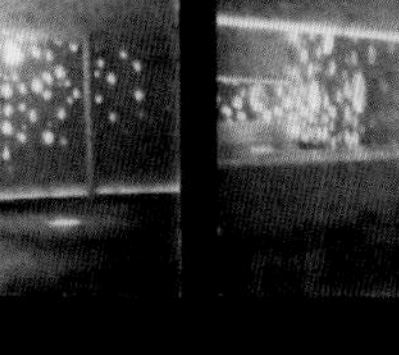

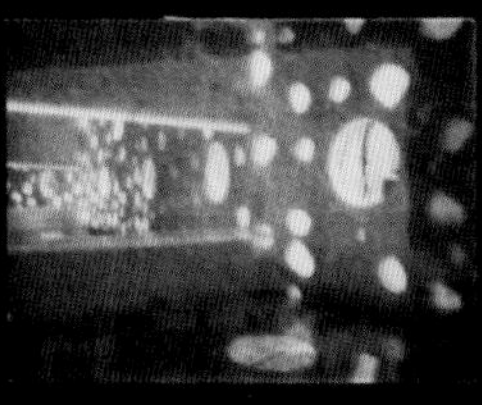

Thought of design

comparision

10

图 6-5-7(k)

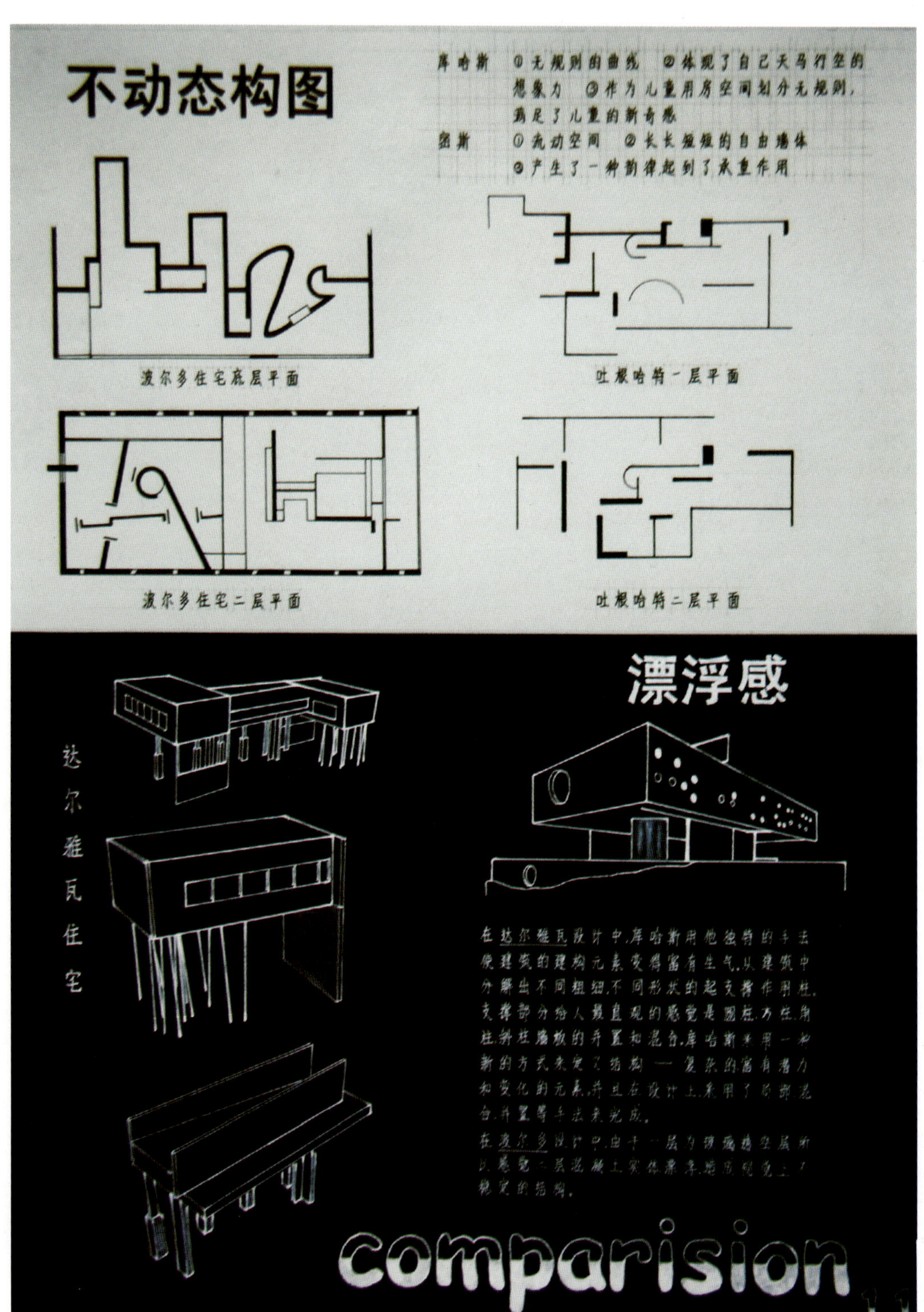
不动态构图
库哈斯 ①无规则的曲线 ②体现了自己天马行空的想象力 ③作为儿童用房空间划分无规则，满足了儿童的新奇感
密斯 ①流动空间 ②长长短短的自由墙体 ③产生了一种韵律起到了承重作用
波尔多住宅底层平面
吐根哈特一层平面
波尔多住宅二层平面
吐根哈特二层平面
漂浮感
达尔雅瓦住宅
在达尔雅瓦设计中，库哈斯用他独特的手法使建筑的建构元素变得富有生气。从建筑中分解出不同粗细、不同形状的起支撑作用柱。支撑部分给人最直观的感觉是圆柱、方柱、角柱、斜柱随机的并置和混合。库哈斯采用一种新的方式来定义结构——复杂的富有潜力和变化的元素，并且在设计上采用了局部混合、并置等手法来完成。
在波尔多设计中，由于一层为玻璃墙空层，所以感觉二层混凝土实体漂浮，造成视觉上不稳定的结构。
comparision

图 6-5-7(1).

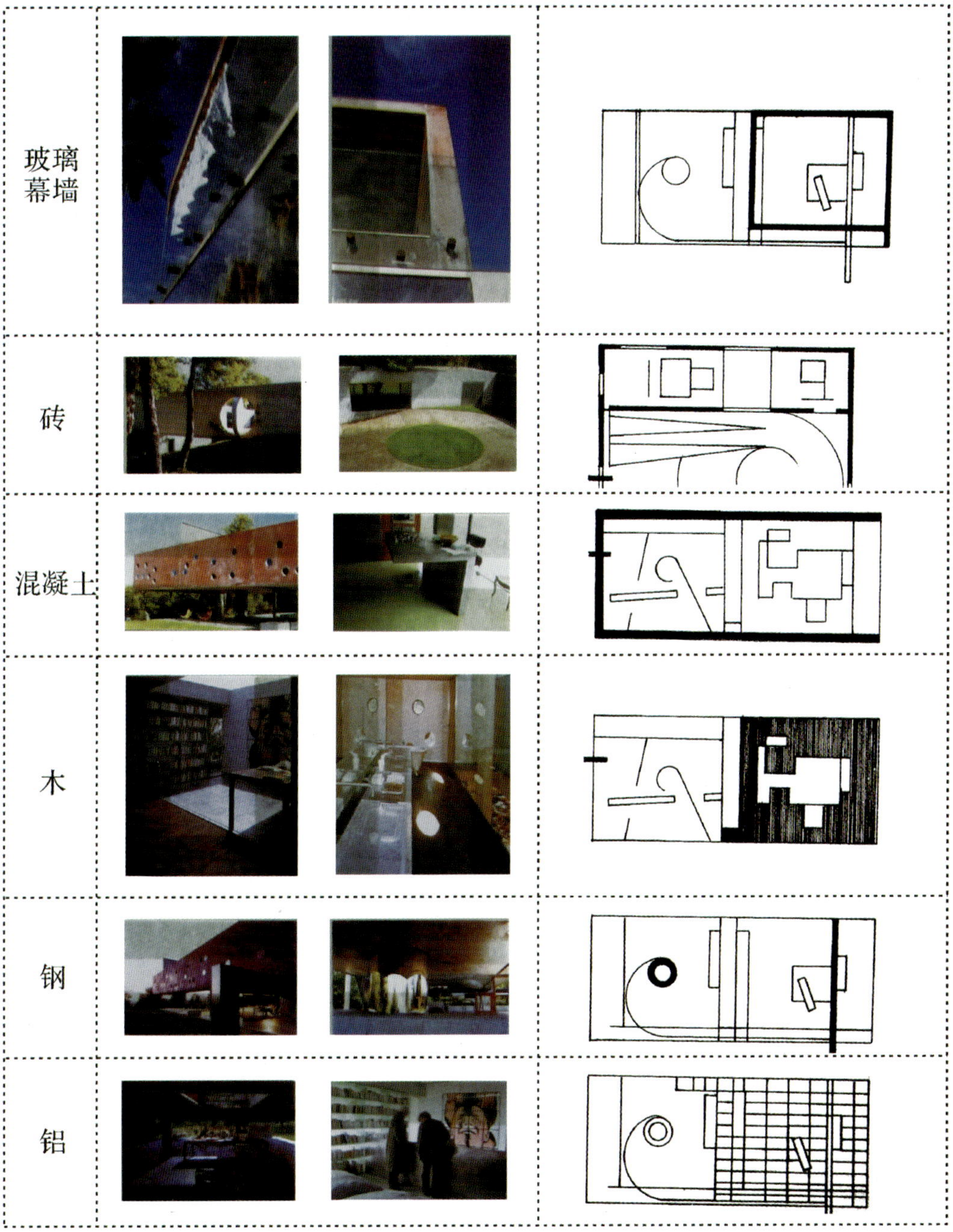

材料	照片	平面图
玻璃幕墙		
砖		
混凝土		
木		
钢		
铝		

图 6-5-7(m)

作业题目 4:小茶室设计。

作业目的:了解建筑方案设计的全过程,学习如何结合功能、流线等因素来组织建筑的内部空间和外部造型。

训练方法:让学生在特定基地环境中,根据使用功能要求进行小型建筑单体的构思与设计,初步学习综合运用建筑各要素处理建筑的功能、流线和造型,协调好建筑与环境的关系。

成果要求:(1)各层平面,主要立面两个,剖面个数自定,以能表达意图为准。

(2)总平面图比例为 1∶300,其他图纸比例均为 1∶100。

(3)轴测图或透视图 1 个,比例自定。

图纸要求:A2 白色绘图纸(1～2 张),尺寸 594mm×420mm,工具墨线条绘制,彩图效果,排版自定。

学时安排:整个作业 32 课时,其中理论授课 4 课时,设计指导 28 课时。

作业示例:图 6-5-8。

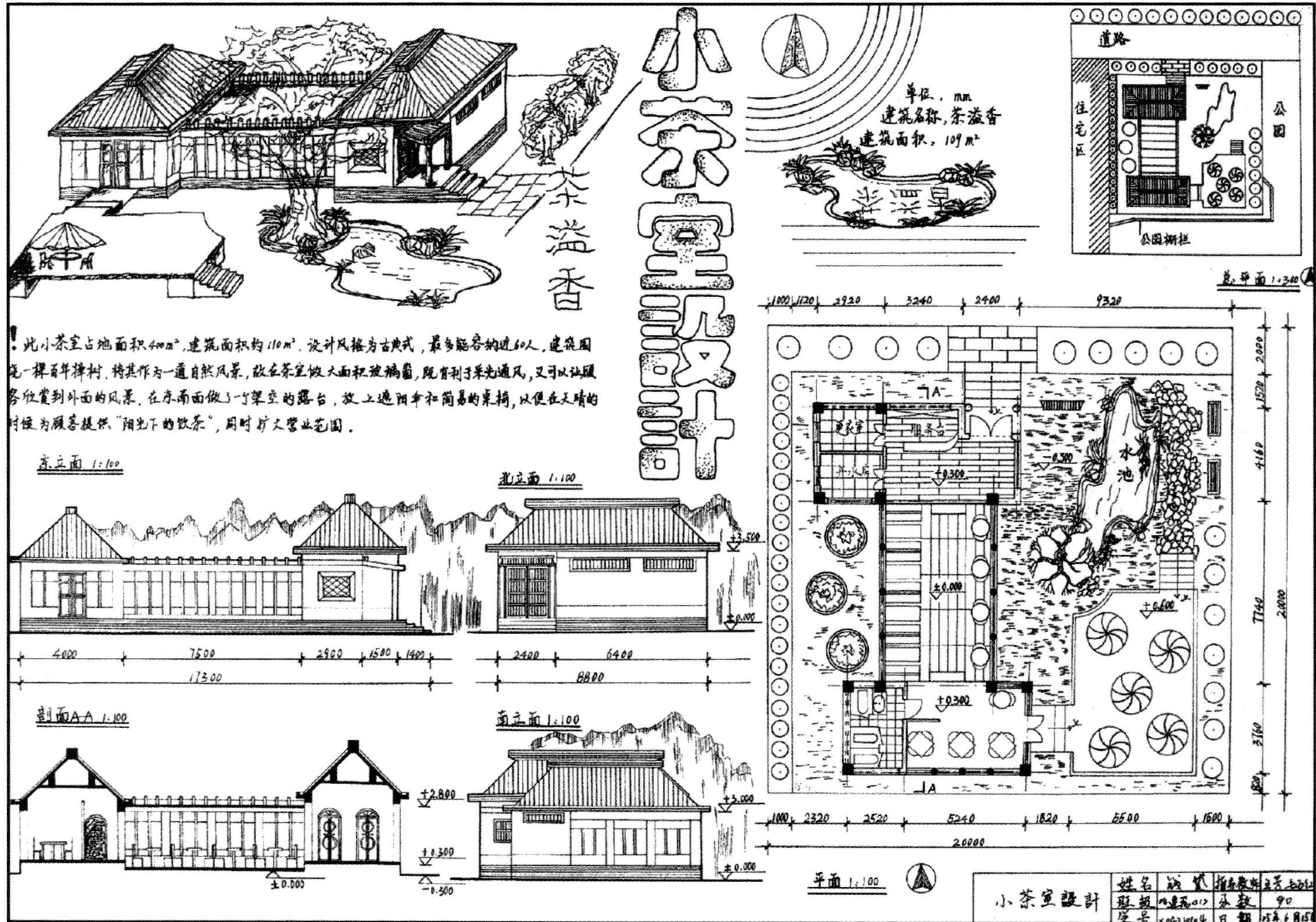
小茶室设計
茶溢香
单位：mm
建筑名称：茶溢香
建筑面积：109 m²
此小茶室占地面积400m²，建筑面积约110m²，设计风格为古典式，最多能容纳近60人，建筑围绕一棵百年梓树，将其作为一道自然风景，故在茶室做大面积玻璃窗，既有利于采光通风，又可以让顾客欣赏到外面的风景。在东南面做了一个架空的露台，放上遮阳伞和简易的桌椅，以便在天晴的时候为顾客提供"阳光下的饮茶"，同时扩大营业范围。
东立面 1:100
北立面 1:100
剖面A-A 1:100
南立面 1:100
总平面 1:300
道路
住宅区
公园
公园栅栏
水池
平面 1:100
小茶室設計

图 6-5-8

互联网+教育+出版

立方书

教育信息化趋势下，课堂教学的创新催生教材的创新，互联网+教育的融合创新，教材呈现全新的表现形式——教材即课堂。

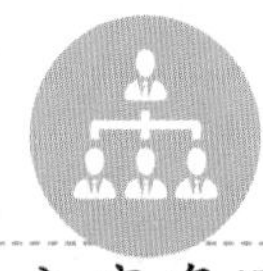

轻松备课　分享资源　发送通知　作业评测　互动讨论

“一本书”带走“一个课堂”　教学改革从“扫一扫”开始

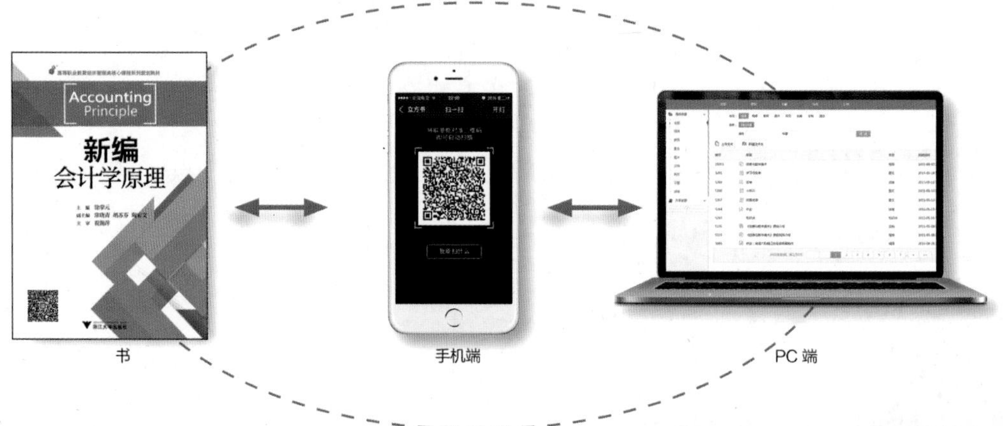

打造中国大学课堂新模式

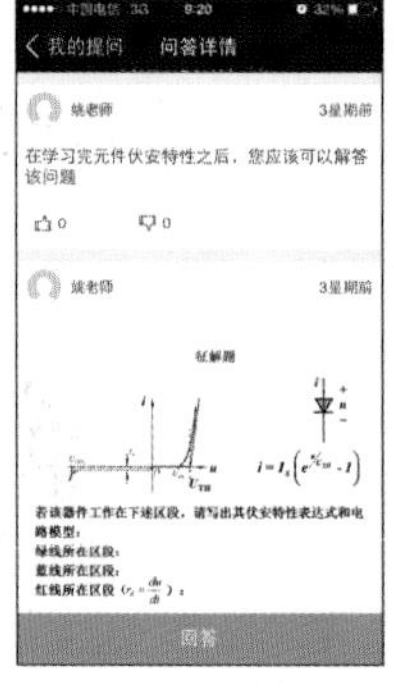

【创新的教学体验】

开课教师可免费申请“立方书”开课，利用本书配套的资源及自己上传的资源进行教学。

【方便的班级管理】

教师可以轻松创建、管理自己的课堂，后台控制简便，可视化操作，一体化管理。

【完善的教学功能】

课程模块、资源内容随心排列，备课、开课，管理学生、发送通知、分享资源、布置和批改作业、组织讨论答疑、开展教学互动。

扫一扫　下载APP

教师开课流程

- 在APP内扫描**封面**二维码，申请资源
- 开通教师权限，登录网站
- 创建课堂，生成课堂二维码
- 学生扫码加入课堂，轻松上课

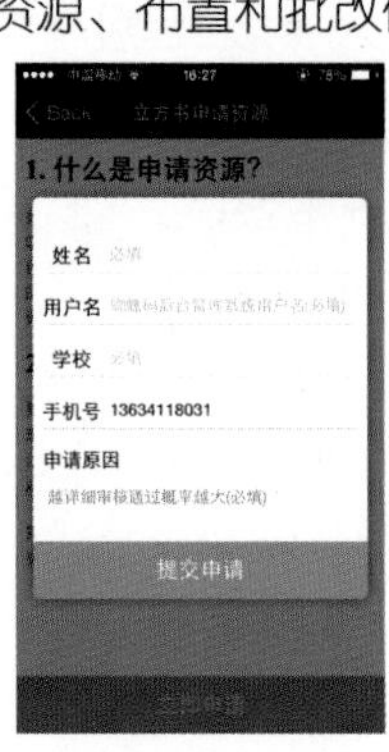

网站地址：www.lifangshu.com
技术支持：lifangshu2015@126.com；电话：0571-88273329